21世纪高等学校计算机专业实用规划教材

Python 快乐编程
基础入门

◎千锋教育高教产品研发部 / 编著

清华大学出版社
北 京

内 容 简 介

本书致力于打造最适合 Python 初学者的入门教材，站在初学者角度，从零开始，由浅入深，以朴实生动的语言阐述复杂的问题，书中列举了大量现实中的例子进行讲解，同时搭配精心设计的插图，真正做到通俗易懂。本书共 14 章，涵盖 Python 基础语言、流程控制、基本数据类型、函数、模块与包、面向对象、文件、异常等核心知识点。每学完一个章节的知识点，便通过实用性强的案例，如"发红包""扑克牌""QQ 登录"等，将所学知识综合运用到实际开发中，积累项目开发经验。在每章末尾还配备了习题，用于对本章所学内容进行练习和巩固，达到即学即练的效果。

本书面向 Python 初学者、高等院校及培训学校的老师和学生，是牢固掌握 Python 语言开发技术的必读之作，同时也是通往深入探究人工智能的必经之路。

图书在版编目（CIP）数据

Python 快乐编程基础入门 / 千锋教育高教产品研发部编著. —北京：清华大学出版社，2019
（2024.2 重印）
（21 世纪高等学校计算机专业实用规划教材）
ISBN 978-7-302-53014-5

Ⅰ. ①P⋯ Ⅱ. ①千⋯ Ⅲ. ①软件工具-程序设计-高等学校-教材 Ⅳ. ①TP311.561

中国版本图书馆 CIP 数据核字（2019）第 090210 号

责任编辑：贾 斌 李 晔
封面设计：刘 键
责任校对：李建庄
责任印制：沈 露

出版发行：清华大学出版社
　　　网　　址：https://www.tup.com.cn，https://www.wqxuetang.com
　　　地　　址：北京清华大学学研大厦 A 座　　　　邮　　编：100084
　　　社 总 机：010-83470000　　　　　　　　　　邮　　购：010-62786544
　　　投稿与读者服务：010-62776969，c-service@tup.tsinghua.edu.cn
　　　质 量 反 馈：010-62772015，zhiliang@tup.tsinghua.edu.cn
　　　课 件 下 载：https://www.tup.com.cn，010-83470236
印 装 者：北京嘉实印刷有限公司
经　　销：全国新华书店
开　　本：185mm×260mm　　　印　张：17.5　　　字　　数：400 千字
版　　次：2019 年 7 月第 1 版　　　　　　　　　　印　　次：2024 年 2 月第 14 次印刷
印　　数：23501～25500
定　　价：49.50 元

产品编号：081392-01

本书编委会

北京千锋互联科技有限公司（以下简称"千锋教育"）成立于 2011 年 1 月，立足于职业教育培训领域，公司现有教育培训、高校服务、企业服务三大业务板块。教育培训业务分为大学生技能培训和职后技能培训；高校服务业务主要提供校企合作全解决方案与定制服务；企业服务业务主要为企业提供专业化综合服务。公司总部位于北京，目前已在 18 个城市成立分公司，现有教研讲师团队 300 余人。公司目前已与国内 20 000 余家 IT 相关企业建立人才输送合作关系，每年培养"泛 IT"人才近两万人，十年间累计培养 10 余万"泛 IT"人才，累计向互联网输出免费学习视频 850 套以上，累积播放次数 9500 万以上。每年有数百万名学员接受千锋教育组织的技术研讨会、技术培训课、网络公开课及免费学科视频等服务。

千锋教育自成立以来一直秉承初心至善、匠心育人的工匠精神，打造学科课程体系和课程内容，高教产品部认真研读国家教育政策，在"三教改革"和公司的战略指导下，集公司优质资源编写高校教材，目前已经出版新一代 IT 技术教材 50 余种，积极参与高校的专业共建、课程改革项目，将优质资源输送到高校。

高校服务

"锋云智慧"教辅平台（www.fengyunedu.cn）是千锋教育专为中国高校打造的智慧学习云平台依托千锋先进的教学资源与服务团队，可为高校师生提供全方位教辅服务，助力学科和专业建设。平台包括视频教程、原创教材、教辅平台、精品课、锋云录等专题栏目，为高校输送教材配套的课程视频、教学素材、教学案例、考试系统等教学辅助资源和工具，并为教师提供其他增值服务。

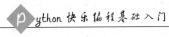

"锋云智慧"服务 QQ 群

读者服务

学 IT 有疑问,就找"千问千知",这是一个有问必答的 IT 社区,平台上的专业答疑辅导老师承诺在工作时间 3 小时内答复您学习 IT 时遇到的专业问题。读者也可以通过扫描下方的二维码,关注"千问千知"微信公众号,浏览其他学习者分享的问题和收获。

"千问千知"微信公众号

资源获取

本书配套资源可添加小千的 QQ 2133320438 或扫下方二维码索取。

小千的 QQ

前言 *Foreword*

如今，科学技术与信息技术快速发展和社会生产力变革对 IT 行业从业者提出了新的需求，从业者不仅要具备专业技术能力，更需要业务实践能力，更需要培养健全的职业素质，复合型技术技能人才更受企业青睐。高校毕业生求职面临的第一道门槛就是技能与经验，教科书也应紧随时代新一代信息技术和新职业要求的变化及时更新。

本书倡导快乐学习，实战就业，在语言描述上力求准确、通俗易懂。引入企业项目案例，针对重要知识点，精心挑选案例，将理论与技能深度融合，促进隐性知识与显性知识的转化。案例讲解包含设计思路、运行效果、实现思路、代码实现、技能技巧详解。引入企业项目案例，从动手实践的角度，帮助读者逐步掌握前沿技术，为高质量就业赋能。

在章节编排上循序渐进，在语法阐述中尽量避免使用生硬的术语和枯燥的公式，从项目开发的实际需求入手，将理论知识与实际应用相结合，促进学习和成长，快速积累项目开发经验，从而在职场中拥有较高起点。

本书特点

本书致力于打造最适合 Python 初学者的入门教材，站在初学者角度，从零开始，由浅入深，以朴实生动的语言阐述复杂的问题，书中列举了大量现实中的例子进行讲解，同时搭配精心设计的插图，真正做到通俗易懂。帮助读者将所学知识综合运用到实际开发中，积累项目开发经验。在每章末尾还配备了习题，用于对本章所学内容进行练习和巩固，达到即学即练的效果。

阅读本书你将学习到以下内容。

第 1 章：介绍 Python 基础入门知识和开发环境配置方法，并创建第一个程序。

第 2 章：介绍 Python 编程的基础语法、变量、数据类型和运算符。

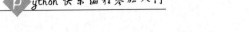

第 3 章：介绍流程控制语句，并通过课后案例进行实操。

第 4 章：介绍字符串的输出与输入，索引与切片及字符串的运算方法和常见字符串操作函数。

第 5 章：介绍列表与元组的概念和操作方法，通过案例实操了解二者的区别。

第 6 章：介绍字典与集合的概念和操作方法，通过案例实操了解二者的区别。

第 7 章：介绍函数的基本概念，函数的定义，函数的参数、返回值和变量的作用域。

第 8 章：介绍简介调用函数的方法，匿名函数、装饰器、偏函数 he 常用内建函数。

第 9 章：介绍模块与包的概念，并通过实际案例演示通过相关操作解决实际问题的方法。

第 10 章：介绍面向对象编程的概念，引入对象的创建、构造方法、析构方法、类方法和静态方法等知识。

第 11 章：进一步介绍通过面向对象方法编程的方法，重点介绍了封装、继承和多态。

第 12 章：介绍通过 Python 对文件进行操作的方法。

第 13 章：介绍 Python 中的异常，并演示捕获异常和处理常见异常的方法。

第 14 章：通过一个综合性的案例贯穿全书的主要知识点，通过实际操作巩固所学知识。

通过学习本书，读者可以了解 Python 程序设计的基本的语法概念以及面向对象编程的编程理念，辅以综合性的案例实践操作。通过理论与实践的结合，帮助读者培养通过 Python 程序设计解决具体问题的能力。

读者服务

学 IT 有疑问，就找“千问千知”，这是一个有问必答的 IT 社区，平台上的专业答疑辅导老师承诺在工作时间 3 小时内答复您学习 IT 时遇到的专业问题。读者也可以通过扫描下方的二维码，关注“千问千知”微信公众号，浏览其他学习者在学习中分享的问题和收获。

还可以登录锋云智慧教辅平台 www.fengyunedu.cn 获取免费的教学和学习资源。

锋云智慧教辅平台是千锋专为高校打造的智慧学习云平台，传承千锋教育多年来在 IT 职业教育领域积累的丰富资源与经验，可为高校师生提供全方位教辅服务，依托千锋先进的教学资源，重构传统的 IT 教学模式。

资源获取

本书配套资源可添加小千 QQ 号 2133320438 索取。

致谢

本书的编写和整理工作由北京千锋互联科技有限公司高教产品部完成，其中主要的参与人员有吕春林、徐子惠、贾嘉树等。除此之外，千锋教育的 500 多名学员参与了教材的试读工作，他们站在初学者的角度对教材提出了许多宝贵的修改意见，在此一并表示衷心的感谢。

意见反馈

在本书的编写过程中，虽然力求完美，但难免有一些不足之处，欢迎各界专家和读者朋友们给予宝贵的意见，联系方式：textbook@1000phone.com。

目录

学习Coding知识

获取配套教学资源包

考试系统　在线作业　云课堂

教学PPT　教学设计　……

成就Coding梦想

在线视频：http://www.codingke.com/

配套源码：微信2570726663

Q Q 2570726663

学IT有疑问，就找千问千知！

第1章

Python 开发入门

本章学习目标

- 了解 Python 的特征与应用领域。
- 掌握 Python 的安装。
- 掌握 PyCharm 的安装与使用。

Python 语言诞生于 20 世纪 90 年代初，它从设计之初就秉承着简洁的宗旨。如今，Python 以其优美、清晰、简单的特性已成为全球最主流的编程语言之一。

1.1 Python 语言的简介

1.1.1 Python 语言的起源

Python 的创始人为 Guido van Rossum（荷兰人，见图 1.1）。1982 年，Guido 从阿姆斯特丹大学获得了数学和计算机硕士学位，由于当时的编程语言比较复杂，因此 Guido 希望能够研发出一种能够轻松编程的语言。ABC 语言（由荷兰的数学和计算机研究所开发）让 Guido 看到了希望，于是 Guido 应聘到该研究所工作，并参与到 ABC 语言的开发中。但由于当时的开发是单向的，因此最后只得到商业上失败的结果。

随着互联网的普及，Guido 再一次看到了希望。1989 年的圣诞节，这位宅男为了打发时间，决定在 ABC 语言的基础上开发一个新型的基于互联网社区的脚本解释程序，这样 Python 就在键盘敲击声中诞生了。Python 的诞生让 Guido 兴奋不已，但问题来了，这门新语言该用哪个名字来命名？某一天，Guido 在欣赏他最喜爱的喜剧团体 Monty Python 演出时，突然灵光一闪，这门新语言有了自己的命名——Python（大蟒蛇的意思）。

图 1.1　Python 之父

1.1.2 Python 语言的发展

Python 从诞生一直到现在，经历了多个版本。截止到目前，官网仍然保留的版本主要是基于 Python 2.x 和 Python 3.x 系列，具体如表 1.1 所示。

表 1.1   Python 版本及发布时间

版　　本	时　　间	版　　本	时　　间
Python 1.0	1994/01	Python 3.1	2009/06/27
Python 2.0	2000/10/16	Python 3.2	2011/02/20
Python 2.4	2004/11/30	Python 3.3	2012/09/29
Python 2.5	2006/09/19	Python 3.4	2014/03/16
Python 2.6	2008/10/01	Python 3.5	2015/09/13
Python 2.7	2010/07/03	Python 3.6	2016/12/23
Python 3.0	2008/12/03	Python 3.7	2018/06/27

Python 2.7 是 Python 2.x 系列的最后一个版本，已经停止开发，计划在 2020 年终止支持。Guido 决定清理 Python 2.x 系列，并将所有最新标准库的更新改进体现在 Python 3.x 系列中。Python 3.x 系列的一个最大改变就是使用 UTF-8 作为默认编码，从此，在 Python 3.x 系列中就可以直接编写中文程序了。

另外，Python 3.x 系列比 Python 2.x 系列更规范统一，其中去掉了某些不必要的关键字与语句。由于 Python 3.x 系列支持的库越来越多，开源项目支持 Python 3.x 的比例已大大提高。鉴于以上理由，本书推荐读者直接学习 Python 3.x 系列。

1.1.3　Python 语言的特征

1. 简单

Python 是一种代表简单主义思想的语言，阅读一段 Python 程序就像在阅读一篇文章，这使开发者能够专注于解决问题而不是去搞明白语言本身。

2. 易学

Python 有极其简单的语法，如果开发同样的功能，使用其他语言可能需要上百行代码，而 Python 只需几十行代码就可以轻松搞定。

3. 免费、开源

Python 是 FLOSS（自由/开放源码软件）之一，使用者可以自由地发布这个软件的副本、阅读它的源代码并对它进行修改，这也是 Python 如此优秀的原因之一。

4. 可移植性

由于其开源本质，Python 已经被移植在许多平台上，例如 Linux、Windows、FreeBSD、Macintosh、Solaris、OS/2、Amiga、AROS、AS/400、BeOS、OS/390、z/OS、Palm OS、QNX、VMS、Psion、Acom RISC OS、VxWorks、PlayStation、Sharp Zaurus、Windows CE 等。

5. 解释性

C/C++语言在执行时需要经过编译，生成机器码后才能执行。Python 是直接由解释器执行的。由于不再需要担心如何编译程序、如何确保连接装载正确的库等，所有这一切都使得 Python 的使用更加简单。

6．面向对象

Python 从设计之初就已经是一门面向对象的语言。在面向过程的语言中，程序是由过程或仅仅是可重用代码的函数构建起来的。在面向对象的语言中，程序是由数据和功能组合而成的对象构建起来的。

7．可扩展性

假如用户需要一段关键代码运行得更快或者希望某些算法不公开，可以把部分程序用 C 或 C++语言编写，然后在 Python 程序中使用它们。

8．可嵌入性

用户可以把 Python 嵌入到 C/C++程序，从而向程序提供脚本功能。

9．丰富的库

Python 提供丰富的标准库，包括正则表达式、文档生成、单元测试、线程、数据库、网页浏览器、CGI、FTP、电子邮件、XML、XML-RPC、HTML、WAV 文件、密码系统、GUI、Tk 以及其他与系统相关的库。

1.1.4　Python 语言的应用领域

1．Web 开发

Python 语言支持 Web 网站开发，比较流行的开发框架有 Flask、Django 等。许多大型网站就是用 Python 开发的，例如 YouTube、Google、金山在线、豆瓣等。

2．网络爬虫

Python 语言提供了大量网络模块用于对网页内容进行读取和处理，如 urllib、cookielib、httplib、scrapy 等。同时，这些模块结合多线程编程以及其他有关模块可以快速开发网页爬虫之类的应用程序。

3．科学计算与数据可视化

Python 语言提供了大量模块用于科学计算与数据可视化，如 NumPy、SciPy、SymPy、Matplotlib、Traits、TraitsUI、Chaco、TVTK、Mayavi、VPython、OpenCV 等，这些模块涉及的应用领域包括数值计算、符号计算、二维图表、三维数据可视化、三维动画演示、图像处理以及界面设计等。

此外，Python 语言在系统编程、GUI 编程、数据库应用、游戏、图像处理、人工智能等领域被广泛应用。

1.2　Python 的安装

工欲善其事，必先利其器。在学习 Python 语言之前，首先要搭建 Python 开发环境，本书将基于 Windows 平台开发 Python 程序，接下来分步骤讲解 Python 的安装。

（1）在浏览器地址栏中输入"http://python.org/"，按回车键，进入 Python 官方网站，如图 1.2 所示。

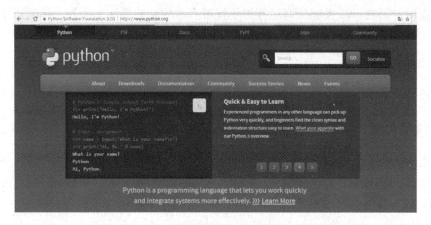

图 1.2　Python 官网

（2）单击图 1.2 中的 Downloads 按钮进入下载页面，如图 1.3 所示。

图 1.3　下载页面

（3）单击图 1.3 中的 Download Python 3.6.2 按钮进行下载，下载完成后的文件名为 python-3.6.2.exe，双击该文件，进入 Python 安装界面，如图 1.4 所示。

（4）在图 1.4 中，选中 Add Python 3.6 to PATH 选项，表示将 Python.exe 添加到环境变量 Path 中，此外还可以选择安装方式，Install Now 为默认安装，Customize installation 为自定义安装，此处单击 Customize installation 选项，进入可选特性界面，如图 1.5 所示。

图 1.4　安装界面

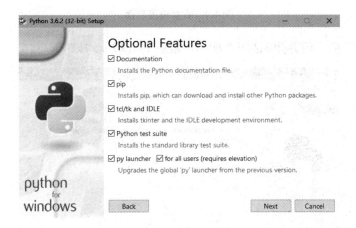

图 1.5　可选特性界面

（5）单击图 1.5 中的 Next 按钮，进入高级选项界面，如图 1.6 所示。

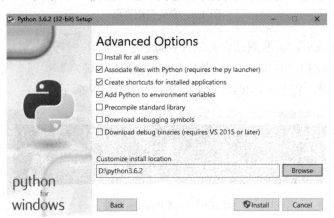

图 1.6　高级选项界面

（6）单击图 1.6 中的 Browse 按钮，选择安装路径，此处选择 D:\python3.6.2，最后单击 Install 按钮，开始安装，进入安装进度界面，如图 1.7 所示。

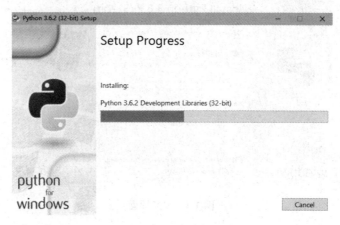

图 1.7 安装进度界面

（7）安装完成后的界面如图 1.8 所示，最后单击 Close 按钮即可。

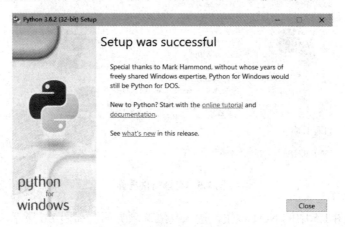

图 1.8 安装完成界面

（8）安装完成后，需要测试安装的 Python 是否可用。打开控制台（按 Window+R 组合键打开运行窗口，在输入框中输入 cmd 并单击"确定"按钮），在命令行中输入 python，按回车键，将会显示 Python 的版本号，如图 1.9 所示。

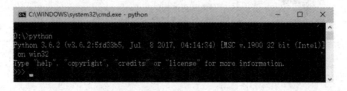

图 1.9 测试 Python 环境

在图 1.9 中，输入 python 并按回车键后，Python 解释器就开始启动了，用户可以接着输入"import this"，如图 1.10 所示。

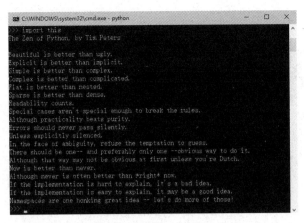

图 1.10 输入 "import this"

在图 1.10 中，输出结果为 Python 的设计哲学，即优雅、明确、简单。如果想退出 Python 解释器，则输入 exit()。

1.3 集成开发环境 PyCharm

成功安装 Python 环境后，在控制台中是无法进行 Python 开发的，还需要安装一个专属工具来编写 Python 代码，即 PyCharm。它是一种 IDE（Integrated Development Environment，集成开发环境），具备语法高亮、调试、实时比较、Project 管理、代码跳转、智能提示、单元测试、版本控制等功能，可以很好地提高程序开发效率。

1.3.1 PyCharm 的安装

（1）打开 PyCharm 官方网站http://www.jetbrains.com/pycharm/，如图 1.11 所示。

图 1.11 PyCharm 下载页面

（2）单击图 1.11 中的 DOWNLOAD NOW 按钮进入下载页面，如图 1.12 所示。

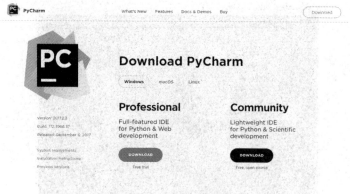

图 1.12 PyCharm 的版本

（3）单击图 1.12 中 Professional 版本下的 DOWNLOAD 按钮进行下载，下载完成后的文件名为 pycharm-professional-2017.2.3.exe，双击该文件，进入 PyCharm 安装界面，如图 1.13 所示。

图 1.13 安装界面

（4）单击图 1.13 中的 Next 按钮，进入选择安装路径界面，如图 1.14 所示。

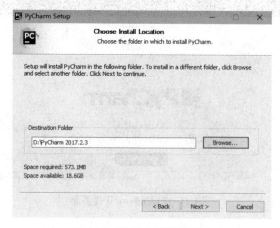

图 1.14 选择安装路径界面

（5）单击图 1.14 中的 Next 按钮，进入配置安装界面，如图 1.15 所示。

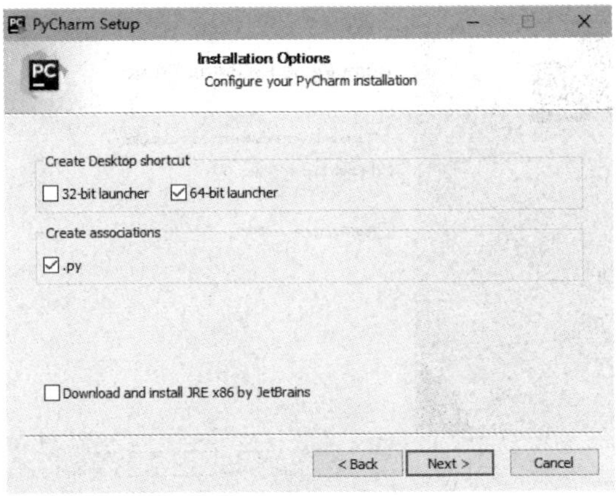

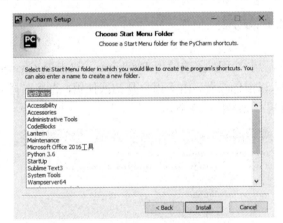

图 **1.15**　配置安装界面

（6）单击图 1.15 中的 Next 按钮，进入选择启动菜单界面，如图 1.16 所示。

图 **1.16**　启动菜单界面

（7）单击图 1.16 中的 Install 按钮，进入安装过程界面，如图 1.17 所示。

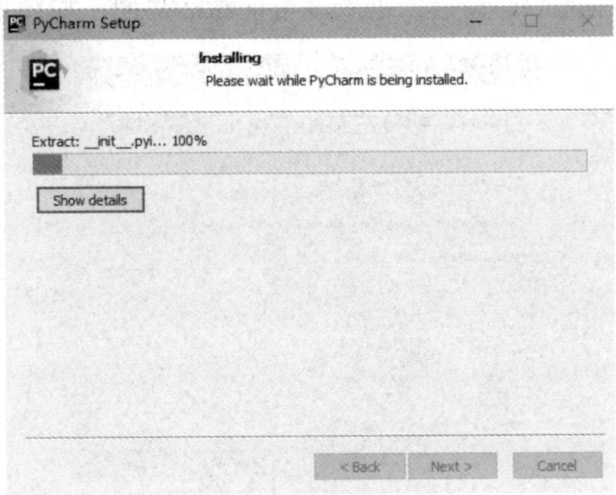

图 **1.17**　安装过程界面

（8）安装完成后的界面如图 1.18 所示，最后单击 Finish 按钮即可。

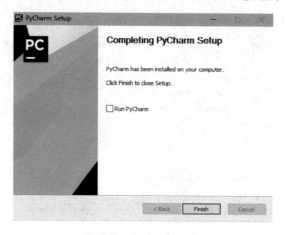

图 1.18　完成安装界面

1.3.2　PyCharm 的使用

（1）完成安装后，用户可以尝试使用 PyCharm。双击 PyCharm 的快捷方式运行程序，PyCharm 支持导入以前的设置，由于用户是初次使用，直接选择 Do not import settings 选项（不导入之前设置），如图 1.19 所示。

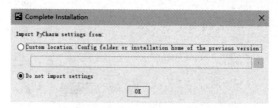

图 1.19　导入配置界面

（2）单击图 1.19 中的 OK 按钮，进入许可证激活界面，如图 1.20 所示。

图 1.20　许可证激活界面

（3）选择图 1.20 中的 Evaluate for free 选项并单击 Evaluate 按钮，进入提示用户协议界面，如图 1.21 所示。

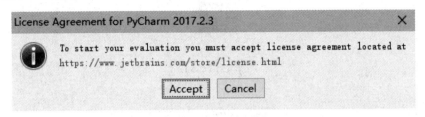

图 1.21　用户协议界面

（4）单击图 1.21 中的 Accept 按钮，进入启动界面，如图 1.22 所示。

图 1.22　启动界面

（5）启动完成后，进入初始化配置界面，如图 1.23 所示。

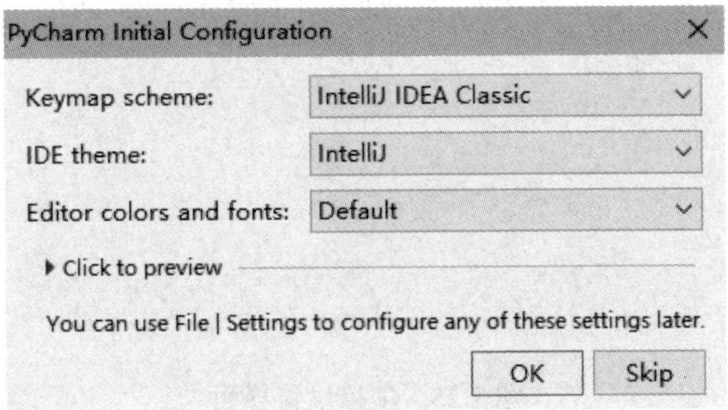

图 1.23　初始化配置

（6）单击图 1.23 中的 OK 按钮，进入创建项目界面，如图 1.24 所示。

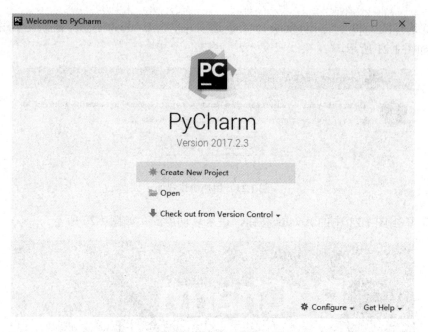

图 1.24 创建项目界面

（7）单击图 1.24 中的 Create New Project 选项，进入项目设置界面，如图 1.25 所示。

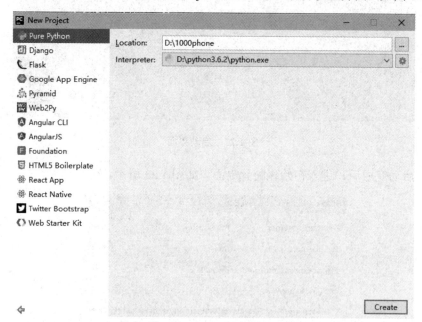

图 1.25 项目设置界面

（8）单击图 1.25 中的 Create 按钮，进入项目开发界面，如图 1.26 所示。

（9）右击图 1.26 中的项目名称，在弹出的快捷菜单中选择 New→Python File 菜单项，如图 1.27 所示。

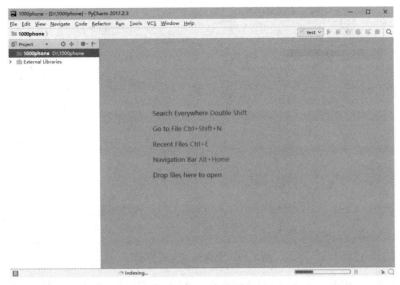

图 1.26　项目开发界面

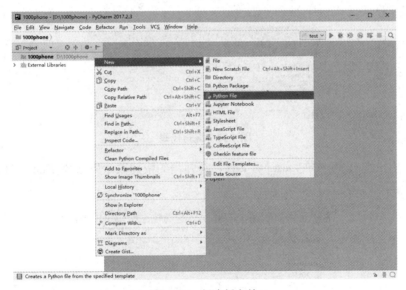

图 1.27　创建新文件

（10）出现填写文件名界面，如图 1.28 所示。

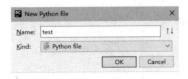

图 1.28　填写文件名界面

（11）在图 1.28 中输入文件名"test"（或"test.py"，默认创建.py 文件）并单击 OK
按钮，则文件创建完成，如图 1.29 所示。

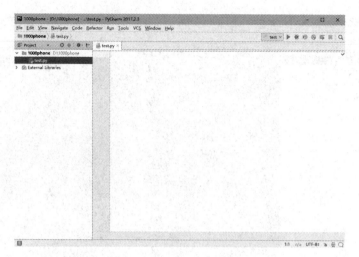

图 1.29 文件创建完成界面

（12）在图 1.29 中，在 test.py 文件编辑区写入如图 1.30 所示的代码。

```
print("Hello world!")
```

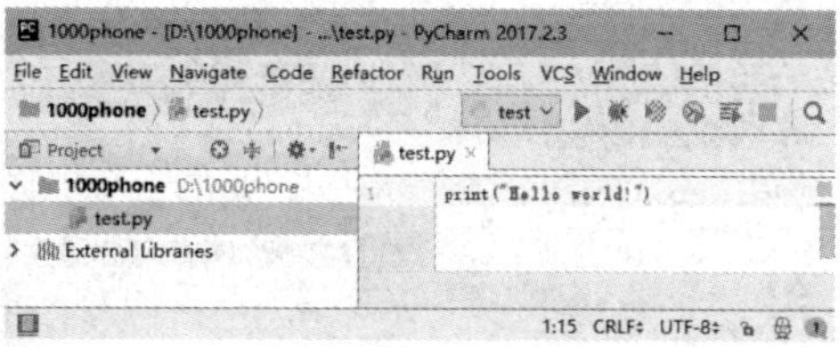

图 1.30 编辑代码

（13）右击图 1.30 中的 test.py 文件，在弹出的快捷菜单中选择 Run 'test'选项，如图 1.31 所示。

图 1.31 运行编写好的程序

（14）程序运行完后，在下方窗口中可以看到输出结果，如图 1.32 所示。

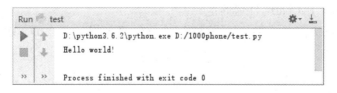

图 1.32　运行结果

以上是使用 PyCharm 实现的字符串打印功能，不管学习哪门语言，当第一个 Hello world 程序成功运行起来的时候，就代表着已经迈进了一小步。

1.4　本 章 小 结

通过本章的学习，相信大家已经对 Python 语言的发展与特性有了初步的认识，应重点掌握 Python 开发环境的搭建，并能编写出一个简单的 Python 程序，为后面学习 Python 开发做好准备。

1.5　习　　题

1．填空题

（1）Python 是一种面向_____的语言。
（2）Python 3.x 版本的默认编码是_____。
（3）Python 程序的默认扩展名是_____。
（4）退出 Python 解释器可以输入_____。
（5）输出一个字符串可以使用_____。

2．选择题

（1）Python 可以在 Windows、Mac 平台运行，体现出 Python 的（　　）特性。
　　A．可移植　　　　B．可扩展　　　　C．简单　　　　D．面向对象
（2）下列不属于 Python 语言特征的选项是（　　）。
　　A．简单易学　　　B．免费开源　　　C．编译性　　　D．面向对象
（3）下列属于 Python 集成开发环境的是（　　）。
　　A．Python　　　　B．Py　　　　　　C．XAMPP　　　D．PyCharm
（4）下列属于 Python 应用领域的是（　　）。
　　A．操作系统管理　　　　　　　　　　B．科学计算

    C．Web 应用　　　　　　　　D．服务器运维的自动化脚本

（5）下列属于 PyCharm 优势的是（　　　）。

    A．语法高亮　　B．代码跳转　　C．智能提示　　D．版本控制

3．思考题

（1）简述 Python 语言的特性。

（2）简述 Python 3.x 与 Python 2.x 的区别（列出两点即可）。

4．编程题

使用 PyCharm 编写程序，输出"众里寻他千百度，锋自苦寒磨砺出"。

第2章

编 程 基 础

本章学习目标
- 掌握 Python 基本语法。
- 掌握变量与数据类型。
- 掌握运算符。

在日常生活中，想要盖一栋房子，那么首先需要知道盖房都需要哪些材料，以及如何将它们组合使用。同样，要使用 Python 开发出一款软件，就必须熟练掌握 Python 的基础知识。

2.1 基 本 语 法

2.1.1 注释

注释即对程序代码的解释，在写程序时需适当使用注释，以方便自己和他人理解程序各部分的作用。在执行时，它会被 Python 解释器忽略，因此不会影响程序的执行。Python支持单行注释与多行注释，具体如下所示。

1. 单行注释

该注释是以"#"开始，到该行末尾结束，具体示例如下：

```
# 输出千锋教育
print("千锋教育")
```

2. 多行注释

该注释以 3 个引号作为开始和结束符号，其中 3 个引号可以是 3 个单引号或 3 个双引号，具体示例如下：

```
'''
多行注释
输出千锋教育
'''
```

```
"""
多行注释
输出千锋教育
"""
print("千锋教育")
```

2.1.2 标识符与关键字

现实世界中每种事物都有自己的名称，从而与其他事物区分开。例如，生活中每种交通工具都有一个用来标识的名称，如图 2.1 所示。

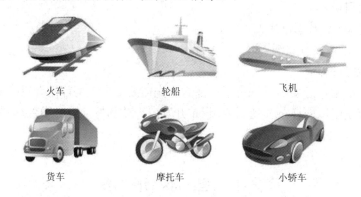

火车 轮船 飞机

货车 摩托车 小轿车

图 2.1 生活中的标识符

在 Python 语言中，同样也需要对程序中的各个元素命名，以便区分，这种用来标识变量、函数、类等元素的符号称为标识符。

Python 语言规定，标识符由字母、数字和下画线组成，并且是只能以字母或下画线开头的字符集合。在使用标识符时应注意以下几点：

- 命名时应遵循见名知义的原则。
- 系统已用的关键字不得用作标识符。
- 下画线对解释器有特殊的意义，建议避免使用下画线开头的标识符（后续章节进行说明）。
- 标识符区分大小写。

关键字是系统已经定义过的标识符，它在程序中已有了特定的含义，如 if、class 等，因此不能再使用关键字作为其他名称的标识符，表 2.1 列出了 Python 中常用的关键字。

表 2.1 常用的关键字

False	None	True	and	as	assert
break	class	continue	def	del	elif
else	except	finally	for	from	global
if	import	in	is	lambda	nonlocal
not	or	pass	raise	return	try
while	with	yield			

Python 的标准库提供了一个keyword 模块，可以输出当前 Python 版本的所有关键字，具体示例如下：

```
>>> import keyword
>>> keyword.kwlist
['False','None','True','and','as','assert','break','class','continue'
,'def','del','elif','else','except','finally','for','from','global',
'if', 'import', 'in', 'is', 'lambda', 'nonlocal', 'not', 'or', 'pass',
'raise', 'return', 'try', 'while', 'with', 'yield']
```

2.1.3　语句换行

Python 中一般是一条语句占用一行，但有时一条语句太长，就需要换行，具体示例如下：

```
print("千锋教育隶属于北京千锋互联科技有限公司, \
一直秉承用良心做教育的理念，致力于打造 IT 教育全产业链人才服务平台。")
print(["千锋教育", "扣丁学堂",
"好程序员特训营"])
```

运行结果如图 2.2 所示。

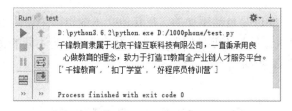

图 2.2　运行结果（一）

示例中，第 1 行 print()中字符串太长，分开两行编写，在首行末尾添加续行符 "\\"来实现，但在 []、{}中分行时，可以不使用反斜杠，如示例中的第 3 行和第 4 行。

2.1.4　缩进

Python 语言的简洁体现在使用缩进来表示代码块，而不像 C++或 Java 中使用{}，具体示例如下：

```
if True:
    print("如果为真，输出：")
    print("True")
else:
    print("否则，输出：")
    print("False")
```

示例中，if 后的条件为真，执行第 2 行和第 3 行，它们使用相同的缩进来表示一个代码块。此处需要注意，缩进的空格数是可变的，但同一个代码块中的语句必须包含相同的缩进空格。具体示例如下：

```python
if True:
        print("如果为真，输出：")
        print("True")
else:
    print("否则，输出：")
        print("False")  # 缩进不一致,引发错误
```

示例中，第 5 行与第 6 行缩进不一致，会引发错误。

运行结果如图 2.3 所示。

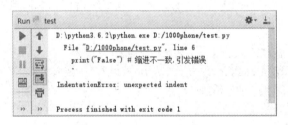

图 2.3　缩进不一致引发错误

在 PyCharm 中，缩进是自动添加的。在其他文本编辑器中使用缩进，推荐大家使用 4 个空格宽度作为缩进，尽量不要使用制表符作为缩进，因为不同的文本编辑器中制表符代表的空白宽度可能不相同。

2.2　变量与数据类型

2.2.1　变量

变量是编程中最基本的单元，它会暂时引用用户需要存储的数据，例如小千的年龄是 18，就可以使用变量来引用 18，如图 2.4 所示。

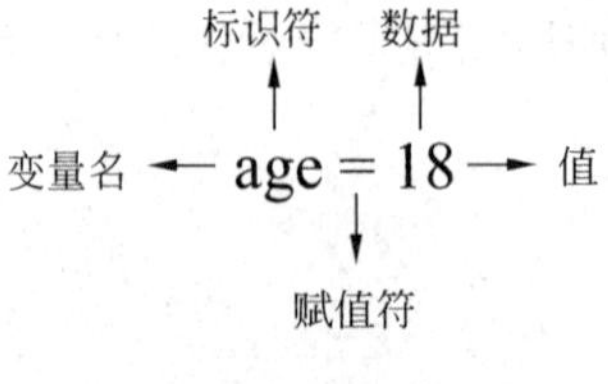

标识符　　数据
↑　　　↑
变量名 ← age = 18 → 值
↓
赋值符

图 2.4　变量

在图 2.4 中，变量名 age 是一个标识符，通过赋值符（=）将数据 18 与变量名 age 建立关系，这样 age 就代表 18，此时可以通过 print() 查看 age 的值，具体示例如下：

```
age = 18
print(age)
```

如果想将小千的年龄修改为 20 并输出，则可以使用以下语句：

```
age = 20
print(age)
```

2.2.2　数据类型

在计算机中，操作的对象是数据，那么大家来思考一下，如何选择合适的容器来存放数据才不至于浪费空间？先来看一个生活中的例子，某公司要快递一本书，文件袋和纸箱都可以装载，但是，如果使用纸箱装一本书，显然有点大材小用，浪费纸箱的空间，如图 2.5 所示。

图 2.5　用纸箱或文件袋快递一本书

同理，为了更充分地利用内存空间，可以为不同的数据指定不同的数据类型。Python 的数据类型如图 2.6 所示。

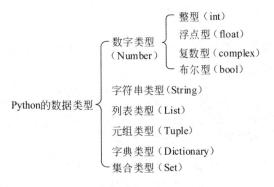

图 2.6　Python 的数据类型

在图 2.6 中，Python 的数据类型分为数字类型（int、float、complex、bool）、字符串类型、列表类型、元组类型、字典类型和集合类型。

1. 整型

整型表示存储的数据是整数，例如 1、−1 等。在计算机语言中，整型数据可以用二进制、八进制、十进制或十六进制形式并在前面加上"+"或"−"表示。如果用二进制表示，那么数字前必须加上 0b 或 0B；如果用八进制表示，那么数字前必须加上 0o 或 0O；如果用十六进制表示，那么数字前必须加上 0x 或 0X。具体示例如下：

```
a = 0b1010   # 二进制数,等价于十进制数 10
b = -0b1010  # 二进制数,等价于十进制数-10
c = 10       # 十进制数 10
d = -10      # 十进制数-10
e = -0o12    # 八进制数,等价于十进制数-10
f = -0XA     # 十六进制数,等价于十进制数-10
```

八进制数是由 0～7 的数字序列组成的，每逢 8 进 1 位；十六进制数是由 0～9 的数字和 A～F 的字母组成序列，每逢 16 进 1 位。此处需要注意，整型数值有最大取值范围，其范围与具体平台的位数有关。

2. 浮点型

浮点型表示存储的数据是实数，如 3.145。在 Python 中，浮点型数据默认有两种书写格式，具体示例如下：

```
f1 = 0.314     # 标准格式
f2 = 31.4e-2   # 科学记数法格式,等价于 0.314
f3 = 31.4E2    # 科学记数法格式,等价于 3140.0
```

在科学记数法格式中，E 或 e 代表基数是 10，其后的数字代表指数，31.4e−2 表示 $31.4×10^{-2}$，31.4E2 表示 $31.4×10^{2}$。

3. 复数型

复数型用于表示数学中的复数，如 1+2j、1−2j、−1−2j 等，这种类型在科学计算中经常使用，其语法格式如下：

```
a = 3 + 1j
print(a.real) # 打印实部
print(a.imag) # 打印虚部
```

此处需要注意它的写法与数学中写法的区别，当虚部为 1j 或−1j 时，在数学中，可以省略 1，但在 Python 程序中，1 是不可以省略的。

4. 布尔型

布尔型是一种比较特殊的整型，它只有 True 和 False 两种值，分别对应 1 和 0。它主要用来比较和判断，所得结果叫作布尔值。具体示例如下：

```
3 == 3  # 结果为 True
3 == 4  # 结果为 False
```

此外，每一个 Python 对象都有一个布尔值，从而可以进行条件测试，下面对象的布尔值都为 False：

```
None
False(布尔型)
0(整型 0)
0.0(浮点型 0)
0.0 + 0.0j(复数型 0)
""(空字符串)
[](空列表)
()(空元组)
{}(空字典)
```

除上述对象外，其他对象的布尔值都为 True。

2.2.3　检测数据类型

在 Python 中，数据类型是由存储的数据决定的。为了检测变量所引用的数据是否符合期望的数据类型，Python 中内置了检测数据类型的函数 type()。它可以对不同类型的数据进行检测，具体如下所示：

```
a = 10
print(type(a)) # <class 'int'>
b = 1.0
print(type(b)) # <class 'float'>
c = 1.0 + 1j
print(type(c)) # <class 'complex'>
```

示例中，使用 type()函数分别检测 a、b、c 所引用数据的类型。

除此之外，还可以使用函数 isinstance()判断数据是否属于某个类型，具体示例如下：

```
a = 10
print(isinstance(a, int))        # 输出 True
print(isinstance(a, float))      # 输出 False
```

2.2.4　数据类型转换

数据类型转换是指数据从一种类型转换为另一种类型，转换时，只需要将目标数据类型名作为函数名即可，如表 2.2 所示。

表 2.2　数据类型转换函数

函　数	说　明
int(x [,base = 10])	将一个数字或 base（代表进制）类型的字符串转换成整数
float(x)	将 x 转换为一个浮点数
complex(real [,imag])	创建一个复数

表 2.2 中列出的是数字类型之间的转换，其他类型之间也可以转换，如数字类型转换为字符串型，这些知识将在后面章节中讲解。

接下来演示数字类型之间的转换，如例 2-1 所示。

例 2-1　数字类型之间的转换。

```
1    a = 2.0
2    print(type(a))
3    print(int(a))              # 将浮点型转为整型
4    print(type(int(a)))
5    b = 2
6    print(type(b))
7    print(float(b))            # 将整型转为浮点型
8    print(type(float(b)))
9    c = complex(2.3, 1.2)      # 创建一个复数
10   print(c)
11   print(type(c))
```

运行结果如图 2.7 所示。

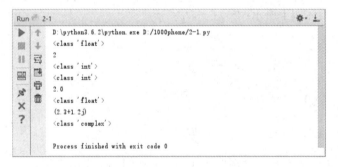

图 2.7　例 2-1　运行结果

在例 2-1 中，第 3 行使用 int()函数将浮点型数据转为整型数据并通过 print()函数输出，第 7 行使用 float()函数将整型数据转为浮点型数据并通过 print()函数输出，第 9 行使用 complex()函数创建复数 2.3+1.2j，可以认为将浮点数转为复数。

2.3　运　算　符

运算符是用来对变量或数据进行操作的符号，也称作操作符，操作的数据称为操作

数。运算符根据其功能可分为算术运算符、赋值运算符、比较运算符、逻辑运算符等。

2.3.1 算术运算符

算术运算符用来处理简单的算术运算，包括加、减、乘、除、取余等，具体如表 2.3
所示。

表 2.3 算术运算符

运　算　符	说　　　明	示　　　例	结　　　果
+	加	5 + 2	7
−	减	5 − 2	3
*	乘	5 * 2	10
/	除	5 / 2	2.5
%	取余	5 % 2	1
**	幂	5**2	25
//	取整	5 // 2	2

在表 2.3 中，注意除法与取整的区别。接下来演示两者的区别，如例 2-2 所示。

例 2-2 除法与取整的区别。

```
1    print(10/2)        # 除法
2    print(5/2)
3    print(5.0/2)
4    print(5/2.0)
5    print(10//2)       # 取整
6    print(5//2)
7    print(5.0//2)
8    print(5//2.0)
```

运行结果如图 2.8 所示。

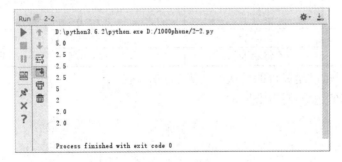

图 2.8 例 2-2 运行结果

在例 2-2 中，从运行结果可看出，进行除法运算的结果始终是浮点数，进行取整运
算的结果可能是整数，也可能是浮点数，只要两个操作数中有一个为浮点数，则结果就
为浮点数。

2.3.2 赋值运算符

在前面章节的学习中，程序中已多次使用赋值运算符，它的作用就是将变量或表达式的值赋给某一个变量，具体示例如下：

```
a = 13
b = a + 1    # b为14
```

如果需要为多个变量赋相同的值，可以简写为如下形式：

```
a = b = 13
```

上述语句等价于如下语句：

```
a = 13
b = 13
```

如果需要为多个变量赋不同的值，可以简写为如下形式：

```
a, b, c, d = 13, 3.14, 1 + 2j, True
```

输出 a、b、c、d 的值时，可以使用如下语句：

```
print(a, b, c, d)
```

除此之外，还有几种特殊的赋值运算符，如表 2.4 所示。

表 2.4　复合赋值运算符

运　算　符	说　　明	示　　例
+=	加等于	a += b 等价于 a = a + b
−=	减等于	a −= b 等价于 a = a − b
*=	乘等于	a *= b 等价于 a = a * b
/=	除等于	a /= b 等价于 a = a / b
%=	余等于	a %= b 等价于 a = a % b
**=	幂等于	a **= b 等价于 a = a ** b
//=	整除等于	a //= b 等价于 a = a // b

接下来演示赋值运算符的用法，如例 2-3 所示。

例 2-3　赋值运算符的用法。

```
1    a, b = 5, 2
2    a += b
3    print(a, b)
4    a -= b
5    print(a, b)
6    a *= b
7    print(a, b)
```

```
8   a /= b
9   print(a, b)
10  a **= b
11  print(a, b)
12  a //= b
13  print(a, b)
```

运行结果如图 2.9 所示。

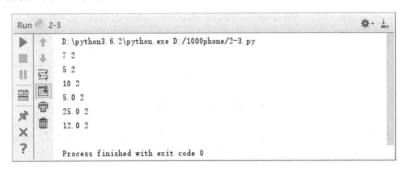

图 2.9 例 2-3 运行结果

在例 2-3 中，使用不同的赋值运算符对 a、b 进行运算，并将运算结果输出。从运行结果可发现，b 的值始终不变。

2.3.3 比较运算符

比较运算符就是对变量或表达式的结果进行比较。如果比较结果为真，则返回 True，否则返回 False。具体如表 2.5 所示。

表 2.5 比较运算符

运 算 符	说 明	示 例	结 果
==	等于	5 == 3	False
!=	不等于	5 != 3	True
>	大于	5 > 3	True
>=	大于或等于	5 >= 3	True
<	小于	5 < 3	False
<=	小于或等于	5 <= 3	False

接下来演示比较运算符的使用，如例 2-4 所示。

例 2-4 比较运算符的使用。

```
1   print(1 == 1)
2   print(1 == 2)
3   print(1 == True)
4   print(0 == False)
5   print(1.0 == True)
```

```
6    print(0.0 == False)
7    print((0.0 + 0.0j) == False)
```

运行结果如图 2.10 所示。

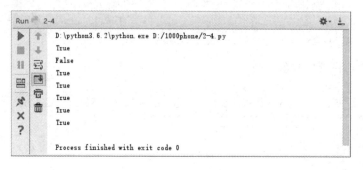

图 2.10　例 2-4 运行结果

在例 2-4 中，注意 1、1.0 与 True 进行等于运算后，结果为 True；0、0.0、0.0 + 0.0j 与 False 进行等于运算后，结果为 True。

2.3.4　逻辑运算符

逻辑运算符用来表示数学中的"与""或""非"运算，具体如表 2.6 所示。

表 2.6　逻辑运算符

运　算　符	说　　明	示　　例	结　　果
and	与	a and b	如果 a 的布尔值为 True，返回 b，否则返回 a
or	或	a or b	如果 a 的布尔值为 True，返回 a，否则返回 b
not	非	not a	a 为 False，返回 True；a 为 True，返回 False

在表 2.6 中，a、b 分别为表达式，通常都是使用比较运算符返回的结果作为逻辑运算符的操作数。此外，逻辑运算符也经常出现在条件语句和循环语句中。

接下来演示逻辑运算符的使用，如例 2-5 所示。

例 2-5　逻辑运算符的使用。

```
1    print(0 and 4)
2    print(False and 4)
3    print(1 and 4)
4    print(1 or 4)
5    print(True or 4)
6    print(0 or 4)
7    print((4 <= 5) and (4 >= 3))
8    print((4 >= 5) or (4 <= 3))
9    print(not 1)
```

运行结果如图 2.11 所示。

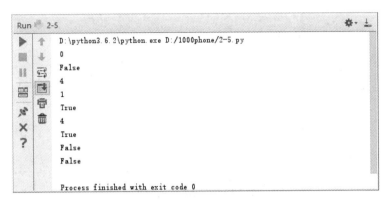

图 2.11 例 2-5 运行结果

在例 2-5 中，程序通过 print()函数输出各个逻辑表达式的值。

2.3.5 位运算符

位运算符是指对二进制位从低位到高位对齐后进行运算，具体如表 2.7 所示。

表 2.7 位运算符

运 算 符	说 明	示 例	结 果
&	按位与	a & b	a 与 b 对应二进制的每一位进行与操作后的结果
|	按位或	a | b	a 与 b 对应二进制的每一位进行或操作后的结果
^	按位异或	a ^ b	a 与 b 对应二进制的每一位进行异或操作后的结果
~	按位取反	~a	a 对应二进制的每一位进行非操作后的结果
<<	向左移位	a << b	将 a 对应二进制的每一位左移 b 位，右边移空的部分补 0
>>	向右移位	a >> b	将 a 对应二进制的每一位右移 b 位，左边移空的部分补 0

虽然运用位运算可以完成一些底层的系统程序设计，但 Python 程序很少涉及计算机底层的技术，因此这里只需要简单了解位运算即可。

接下来演示位运算符的使用，如例 2-6 所示。

例 2-6 位运算符的使用。

```
1    a, b = 7, 8
2    print(bin(a))    # 二进制形式 111
3    print(bin(b))    # 二进制形式 1000
4    print(bin(a & b))
5    print(bin(a | b))
6    print(bin(a ^ b))
7    print(bin(~a))
8    print(bin(a << 2))
9    print(bin(a >> 2))
```

运行结果如图 2.12 所示。

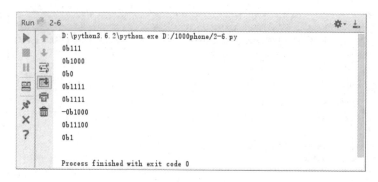

图 2.12　例 2-6 运行结果

在例 2-6 中，程序通过 print()函数输出各个位运算符参与表达式的值。bin()的作用是将数据转换为二进制形式。

2.3.6　成员运算符

成员运算符用于判断指定序列中是否包含某个值，具体如表 2.8 所示。

表 2.8　成员运算符

运　算　符	说　　　明
in	如果在指定序列中找到值，则返回 True，否则返回 False
not in	如果在指定序列中找到值，则返回 False，否则返回 True

接下来演示成员运算符的使用，如例 2-7 所示。

例 2-7　成员运算符的使用。

```
1    A = [1, 2, 3, 4]  # 列表
2    print(1 in A)
3    print(0 in A)
4    print(1 not in A)
5    print(0 not in A)
```

运行结果如图 2.13 所示。

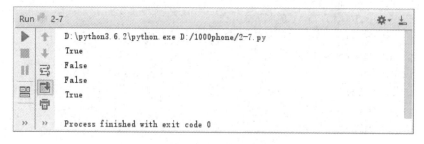

图 2.13　例 2-7 运行结果

在例 2-7 中，程序通过 print()函数输出每个成员运算符参与表达式的值。

2.3.7 身份运算符

身份运算符用于判断两个标识符是否引用同一对象，具体如表 2.9 所示。

表 2.9 身份运算符

运 算 符	说 明
is	如果两个标识符引用同一对象，则返回 True，否则返回 False
is not	如果两个标识符引用同一对象，则返回 False，否则返回 True

接下来演示身份运算符的使用，如例 2-8 所示。

例 2-8 身份运算符的使用。

```
1   a = b = 10   # a、b 都为 10
2   print(a is b)
3   print(a is not b)
4   b = 20          # b 修改为 20
5   print(a is b)
6   print(a is not b)
```

运行结果如图 2.14 所示。

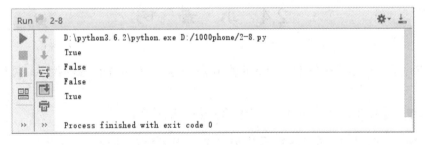

图 2.14 例 2-8 运行结果

在例 2-8 中，程序通过 print() 函数输出每个身份运算符参与表达式的值。

2.3.8 运算符的优先级

运算符的优先级是指在多种运算符参与运算的表达式中优先计算哪个运算符，与算术运算中"先乘除，后加减"是一样的。如果运算符的优先级相同，则根据结合方向进行计算。表 2.10 中列出了运算符优先级从高到低的顺序。

表 2.10 运算符优先级

运 算 符	说 明
**	幂
~	按位取反

续表

运　算　符	说　　明
*、/、%、//	乘、除、取余、整除
+、-	加、减
<<、>>	左移、右移
&	按位与
^	按位异或
|	按位或
<=、<、>、>=、==、!=	比较运算符
=、%=、/=、//=、*=、**=、+=、-+	赋值运算符
is、is not	身份运算符
in、not in	成员运算符
not	非运算符
and	与运算符
or	或运算符

Python 会根据表 2.10 中运算符的优先级确定表达式的求值顺序,同时还可以使用小括号"()"来控制运算顺序。小括号内的运算将最先计算,因此在程序开发中,编程者不需要刻意记忆运算符的优先级顺序,而是通过小括号来改变优先级以达到目的。

2.4　小　案　例

从键盘输入一个 3 位整数,计算并输出其百位、十位和个位上的数字,具体实现如例 2-9 所示。

例 2-9　输出 3 位整数的百位、十位和个位上的数字。

```
1    x = input('请输入一个三位整数: ')    # 从键盘输入字符串
2    x = int(x)                          # 将字符串转换为整数
3    a = x // 100                        # 获取百位上数字
4    b = x // 10 % 10                    # 获取十位上数字
5    c = x % 10                          # 获取个位上数字
6    print('百位:', a, '十位:', b, '个位:', c)
```

程序运行时,从键盘输入 356,则运行结果如图 2.15 所示。

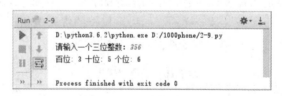

图 2.15　例 2-9 运行结果

在例 2-9 中,通过使用//和%运算符可以获取一个 3 位整数百位、十位和个位上的数字。在后面学习 map()函数后，还可以使用以下方法解决，具体如例 2-10 所示。

例 2-10 使用 map()函数获取一个 3 位整数百位、十位和个位上的数字。

```
1    x = input('请输入一个三位整数：')
2    a, b, c = map(int, x)
3    print('百位:', a, '十位:', b, '个位:', c)
```

程序运行时，从键盘输入 356，则运行结果如图 2.16 所示。

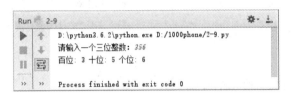

图 2.16 例 2-10 运行结果

暂无须掌握此种用法，等学习完 map()函数后，可再翻阅此处的例题（map()函数将在 8.6 节详细介绍）。

2.5 本 章 小 结

本章主要介绍了 Python 的基本语法，首先讲解标识符与关键字，接着讲解变量与数据类型，最后讲解运算符。本章的知识可能学习起来比较枯燥乏味，却是在将来开发过程中必须掌握的。

2.6 习 题

1. 填空题

（1）在 Python 中，单行注释以_____开始。

（2）标识符只能以_____开头。

（3）在 Python 中，使用_____来表示代码块。

（4）若 a = 2，b = 4，则(a or b)的值为_____。

（5）布尔型数据只有_____和 False 两种值。

2. 选择题

（1）下列整型数据用十六进制表示错误的是（　　）。

A. 0xac　　　　　B. 0X22　　　　　C. 0xB　　　　　D. 4fx

（2）下列选项中，不属于数字类型的是（　　）。

A. 整型　　　　　B. 浮点型　　　　　C. 复数型　　　　　D. 字符串型

（3）下列选项中，可以用来检测变量数据类型的是（　　　）。

    A．print()　　　　　　B．type()　　　　　　C．bin()　　　　　　　D．int()

（4）若 a = 7，b = 5，下列选项中正确的是（　　　）。

    A．a//b 的值为 1.4　　　　　　　　　B．a/b 的值为 1

    C．a**b 的值为 35　　　　　　　　　D．a%b 的值为 2

（5）下列表达式中值为 False 的选项是（　　　）。

    A．0 == False　　　　　　　　　　B．False == ""

    C．0.0 == False　　　　　　　　　　D．1.0 == True

3．思考题

（1）简述标识符与关键字的区别。

（2）Python 中有哪些数据类型？

4．编程题

编写程序，实现交换两个变量的值。

第 3 章

流程控制语句

本章学习目标
- 掌握 if-else 语句与 if-elif 语句。
- 掌握 while 语句与 for 语句。
- 掌握 break 语句与 continue 语句。

Python 程序设计中流程控制结构包括顺序结构、选择结构和循环结构，它们都是通过控制语句实现的。其中顺序结构不需要特殊的语句，选择结构需要通过条件语句实现，循环结构需要通过循环语句实现。

3.1 条 件 语 句

条件语句可以给定一个判断条件，并在程序执行过程中判断该条件是否成立。程序根据判断结果执行不同的操作，这样就可以改变代码的执行顺序，从而实现更多功能。例如，用户登录某电子邮箱软件，若账号与密码都输入正确，则显示登录成功界面，否则显示登录失败界面，如图 3.1 所示。

图 3.1 电子邮箱登录界面

Python 中的条件语句有 if 语句、if-else 语句和 if-elif 语句。接下来将针对这些条件语句进行详细讲解。

3.1.1 if 语句

if语句用于在程序中有条件地执行某些语句，其语法格式如下：

```
if 条件表达式:
    语句块 # 当条件表达式为 True 时，执行语句块
```

如果条件表达式的值为 True，则执行其后的语句块，否则不执行该语句块。if 语句的执行流程如图 3.2 所示。

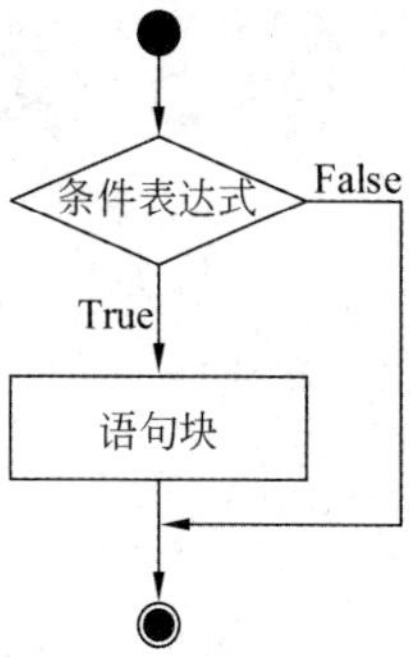

条件表达式
False
True
语句块

图 3.2 if 语句流程图

接下来演示 if 语句的用法，如例 3-1 所示。

例 3-1 if 语句的用法。

```
1   score = 90
2   if score >= 60:
3       print("真棒！")
4   print("您的分数为%d"%score)
```

运行结果如图 3.3 所示。

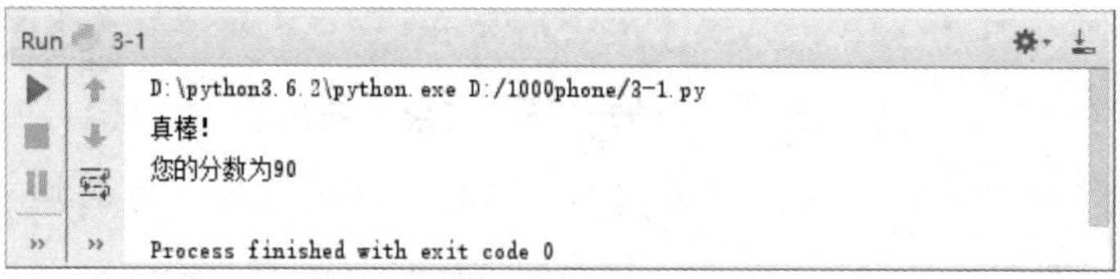

Run 3-1
D:\python3.6.2\python.exe D:/1000phone/3-1.py
真棒!
您的分数为90
Process finished with exit code 0

图 3.3 例 3-1 运行结果（一）

如果将变量 score 的值改为 50，则运行结果如图 3.4 所示。

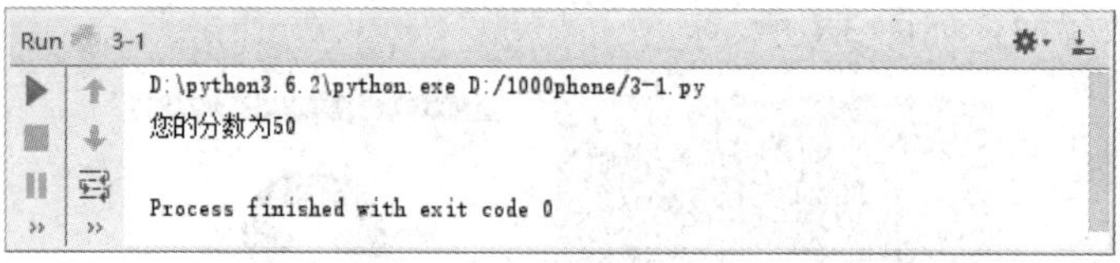

Run 3-1
D:\python3.6.2\python.exe D:/1000phone/3-1.py
您的分数为50
Process finished with exit code 0

图 3.4 例 3-1 运行结果（二）

在例 3-1 中，第 2 行判断 score 的值是否大于或等于 60。如果 score 的值大于或等于 60，执行第 3 行，否则不执行第 3 行。程序执行完 if 语句后，接着执行第 4 行代码。

3.1.2 if-else 语句

在使用 if 语句时，它只能做到满足条件时执行其后的语句块。如果需要在不满足条件时执行其他语句块，则可以使用 if-else 语句。

if-else 语句用于根据条件表达式的值决定执行哪块代码，其语法格式如下：

```
if 条件表达式:
```

```
    语句块 1  # 当条件表达式为 True 时,执行语句块 1
else:
    语句块 2  # 当条件表达式为 False 时,执行语句块 2
```

如果条件表达式的值为 True，则执行其后的语句块 1，否则执行语句块 2。if-else 语句的执行流程如图 3.5 所示。

接下来演示 if-else 语句的用法，如例 3-2 所示。

例 3-2 if-else 语句的用法。

```
1   score = 80
2   if score >= 60:
3       print("真棒！")
4   else:
5       print("加油!")
6   print("您的分数为%d"%score)
```

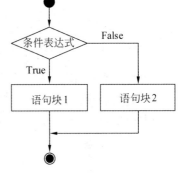

运行结果如图 3.6 所示。

图 3.5 if-else 语句流程图

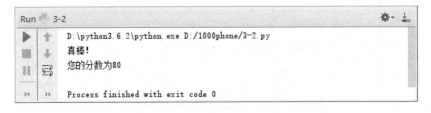

图 3.6 例 3-2 运行结果（一）

如果将变量 score 的值改为 50，则运行结果如图 3.7 所示。

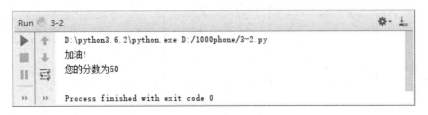

图 3.7 例 3-2 运行结果（二）

在例 3-2 中，第 2 行判断 score 的值是否大于或等于 60，如果 score 的值大于或等于 60，则执行第 3 行，否则执行第 5 行。程序执行完 if-else 语句后，接着执行第 6 行代码。

3.1.3 if-elif 语句

生活中经常需要进行多重判断。例如，考试成绩在 90～100 区间内，称为成绩爆表；在 80～90 区间内，称为成绩优秀；在 60～80 区间内，称为成绩及格；低于 60 的称为成绩堪忧。

在程序中，多重判断可以通过 if-elif 语句实现，其语法格式如下：

```
if 条件表达式 1:
    语句块 1  # 当条件表达式 1 为 True 时,执行语句块 1
elif 条件表达式 2:
    语句块 2  # 当条件表达式 2 为 True 时,执行语句块 2
...
elif 条件表达式 n:
    语句块 n  # 当条件表达式 n 为 True 时,执行语句块 n
```

当执行该语句时，程序依次判断条件表达式的值，当出现某个表达式的值为 True 时，则执行其对应的语句块，然后跳出 if-elif 语句继续执行其后的代码。if-elif 语句的执行流程如图 3.8 所示。

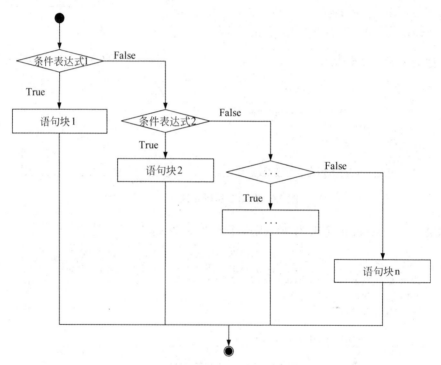

图 3.8　if-elif 语句流程图

接下来演示 if-elif 语句的用法，如例 3-3 所示。

例 3-3　if-elif 语句的用法。

```
1    score = 80
2    if 90 <= score <= 100:
3        print("成绩爆表! ")
4    elif 80 <= score < 90:
5        print("成绩优秀! ")
```

```
6    elif 60 <= score < 80:
7        print("成绩及格! ")
8    elif 0 <= score < 60:
9        print("成绩堪忧! ")
10   print("您的分数为%d"%score)
```

运行结果如图 3.9 所示。

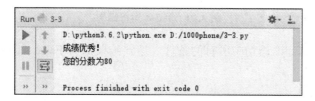

图 3.9　例 3-3 运行结果

在例 3-3 中，首先判断表达式 90 <= score <= 100 的结果为 False，然后接着判断表达式 80 <= score < 90 的结果为 True，则执行其后的语句块。最后，程序跳出 if-elif 语句，执行该语句后面的代码。

此外，if-elif 语句后还可以使用 else 语句，用来表示 if-elif 语句中所有条件不满足时执行的语句块，其语法格式如下：

```
if 条件表达式 1:
    语句块 1 # 当条件表达式 1 为 True 时,执行语句块 1
elif 条件表达式 2:
    语句块 2 # 当条件表达式 2 为 True 时,执行语句块 2
...
else:
    语句块 n # 当以上条件表达式均为 False 时,执行语句块 n
```

接下来演示 if-elif-else 语句的用法，如例 3-4 所示。

例 3-4　if-elif-else 语句的用法。

```
1    score = 120
2    if 90 <= score <= 100:
3        print("成绩爆表! ")
4    elif 80 <= score < 90:
5        print("成绩优秀! ")
6    elif 60 <= score < 80:
7        print("成绩及格! ")
8    elif 0 <= score < 60:
9        print("成绩堪忧! ")
10   else:
11       print("成绩有误! ")
12   print("您的分数为%d"%score)
```

运行结果如图 3.10 所示。

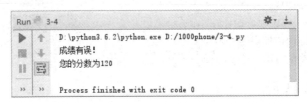

图 **3.10** 例 **3-4** 运行结果

在例 3-4 中，if-elif 语句中所有的条件表达式结果都为 False，因此程序将执行 else
语句块。

3.1.4 if 语句嵌套

if 语句嵌套是指 if、if-else 中的语句块可以是 if 或 if-else 语句，其语法格式如下：

```
# if 语句
if 条件表达式1:
    if 条件表达式2:      # 嵌套if语句
        语句块2
    if 条件表达式3:      # 嵌套if-else语句
        语句块3
    else:
        语句块4
# if-else 语句
if 条件表达式1:
    if 条件表达式2:      # 嵌套if语句
        语句块2
else:
    if 条件表达式3:      # 嵌套if-else语句
        语句块3
    else:
        语句块4
```

注意 if 语句嵌套有多种形式，在实际编程时需灵活使用。接下来演示 if 嵌套语句的
使用，如例 3-5 所示。

例 3-5 if 嵌套语句的用法。

```
1    a, b, c = 5, 8, 3
2    if a >= b:
3        if a >= c:
4            print("a、b、c 中最大的值为%d"%a)
5        else:
6            print("a、b、c 中最大的值为%d"%c)
```

```
7    else:
8        if b >= c:
9            print("a、b、c 中最大的值为%d"%b)
10       else:
11           print("a、b、c 中最大的值为%d"%c)
```

运行结果如图 3.11 所示。

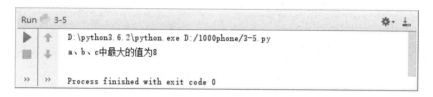

图 **3.11** 例 **3-5** 运行结果

在例 3-5 中，程序的功能是输出 a、b、c 中最大的值。第 2～6 行为 a 大于或等于 b 的情形，第 7～11 行为 a 小于 b 的情形。

3.2 循 环 语 句

循环的意思就是让程序重复地执行某些语句。在实际应用中，当碰到需要多次重复地执行一个或多个任务时，可考虑使用循环语句来解决。循环语句的特点是在给定条件成立时，重复执行某个程序段。通常称给定条件为循环条件，称反复执行的程序段为循环体。

3.2.1 while 语句

在 while 语句中，当条件表达式为 True 时，就重复执行语句块；当条件表达式为 False 时，就结束执行语句块。while 语句的语法格式如下：

```
while 条件表达式：
    语句块 # 此处语句块也称循环体
```

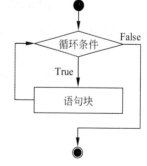

while 语句中循环体是否执行，取决于条件表达式是否为 True。当条件表达式为 True 时，循环体就会被执行，循环体执行完毕后继续判断条件表达式，如果条件表达式为 True，则会继续执行，直到条件表达式为 False 时，整个循环过程才会执行结束。while 语句的执行流程如图 3.12 所示。

接下来演示 while 语句的用法，如例 3-6 所示。

例 3-6 while 语句的用法。

图 **3.12** **while** 循环语句流程图

```
1    i, sum = 1, 0
2    while i < 101:
```

```
3        sum += i
4        i += 1
5    print("1 + 2 + ··· + 100 = %d"%sum)
```

运行结果如图 3.13 所示。

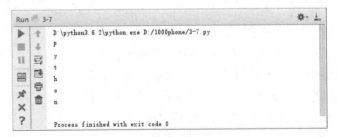

图 3.13   例 3-6 运行结果

在例 3-6 中，程序功能是实现 1～100 的累加和。当 i=1 时，i<101，此时执行循环体语句块，sum 为 1，i 为 2。当 i=2 时，i<101，此时执行循环体语句块，sum 为 3，i 为 3。以此类推，直到 i=101，不满足循环条件，此时程序执行第 5 行代码。

3.2.2   for 语句

for 语句可以循环遍历任何序列中的元素，如列表、元组、字符串等，其语法格式如下：

```
for 元素 in 序列:
    语句块
```

其中，for、in 为关键字，for 后面是每次从序列中取出的一个元素。接下来演示 for 语句的用法，如例 3-7 所示。

例 3-7   for 语句的用法。

```
1    for word in "Python":
2        print(word)
```

运行结果如图 3.14 所示。

```
Run   3-7
▶   ↑   D:\python3.6.2\python.exe D:/1000phone/3-7.py
■   ↓   P
||  ⮌   y
    ⮌   t
⊞   ⭓   h
✕   🗑   o
⚙       n
?
        Process finished with exit code 0
```

图 3.14   例 3-7 运行结果

在例 3-7 中，for 语句将字符串中的每个字符逐个赋值给 word，然后通过 print() 函数输出。

当需要遍历数字序列时，可以使用 range()函数，它会生成一个数列，接下来演示其用法，如例 3-8 所示。

例 3-8　range()函数的用法。

```
1    sum = 0
2    for i in range(1, 101):
3        sum += i
4    print("1 + 2 + ••• + 100 = %d"%sum)
```

运行结果如图 3.15 所示。

图 3.15　例 3-8 运行结果

在例 3-8 中，通过 range()函数可以生成一个 1～100 组成的数字序列，当使用 for 遍历时，依次从这个数字序列中取值。

3.2.3　while 与 for 嵌套

while 语句中可以嵌套 while 语句或 for 语句。接下来演示 while 语句中嵌套 while 语句，如例 3-9 所示。

例 3-9　while 语句中嵌套 while 语句。

```
1    i = 1
2    while i < 10:
3        j = 1
4        while j <= i:
5            print("%d×%d = %-3d"%(i, j, i*j), end = ' ')
6            j += 1
7        i += 1
8        print(end = '\n')
```

运行结果如图 3.16 所示。

```
Run    3-9
    D:\python3.6.2\python.exe D:/1000phone/3-9.py
    1×1 = 1
    2×1 = 2    2×2 = 4
    3×1 = 3    3×2 = 6    3×3 = 9
    4×1 = 4    4×2 = 8    4×3 = 12    4×4 = 16
    5×1 = 5    5×2 = 10    5×3 = 15    5×4 = 20    5×5 = 25
    6×1 = 6    6×2 = 12    6×3 = 18    6×4 = 24    6×5 = 30    6×6 = 36
    7×1 = 7    7×2 = 14    7×3 = 21    7×4 = 28    7×5 = 35    7×6 = 42    7×7 = 49
    8×1 = 8    8×2 = 16    8×3 = 24    8×4 = 32    8×5 = 40    8×6 = 48    8×7 = 56    8×8 = 64
    9×1 = 9    9×2 = 18    9×3 = 27    9×4 = 36    9×5 = 45    9×6 = 54    9×7 = 63    9×8 = 72    9×9 = 81

    Process finished with exit code 0
```

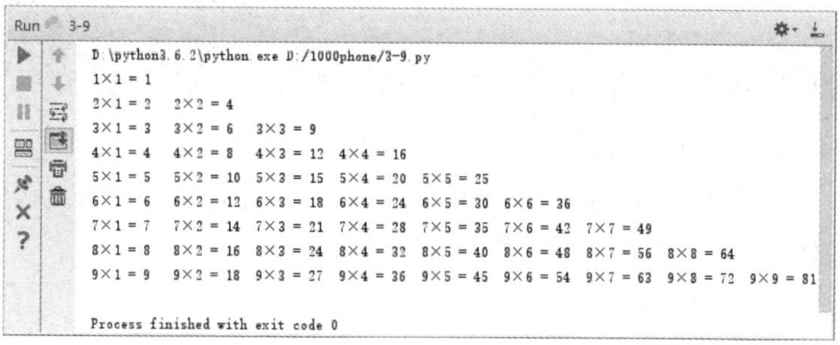

图 3.16　例 3-9 运行结果

在例 3-9 中，第 2～8 行为外层 while 循环，第 4～6 行为内层 while 循环，其中变量 i 控制行，变量 j 控制列，乘法表中的每一项可以表示为 i×j = i*j。

接下来演示 while 语句中嵌套 for 语句，如例 3-10 所示。

例 3-10 while 语句中嵌套 for 语句。

```
1    i = 1
2    while i < 10:
3        for j in range(1, i + 1):
4            print("%d×%d = %-3d"%(i, j, i*j), end = ' ')
5        i+= 1
6        print(end = '\n')
```

运行结果如图 3.17 所示。

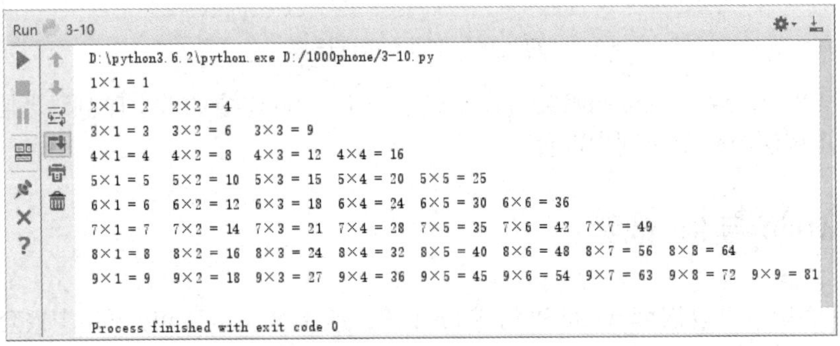

图 3.17 例 3-10 运行结果

在例 3-10 中，第 2～6 行为外层 while 循环，第 3～4 行为内层 for 循环，其中变量 i 控制行，变量 j 控制列，乘法表中的每一项可以表示为 i×j = i*j。

此外，for 语句中可以嵌套 while 语句或 for 语句。接下来演示 for 语句中嵌套 while 语句，如例 3-11 所示。

例 3-11 for 语句中嵌套 while 语句。

```
1    for i in range(1, 10):
2        j = 1
3        while j <= i:
4            print("%d×%d = %-3d"%(i, j, i*j), end = ' ')
5            j += 1
6        print(end = '\n')
```

运行结果如图 3.18 所示。

在例 3-11 中，第 1～6 行为外层 for 循环，第 3～5 行为内层 while 循环，其中变量 i 控制行，变量 j 控制列，乘法表中的每一项可以表示为 i×j = i*j。

接下来演示 for 语句中嵌套 for 语句，如例 3-12 所示。

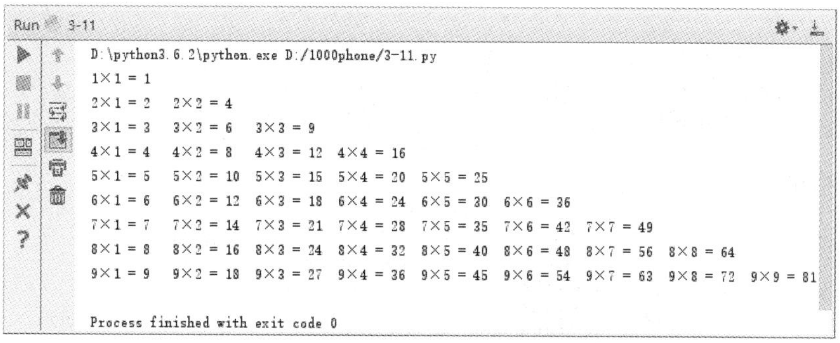

图 3.18　例 3-11 运行结果

例 3-12　for 语句中嵌套 for 语句。

```
1    for i in range(1, 10):
2        for j in range(1, i + 1):
3            print("%d×%d = %-3d"%(i, j, i*j), end = ' ')
4        print(end = '\n')
```

运行结果如图 3.19 所示。

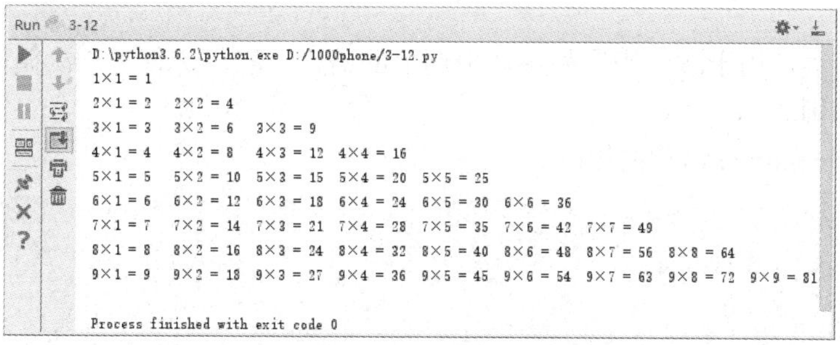

图 3.19　例 3-12 运行结果

在例 3-12 中，第 1～4 行为外层 for 循环，第 2～3 行为内层 for 循环，其中变量 i 控制行，变量 j 控制列，乘法表中的每一项可以表示为 i×j＝i*j。

3.2.4　break 语句

break 语句可以使程序立即退出循环，转而执行该循环外的下一条语句。如果 break 语句出现在嵌套循环的内层循环中，则 break 语句只会跳出当前层的循环。

接下来演示 break 语句的用法，如例 3-13 所示。

例 3-13　break 语句的用法。

```
1    i = 0
2    while True:
3        i += 1
4        print("第%d次循环开始"%i)
```

```
5        if i == 3:
6            break
7        print("第%d次循环结束"%i)
8    print("整个循环结束")
```

运行结果如图 3.20 所示。

图 3.20   例 3-13 运行结果

在例 3-13 中，while 语句中增加 if 条件语句。当 i 为 3 时，程序跳出循环。如果没有此 if 语句，程序会一直执行循环，直到计算机崩溃，这种循环称为无限循环。

3.2.5   continue 语句

continue 语句用于跳过当次循环体中剩余的语句，然后进行下一次循环。接下来演示其用法，如例 3-14 所示。

例 3-14   continue 语句的用法。

```
1    i = 0
2    while i < 3:
3        i += 1
4        print("第%d次循环开始"%i)
5        if i == 2:
6            continue
7        print("第%d次循环结束"%i)
8    print("整个循环结束")
```

运行结果如图 3.21 所示。

图 3.21   例 3-14 运行结果

在例 3-14 中，while 语句中增加了 if 条件语句。当 i 为 2 时，程序跳出第 2 次循环，接着开始执行第 3 次循环。

3.2.6　else 语句

else 语句除了可以与 if 语句搭配使用外，还可以与 while 语句、for 语句搭配使用，当条件不满足时执行 else 语句块，它只在循环结束后执行。接下来演示 for 语句搭配 else 语句用法，如例 3-15 所示。

例 3-15　for 语句搭配 else 语句的用法。

```
1    for n in range(1, 3):
2        print("第%d 次循环"%n)
3    else:
4        print("循环结束")
```

运行结果如图 3.22 所示。

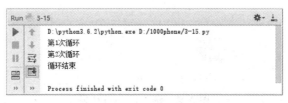

图 3.22　例 3-15 运行结果

在例 3-15 中，for 语句后添加 else 语句，从程序运行结果可看出，程序执行完 for 语句后，接着执行 else 语句。

此处需注意，while 语句或 for 语句中有 break 语句时，程序将会跳过 while 语句或 for 语句后的 else 语句，接下来演示这种情形，如例 3-16 所示。

例 3-16　for 语句中存在 break 语句。

```
1    for n in range(1, 4):
2        print("第%d 次循环"%n)
3        if n == 2:
4            break
5    else:
6        print("循环结束")
7    print("程序结束")
```

运行结果如图 3.23 所示。

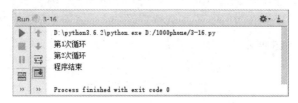

图 3.23　例 3-16 运行结果

在例 3-16 中，for 语句中出现 break 语句。当 n 为 2 时，程序跳出 for 循环，并且没有执行 else 语句。

3.2.7 pass 语句

在编写一个程序时，如果对部分语句块还没有编写思路，这时可以用 pass 语句来占位。它可以当作一个标记，表示未完成的代码块。

接下来演示 pass 语句的用法，如例 3-17 所示。

例 3-17 pass 语句的用法。

```
1    for n in range(1, 3):
2        pass
3        print("暂时没思路")
4    print("程序结束")
```

运行结果如图 3.24 所示。

图 3.24   例 3-17 运行结果

在例 3-17 中，当执行 pass 语句时，程序会忽略该语句，按顺序执行其他语句。

3.3 小 案 例

3.3.1 案例一

"鸡兔同笼问题"是我国古算书《孙子算经》中著名的数学问题，其内容是："今有雉（鸡）兔同笼，上有三十五头，下有九十四足，问雉兔各几何？"具体实现如例 3-18 所示。

例 3-18 鸡兔同笼问题。

```
1    for chicken in range(0, 36):
2        if 2 * chicken + (35 - chicken) * 4 == 94:
3            print('小鸡:', chicken, ' 小兔:', 35 - chicken)
```

运行结果如图 3.25 所示。

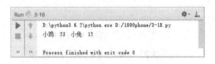

图 3.25   例 3-18 运行结果

在例 3-18 中，程序通过 for 循环依次判断 0～35 的整数是否满足第 2 行 if 语句的条件。如果满足该条件，程序就计算出鸡兔同笼的答案。

3.3.2　案例二

程序输入若干个学生某门课程成绩，求出这些学生成绩的平均值、最大值和最小值，具体实现如例 3-19 所示。

例 3-19　求学生成绩的平均值、最大值和最小值。

```
1   num, sum, max, min = 0, 0, 0, 100
2   while True:
3       str = input('请输入第%d位学生成绩:'%(num + 1))
4       if str == 'Q':
5           print('输入结束！')
6           break
7       score = int(str)
8       if score < 0 or score > 100:
9           print('输入有误,重新输入!')
10          continue
11      sum += score
12      num += 1
13      if score > max:
14          max = score
15      if score < min:
16          min = score
17  print('平均成绩:', sum * 1.0 / num)
18  print('最大值:', max, '最小值:', min)
```

运行结果如图 3.26 所示。

图 3.26　例 3-19 运行结果

在例 3-19 中，当输入 Q 时，程序结束循环。当输入的数字小于 0 或大于 100 时，程序结束本次循环。当输入的分数比最大值大时，程序将输入的分数赋值给最大值。当输入的分数比最小值小时，程序将输入的分数赋值给最小值。

3.4　本章小结

通过本章的学习，大家需熟练掌握条件语句与循环语句的使用。当需要对某种条件进行判断，并且为真或为假时分别执行不同的语句时，可以使用 if-else 语句。当需要检测的条件很多，可以使用 if-elif 语句。当需重复执行某些语句，并且能够确定执行的次数时，可以使用 for 语句；假如不能确定执行的次数，可以使用 while 语句。另外，continue 语句可以使当次循环结束，并从循环的开始处继续执行下次循环，break 语句会使循环直接结束。

3.5 习　　题

1. 填空题

（1）_____语句表示占位。
（2）_____语句是 if 语句与 else 语句的组合。
（3）_____语句可以使程序立即退出循环，转而执行该循环外的下一条语句。
（4）_____语句用于跳过当前循环体中剩余语句，然后继续进行下一次循环。
（5）_____语句用于进行多重判断。

2. 选择题

（1）每个 if 条件后需要使用（　　　）。
　　A. 冒号　　　　　　B. 分号　　　　　　C. 中括号　　　　　D. 大括号
（2）下列语句不能嵌套自身的是（　　　）。
　　A. if 语句　　　　B. else 语句　　　C. while 语句　　D. for 语句
（3）下列选项中，可以生成 1～5 的数字序列的是（　　　）。
　　A. range(0,5)　　B. range(1,5)　　C. range(1,6)　　D. range(0,6)
（4）下列语句不能单独使用的是（　　　）。
　　A. if 语句　　　　B. elif 语句　　　C. if-else 语句　　D. for 语句
（5）对于 for n in range(0,3):print(n)，共循环（　　　）次。
　　A. 4　　　　　　　B. 2　　　　　　　C. 0　　　　　　　D. 3

3. 思考题

（1）简述 else 语句可以与哪些语句配合使用。
（2）简述 break 语句与 continue 语句的区别。

4. 编程题

编写程序输出 1～100 的质数。

第4章

字　符　串

本章学习目标

- 掌握字符串的 3 种表现形式。
- 掌握字符串的输入与输出。
- 掌握字符串的索引与切片。
- 了解字符串的运算。
- 熟悉字符串常用函数。

字符串是由若干子串组成的序列，其主要用来表示文本，例如登录网站时输入的用户名与密码等。灵活地使用与处理字符串，对于 Python 程序员来说是非常重要的。

4.1　字符串简介

在汉语中，将若干个字连起来就是一个字符串，例如"千锋教育"就是一个由 4 个汉字组成的字符串。在程序中，字符串是由若干字符组成的序列。

4.1.1　字符串的概念

在前面的章节中，大家已接触过简单字符串，Python 中的字符串以引号包含为标识，具体有 3 种表现形式。

1. 使用单引号标识字符串

使用单引号标识的字符串中不能包含单引号，具体如下所示：

```
'xiaoqian'
'666'
'小千说:"坚持到感动自己，拼搏到无能为力"。'
```

2. 使用双引号标识字符串

使用双引号标识的字符串中不能包含双引号，具体如下所示：

```
"xiaoqian"
"666"
"I'll do my best."
```

3. 使用三引号标识字符串

使用 3 对单引号或 3 对双引号标识字符串可以包含多行，具体如下所示：

```
'''
坚持到感动自己
拼搏到无能为力
'''
"""
遇到 IT 技术难题
就上扣丁学堂
"""
```

这种形式的字符串经常出现在函数定义的下一行，用来说明函数的功能。

通常使用前两种形式创建字符串，之后需要通过变量引用字符串，具体示例如下：

```
name = "小千"
print(name)  # 输出小千
```

注意 Python 中的字符串不能被修改，具体示例如下：

```
name = "xiaoqian"
name[4] = 'f'    # 错误
print(name[4])   # 正确
```

虽然字符串不可以修改，但可以截取字符串一部分与其他字符串进行连接，具体示例如下：

```
str = "xiaoqian is a programmer."
print(str[0:14] + "girl")
```

上述示例中，str[0:14]截取"xiaoqian is a "，然后再与"girl"进行连接，最后输出 "xiaoqian is a girl"。字符串的截取与连接将会在后面详细讲解。

4.1.2　转义字符

字符串中除了可以包含数字字符、字母字符或特殊字符外，还可以包含转义字符。转义字符以反斜杠"\"开头，后跟若干个字符。转义字符具有特定的含义，不同于字符原有的意义，故称转义字符。表 4.1 列出了常用的转义字符及含义。

表 4.1 常用的转义字符及含义

转 义 字 符	说 明
\（在行尾时）	续行符
\\	反斜杠符
\n	回车换行
\t	横向制表符
\b	退格
\r	回车
\f	换页
\'	单引号符
\"	双引号符
\a	鸣铃
\ddd	1～3 位八进制数所代表的字符
\xhh	1～2 位十六进制数所代表的字符

在表 4.1 中，'\ddd'和'\xhh'都是用 ASCII 码表示一个字符，如'\101'和'\x41'都是表示字符'A'。转义字符在输出中有许多应用，如想在单引号标识的字符串中包含单引号，则可以使用如下语句：

```
str = 'I\'ll do my best.'
```

其中，"\"表示对单引号进行转义。当解释器遇到这个转义字符时就理解这不是字符串结束标记。如果想禁用字符串中反斜杠转义功能，可以在字符串前面添加一个 r，具体示例如下：

```
print(r'\n 表示回车换行')  # 输出\n 表示回车换行
```

4.2 字符串的输出与输入

在实际开发中，程序经常需要用户输入字符串并进行处理。字符串被处理完成后，又需要输出显示。上述过程就涉及字符串的输入与输出。

4.2.1 字符串的输出

最简单的字符串输出如下所示：

```
print("xiaoqian") # 输出 xiaoqian
```

此外，Python 支持字符串格式化输出，具体示例如下：

```
age = 18
print("小千的年龄为%d"%age)  # 输出小千的年龄为 18
```

字符串格式化是指按照指定的规则连接、替换字符串并返回新的符合要求的字符串，例如示例中 age 的内容 18 以整数形式替换到要显示的字符串中。字符串格式化的语法格式如下：

```
format_string % string_to_convert
format_string % (string_to_convert1, string_to_convert2, …)
```

其中，format_string 为格式标记字符串，包括固定的内容与待替换的内容，待替换的内容用格式化符号标明，string_to_convert 为需要格式化的数据。如果需要格式化的数据是多个，则需要使用小括号括起来并用逗号分隔。format_string 中常用的格式化符号如表 4.2 所示。

表 4.2　常用格式化符号

格式化符号	说　　明
%c	格式化字符
%s	格式化字符串
%d	格式化整数
%u	格式化无符号整型
%o	格式化无符号八进制数
%x	格式化无符号十六进制数（十六进制字母小写）
%X	格式化无符号十六进制数（十六进制字母大写）
%f 或%F	格式化浮点数字，可指定小数点后的精度
%e	用科学记数法格式化浮点数（e 使用小写显示）
%E	用科学记数法格式化浮点数（E 使用大写显示）
%g	由 Python 根据数字的大小自动判断转换为%e 或%f
%G	由 Python 根据数字的大小自动判断转换为%E 或%F
%%	输出%

接下来演示格式化符号的用法，如例 4-1 所示。

例 4-1　格式化符号的用法。

```
1    name, age, id, score = "小千", 18, 1, 95.5
2    print("学号:%d\n 姓名;%s\n 年龄:%d\n 成绩:%f"\
3        %(id, name, age, score))
```

运行结果如图 4.1 所示。

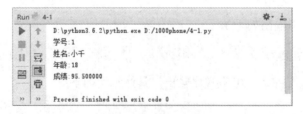

图 4.1　例 4-1 运行结果

在例 4-1 中，第 1 行定义 4 个变量，分别为 name、age、id、score。第 2 行在 print()

函数中格式标记字符串，第 3 行为需要格式化的数据。

除了表 4.2 中的格式化符号，有时还需要调整格式化符号的显示样式，例如是否显示正值符号 "+"，表 4.3 中列出了辅助格式化符号。

表 4.3　辅助格式化符号

辅助格式化符号	说　　明
*	定义宽度或小数点的精度
-	左对齐
+	对正数输出正值符号 "+"
#	在八进制数前显示 0，在十六进制前显示 0x 或 0X
m.n	m 是显示的最大总宽度，n 是小数点后的位数
<sp>	数字的大小不满足 m.n 时，用空格补位
0	数字的大小不满足 m.n 时，用 0 补位

接下来演示辅助格式化符号的用法，如例 4-2 所示。

例 4-2　辅助格式化符号的用法。

```
1    a, b = 65, 3.1415926
2    print("%#10x"%a)
3    print("%-#10X"%a)
4    print("%+d"%a)
5    print("%5.3f"%b)
6    print("%*.3f"%(5, b))
7    print("%5.*f"%(3, b))
```

运行结果如图 4.2 所示。

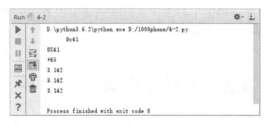

图 4.2　例 4.2 运行结果

在例 4-2 中，第 2 行输出字符串宽度为 10，并且以 0x 形式显示 65 对应的十六进制数，注意默认是右对齐的。第 3 行输出字符串宽度为 10，并且以 0X 形式显示 65 对应的十六进制数，注意 "-" 代表左对齐。第 4 行输出字符串中正值时前加 "+"。第 5 行输出字符串宽度为 5，显示的小数点精度为 3。第 6 行通过 * 设置显示宽度为 5。第 7 行通过 * 设置小数点精度为 3。

4.2.2　字符串的输入

在前面的程序中，字符串都是先定义后使用。如果需在程序运行时，通过键盘输入

字符串，则可以使用 input()函数。它表示从标准输入读取一行文本，默认的标准设备是
键盘，其语法格式如下：

```
input([prompt.])
```

其中，prompt 表示提示字符串，该函数将输入的数据作为字符串返回。

接下来演示其用法，如例 4-3 所示。

例 4-3 input()函数的用法。

```
1    name = input("请输入用户名：")
2    pwd = input("请输入密码：")
3    print("用户%s 的密码为%s"%(name, pwd))
4    print(type(name))
5    print(type(pwd))
```

运行结果如图 4.3 所示。

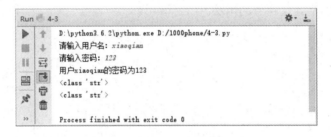

图 4.3 例 4-3 运行结果

在例 4-3 中，第 1 行与第 2 行分别通过 input()函数从键盘输入字符串并通过变量名
引用相应的字符串。第 3 行输出字符串。从运行结果可以看出，当从键盘输入 123 时，
pwd 最终的数据类型为字符串类型。

4.3 字符串的索引与切片

字符串可以通过运算符[]进行索引与切片，字符串中每个字符都对应两个编号（也
称下标），如图 4.4 所示。

str	w	w	w	.	q	f	e	d	u	.	c	o	m
index	0	1	2	3	4	5	6	7	8	9	10	11	12
	−13	−12	−11	−10	−9	−8	−7	−6	−5	−4	−3	−2	−1

图 4.4 字符串下标

在图 4.4 中，字符串 str 正向编号从 0 开始，代表第一个字符，依次往后；字符串 str
负向编号从-1 开始，代表最后一个字符，依次往前。因为编号可正可负，所以字符串中
的某个字符可以有两种方法索引，例如索引 str 中字符'q'，具体示例如下：

```
str[4]
str[-9]
```

上述两种形式都可以索引到字符'q'。

字符串切片是指从字符串中截取部分字符并组成新的字符串，并不会对原字符串做任何改动，其语法格式如下：

```
str[起始编号:结束编号:步长]
```

该语句表示从起始编号处开始，以指定步长进行截取，到结束编号的前一位结束。

接下来演示字符串的切片，如例4-4所示。

例4-4 字符串的切片。

```
1   str = "www.qfedu.com"
2   print(str[4:9])        # 默认步长为1
3   print(str[4:9:2])      # 设置步长为2
4   print(str[-9:-4])      # 默认步长为1
5   print(str[-9:-4:2])    # 设置步长为2
6   print(str[:])          # 整个字符串
7   print(str[:9])         # 等价于 str[0:9:1]
8   print(str[4:])         # 默认到字符串尾部（包括最后一个字符）
9   print(str[:-9])        # 从第一个字符到编号为-9的字符（不包括编号为-9的字符）
10  print(str[-4:])        # 从编号为-4的字符到最后一个字符（包括最后一个字符）
11  print(str[::-2])       # 从后往前,步长为2
```

运行结果如图4.5所示。

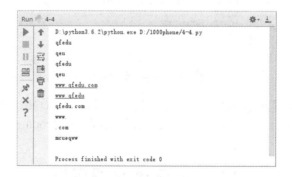

图4.5 例4-4运行结果

在例4-4中，每种形式中第一个冒号两边表示切片从何处开始及到何处结束，第二个冒号后表示步长。

4.4 字符串的运算

除了数字类型的数据可以参与运算外，字符串也可以参与运算，如4.3节中字符串通过[]运算符进行索引与切片，具体如表 4.4 所示。

表 4.4 字符串运算

运 算 符	说 明
+	字符串连接
*	重复字符串
[]	索引字符串中的字符
[:]	对字符串进行切片
in	如果字符串中包含给定字符，返回 True
not in	如果字符串中包含给定字符，返回 False
r 或 R	原样使用字符串

接下来演示字符串的运算，如例 4-5 所示。

例 4-5 字符串的运算。

```
1   str1, str2 = "扣丁", "学堂"
2   print(str1 + str2)
3   print(3 * (str1 + str2))
4   if "coding" in "coding.com":
5       print("coding is in coding.com")
6   else:
7       print("coding is not in coding.com")
```

运行结果如图 4.6 所示。

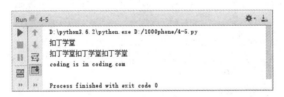

图 4.6 例 4-5 运行结果

在例 4-5 中，第 2 行输出两个字符串连接的结果，第 3 行输出两个字符串连接并重复 3 次的结果，第 4 行判断字符串"coding.com"中是否包含"coding"。

4.5 字符串常用函数

在程序开发中，字符串经常需要被处理，例如，求字符串的长度、大小写转换等。如果每次处理字符串时，都编写相应的代码，那么开发效率会非常低下，为此 Python 提供了一些内置函数用于处理字符串常见的操作。

4.5.1 大小写转换

Python 中涉及字符串大小写转换的函数，如表 4.5 所示。

表 4.5 大小写转换函数

函 数	说 明
upper()	将字符串中所有小写字母转换为大写
lower()	将字符串中所有大写字母转换为小写

上述两种方法都返回一个新字符串，其中的非字母字符保持不变。如果需要进行大小写无关的比较，则这两个函数非常有用。接下来演示其用法，如例 4-6 所示。

例 4-6 lower()函数的用法。

```
1    name = "xiaoqian"  # 假设用户名为 xiaoqian
2    str = input("请输入用户名（不区分大小写）：")
3    if str.lower() == name:
4        print("欢迎用户%s 登录"%name)
5    else:
6        print("用户名错误")
```

运行结果如图 4.7 所示。

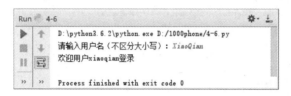

图 4.7 例 4-6 运行结果

在例 4-6 中，当程序运行时，用户通过键盘输入 XiaoQian。第 3 行将字符串 str 通过 lower()函数转换为小写并与 name 进行比较，如果相等，则登录成功，否则登录失败。

4.5.2 判断字符

Python 中提供了判断字符串中包含某些字符的函数，这些函数在处理用户输入的字符串时是非常方便的。这些函数都是以 is 开头，如表 4.6 所示。

表 4.6 判断字符函数

函 数	说 明
isupper()	如果字符串中包含至少一个区分大小写的字符，并且所有这些（区分大小写）字符都是大写，则返回 True，否则返回 False
islower()	如果字符串中包含至少一个区分大小写的字符，并且所有这些（区分大小写）字符都是小写，则返回 True，否则返回 False
isalpha()	如果字符串至少有一个字符并且所有字符都是字母，则返回 True，否则返回 False
isalnum()	如果字符串至少有一个字符并且所有字符都是字母或数字，则返回 True,否则返回 False
isdigit()	如果字符串只包含数字，则返回 True，否则返回 False
isspace()	如果字符串中只包含空白，则返回 True，否则返回 False
istitle()	如果字符串是标题化的，则返回 True，否则返回 False

接下来演示这些函数的基本用法，如例 4-7 所示。

例 4-7　判断字符函数的用法。

```
1    print("xiaoqian".islower())          # True
2    print("Xiaoqian".islower())          # 小写字母中有大写字母
3    print("xiaoqian6666".islower())      # True
4    print("XIAOQIAN".isupper())          # True
5    print("XIAOQiAN".isupper())          # 大写字母中有小写字母
6    print("XIAOQIAN6666".isupper())      # True
7    print("xiaoqian666".isalpha())       # 包含数字字符
8    print("xiaoqian666".isalnum())       # True
9    print("xianqian666".isdigit())       # 包含字母字符
10   print(" \t\n".isspace())             # True
11   print("Title".istitle())             # True
```

运行结果如图 4.8 所示。

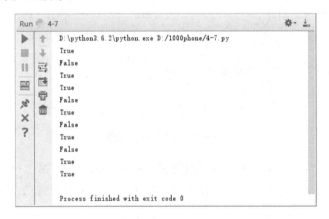

图 4.8　例 4-7 运行结果

在例 4-7 中，这些函数的返回值都为布尔值。接下来演示使用这些函数验证用户输入的密码是否符合格式要求，如例 4-8 所示。

例 4-8　验证密码是否符合格式要求。

```
1    while True:
2        pwd = input("请输入您的密码（必须包含数字与字母）：")
3        if pwd.isalnum() and (not pwd.isalpha()) and (not pwd.isdigit()):
4            print("您的密码为%s"%pwd)
5            break
6        else:
7            print("重新输入！")
```

运行结果如图 4.9 所示。

在例 4-8 中，程序通过循环判断用户输入的密码，其中必须包含数字与字母。从程序运行结果可看出，当输入的密码包含数字和字母时，程序才会退出循环；否则，一直提示用户输入密码。

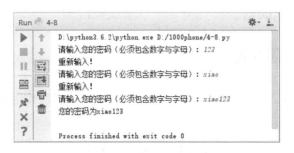

图 4.9 例 4-8 运行结果

4.5.3 检测前缀或后缀

在处理字符串时，有时需要检测字符串是否以某个前缀开头或以某个后缀结束，这时可以使用 startswith() 与 endswith() 函数，如表 4.7 所示。

表 4.7 检测前缀或后缀函数

函　　数	说　　明
startswith(prefix, beg=0,end=len(string))	检查字符串是否以 prefix 开头，如果是，则返回 True，否则返回 False。如果 beg 和 end 指定值，则在指定范围内检查
endswith(suffix, beg=0, end= len(string))	检查字符串是否以 suffix 结束，如果是，返回 True，否则返回 False。如果 beg 和 end 指定值，则在指定范围内检查

接下来演示这两个函数的用法，如例 4-9 所示。

例 4-9　startswith() 与 endswith() 函数的用法。

```
1    str = "www.codingke.com"
2    print(str.startswith("www"))
3    print(str.startswith("coding", 4))
4    print(str.endswith("com"))
5    print(str.endswith("ke", 0, 12))
```

运行结果如图 4.10 所示。

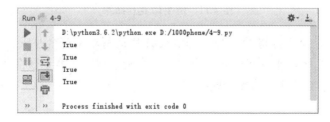

图 4.10 例 4-9 运行结果

在例 4-9 中，startswith() 与 endswith() 函数中后两个参数代表检测字符串的范围。这两个函数用于检测字符串开始或结束的部分是否等于另一个字符串，其作用与等于操作符类似，这使编程更加灵活。

4.5.4 合并与分隔字符串

在处理字符串时，有时需要合并与分隔字符串，这时可以使用 join() 与 split() 函数，如表 4.8 所示。

表 **4.8** 合并与分隔函数

函　　数	说　　明
join(seq)	以指定字符串作为分隔符，将 seq 中所有的元素（字符串表示）合并为一个新的字符串
split(str="", num=string.count(str))	以 str 为分隔符分隔字符串，如果 num 有指定值，则仅分隔 num 次

接下来演示这两个函数的用法，如例 4-10 所示。

例 4-10　join() 与 split() 函数的用法。

```
1    seq1 = "千锋教育"  # 字符串
2    print("|".join(seq1))
3    seq2 = ["千锋教育", "扣丁学堂", "好程序员特训营"] # 列表
4    print("-".join(seq2))
5    str3 = "千锋教育|扣丁学堂|好程序员特训营"
6    print(str3.split("|"))
7    print(str3.split("|", 1))
```

运行结果如图 4.11 所示。

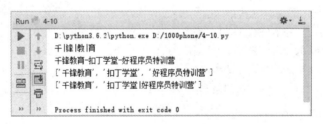

图 **4.11**　例 **4-10** 运行结果

在例 4-10 中，第 2 行将"|"与字符串 seq1 中的每个字符合并成一个新字符串。第 4 行将"-"与列表 seq2 中的每个元素合并成一个新字符串。第 6 行将字符串 str3 以"|"为分隔符进行分隔。第 7 行指定分隔次数为 1。

4.5.5　对齐方式

在处理字符串时，有时需要设置字符串对齐方式，这时可以使用 rjust()、ljust() 和

center()函数，如表 4.9 所示。

表 4.9　对齐方式函数

函　　数	说　　明
rjust(width,[, fillchar])	返回一个原字符串右对齐，并使用 fillchar（默认空格）填充至长度 width 的新字符串
ljust(width[, fillchar])	返回一个原字符串左对齐，并使用 fillchar（默认空格）填充至长度 width 的新字符串
center(width, fillchar)	返回一个原字符串居中，并使用 fillchar（默认空格）填充至长度 width 的新字符串

接下来演示这 3 个函数的用法，如例 4-11 所示。

例 4-11　对齐方式函数的用法。

```
1    str = "千锋教育"    # 字符串
2    print(str.rjust(10))
3    print(str.rjust(10, '$'))
4    print(str.ljust(10))
5    print(str.ljust(10, '$'))
6    print(str.center(10))
7    print(str.center(10, '$'))
```

运行结果如图 4.12 所示。

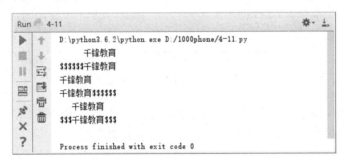

图 4.12　例 4-11 运行结果

在例 4-11 中，第 2 行设置宽度为 10、右对齐、空格填充方式显示新字符串。第 3 行设置宽度为 10、右对齐、$填充方式显示新字符串。后面的几个函数与前面函数的用法类似，在此不再赘述。

4.5.6　删除字符串头尾字符

在处理字符串时，有时需要删除字符串头尾的某些字符，这时可以使用 strip()、lstrip() 和 rstrip()函数，如表 4.10 所示。

表 4.10 删除字符串头尾字符函数

函　　数	说　　　　明
strip([chars])	删除字符串头尾指定的 chars 字符，默认删除空白字符
lstrip([chars])	删除字符串头部指定的 chars 字符，默认删除空白字符
rstrip()	删除字符串尾部指定的 chars 字符，默认删除空白字符

接下来演示这 3 个函数的用法，如例 4-12 所示。

例 4-12　删除字符串头尾字符函数的用法。

```
1    str1, str2, str3 = "\t 千锋教育\t", "***扣丁学堂***", "goodprogrammer"
2    print(str1.strip())
3    print(str2.strip('*'))
4    print(str3.strip('good'))
5    print(str3.strip('odg'))
6    print(str2.lstrip('*'))
7    print(str2.rstrip('*'))
```

运行结果如图 4.13 所示。

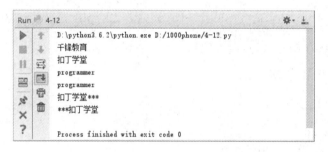

图 4.13　例 4-12 运行结果

在例 4-12 中，第 4 行与第 5 行输出的结果相同，说明在指定删除字符时，字符的顺序并不重要，只需保证包含的字符相同，便可得到想要的结果。

4.5.7　检测子串

在处理字符串时，有时需要检测字符串中是否包含某个子字符串，这时可以使用 find()函数，其语法格式如下：

```
find(str, beg = 0, end = len(string))
```

该函数检测 str 是否包含在检测字符串中。如果指定范围 beg 和 end，则检查是否包含在指定范围内。如果包含，则返回开始字符的下标值，否则返回−1。

接下来演示该函数的用法，如例 4-13 所示。

例 4-13　find()函数的用法。

```
1    str = "遇到 IT 技术难题,就上扣丁学堂"
```

```
2    print(str.find("IT"))
3    print(str.find("Python"))
4    print(str.find("扣丁学堂", 10))
5    print(str.find("扣丁学堂", 10, 14))
```

运行结果如图 4.14 所示。

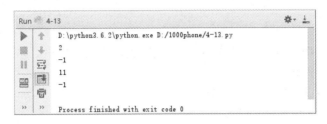

图 4.14 例 4-13 运行结果

在例 4-13 中，第 2 行在字符串 str 中查找是否包含 IT，结果返回 IT 在字符串中的下标。第 3 行在字符串 str 中查找是否包含 Python，结果返回-1，说明不包含。第 4 行指定查找范围从下标为 10 的字符开始到字符串结尾（包含最后一个字符）。第 5 行指定查找范围从下标为 10 的字符开始到下标为 14 的前一个字符结束。

除此之外，还可以通过 index()函数检测字串，其语法格式如下：

```
index(str, beg=0, end=len(string))
```

该函数的用法与 find()函数类似，两者的区别是：如果 str 不在字符串中，那么 index()函数会报一个异常。

接下来演示其用法，如例 4-14 所示。

例 4-14 index()函数的用法。

```
1    str = "遇到 IT 技术难题,就上扣丁学堂"
2    print(str.index("扣丁学堂", 10))
3    print(str.index("扣丁学堂", 10, 14))
```

运行结果如图 4.15 所示。

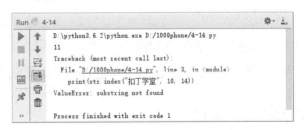

图 4.15 例 4-14 运行结果

在例 4-14 中，第 3 行在字符串 str 中没有检测到"扣丁学堂"，此时会抛出一个异常，如图 4.15 中显示的"ValueError: substring not found"。

4.5.8　替换子串

在文字处理软件中，都会有查找并替换的功能。在字符串中，可以通过 replace()函数来实现，其语法格式如下：

```
replace(old, new [, max])
```

该函数将字符串中 old 替换成 new 并返回新生成的字符串。如果指定第三个参数 max，则表示替换不超过 max 次。

接下来演示该函数的用法，如例 4-15 所示。

例 4-15　replace()函数的用法。

```
1    str = "Anything I do, I spend a lot of time."
2    print(str.replace('I', 'you'))
3    print(str.replace('I', 'you', 1))
```

运行结果如图 4.16 所示。

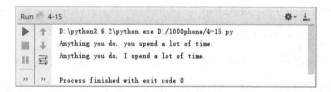

图 4.16　例 4-15 运行结果

在例 4-15 中，第 2 行将字符串 str 中所有的字符'I'替换为'you'，第 3 行将字符串 str 中的字符'I'只替换一次为'you'。

4.5.9　统计子串个数

在文字处理软件中，都会有统计某个词语出现次数的功能。在字符串中，可以通过 count()函数来实现，其语法格式如下：

```
count(str, beg = 0, end = len(string))
```

该函数返回 str 在字符串中出现的次数。如果指定 beg 或 end，则返回指定范围内 str 出现的次数。

接下来演示该函数的用法，如例 4-16 所示。

例 4-16　count()函数的用法。

```
1    str = "Anything I do, I spend a lot of time."
2    print(str.count('I'))
3    print(str.count('I', 0, 10))
```

运行结果如图 4.17 所示。

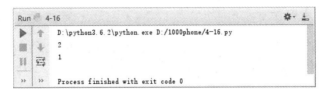

图 4.17　例 4-16 运行结果

在例 4-16 中，第 2 行统计字符串 str 中字符'T'出现的次数，第 3 行统计在下标为 0
到下标为 10 的前一位字符之间'T'出现的次数。

4.5.10　首字母大写

capitalize()函数用于将字符串的第一个字母变成大写，其他字母变成小写，其语法
格式如下：

```
capitalize()
```

接下来演示该函数的用法，如例 4-17 所示。

例 4-17　capitalize()函数的用法。

```
1    str = "Codingke is a great website."
2    print(str.capitalize())
```

运行结果如图 4.18 所示。

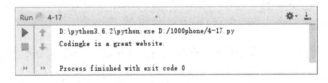

图 4.18　例 4-17 运行结果

从运行结果可看出，输出的字符串首字母变成大写并且其他字母变成小写。

4.5.11　标题化

title()函数可以将字符串中所有单词首字母大写，其他字母小写，从而形成标题，其
语法格式如下：

```
title()
```

接下来演示该函数的用法，如例 4-18 所示。

例 4-18　title()函数的用法。

```
1    str = "Qianfeng education"
```

```
2    print(str.title())
```

运行结果如图 4.19 所示。

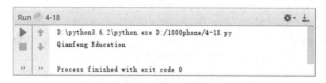

图 **4.19** 例 **4-18** 运行结果

从运行结果可看出，输出的字符串中每个单词首字母变成大写并且其他字母变成小写。

4.6 小 案 例

在注册网站时，用户经常需要设置密码，然后程序根据用户输入的密码判断安全级别，具体如下所示：

- 低级密码——包含单纯的数字或字母，长度小于等于 8。
- 中级密码——必须包含数字、字母或特殊字符（仅限：~!@#$%^&*()_=-/,.?<>;:[]{}|\）中的任意两种，长度大于 8。
- 高级密码——必须包含数字、字母及特殊字符（仅限：~!@#$%^&*()_=-/,.?<>;:[]{}|\）中的 3 种，长度大于 16。

接下来按照上述要求编写程序，如例 4-19 所示。

例 4-19 根据用户输入的密码判断安全级别。

```
1    # 字符分类,number 保存数字字符,letter 保存字母字符,symbols 保存其他字符
2    number = '0123456789'
3    letter = 'abcdefghijklmnopqrstuvwxyzABCDEFGHIJKLMNOPQRSTUVWXYZ'
4    symbols = r'''`!@#$%^&*()_+-=/*{}[]\|'";:/?,.<>'''
5    # 输入密码
6    pwd = input('请输入密码：')
7    # 判断长度
8    length = len(pwd)
9    # 如果输入的密码为空或空格,重新输入
10   while (pwd.isspace() or length == 0) :
11       pwd = input("您输入的密码为空（或空格），请重新输入：")
12   # 判断长度等级
13   if length <= 8:
14       lenGrade = 1
15   elif 8 < length < 16:
16       lenGrade = 2
17   else:
18       lenGrade = 3
```

```
19   # 标记字符等级
20   charGrade = 0
21   # 判断是否包含数字
22   for each in pwd:
23       if each in number:
24           charGrade += 1
25           break
26   # 判断是否包含字母
27   for each in pwd:
28       if each in letter:
29           charGrade += 1
30           break
31   # 判断是否包含特殊字符
32   for each in pwd:
33       if each in symbols:
34           charGrade += 1
35           break
36   # 判断并打印结果
37   if lenGrade == 1 or charGrade == 1 :
38       print("您的密码安全级别为: 低")
39   elif lenGrade == 2 or charGrade == 2 :
40       print("您的密码安全级别为: 中")
41   else :
42       print("您的密码安全级别为: 高")
```

运行结果如图 4.20 所示。

图 4.20　例 4-19 运行结果

在例 4-19 中，第 2～4 行定义了 3 个变量，分别存储了数字、字母和其他字符；第 13～18 行判断用户输入的字符长度并进行等级划分；第 22～35 行判断用户输入的是否包含数字、字母、其他字符并进行等级划分；第 37～42 行判断安全等级并输出结果。从图 4.20 中可看到输入的包含数字、字母及其他字符且长度大于 16，因此密码安全级别为高。

4.7　本章小结

本章主要介绍了 Python 中的字符串，首先讲解了字符串有 3 种表示方法及字符串中的转义字符，接着讲解了字符串的输入与输出以便与程序更好地交互，又讲解了字符串的索引与切片，最后讲解了字符串的运算及常用函数。通过本章的学习，应能熟练使用字符串的切片及常用函数。

4.8 习　题

1．填空题

（1）转义字符以_____开头。

（2）对字符串进行输出可以使用_____函数。

（3）对字符串进行输入可以使用_____函数。

（4）删除字符串头尾指定字符的函数是_____。

（5）_____运算符可以将两个字符串连接起来。

2．选择题

（1）下列不属于字符串的是（　　）。

　　A．qianfeng　　　B．'qianfeng'　　　C．"qianfeng"　　　D．"""qianfeng"""

（2）使用（　　）符号可以对字符串类型的数据进行格式化。

　　A．%d　　　　　B．%f　　　　　C．%e　　　　　D．%s

（3）下列函数可以返回某个子串在字符串中出现次数的是（　　）。

　　A．index()　　　B．count()　　　C．find()　　　D．replace()

（4）若函数 find()没有在字符串中找到子串，则返回（　　）。

　　A．原字符串　　　B．一个异常　　　C．0　　　　　D．−1

（5）若 str = "qianfeng"，则 print(str[3:7])输出（　　）。

　　A．nfen　　　　　B．nfeng　　　　　C．anfen　　　　　D．anfeng

3．思考题

（1）简述字符串的 3 种表现形式。

（2）简述字符串的切片。

4．编程题

输入一个字符串，分别统计出其中字母、数字和其他字符的个数。

第5章

chapter 5

列表与元组

本章学习目标
- 掌握列表的概念。
- 掌握列表的常用操作。
- 掌握列表解析。
- 掌握元组的概念。
- 掌握元组的操作。

第 4 章讲解的字符串是简单序列，即字符串中每个元素都是字符。除此之外，列表与元组也是序列，它们的元素可以是不同类型的数据，这使得程序处理不同类型的数据变得更加容易。

5.1 列表的概念

列表是 Python 以及其他语言中最常用到的数据类型之一。Python 中使用中括号[]来创建列表，具体示例如下：

```
student = [20190101, "小千", 18, 99.5]
```

5.1.1 列表的创建

列表是由一组任意类型的值组合而成的序列，组成列表的值称为元素，每个元素之间用逗号隔开，具体示例如下：

```
list1 = [1, 2, 3, 4, 5]                          # 元素为 int 型
list2 = ['千锋教育', '扣丁学堂', '好程序特训营']      # 元素为 String 型
list3 = ['小千', 18, 98.5]                        # 元素为混合类型
list4 = ['千锋教育', ['小千', 18, 98.5]]           # 列表嵌套列表
```

上述示例中，创建了 4 个列表，其中 list4 中嵌套了一个列表，正是由于列表中元素可以是任意类型数据，才使得数据表示更加简单。

此外，还可以创建一个空列表，具体示例如下：

```
list5 = []
```

大家可能会疑惑：创建一个空列表有什么作用？在实际开发中，可能无法提前预知列表中包含多少个元素及每个元素的值，只知道将会用一个列表来保存这些元素。当有了空列表后，程序就可以向这个列表中添加元素。此处需注意，列表中的元素是可变的，这意味着可以向列表中添加、修改和删除元素，如例 5-1 所示。

例 5-1　列表的简单使用。

```
1    name, age, score = '小千', 18, 95.5
2    list1 = [name, age, score]
3    print(list1)
4    name, age, score = '小锋', 20, 100
5    print(list1)
6    print(name, age, score)
7    list1[0] = name
8        print(list1)
```

运行结果如图 5.1 所示。

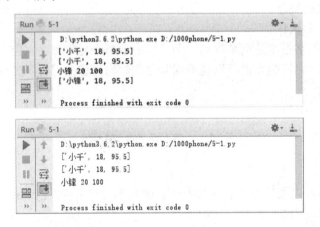

图 5.1　例 5-1 运行结果

在例 5-1 中，通过对比 list1 前后的打印值，可以观察到 list1 列表中的元素值是可以进行更改的（对比第 3 行打印值和第 8 行打印值）。由于 name 是不可变类型（字符串），所以在第 5 行打印 list1 数据时 name 还是更改前的值（涉及数据引用与不可变类型，后续章节将会讲解）。

此外，还可以通过 list()函数创建列表，如例 5-2 所示。

例 5-2　list()函数的用法。

```
1    list1 = list("qianfeng")
2    list2 = list(range(1,5))
3    list3 = list(range(5))
4    list4 = list(range(1, 5, 2))
5    print(list1)
6    print(list2)
7    print(list3)
8    print(list4)
```

运行结果如图 5.2 所示。

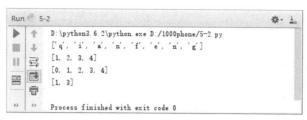

图 5.2 例 5-2 运行结果

在例 5-2 中，第 1 行将字符串中每个字符作为列表中的每个元素。第 2～4 行通过 range() 函数生成一系列整数作为列表的元素，range() 函数的用法如表 5.1 所示。

表 5.1 range() 函数

函 数	说 明
range(start,end)	返回一系列整数从 start 开始，到 end−1 结束，相邻两个整数差 1
range(end)	返回列一系列整数从 0 开始，到 end−1 结束，相邻两个整数差 1
range(start,end,step)	返回一系列整数从 start 开始，相邻两个整数差 step，结束整数不超过 end−1

5.1.2 列表的索引与切片

列表的索引与字符串的索引类似，都分为正向与反向索引，如图 5.3 所示。

list1 = [1, 2, 3, 4, 5, 6, 7, 8]

index	0	1	2	3	4	5	6	7
	−8	−7	−6	−5	−4	−3	−2	−1

图 5.3 列表索引

在图 5.3 中，列表中每一个元素都对应两个下标，例如索引列表中的元素 5，可以通过以下两种方式指定：

```
list1[4]
list1[-4]
```

列表的切片与字符串的切片也类似，列表的切片可以从列表中取得多个元素并组成一个新列表。接下来演示列表的切片，如例 5-3 所示。

例 5-3 列表的切片。

```
1    list1 = [1, 2, 3, 4, 5, 6, 7, 8]
2    print(list1[2:6])
3    print(list1[2:6:2])
4    print(list1[:6])
5    print(list1[2:])
6    print(list1[-6:-2])
7    print(list1[-6:-2:2])
8    print(list1[::-2])
```

运行结果如图 5.4 所示。

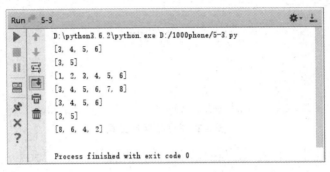

图 5.4　例 5-3 运行结果

在例 5-3 中，值得注意的是，对原列表进行切片操作后返回一个新列表，原列表并没有发生任何变化。

5.1.3　列表的遍历

前两个小节讲解了如何创建列表与索引列表中一个元素，那么如何遍历列表中所有元素？可以通过前面学习的 while 循环或 for 循环实现。

1. 通过 while 循环遍历列表

通过 while 循环遍历列表，需要使用 len()函数，该函数可以获取序列中元素的个数，具体示例如下：

```
print(len('qianfeng'))    # 输出 8
list = [1, 2, 3, 4]
print(len(list))          # 输出 4
```

这样就可以将 len()函数获取列表的个数作为 while 循环的条件，如例 5-4 所示。

例 5-4　通过 while 循环遍历列表。

```
1   list = ['千锋教育', '扣丁学堂', '好程序员特训营']
2   length, i = len(list), 0
3   while i < length:
4       print(list[i])
5       i += 1
```

运行结果如图 5.5 所示。

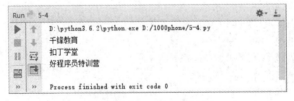

图 5.5　例 5-4 运行结果

在例 5-4 中，while 循环通过控制变量 i 来遍历列表中的元素。

2．通过 for 循环遍历列表

由于列表是序列的一种，因此通过 for 循环遍历列表非常简单，只需将列表名放在 for 语句中 in 关键词之后即可，如例 5-5 所示。

例 5-5　通过 for 循环遍历列表。

```
1    list = ['千锋教育', '扣丁学堂', '好程序员特训营']
2    for value in list:
3        print(value)
```

运行结果如图 5.6 所示。

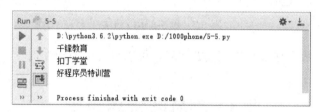

图 5.6　例 5-5 运行结果

在例 5-5 中，for 循环依次将列表中的元素赋值给 value 并通过 print()函数输出。

5.2　列表的运算

列表与字符串类似，也可以进行一些运算，如表 5.2 所示。

表 5.2　列表的运算符

运　算　符	说　　明
+	列表连接
*	重复列表元素
[]	索引列表中的元素
[:]	对列表进行切片
in	如果列表中包含给定元素，返回 True
not in	如果列表中包含给定元素，返回 False

接下来演示列表的运算，如例 5-6 所示。

例 5-6　列表的运算。

```
1    list1, list2 = ['千锋教育', '扣丁学堂'], ['好程序员特训营']
2    print(list1 + list2)
3    print(3 * list2)
4    print("扣丁学堂" in list2)
```

```
5   print("千锋教育" in list1)
6   name1, name2 = list1[0:]
7   name3, name4 = list1
8   print(name1, name2, name3, name4)
```

运行结果如图 5.7 所示。

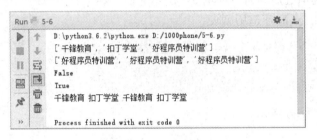

图 5.7　例 5-6 运行结果

在例 5-6 中，程序通过使用列表的运算，可以很方便地操作列表。

5.3　列表的常用操作

列表中存储了不同数据类型的元素，当创建完列表后，就需要对这些元素进行操作，例如添加元素、修改元素、删除元素、元素排序、统计元素个数等。本节讲解列表的常用操作。

5.3.1　修改元素

修改列表中的元素非常简单，只需索引需要修改的元素并对其赋新值即可，如例 5-7 所示。

例 5-7　修改列表中的元素。

```
1   list1, list2 = ['千锋教育', '扣丁学堂', '好程序员特训营'], [1, 2, 3]
2   list1[0], list1[1] = 'www.qfedu.com', 'www.codingke.com'
3   print(list1)
4   list1[1:] = list2[0:2]
5   print(list1)
```

运行结果如图 5.8 所示。

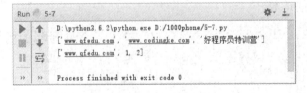

图 5.8　例 5-7 运行结果

在例 5-7 中，第 2 行通过分别对 list[0]、list[1]赋值来改变列表中元素的值，第 4 行通过切片对列表中元素进行赋值。

5.3.2 添加元素

向列表中添加元素的方法有多种，如表 5.3 所示。

表 5.3 添加元素函数

函 数	说 明
append(obj)	在列表末尾添加元素 obj
extend(seq)	在列表末尾一次性添加另一个序列 seq 中的多个元素
insert(index, obj)	将元素 obj 插入列表的 index 位置处

在表 5.3 中，每个函数的作用稍微有点区别。接下来演示其用法，如例 5-8 所示。

例 5-8 向列表中添加元素。

```
1  list1, list2 = [], ['www.qfedu.com', 'www.codingke.com']
2  list1.append('千锋教育')
3  print(list1)
4  list1.extend(list2)
5  print(list1)
6  list1.insert(1, '扣丁学堂')
7  print(list1)
```

运行结果如图 5.9 所示。

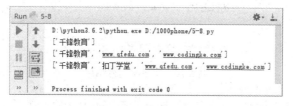

图 5.9 例 5-8 运行结果

在例 5-8 中，第 2 行通过 append()函数向空列表 list1 中添加元素'千锋教育'。第 4 行通过 extend()函数向列表 list1 末尾依次添加 list2 中的元素。第 6 行通过 insert()函数向列表 list1 中下标为 1 处添加元素'扣丁学堂'。

5.3.3 删除元素

在列表中删除元素的方法有多种，如表 5.4 所示。

表 5.4 删除元素函数

函 数	说 明
pop(index=-1)	删除列表中 index 处的元素（默认 index=-1），并且返回该元素的值

函　　数	说　　明
remove(obj)	删除列表中第一次出现的 obj 元素
clear()	删除列表中所有元素

接下来演示这 3 个函数的用法，如例 5-9 所示。

例 5-9　在列表中删除元素。

```
1    list = ['千锋教育', '扣丁学堂', '好程序员特训营', 'qfedu', 'codingke']
2    name = list.pop()
3    print(list, name)
4    name = list.pop(1)
5    print(list, name)
6    list.append('千锋教育')
7    print(list)
8    list.remove('千锋教育')
9    print(list)
10   list.clear()
11   print(list)
```

运行结果如图 5.10 所示。

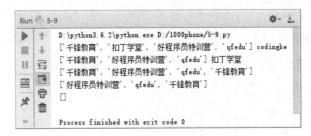

图 5.10　例 5-9 运行结果

在例 5-9 中，第 2 行通过 pop()函数删除列表 list 中最后一个元素并将删除的元素赋值给 name。第 4 行通过 pop()函数删除列表中下标为 1 处的元素并将删除的元素赋值给 name。第 6 行向列表中添加元素'千锋教育'，此时列表中有两个'千锋教育'。第 8 行删除列表中第一次出现的'千锋教育'这个元素。

5.3.4　查找元素位置

index()函数可以从列表中查找出某个元素第一次出现的位置，其语法格式如下：

```
index(obj, start = 0, end = -1)
```

其中，obj 表示需要查找的元素，start 表示查找范围的起始处，end 表示查找范围的结束处（不包括该处）。

接下来演示该函数的用法，如例 5-10 所示。

例 5-10　查找列表中元素的位置。

```
1    list = ['千锋教育', '扣丁学堂', '好程序员特训营', '扣丁学堂']
2    print(list.index('扣丁学堂'))
3    print(list.index('扣丁学堂', 2))
4    print(list.index('扣丁学堂', 1, 3))
```

运行结果如图 5.11 所示。

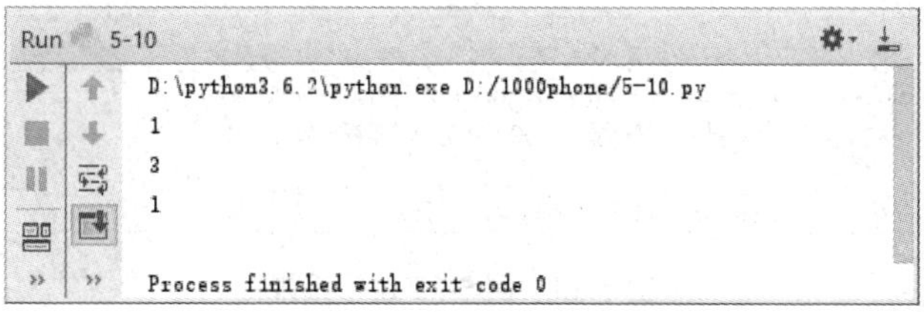

图 5.11　例 5-10 运行结果

在例 5-10 中，第 2 行查找整个列表中'扣丁学堂'第一次出现的位置。第 3 行查找列表下标在[2,−1]范围内'扣丁学堂'第一次出现的位置。第 4 行查找列表下标在[1,3)范围内'扣丁学堂'第一次出现的位置。

5.3.5　元素排序

如果需要对列表中的元素进行排序，则可以使用 sort()函数，如例 5-11 所示。

例 5-11　对列表中的元素进行排序。

```
1    list = [5, 9, 4, 7, 1, 8, 2]
2    list.sort()
3    print(list)
4    list.sort(reverse = True)
5    print(list)
```

运行结果如图 5.12 所示。

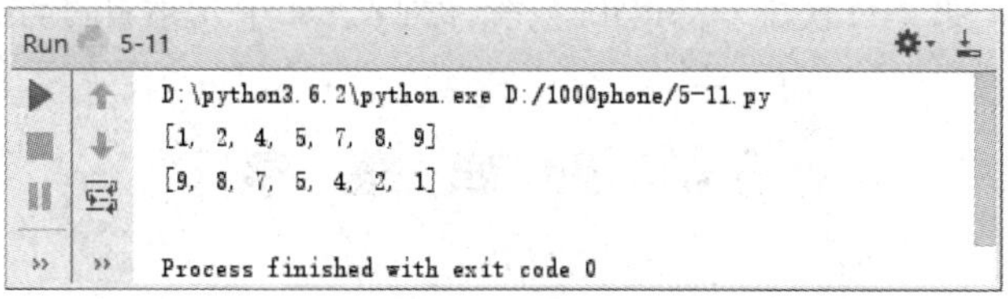

图 5.12　例 5-11 运行结果

在例 5-11 中，第 2 行使用 sort()函数对列表 list 中的元素进行排序，默认按从小到大进行排序。第 4 行设置参数 reverse = True，则列表中的元素按从大到小进行排序。

此外，对列表操作时，reverse()函数可以将列表中的元素反转（也称为逆序），如例 5-12 所示。

例 5-12　对列表中的元素进行反转。

```
1    list = ['千锋教育', '扣丁学堂', '好程序员特训营']
2    list.reverse()
3    print(list)
```

运行结果如图 5.13 所示。

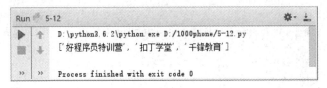

图 5.13　例 5-12 运行结果

在例 5-12 中，第 2 行使用 reverse()函数对列表 list 中的元素进行反转。

5.3.6　统计元素个数

count()函数可以统计列表中某个元素的个数，如例 5-13 所示。

例 5-13　统计列表中某个元素的个数。

```
1    list = ['千锋教育', '扣丁学堂', '好程序员特训营', '扣丁学堂']
2    print(list.count('扣丁学堂'))
```

运行结果如图 5.14 所示。

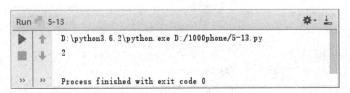

图 5.14　例 5-13 运行结果

在例 5-13 中，第 2 行使用 count()函数统计列表 list 中元素'扣丁学堂'的个数。

5.4　列表推导

根据前面学习的知识，已有一个包含 10 个整数的列表 list，创建一个新列表 newList，该列表中每个元素为 list 列表中每个元素的平方，如例 5-14 所示。

例 5-14　newList 列表中每个元素为 list 列表中每个元素的平方。

```
1    list = range(1, 11)
```

```
2    newList = []
3    for num in list:
4        newList.append(num ** 2)
5    print(newList)
```

运行结果如图 5.15 所示。

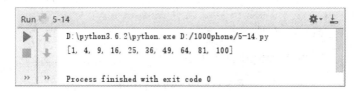

图 5.15　例 5-14 运行结果

在例 5-14 中，通过 for 循环遍历 list 中的每一个元素并计算出平方值，然后将平方值添加到列表 newList 中。

在 Python 中可以使用更简单的方法实现上述功能，如例 5-15 所示。

例 5-15　列表推导。

```
1    list = range(1, 11)
2    newList = [num ** 2 for num in list]
3    print(newList)
```

运行结果如图 5.16 所示。

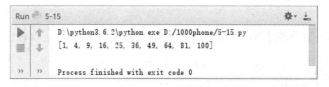

图 5.16　例 5-15 运行结果

在例 5-15 中，仅使用一行语句就完成例 5-14 中 3 行语句的功能，其中用到的知识就是列表推导，其语法格式如下：

```
[表达式 1 for k in L if 表达式 2]
```

该语句与下面的语句等价，具体如下所示：

```
List = []
for k in L:
    if 表达式 2:
        List.append(表达式 1)
```

其中，List 的元素由每一个"表达式 1"组成。if 语句用于过滤，可以省略。

接下来演示列表推导中含有 if 语句，如例 5-16 所示。

例 5-16　列表推导中含有 if 语句。

```
1    list = range(1, 11)
2    newList = [num ** 2 for num in list if num > 5]
3    print(newList)
```

运行结果如图 5.17 所示。

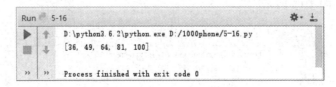

图 5.17   例 5-16 运行结果

在例 5-16 中，通过 if 条件语句过滤 list 列表中大于 5 的元素值，然后对该值进行平方并加入到 newList 列表中。

5.5   元   组

元组与列表类似，也是一种序列，不同之处在于元组中元素不能被改变，并且使用小括号中的一系列元素。

5.5.1   元组的创建

创建元组的语法非常简单，只需用逗号将元素隔开，具体示例如下：

```
tuple1 = 1, 2, 3, 4
tuple2 = 'xiaoqian', 18, 100
```

通常是通过小括号将元素括起来，具体示例如下：

```
tuple3 = (1, 2, 3, 4)
tuple4 = ('xiaoqian', 18, 100)
```

此外，还可以创建一个空元组，具体示例如下：

```
tuple5 = ()
```

接下来创建只包含一个元素的元组，创建方式有些特别，具体示例如下：

```
tuple6 = (1,)
```

注意此处逗号必须添加，如果省略，则相当于在一个小括号内输入了一个值。此处添加逗号后，就通知解释器，这是一个元组，具体示例如下：

```
tuple6 = (1,)
tuple7 = (1)
```

如果通过 print()函数将 tuple6 与 tuple7 分别进行输出，则得到以下结果：

```
(1,)
1
```

通过输出结果可得出，tuple6 为元组，tuple7 为一个整数。

5.5.2　元组的索引

元组可以使用下标索引来访问元组中的一个元素，也可以使用切片访问多个元素，如例 5-17 所示。

例 5-17　元组的索引。

```
1    tuple = ('千锋教育', '扣丁学堂', '好程序员特训营')
2    print(tuple[0])
3    tuple1 = tuple[0:-1]
4    print(tuple1)
5    tuple2 = tuple[1:]
6    print(tuple2)
```

运行结果如图 5.18 所示。

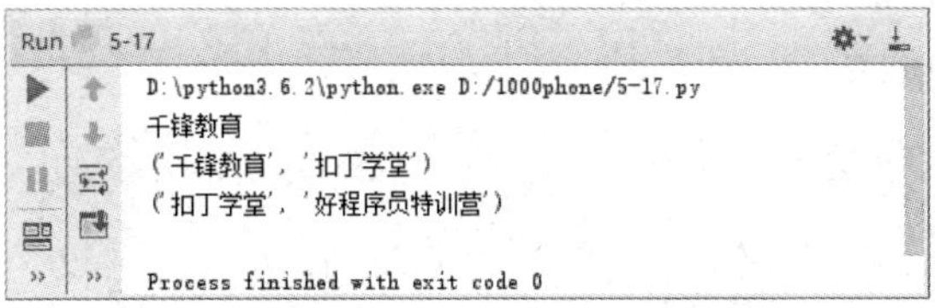

图 5.18　例 5-17 运行结果

在例 5-17 中，第 2 行通过下标索引访问元组中的元素。第 3 行与第 5 行对元组进行切片，元组的切片还是元组，就像列表的切片还是列表一样。

注意不能通过下标索引修改元组中的元素，具体示例如下：

```
tuple[0] = 'www.qfedu.com'  # 错误
```

上述语句运行时会报错，因为元组中的元素不能被修改。

初学者学习元组时，可能会疑惑既然有列表，为什么还需要元组，原因如下：

- 元组的速度比列表快。如果定义了一系列常量值，而所做的操作仅仅是对它进行遍历，那么一般使用元组而不是列表。
- 元组对需要修改的数据进行写保护，这样将使得代码更加安全。
- 一些元组可用作字典键。

5.5.3　元组的遍历

元组的遍历与列表的遍历类似，都可以通过 for 循环实现，如例 5-18 所示。

例 5-18 元组的遍历。

```
1   tuple = ('千锋教育', '扣丁学堂', '好程序员特训营')
2   for name in tuple:
3       print(name)
```

运行结果如图 5.19 所示。

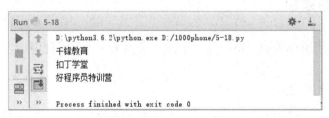

图 5.19 例 5-18 运行结果

在例 5-18 中，for 循环依次将列表中的元素赋值给 name 并通过 print()函数输出。

5.5.4 元组的运算

元组的运算与列表的运算类似，如例 5-19 所示。

例 5-19 元组的运算。

```
1   tuple1 = ('千锋教育', '扣丁学堂', '好程序员特训营')
2   tuple2 = ('qfedu', 'codingke')
3   print(tuple1 + tuple2)
4   print(tuple2 * 3)
5   print('千锋教育' in tuple1)
6   print('扣丁学堂' not in tuple2)
```

运行结果如图 5.20 所示。

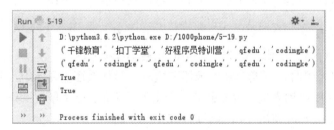

图 5.20 例 5-20 运行结果

5.5.5 元组与列表转换

list()函数可以将元组转换为列表，而 tuple()函数可以将列表转换为元组，如例 5-20

所示。

例 5-20 元组与列表的转换。

```
1    tuple1 = ('千锋教育', '扣丁学堂', '好程序员特训营')
2    list1 = list(tuple1)
3    print(list1)
4    tuple2 = tuple(list1)
5    print(tuple2)
```

运行结果如图 5.21 所示。

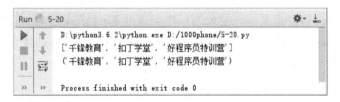

图 5.21 例 5-20 运行结果

在例 5-20 中，第 2 行通过 list()函数将元组 tuple1 转换为列表 list1，第 4 行通过 tuple() 函数将列表 list1 转换为元组 tuple2。

5.6 小 案 例

5.6.1 案例一

在某比赛中，共有 5 位评委给选手打分。计算选手得分时，去掉最高分与最低分，然后求其平均值，该值就是选手的得分，具体实现如例 5-21 所示。

例 5-21 求选手平均分。

```
1    score = []
2    for i in range(1,6):
3        num = float(input('%d 号评委打分：'%i))
4        score.append(num)
5    min = min(score)                # 获取最低分
6    max = max(score)                # 获取最高分
7    score.remove(min)               # 去除最低分
8    score.remove(max)               # 去除最高分
9    ave = sum(score) / len(score)   # 求平均值
10   print('选手最终得分为%.2f'%ave)
```

运行结果如图 5.22 所示。

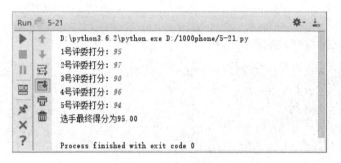

图 5.22　例 5-21 运行结果

在例 5-21 中，首先定义一个空列表，然后通过 for 循环依次往列表 score 中添加元素，直到 5 位评委得分都输入结束循环，接着从列表 score 中移除最大值与最小值，最后通过 sum()函数求和并除以元素个数得到平均分。

5.6.2　案例二

在 Python 中，矩阵可以用列表来表示，具体示例如下：

```
matrix = [
    [1, 3, 5],
    [2, 6, 8],
    [7, 9, 4]
]
```

示例中代表的矩阵如下所示：

$$matrix = \begin{pmatrix} 1 & 3 & 5 \\ 2 & 6 & 8 \\ 7 & 9 & 4 \end{pmatrix}$$

现要求通过代码将该矩阵进行转置，即变为如下形式：

$$matrix^T = \begin{pmatrix} 1 & 2 & 7 \\ 3 & 6 & 9 \\ 5 & 8 & 4 \end{pmatrix}$$

具体实现过程，如例 5-22 所示。

例 5-22　使用列表实现矩阵。

```
1    matrix = [
2        [1, 3, 5],
3        [2, 6, 8],
4        [7, 9, 4]
5    ]
6    print(matrix)
7    # 方法一
8    newMatrix = []
```

```
9   for i in range(len(matrix[0])):
10      newRow = []
11      for oldRow in matrix:
12          newRow.append(oldRow[i])
13      newMatrix.append(newRow)
14  print(newMatrix)
15  # 方法二
16  newMatrix = []
17  for i in range(len(matrix[0])):
18      newMatrix.append([row[i] for row in matrix])
19  print(newMatrix)
20  # 方法三
21  newMatrix = [[row[i] for row in matrix] for i in range(len(matrix[0]))]
22  print(newMatrix)
```

运行结果如图 5.23 所示。

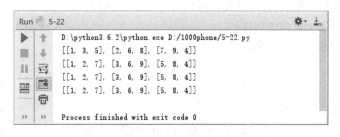

图 5.23　例 5-22 运行结果

在例 5-22 中，矩阵的表示方法可以看成是列表嵌套列表。第一种方法通过两层 for 循环完成矩阵的转置，每次从列表 matrix 的所有子列表中取一个元素作为另一个列表 newMatrix 的子列表。第二种方法与第三种方法使用了列表推导，本质还是 for 循环。

5.7　本　章　小　结

本章主要介绍了 Python 中的列表与元组，两者都是序列。列表使用中括号表示，其中的元素可以被修改，而元组使用小括号表示，其中的元素不能被修改。在实际开发中，应根据这两种序列的特点选择合适的类型。

5.8　习　　题

1. 填空题

（1）列表使用＿＿＿＿＿＿＿括号表示。

（2）元组使用_____括号表示。

（3）_____函数可以删除列表中最后一个元素。

（4）_____函数可以对列表中的元素进行排序。

（5）_____函数可以将列表转换为元组。

2．选择题

（1）下列属于列表的是（   ）。

    A．1, 2, 3, 4   B．[1, 2, 3, 4]   C．{1, 2, 3, 4}   D．(1, 2, 3, 4)

（2）若 list = [2, 3, 1, 4]，在经过 list.reverse() 操作后，list 为（   ）。

    A．(4, 1, 3, 2)   B．(3, 2, 4, 1)   C．[4, 1, 3, 2]   D．[3, 2, 4, 1]

（3）下列不属于元组的是（   ）。

    A．'a', 'b', 'c'   B．1, 2, 3   C．['a', 'b', 'c']   D．(1, 2, 3)

（4）若 tuple = (2, 3, 1, 4)，则 list(tuple) 返回（   ）。

    A．[2, 3, 1, 4]   B．(2, 3, 1, 4)   C．2, 3, 1, 4   D．None

（5）若 a = (2)，则 print(a) 输出（   ）。

    A．(2, 0)   B．(2,)   C．None   D．2

3．思考题

（1）简述列表与元组的区别。

（2）若 a = [1]，则 a.append(['a', 'b'])与 a.extend(['a', 'b'])实现的效果一样吗？

4．编程题

水仙花数是指一个 n 位数（n≥3），它的每位上的数字的 n 次幂之和等于它本身。例如：$1^3+5^3+3^3=153$。求 100～999 之间所有的水仙花数。

第6章

字典与集合

本章学习目标
- 理解字典的概念。
- 掌握字典的创建。
- 掌握字典的常用操作。
- 了解集合的概念。
- 了解集合的常用操作。

列表与元组都是通过下标索引元素，由于下标不能代表具体的含义，为此 Python 提供了另一种数据类型——字典，这为编程带来了极大的便利。此外，Python 还提供了一种数据类型——集合，其最大特点是元素不能重复出现，因此通常用来处理元素的去重操作。

6.1 字典的概念

在现实生活中，字典可以查询某个词的语义，即词与语义建立了某种关系，通过词的索引便可以找到对应的语义，如图 6.1 所示。

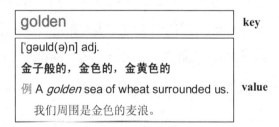

图 6.1 字典

在 Python 中，字典也如现实生活中的字典一样，使用词-语义进行数据的构建，其中词对应键（key），词义对应值（value），即键与值构成某种关系，通常将两者称为键值对，这样通过键可以快速找到对应的值。

字典是由元素构成的，其中每个元素都是一个键值对，具体示例如下：

```
student = {'name': '小千', 'id': 20190101, 'score': 98.5}
```

示例中，字典由 3 个元素构成，元素之间用逗号隔开，整体用大括号括起来。每个元素是一个键值对，键与值之间用冒号隔开，如'name':'xiaoqian', 'name'是键，'xiaoqian'是值。

因为字典是通过键来索引值的，所以键必须是唯一的，而值并不唯一，具体示例如下：

```
student = {'name': '小千', 'name': '小锋', 'score1': 98.5, 'score2': 98.5}
```

示例中，字典中有两个元素的键为'name'，有两个元素的值为 98.5。若通过print(student)输出字典，则得到以下输出结果：

```
{'name': '小锋', 'score1': 98.5, 'score2': 98.5}
```

从上述结果可看出，如果字典中存在相同键的元素，那么只会保留后面的元素。

另外，键不能是可变数据类型，如列表，而值可以是任意数据类型，具体示例如下：

```
student = {['name', 'alias']: '小千'}  # 错误
```

上述语句在程序运行时会引发错误。

通过上面的学习，可以总结出字典具有以下特征：

- 字典中的元素是以键值对的形式出现的。
- 键不能重复，而值可以重复。
- 键是不可变数据类型，而值可以是任意数据类型。

6.2 字典的创建

了解了字典的概念后，接下来创建一个字典，具体示例如下：

```
dict1 = {}
```

上述语句创建了一个空字典，也可以在创建字典时指定其中的元素，具体示例如下：

```
dict2 = {'name': '小千', 'id': 20190101, 'score': 98.5}
```

字典中值可以取任何数据类型，但键必须是不可修改的，如字符串、元组，具体示例如下：

```
dict3 = {20190101: ['小千', 100], (1101, '大一'):['小锋', 99]}
```

此外，还可以使用 dict()创建字典，如例 6-1 所示。

例 6-1 使用 dict()创建字典。

```
1    items = [('name', '小千'), ('score', 98)] # 列表
2    d = dict(items)
3    print(d)
```

运行结果如图 6.2 所示。

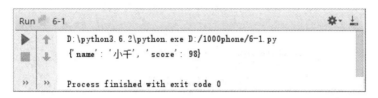

图 6.2 例 6-1 运行结果

在例 6-1 中，第 1 行定义一个列表，列表中的每个元素为元组。第 2 行通过 dict() 将列表转换为字典并赋值给 d。

此外，dict() 还可以通过设置关键字参数创建字典，如例 6-2 所示。

例 6-2 dict() 通过设置关键字参数创建字典。

```
1    d = dict(name = '小千', score = 98)
2    print(d)
```

运行结果如图 6.3 所示。

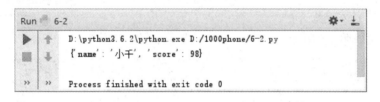

图 6.3 例 6-2 运行结果

在例 6-2 中，第 1 行通过设置 dict() 中参数来指定创建字典的键值对。

6.3 字典的常用操作

在实际开发中，字典使得数据表示更加完整，因此它是应用最广的一种数据类型。想要熟练运用字典，就必须熟悉字典中常用的操作。

6.3.1 计算元素个数

字典中元素的个数可以通过 len() 函数来获取，如例 6-3 所示。

例 6-3 通过 len() 函数获取字典中元素的个数。

```
1    dict = {'qfedu':'千锋教育', 'codingke':'扣丁学堂'}
2    print(len(dict))
```

运行结果如图 6.4 所示。

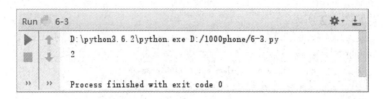

图 6.4　例 6-3 运行结果

在例 6-3 中，第 2 行通过 len() 函数计算元素个数并通过 print() 函数输出。

6.3.2　访问元素值

列表与元组是通过下标索引访问元素值，字典则是通过元素的键来访问值，如例 6-4 所示。

例 6-4　访问字典的元素值。

```
1    dict = {'qfedu':'千锋教育', 'codingke':'扣丁学堂'}
2    print(dict['qfedu'])
3    print(dict['codingke'])
```

运行结果如图 6.5 所示。

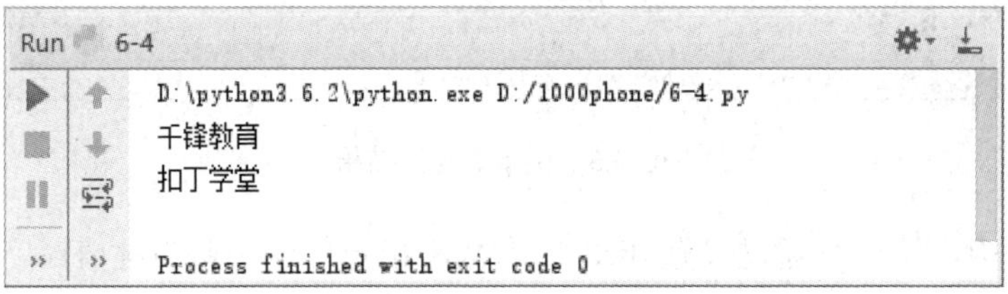

```
Run      6-4                                                  ☼ ⌄  ⌄
▶    ↑    D:\python3.6.2\python.exe D:/1000phone/6-4.py
■    ↓    千锋教育
‖    ⇄    扣丁学堂

»    »    Process finished with exit code 0
```

图 6.5　例 6-4 运行结果

在例 6-4 中，第 2 行与第 3 行通过键访问所对应的值并通过 print() 函数输出。如果访问不存在的键，则运行时程序会报错。

有时不确定字典中是否存在某个键而又想访问该键对应的值，则可以通过 get() 函数实现，如例 6-5 所示。

例 6-5　get() 函数的用法。

```
1    dict = {'qfedu':'千锋教育', 'codingke':'扣丁学堂'}
2    name1 = dict.get('goodProgrammer')   # 不存在该键时，返回 None,而不是报错
3    print(name1)
4    name2 = dict.get('qfedu')            # 存在该键时，返回对应的值
5    print(name2)
6    name3 = dict.get('1000phone', '千锋') # 不存在该键时，返回指定值，即第二个参数
7    print(name3)
```

运行结果如图 6.6 所示。

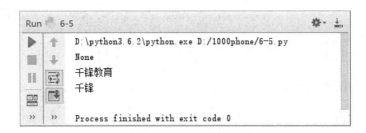

图 6.6　例 6-5 运行结果

在例 6-5 中，第 2 行通过 get()函数获取'goodProgrammer'对应的值，字典中不存在这个键，此时返回 None，而不是报错。第 4 行通过 get()函数获取'qfedu'对应的值，字典中存在这个键，此时返回'千锋教育'。第 6 行通过 get()函数获取'1000phone'对应的值，字典中不存在这个键，此时返回指定值'千锋'。

6.3.3　修改元素值

字典中除了通过键访问值外，还可以通过键修改值，如例 6-6 所示。

例 6-6　修改字典中元素的值。

```
1    std = {'name':'小千', 'score':100}
2    print(std)
3    std['name'] = '小锋'
4    std['score'] = 99
5    print(std)
```

运行结果如图 6.7 所示。

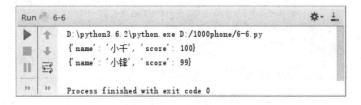

图 6.7　例 6-6 运行结果

在例 6-6 中，第 3 行与第 4 行通过键修改所对应的值。从运行结果可发现，修改后字典中的元素发生了变化。

6.3.4　添加元素

通过键修改值时，如果键不存在，则会在字典中添加该键值对，如例 6-7 所示。

例 6-7　向字典中添加元素。

```
1    std = {'name':'小千', 'score':100}
```

```
2    std['name'] = '小锋'      # 该键存在,修改键对应的值
3    std['age'] = 18           # 该键不存在,添加该键值对
4    print(std)
```

运行结果如图 6.8 所示。

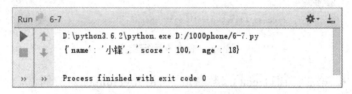

图 6.8　例 6-7 运行结果

在例 6-7 中，第 2 行修改键'name'所对应的值为'小锋'，第 3 行将键值对（'age':18）添加到字典中。

此外，还可以通过 update()函数修改某键对应的值或添加元素，如例 6-8 所示。

例 6-8　update()函数的用法。

```
1    std = {'name':'小千', 'score':100}
2    new = {'name':'小锋'}
3    std.update(new)  # 修改键所对应的值
4    print(std)
5    add = {'age':18}
6    std.update(add)  # 添加元素
7    print(std)
```

运行结果如图 6.9 所示。

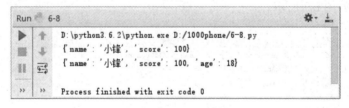

图 6.9　例 6-8 运行结果

在例 6-8 中，第 3 行修改键'name'所对应的值为'小锋'，第 6 行将键值对（'age':18）添加到字典 std 中。

6.3.5　删除元素

删除字典中的元素可以通过"del 字典名[键]"实现，如例 6-9 所示。

例 6-9　删除字典中的元素。

```
1    std = {'name':'小千', 'score':100}
2    del std['score']
```

```
3    print(std)
```

运行结果如图 6.10 所示。

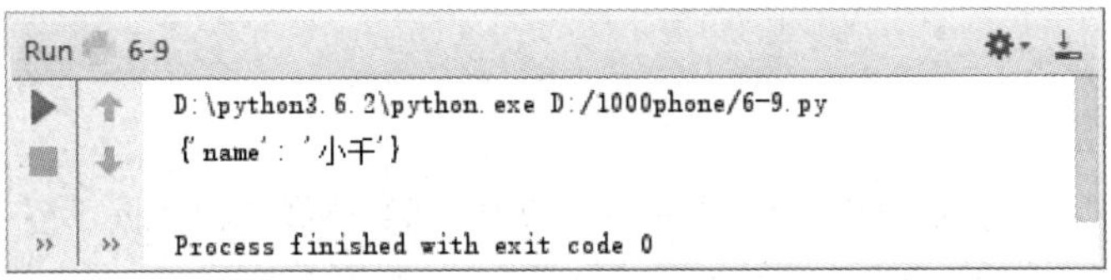

```
Run     6-9
  ▶  ↑   D:\python3.6.2\python.exe D:/1000phone/6-9.py
  ■  ↓   {'name': '小千'}
  »  »   Process finished with exit code 0
```

图 6.10   例 6-9 运行结果

在例 6-9 中，第 2 行通过 del 删除字典中的键值对（'score':100）。

如果想删除字典中所有元素，则可以使用 clear() 实现，如例 6-10 所示。

例 6-10   删除字典中的所有元素。

```
1    std = {'name': '小千', 'score': 100}
2    std.clear()
3    print(std)
```

运行结果如图 6.11 所示。

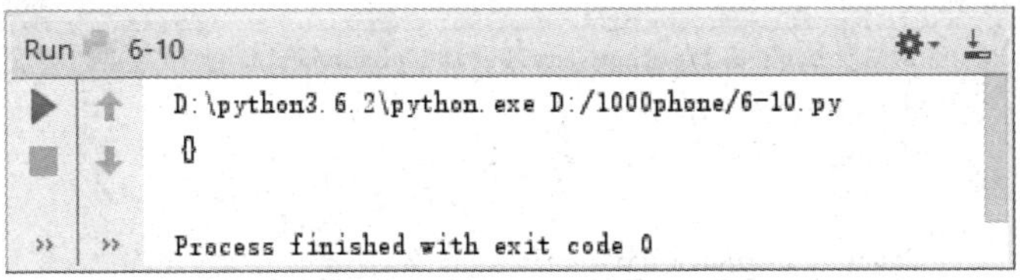

```
Run     6-10
  ▶  ↑   D:\python3.6.2\python.exe D:/1000phone/6-10.py
  ■  ↓   {}
  »  »   Process finished with exit code 0
```

图 6.11   例 6-10 运行结果

在例 6-10 中，第 2 行通过 clear() 删除字典中所有的元素，此时该字典是一个空字典。

注意使用 "del 字典名" 可以删除字典，删除后，字典就完全不存在了，如例 6-11 所示。

例 6-11   通过 del 删除字典。

```
1    std = {'name': '小千', 'score': 100}
2    del std
3    print(std)
```

运行结果如图 6.12 所示。

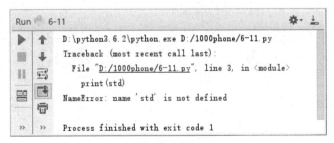

```
Run     6-11
  ▶  ↑   D:\python3.6.2\python.exe D:/1000phone/6-11.py
  ■  ↓   Traceback (most recent call last):
  Ⅱ         File "D:/1000phone/6-11.py", line 3, in <module>
              print(std)
         NameError: name 'std' is not defined

  »  »   Process finished with exit code 1
```

图 6.12   例 6-11 运行结果

在例 6-11 中，第 2 行通过 del 删除字典，第 3 行试图访问删除后的字典，程序会提示 std 未定义。

6.3.6   复制字典

有时需要将字典复制一份以便用于其他操作，这样原字典数据不受影响，这时可以通过 copy()函数来实现，如例 6-12 所示。

例 6-12   复制字典。

```
1    std = {'name':'小千', 'score':100}
2    s = std.copy()
3    del s['score']
4    print(s)
5    print(std)
```

运行结果如图 6.13 所示。

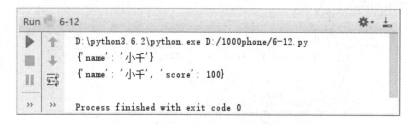

图 6.13   例 6-12 运行结果

在例 6-12 中，第 2 行通过 copy()将字典 std 中数据复制一份赋值给字典 s。第 3 行删除字典 s 中元素 ('score':100)。从运行结果可发现，程序对字典 s 的操作并不会影响字典 std。

6.3.7   成员运算

字典中可以使用成员运算符（in、not in）来判断某键是否在字典中，如例 6-13 所示。

例 6-13   字典中有关成员运算符的使用。

```
1    std = {'name':'小千', 'score':100}
2    print('name' in std)
3    print('score' not in std)
```

运行结果如图 6.14 所示。

在例 6-13 中，第 2 行与第 3 行通过成员运算符判断键是否在字典中。注意该运算符只能判断键是否在字典中，不能判断值是否在字典中。

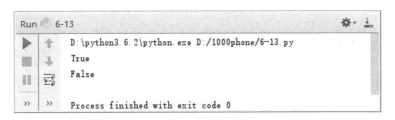

图 6.14 例 6-13 运行结果

6.3.8 设置默认键值对

有时需要为字典中某个键设置一个默认值，则可以使用 setdefault()函数，如例 6-14 所示。

例 6-14 设置默认键值对。

```
1    std = {'name':'小千', 'score':100}
2    name = std.setdefault('school', '千锋教育')
3    print(name, std)
4    name = std.setdefault('school', '扣丁学堂')
5    print(name, std)
```

运行结果如图 6.15 所示。

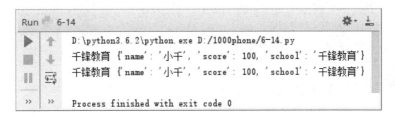

图 6.15 例 6-14 运行结果

在例 6-14 中，程序执行第 2 行时，键'school'不在字典中，此时 setdefault()函数向字典中加入键值对'school': '千锋教育'，并将'千锋教育'作为返回值赋值给 name。程序执行第 4 行时，键'school'已在字典中，此时 setdefault()函数只将该键对应的值'千锋教育'作为返回值赋值给 name。

6.3.9 获取字典中的所有键

keys()函数可以获取字典中所有元素的键，如例 6-15 所示。

例 6-15 获取字典中所有元素的键。

```
1    std = {'name': '小千', 'score': 100}
```

```
2    print(std.keys())
3    for key in std.keys():
4        print(key)
```

运行结果如图 6.16 所示。

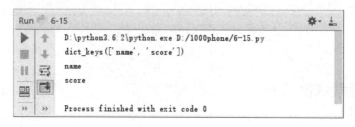

图 6.16   例 6-15 运行结果

在例 6-15 中，第 2 行打印 keys()函数的返回值，第 3、4 行通过 for 循环遍历 keys()
函数返回值并打印每一项。

6.3.10   获取字典中的所有值

values()函数可以获取字典中所有元素键所对应的值，如例 6-16 所示。

例 6-16   获取字典中所有元素键所对应的值。

```
1    std = {'name': '小千', 'score': 100}
2    print(std.values())
3    for value in std.values():
4        print(value)
```

运行结果如图 6.17 所示。

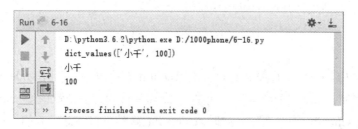

图 6.17   例 6-16 运行结果

在例 6-16 中，第 2 行打印 values()函数的返回值，第 3、4 行通过 for 循环遍历 values()
函数返回值并打印每一项。

6.3.11   获取字典中所有的键值对

items()函数可以获取字典中所有的键值对，如例 6-17 所示。

例 6-17　获取字典中所有的键值对。

```
1    std = {'name': '小千', 'score': 100}
2    print(std.items())
3    for item in std.items():
4        print(item)
```

运行结果如图 6.18 所示。

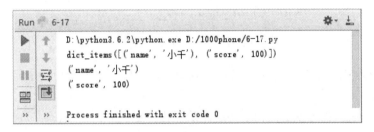

图 6.18　例 6-17 运行结果

在例 6-17 中，第 2 行打印 items()函数的返回值，第 3、4 行通过 for 循环遍历 items()函数返回值并打印每一项。从运行结果可看出，每一项都是由键与值组成的元组。

此外，items()函数与 for 循环结合可以遍历字典中的键值对，如例 6-18 所示。

例 6-18　遍历字典中的键值对。

```
1    std = {'name': '小千', 'score': 100}
2    for key, value in std.items():
3        print('key = %s, value = %s'%(key, value))
```

运行结果如图 6.19 所示。

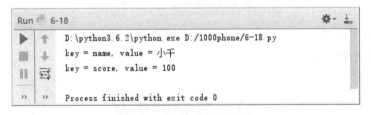

图 6.19　例 6-18 运行结果

在例 6-18 中，第 2、3 行通过 for 循环遍历 items()函数返回值并将每一项中的键与值分别赋值给 key 与 value。

6.3.12　随机删除元素

popitem()函数可以随机返回并删除一个元素，如例 6-19 所示。

例 6-19　随机返回并删除一个元素。

```
1    std = {'name': '小千', 'score': 100, 'school':'千锋教育'}
```

```
2    item = std.popitem()
3    print(item, std)
```

运行结果如图 6.20 所示。

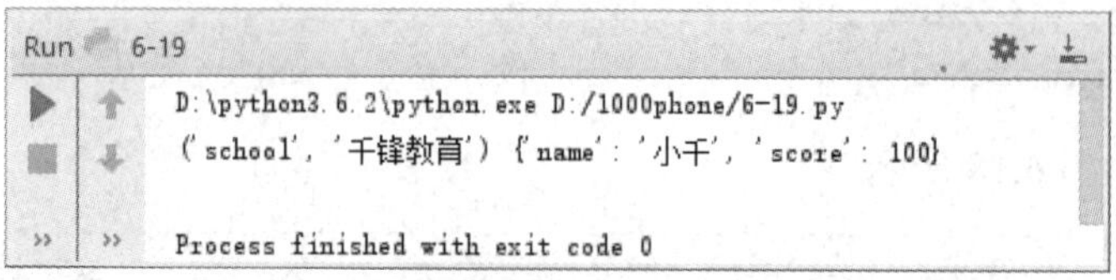

图 6.20 例 6-19 运行结果

在例 6-19 中，第 2 行执行 popitem()函数后，删除字典中最后一个元素。注意该函数返回一个元组。

此外，pop()函数可以根据指定的键删除元素，如例 6-20 所示。

例 6-20 根据指定的键删除元素。

```
1    std = {'name': '小千', 'score': 100, 'school':'千锋教育'}
2    item = std.pop('score')
3    print(item, std)
```

运行结果如图 6.21 所示。

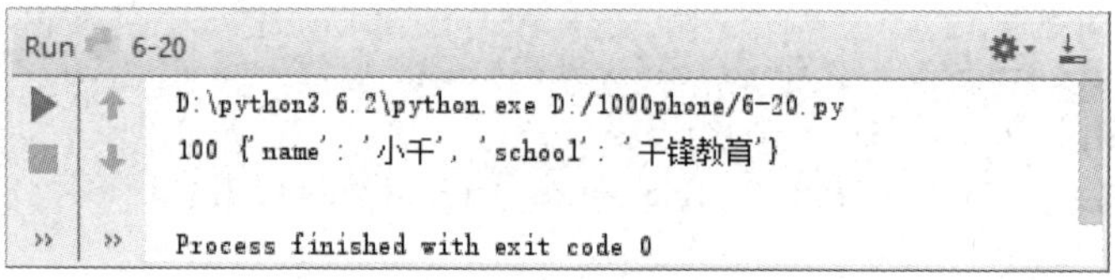

图 6.21 例 6-20 运行结果

在例 6-20 中，第 2 行执行 pop()函数后，删除字典中键为'score'的元素。注意该函数返回键所对应的值，而不是键值对。

6.4 集合的概念

集合是由一组无序排列且不重复的元素组成的，具体示例如下：

```
set1 = {1, 2, 'a'}
```

集合使用大括号表示，元素类型可以是数字类型、字符串、元组，但不可以是列表、字典，具体示例如下：

```
set2 = {2 , ['a', 1]}      # 错误,元素包含列表
set3 = {2 , {'a':1}}       # 错误,元素包含字典
set3 = {2 , ('a', 1)}      # 正确,元素包含元组
```

使用大括号创建的集合属于可变集合，即可以添加或删除元素。此外，还存在一种不可变集合，即不允许添加或删除元素。

接下来演示创建这两种集合的方法，如例 6-21 所示。

例 6-21 创建集合的方法。

```
1  set1 = set('xiaoqian')              # 通过 set()创建可变集合
2  print(type(set1), set1)
3  set2 = set(('xiaoqian', 'xiaofeng'))
4  set3 = set(['xiaoqian', 'xiaofeng'])
5  print(set2, set3)
6  fset1 = frozenset('xiaofeng')    # 通过 frozenset()创建不可变集合
7  print(type(fset1))
8  print(fset1)
```

运行结果如图 6.22 所示。

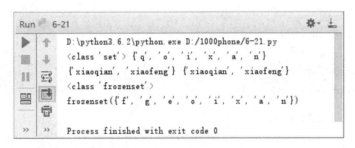

图 6.22 例 6-21 运行结果

在例 6-21 中，第 1 行通过 set()函数创建可变集合并将字符串中去重后的字符作为集合的元素。第 3 行将元组作为 set()函数的参数创建集合 set2。第 4 行将列表作为 set()函数的参数创建集合 set3。第 6 行通过 frozenset ()函数创建不可变集合。

集合的一个重要用途是将一些数据结构中的重复元素去除，如例 6-22 所示。

例 6-22 集合的用途。

```
1  list1 = [1, 2, 3, 4, 3, 2, 1]
2  set1 = set(list1)    # 将列表转换为集合并去重
3  list2 = list(set1)   # 将集合转换为列表
4  print(list2)
```

运行结果如图 6.23 所示。

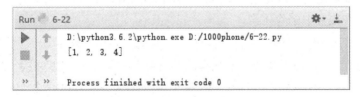

图 6.23 例 6-22 运行结果

在例 6-22 中，第 2 行通过 set()函数将列表转换为集合，集合中的元素是不重复的。第 3 行通过 list()函数将集合转换为列表，此时列表中的元素也是不重复的。

6.5　集合的常用操作

同其他数据类型类似，集合也有一系列常用的操作，例如添加元素、删除元素等。通过这些操作，可以很方便地处理集合。

6.5.1　添加元素

集合中添加元素可以使用 add()和 update()函数，如例 6-23 所示。

例 6-23　向集合中添加元素。

```
1    set1, set2 = {1, 2, 3}, {3, 4, 5, 6}
2    set1.add(4)
3    print(set1)
4    set1.update(set2)
5    print(set1)
```

运行结果如图 6.24 所示。

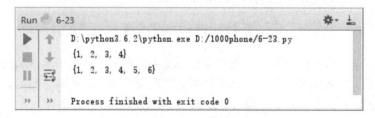

```
Run    6-23
        D:\python3.6.2\python.exe D:/1000phone/6-23.py
        {1, 2, 3, 4}
        {1, 2, 3, 4, 5, 6}

        Process finished with exit code 0
```

图 6.24　例 6-23 运行结果

在例 6-23 中，第 2 行通过 add()函数将元素 4 添加到集合 set1，第 4 行通过 update()函数将集合 set2 中的元素添加到集合 set1。

6.5.2　删除元素

在集合中删除元素可以使用 remove()和 discard()函数，如例 6-24 所示。

例 6-24　在集合中删除元素。

```
1    set1 = {1, 2, 3, 4}
2    set1.remove(3)  # 删除集合 set1 中元素 3,remove()删除不存在元素时会报错
3    set1.discard(4)  # 删除集合 set1 中元素 4,discard()删除不存在元素时不会报错
4    set1.discard(5)
```

```
5    print(set1)
6    set1.clear()      # 清空集合
7    print(set1)
```

运行结果如图 6.25 所示。

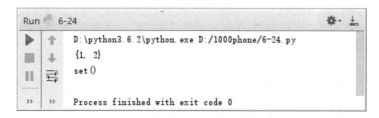

图 6.25 例 6-24 运行结果

在例 6-24 中，应注意 remove()和 discard()函数的区别。

6.5.3 集合运算

集合可以参与多种运算，如表 6.1 所示。

表 6.1 集合中的运算

运　算	说　明	运　算	说　明
x in set1	检测 x 是否在集合 set1 中	set1 | set2	并集
set1 = = set2	判断集合是否相等	set1 & set2	交集
set1 <= set2	判断 set1 是否是 set2 的子集	set1 – set2	差集
set1 < set2	判断 set1 是否是 set2 的真子集	set1 ^ set2	对称差集
set1 >= set2	判断 set1 是否是 set2 的超集	set1 |= set2	将 set2 的元素并入 set1
set1 > set2	判断 set1 是否是 set2 的真超集		

接下来演示这些运算的用法，如例 6-25 所示。

例 6-25 集合中的运算。

```
1    set1, set2 = {1, 2, 3}, {2, 3, 4}
2    print(1 in set1)    # set1 中包含元素 1
3    print(set1 == set2) # set1 与 set2 不相等
4    print(set1 > set2)   # set1 不是 set2 的真超集
5    print(set1 >= set2) # set1 不是 set2 的超集
6    print(set1 | set2)   # 并集
7    print(set1 & set2)   # 交集
8    print(set1 - set2)   # 差集
9    print(set1 ^ set2)   # 对称差集
10   set1 |= set2          # 将 set2 并入 set1
11   print(set1)
```

运行结果如图 6.26 所示。

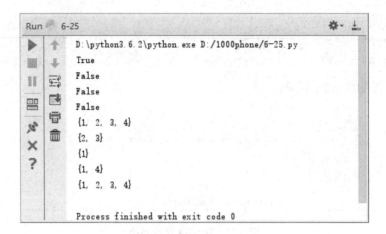

图 6.26　例 6-25 运行结果

在例 6-25 中，除了"set1 |= set2"外，所有的运算都不会影响 set1 与 set2 中的元素。

除了上述运算符外，还可以通过 union()、intersection()与 difference()函数实现集合的并集、交集与差集，如例 6-26 所示。

例 6-26　集合的并集、交集与差集。

```
1    set1, set2 = {1, 2, 3}, {2, 3, 4}
2    print(set1.union(set2))          # 并集
3    print(set1.intersection(set2))   # 交集
4    print(set1.difference(set2))     # 差集
```

运行结果如图 6.27 所示。

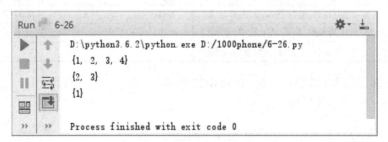

图 6.27　例 6-26 运行结果

在例 6-26 中，这 3 个函数的调用都不会影响 set1 与 set2 中的元素。

6.5.4　集合遍历

可以通过 for 循环遍历集合中的元素，如例 6-27 所示。

例 6-27　集合的遍历。

```
1    set1 = {1, 2, 3, 4}
2    for num in set1:
```

```
3        print(num, end = ' ')
```

运行结果如图6.28所示。

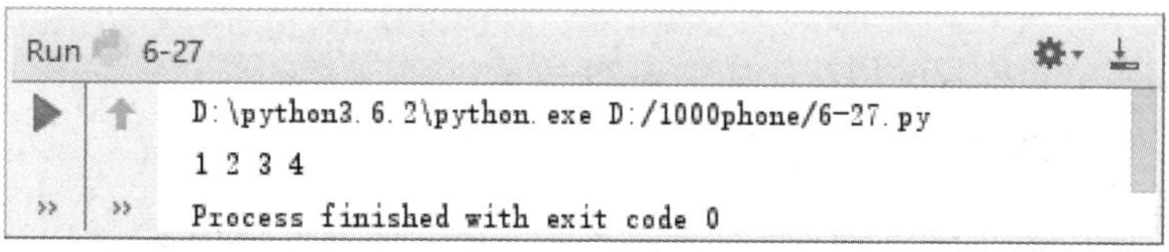

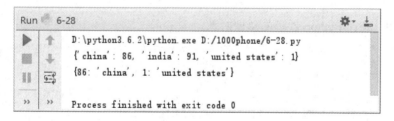

图 **6.28**　例 **6-27** 运行结果

6.6　字典推导与集合推导

字典推导与列表推导相似，它将推导出一个字典，具体示例如下：

```
dict1 = {x : x * x for x in range(5)}
```

字典推导使用大括号包围，并且需要两个表达式：一个生成 key，一个生成 value，两个表达式之间使用冒号分隔，结果返回字典。若通过 print() 打印 dict1，则输出结果为：

```
{0: 0, 1: 1, 2: 4, 3: 9, 4: 16}
```

上述就是一个简单的字典推导，接下来演示稍微复杂的字典推导，如例 6-28 所示。
例 6-28　字典推导。

```
1    dict1 = [(86, 'china'), (91, 'india'), (1, 'united states')]
2    dict2 = {country: code for code, country in dict1}
3    print(dict2)
4    print({code: country for country, code in dict2.items() if code < 90})
```

运行结果如图6.29所示。

```
Run    6-28
    D:\python3.6.2\python.exe D:/1000phone/6-28.py
    {'china': 86, 'india': 91, 'united states': 1}
    {86: 'china', 1: 'united states'}

    Process finished with exit code 0
```

图 **6.29**　例 **6-28** 运行结果

在例 6-28 中，第 2 行通过字典推导将 dict1 中的值与键作为 dict2 中的键与值，第 4 行通过字典推导筛选键值小于 90 的元素并返回一个新字典。

集合推导也与列表推导相似，只需将中括号改为大括号，具体示例如下：

```
set1 = {x * x for x in range(5)}
```

集合推导将返回一个集合。若通过 print()打印 set1, 则输出结果为:

```
{0, 1, 4, 9, 16}
```

接下来演示集合推导的用法, 如例 6-29 所示。

例 6-29 集合推导。

```
1    strings = ['Python', 'HTML', 'PHP', 'VR', 'Java', 'C++']
2    print ({len(s) for s in strings})
```

运行结果如图 6.30 所示。

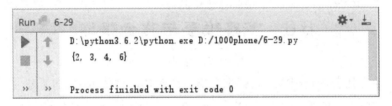

图 6.30 例 6-29 运行结果

在例 6-29 中, 第 2 行使用集合推导创建一个字符串长度的集合, 字符串长度相同的值只会在集合中出现一次。

6.7 小 案 例

6.7.1 案例一

小千、小锋与小明在扣丁学堂学习几门不同的 IT 课程, 每人已经学习的课时数不同, 现用字典保存每人学习的课程与课时数, 统计 Python 课程的总课时数, 具体实现如例 6-30 所示。

例 6-30 统计 Python 课程的总课时数。

```
1    std = {
2        '小千':{'Python':10, 'PHP':5},
3        '小锋':{'Python':8, 'UI':'4'},
4        '小明':{'Python':2, 'UI':5, 'PHP':'1'},
5    }
6    num = 0
7    for value in std.values():
8        num += value.get('Python', 0)  # 若不存在'Python',则返回0
9    print('Python 课程总课时数为%d'%num)
```

运行结果如图 6.31 所示。

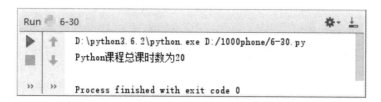

图 6.31　例 6-30 运行结果

在例 6-30 中，程序使用字典的嵌套保存每人学习的课程与课时数，然后通过 for 循环遍历字典中的值来统计 Python 的总课时数。

6.7.2　案例二

输入一句英文，统计英文中出现的字母及次数，使用字典保存每个字母及次数，具体实现如例 6-31 所示。

例 6-31　统计所输入的英文中出现的字母及次数。

```
1    s = input('请输入一句英文: ')
2    s = s.upper()
3    dict1 = {chr(n): 0 for n in range(65, 91)}
4    for char in s:
5        if 'A' <= char <= 'Z':
6            dict1[char] += 1
7    list1 = list(dict1.items())
8    for ele in list1:
9        if ele[1] != 0:
10           print(ele[0] + ':', ele[1])
```

运行结果如图 6.32 所示。

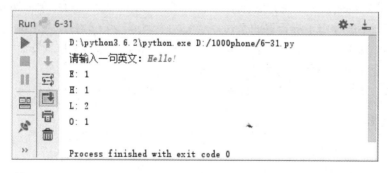

图 6.32　例 6-31 运行结果

在例 6-31 中，第 3 行使用字典推导生成一个字典，其中键为字母，值为 0。第 4 行通过 for 循环遍历输入的字符串，每遍历一个字母相应的字典中对应值加 1。第 7 行将生成一个列表，列表中每个元素为元组。

6.8 本章小结

本章主要介绍了 Python 中的字典与集合，两者都使用大括号表示。字典中每个元素都是由键与值组成的，其中键为不可变类型，而值可以为任意类型。字典在实际开发中经常使用，大家应熟练掌握其常用操作。集合是由一组无序排列且不重复的元素组成的，经常用于去重。集合在实际开发中使用不多，大家只需了解即可。

6.9 习　题

1．填空题

（1）字典使用＿＿＿＿＿括号表示。
（2）集合使用＿＿＿＿＿括号表示。
（3）字典中每个元素都是由＿＿＿＿＿组成的。
（4）＿＿＿＿＿函数可以获取字典中所有的键值对。
（5）＿＿＿＿＿函数创建一个不可变集合。

2．选择题

（1）下列属于字典的是（　　　）。
　　　A．{1:2, 3:4}　　　B．[1, 2, 3, 4]　　　C．{1, 2, 3, 4}　　　D．(1, 2, 3, 4)
（2）下列不可以作为字典键的是（　　　）。
　　　A．4　　　　　　　B．(3, 2, 4, 1)　　　C．[4, 1, 3, 2]　　　D．'4'
（3）下列可以获取字典中所有值的是（　　　）。
　　　A．values()　　　B．keys()　　　　　C．get()　　　　　　D．getValues()
（4）下列不能使用下标运算的是（　　　）。
　　　A．列表　　　　　B．字符串　　　　　C．元组　　　　　　D．集合
（5）集合中元素类型不能为（　　　）。
　　　A．元组　　　　　B．字符串　　　　　C．数字　　　　　　D．字典

3．思考题

（1）简述字典的特征。
（2）简述字典与集合的区别。

4．编程题

由用户输入学生学号与姓名，数据用字典存储，最终输出学生信息（按学号由小到大显示）。

第7章

函数(上)

本章学习目标
- 理解函数的概念。
- 掌握函数的定义。
- 掌握函数的参数与返回值。
- 理解变量的作用域。
- 理解函数的嵌套调用与递归调用。

Python 程序是由一系列语句组成的,这些语句都是为了实现某个具体的功能。如果这个功能在整个应用中会经常使用,则每一处需要该功能的位置都要写上同样的代码,这必将会造成大量的冗余代码,不便于开发及后期维护。为此,Python 中引入了函数的概念,它就是为了解决一些常见问题而提前制作的模型。

7.1 函数的概念

函数可以理解为实现某种功能的代码块,这样当程序中需要这个功能时就可以直接调用,而不必每次都编写一次。这就好比生活中使用计算器来计算,当需要计算时,直接使用计算器输入要计算的数,计算完成后显示计算结果,而不必每次计算都通过手写演算出结果。

在程序中,如果需要多次输出"拼搏到无能为力,坚持到感动自己!",则可以将这个功能写成函数,具体示例如下:

```
def output():
    print('拼搏到无能为力,坚持到感动自己!')
```

当需要使用该函数时,则可以使用以下语句:

```
output()
```

该条语句可以多次使用。函数使减少代码冗余成为现实,并为代码维护节省了不少力气。

Python 中的函数分为内建函数和自定义函数。内建函数是 Python 自带的,即可以直

接使用，如 print()函数、input()函数等。常见的内建函数如表 7.1 所示，本章主要介绍自
定义函数。

表 7.1　内建函数

abs()	dict()	help()	min()	setattr()
all()	dir()	hex()	next()	slice()
any()	divmod()	id()	object()	sorted()
ascii()	enumerate()	input()	oct()	staticmethod()
bin()	eval()	int()	open()	str()
bool()	exec()	isinstance()	ord()	sum()
bytearray()	filter()	issubclass()	pow()	super()
bytes()	float()	iter()	print()	tuple()
callable()	format()	len()	property()	type()
chr()	frozenset()	list()	range()	vars()
classmethod()	getattr()	locals()	repr()	zip()
compile()	globals()	map()	reversed()	
complex()	hasattr()	max()	round()	
delattr()	hash()	memoryview()	set()	

7.2　函数的定义

内建函数的数量是有限的，如果大家想自己设计符合使用需求的函数，则可以定义
一个函数，其语法格式如下：

```
def 函数名(参数列表):
    函数体
```

在上述语法格式中，需注意以下几点：

- def（即 define，定义）为关键字，表示定义一个函数。
- 函数名是一个标识符，注意不能与关键字重名。
- 小括号之间可以用于定义参数，参数是可选的，但小括号必不可少。
- 函数体以冒号起始，并且缩进。
- 函数体的第一行语句可以选择性地使用文档字符串用来存放函数说明。
- return [表达式]结束函数，将表达式的值返回给调用者，也可以省略。

接下来演示一个简单的自定义函数，如例 7-1 所示。

例 7-1　自定义函数。

```
1    def sum2num(a, b):
2        '''
3        求两个数的和
4        param a: 左操作数
```

```
5        param b: 右操作数
6        return: 左操作数与右操作数之和
7        '''
8        return a + b
9    x = sum2num(3, 4)
10   print(x)
11   print(sum2num.__doc__)
```

运行结果如图 7.1 所示。

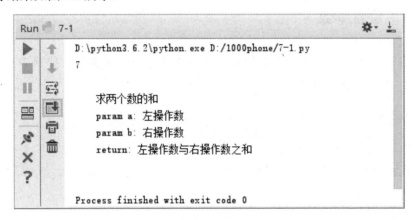

图 7.1 例 7-1 运行结果

在例 7-1 中，第 2～7 行为文档字符串，初学者在初学阶段只需了解即可。若想查看一个函数的文档字符串，则可以通过__doc__属性，如第 11 行所示。关于自定义函数 sum2num()的解释，如图 7.2 所示。

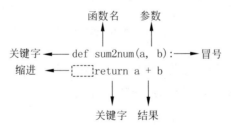

图 7.2 自定义函数

定义函数后，就相当于有了一个具有某些功能的代码。如果想让程序执行这些代码，则需要调用之前定义的函数，其语法格式如下：

```
函数名(参数)
```

在例 7-1 中，求 3 与 4 的和时，则可以通过以下语句实现：

```
sum2num(3, 4)
```

7.3　函数的参数

参数列表由一系列参数组成，并用逗号隔开。在调用函数时，如果需要向函数传递参数，则被传入的参数称为实参，而函数定义时的参数称为形参，实参与形参之间可以传递数据。

7.3.1　位置参数

位置参数是指调用函数时根据函数定义的参数位置来传递函数，如例 7-2 所示。

例 7-2　位置参数的使用。

```
1    def printInfo(name, score):
2        print('姓名：%s\n 成绩：%.2f'%(name, score))
3    printInfo('小千', 98)
4    # printInfo(98, '小千')
```

运行结果如图 7.3 所示。

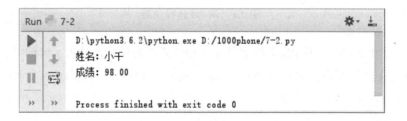

```
Run    7-2
    D:\python3.6.2\python.exe D:/1000phone/7-2.py
    姓名: 小千
    成绩: 98.00

    Process finished with exit code 0
```

图 7.3　例 7-2 运行结果

在例 7-2 中，第 1、2 行定义 printInfo()函数。第 3 行调用该函数，其数据传递如图 7.4 所示。第 4 行将两个实参的位置调换，则发生错误。

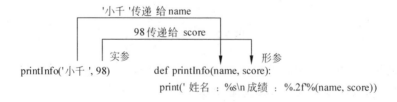

图 7.4　函数参数传递

在图 7.4 中，当函数调用时，实参的传递顺序与定义函数形参的顺序需保持一致。由于实参的顺序与函数定义时形参的位置有关，因此称为位置参数。

7.3.2 关键参数

关键参数指通过对形参赋值传递的参数。关键参数允许函数调用时允许传递实参的顺序与定义函数的形参顺序不一致，因为 Python 解释器能够用形参名匹配实参值，使用户不必记住位置参数的顺序，如例 7-3 所示。

例 7-3 关键参数的使用。

```
1    def printInfo(name, score):
2        print('姓名：%s\n 成绩：%.2f'%(name, score))
3    printInfo('小千', 98)
4    printInfo(score = 98, name = '小千')
```

运行结果如图 7.5 所示。

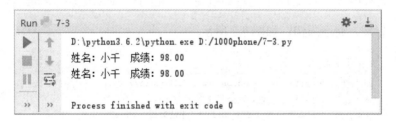

图 7.5 例 7-3 运行结果

在例 7-3 中，第 1~2 行定义 printInfo()函数。第 4 行调用函数，其参数是根据函数定义时形参的名称进行数据传递的，因此称为关键参数。

7.3.3 默认参数

如果在函数定义时参数列表中的某个形参有值，则称这个参数为默认参数。注意默认参数必须放在非默认参数的右侧，否则函数将出错，如例 7-4 所示。

例 7-4 默认参数的使用。

```
1    def printInfo(name, school = '千锋教育'):
2        print('姓名：%s\t 学校：%s'%(name, school))
3    printInfo('小千')
4    printInfo('小锋', '扣丁学堂')
5    printInfo(school = '好程序员特训营', name = '小明')
```

运行结果如图 7.6 所示。

在例 7-4 中，第 3 行调用函数时，由于定义函数时形参 school 有默认值'千锋教育'，因此调用时可以省略不写该参数。如果想修改默认值，则在调用时传入该参数即可，如本例中的第 4 行。

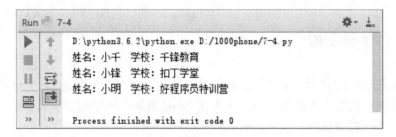

图 7.6　例 7-4 运行结果

默认参数可以让函数的调用更加简单，就如同安装 PC 端软件时，程序会提示用户默认安装路径，当然用户也可以自定义安装路径。

此外，如果将例题中的 name 与 school 调换位置，具体示例如下：

```
def printInfo(school = '千锋教育', name):  # 错误写法
    print('姓名: %s\t 学校: %s'%(name, school))
```

程序运行后，将会报错，如图 7.7 所示。

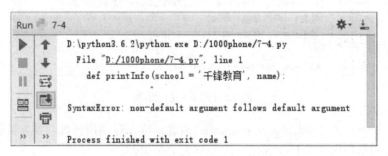

图 7.7　例 7-4 运行结果

7.3.4　不定长参数

在前面对函数的介绍中，一个形参只能接收一个实参。除此之外，函数形参可以接收不定个数的实参，即用户可以给函数提供可变长度的参数，这可以通过在形参前面使用*来实现，如例 7-5 所示。

例 7-5　不定长参数的使用。

```
1   def mySum(a = 0, b = 0, *args):
2       print(a, b, args)
3       sum = a + b
4       for n in args:
5           sum += n
6       return sum
7   print(mySum(1, 2))
8   print(mySum(1, 2, 3))
9   print(mySum(1, 2, 3, 4))
```

运行结果如图 7.8 所示。

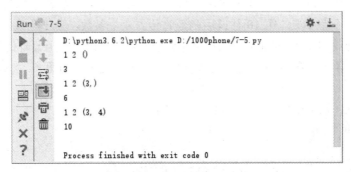

图 7.8 例 7-5 运行结果

在例 7-5 中，第 1 行中加了星号的变量 args 会存放所有未命名的变量参数，其数据类型为元组。第 7 行调用函数时传入 2 个实参，分别对应形参 a 与 b，此时 args 是一个空元组。第 8 行调用函数时传入 3 个参数，此时将第 3 个参数添加到元组中。第 9 行调用函数时传入 4 个参数，此时将后两个参数添加到元组中。

此外，不定长参数还可以接受关键参数并将其存放到字典中，这时需要使用**来实现，如例 7-6 所示。

例 7-6 不定长参数接受关键参数。

```
1   def mySum(a = 0, b = 0, *args1, **args2):
2       print(a, b, args1, args2)
3       sum = a + b
4       for n in args1:            # 遍历元组
5           sum += n
6       for key in args2:          # 遍历字典
7           sum += args2[key]
8       return sum
9   print(mySum(1, 2, 3, 4))
10  print(mySum(1, 2, c = 3, d = 4))
11  print(mySum(1, 2, 3, 4, c = 5, d = 6))
```

运行结果如图 7.9 所示。

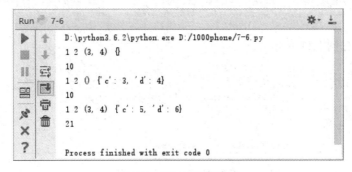

图 7.9 例 7-6 运行结果

在例 7-6 中，第 1 行中加了两个星号的变量 args2 会存放关键参数，其数据类型为字典。第 9 行调用函数时传入 4 个实参，第 3 个参数与第 4 个参数添加到元组 args1 中，此时 args2 是一个空字典。第 10 行调用函数时传入 4 个参数，第 3 个参数与第 4 个参数添加到字典 args2 中，此时 args1 是一个空元组。第 11 行调用函数时传入 6 个参数，第 3 个参数与第 4 个参数添加到元组 args1 中，第 5 个参数与第 6 个参数添加到字典 args2 中。

此外，通过*还可以进行相反的操作，如例 7-7 所示。

例 7-7　*的使用。

```
1    def mySum(a, b, c):
2        return a + b + c
3    tuple1 = (1, 2, 3)
4    print(mySum(*tuple1))
5    list1 = [1, 2, 3]
6    print(mySum(*list1))
```

运行结果如图 7.10 所示。

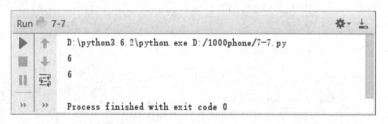

图 7.10　例 7-7 运行结果

在例 7-7 中，第 4 行在调用函数时在元组 tuple1 前加上星号，此时将 tuple1 中的 3 个元素分别传递给形参 a、b、c。此外，还可以在列表前加星号，如第 6 行。

另外，通过**可以将字典转换为关键参数，如例 7-8 所示。

例 7-8　**的使用。

```
1    def mySum(a, b, c):
2        return a + b + c
3    dict1 = {'a':1, 'b':2, 'c':3}
4    print(mySum(**dict1))
```

运行结果如图 7.11 所示。

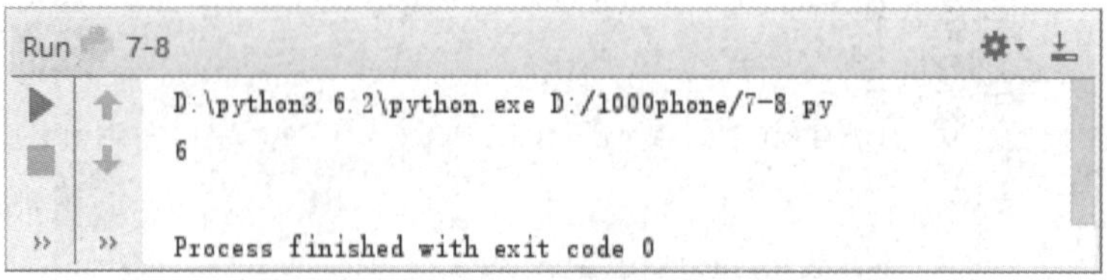

图 7.11　例 7-8 运行结果

在例 7-8 中，第 4 行在调用函数时在字典 dict1 前加上两个星号，此时将 dict1 中的 3 个键值对分别转换为关键参数。

此外，需注意上述两种方式的传递顺序，如例 7-9 所示。

例 7-9　*与**的使用。

```
1    def mySum(a, b, c):
2        return a + b + c
3    print(mySum(*(1,),**{'b':2, 'c':3}))
4    # print(mySum(**{'b':2, 'c':3}, *(1,)))    错误写法
```

运行结果如图 7.12 所示。

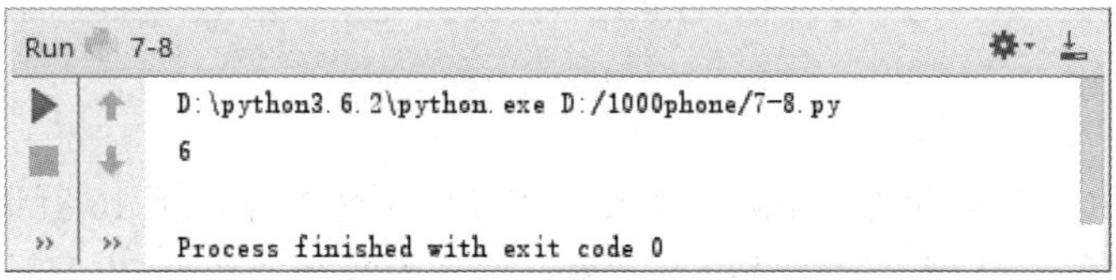

图 7.12　例 7-9 运行结果

在例 7-9 中，第 3 行调用 mySum()函数时，第一个参数在元组前加*，第二个参数在字典前加**，此时形参中 a、b、c 的值分别为 1、2、3。第 4 行交换参数的位置，则会发生错误，因此将此行注释掉。

7.3.5　传递不可变与可变对象

在 Python 中，数字、字符串与元组是不可变类型，而列表、字典是可变类型，两者区别如下：

* 不可变类型——该类型的对象所代表的值不能被改变。当改变某个变量时，由于其所指的值不能被改变，相当于把原来的值复制一份后再改变，这会开辟一个新的地址，变量再指向这个新的地址。
* 可变类型——该类型的对象所代表的值可以被改变。变量改变后，实际上是其所指的值直接发生改变，并没有发生复制行为，也没有开辟出新的地址。

接下来演示调用函数时传递可变与不可变对象，如例 7-10 所示。

例 7-10　调用函数时传递可变与不可变对象。

```
1    def test1(alist):
2        alist.append(5)
3        print(alist)
4    def test2(astr):
5        astr += '.com'
6        print(astr)
7    list1 = [1, 2, 3, 4]
8    str1 = 'codingke'
```

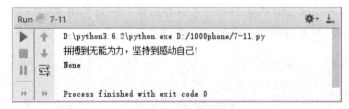

```
9    test1(list1)  # 可变对象
10   test2(str1)   # 不可变对象
11   print(list1, str1)
```

运行结果如图 7.13 所示。

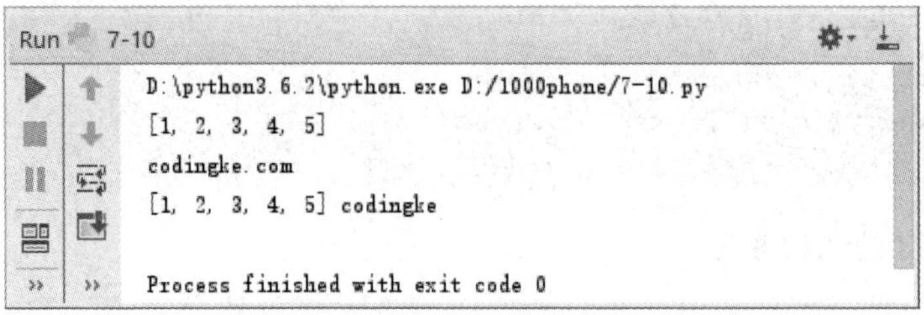

图 7.13　例 7-10 运行结果

在例 7-10 中，第 9 行调用 test1()函数，实参为可变对象，第 10 行调用 test2()函数，实参为不可变对象。从程序运行结果可发现，可变对象可以被修改，但不可变对象不能被修改。

7.4　函数的返回值

函数调用时的参数传递实现了从函数外部向函数内部输入数据，而函数的 return 语句实现了从函数内部向函数外部输出数据。

此处需注意，如果函数定义时省略 return 语句或者只有 return 而没有返回值，则 Python 将认为该函数以 "return None" 结束，None 代表没有值，如例 7-11 所示。

例 7-11　函数定义时省略 return 语句。

```
1    def output():
2        print('拼搏到无能为力，坚持到感动自己！')
3    print(output())
```

运行结果如图 7.14 所示。

图 7.14　例 7-11 运行结果

在例 7-11 中，第 3 行通过 print()函数打印 output()函数的返回值，此时输出 None。

return 语句可以放置在函数中任何位置，当执行到第一个 return 语句时，程序返回到调用程序处接着执行，此时不会执行该函数中 return 语句后的代码，如例 7-12 所示。

例 7-12 return 语句的用法。

```
1   def myMax(a, b):
2       if a > b:
3           return a
4       else:
5           return b
6       print(a, b)
7   print(myMax(2, 5))
```

运行结果如图 7.15 所示。

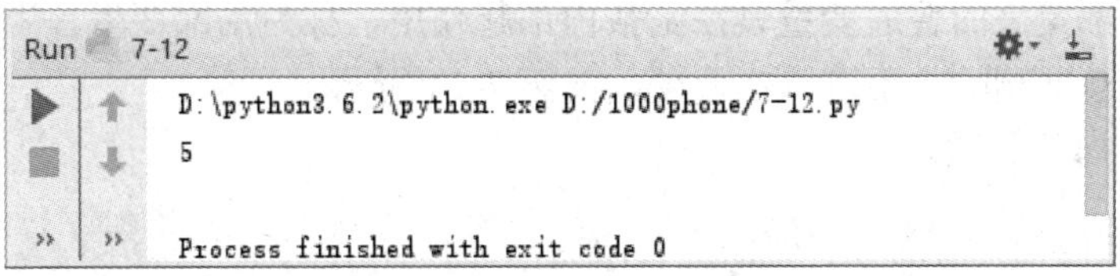

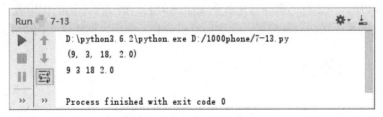

图 7.15 例 7-12 运行结果

在例 7-12 中，第 7 行调用函数时，将实参 2、5 分别传递给形参 a、b，程序跳转到第 1 行处执行，由于 a 小于 b，因此执行 else 后的 return 语句，此时函数调用结束，不会执行第 6 行语句，最终输出函数的返回值为 5。

当函数具有多个返回值时，如果只用一个变量来接收返回值，函数返回的多个值实际上构成了一个元组，如例 7-13 所示。

例 7-13 函数返回多个值。

```
1   def calculate(a, b):
2       return a + b, a - b, a * b, a / b
3   x = calculate(6, 3)
4   print(x)
5   a1, b1, c1, d1 = calculate(6, 3)
6   print(a1, b1, c1, d1)
```

运行结果如图 7.16 所示。

图 7.16 例 7-13 运行结果

在例 7-13 中，第 2 行函数通过 return 语句返回 4 个值，第 3 行通过一个变量接收函数 calculate()的返回值，第 4 行打印该变量，输出一个元组。第 5 行利用多变量同时赋值语句来接收多个返回值。

7.5 变量的作用域

变量起作用的代码范围称为变量的作用域，与变量定义的位置密切相关，按照作用域的不同，变量可分为局部变量和全局变量。

7.5.1 局部变量

在函数内部定义的普通变量只在函数内部起作用，称为局部变量。当函数执行结束后，局部变量自动删除，不可以再使用，如例 7-14 所示。

例 7-14 局部变量。

```
1   def fun1():
2       x = 1 # 局部变量
3       print('fun1()函数中的 x 为%d'%x)
4   def fun2():
5       x = 2 # 局部变量
6       print('fun2()函数中的 x 为%d'%x)
7   fun1()
8   fun2()
9   # print(x)
```

运行结果如图 7.17 所示。

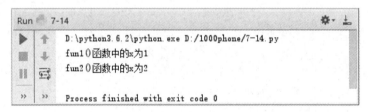

图 7.17 例 7-14 运行结果

在例 7-14 中，第 2 行与第 5 行定义的 x 虽然同名，但属于不同的作用域，两者互不影响。第 9 行在函数外访问局部变量，程序运行时会报 x 未定义的错误，因此将此行注释掉。

7.5.2 全局变量

如果需要在函数内部给一个定义在函数外的变量赋值，那么这个变量的作用域不能是局部的，而应该是全局的。能够同时作用于函数内外的变量称为全局变量，它通过 global 关键字来声明，如例 7-15 所示。

例 7-15 全局变量。

```
1   x = 2 # 全局变量
```

```
2   def fun():
3       global x  # 使用 global 关键字声明
4       x += 1
5       print('x = %d'%x)
6   fun()
7   print(x)
```

运行结果如图 7.18 所示。

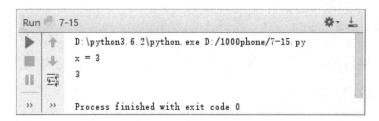

图 7.18 例 7-15 运行结果

在例 7-15 中，变量 x 已在函数外定义，在函数 fun()内修改外部变量 x，则必须在函数内用 global 关键字将该变量声明为全局变量。

此处需注意，如果不使用 global 声明，则在函数中访问的是局部变量，如例 7-16 所示。

例 7-16 函数中的局部变量。

```
1   x = 2  # 全局变量
2   def fun():
3       x = 3  # 局部变量
4       print('x = %d'%x)
5   fun()
6   print(x)
```

运行结果如图 7.19 所示。

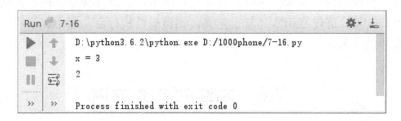

图 7.19 例 7-16 运行结果

在例 7-16 中，第 1 行 x 为全局变量，第 3 行 x 为局部变量，只在 fun()函数内有效。第 4 行打印局部变量 x 的值 3，第 6 行打印全局变量 x 的值 2。

此外，使用内置函数 globals()与 locals()可以查看局部变量与全局变量，如例 7-17 所示。

例 7-17 查看局部变量与全局变量。

```
1    x = 1                # 全局变量
2    def fun():
3        x, y = 2, 3      # 局部变量
4        print(x, y)
5        global z         # 全局变量
6        z = 1
7        print(locals())
8    fun()
9    print(x)
10   print(globals())
```

运行结果如图 7.20 所示。

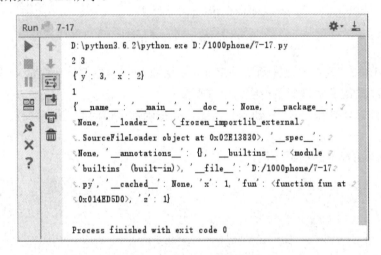

图 7.20 例 7-17 运行结果

在例 7-17 中，函数 globals()与 locals()分别返回一个字典，通过打印字典中的元素，可以查看全局变量与局部变量。另外，在函数内部可以通过 global 关键字直接将一个变量声明为全局变量，即使在函数外没有定义，则该函数执行后，这个变量将成为全局变量，如本例中的变量 z。

7.6 函数的嵌套调用

Python 语言允许在函数定义中出现函数调用，从而形成函数的嵌套调用，如例 7-18 所示。

例 7-18 函数的嵌套调用。

```
1    def fun1():
2        print('fun1()函数开始')
```

```
3       print('fun1()函数结束')
4    def fun2():
5       print('fun2()函数开始')
6       fun1()
7       print('fun2()函数结束')
8    fun2()
```

运行结果如图 7.21 所示。

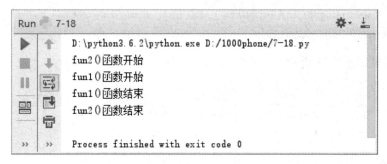

图 7.21 例 7-18 运行结果

在例 7-18 中，第 6 行在 fun2()函数中调用 fun1()函数，程序执行时会跳转到 fun1()
函数处去执行，执行完 fun1()后，接着执行 fun2()函数中剩余的代码，如图 7.22 所示。

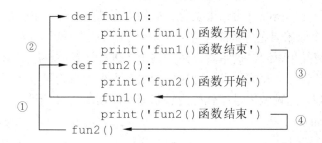

图 7.22 函数的嵌套调用执行过程

7.7 函数的递归调用

在函数的嵌套调用中，一个函数除了可以调用其他函数外，还可以调用自身，这就
是函数的递归调用。递归必须要有结束条件，否则会无限地递归（Python 默认支持 997
次递归，多于这个次数将终止）。

接下来演示函数的递归调用，如例 7-19 所示。

例 7-19 函数的递归调用。

```
1    def f(n):
2        '''
3        计算阶乘公式:
```

```
4              0! = 1
5              n! = n * (n -1)!, n > 0
6         转化为递归函数:
7              f(0) = 1
8              f(n) = n * f(n - 1), n > 0
9         '''
10    if n == 0:
11        return 1
12    return n * f(n - 1)
13 print('4! = %d'%f(4))
```

运行结果如图 7.23 所示。

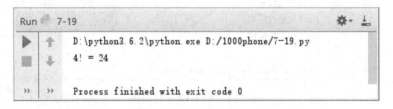

图 7.23　例 7-19 运行结果

在例 7-19 中，第 10 行到第 12 行定义 f()函数用于计算阶乘。当 n == 0 时，程序立即返回结果，这种简单情况称为结束条件。如果没有结束条件，就会出现无限递归。当 n > 0 时，就将这个原始问题分解成计算 n–1 阶乘的子问题，持续分解，直到问题达到结束条件为止，就将结果返回给调用者，然后调用者进行计算并将结果返回给它自己的调用者，该过程持续进行，直到结果返回原始调用者为止。原始问题就可以通过将 f(n–1) 的结果乘以 n 得到，这种调用过程就称为递归调用，如图 7.24 所示。

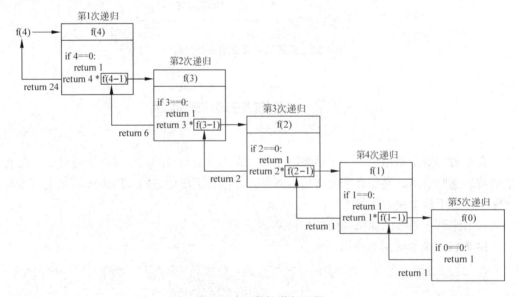

图 7.24　函数的递归调用

7.8 小 案 例

7.8.1 案例一

编写两个函数,一个函数接收一个整数 num 为参数,生成杨辉三角形的前 num 行数据,另一个函数接收生成的杨辉三角形并按如图 7.25 所示的形式输出。

```
                              1
                           1     1
                        1     2     1
                     1     3     3     1
                  1     4     6     4     1
               1     5    10    10     5     1
            1     6    15    20    15     6     1
         1     7    21    35    35    21     7     1
      1     8    28    56    70    56    28     8     1
```

图 7.25 杨辉三角形

在图 7.25 中,列出了杨辉三角形的前 9 行。每一层左右两端的数都是 1 并且左右对称,从第 1 层开始,每个不位于左右两端的数等于上一层左右两个数相加之和,具体实现如例 7-20 所示。

例 7-20 输出杨辉三角形的前 num 行数据。

```
1    # 生成杨辉三角形
2    def triangle(num):
3        triangle=[[1]]
4        for i in range(2, num + 1):
5            triangle.append([1]*i)
6            for j in range(1, i - 1):
7                triangle[i-1][j] = triangle[i-2][j] + triangle[i-2][j-1]
8        return triangle
9    # 打印杨辉三角形
10   def printtriangle(triangle):
11       width = len(str(triangle[-1][len(triangle[-1]) // 2])) + 3
12       column = len(triangle[-1]) * width
13       for sublist in triangle:
14           result = []
15           for contents in sublist:
16               # 控制间距
17               result.append('{0:^{1}}'.format(str(contents), width))
18           # 控制缩进
```

```
19            print('{0:^{1}}'.format(''.join(result), column))
20  num = int(input('请输入行数:'))
21  triangle = triangle(num)
22  printtriangle(triangle)
```

运行结果如图 7.26 所示。

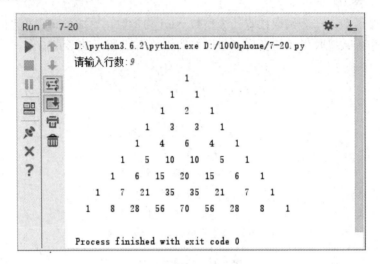

图 7.26　例 7-20 运行结果

在例 7-20 中，triangle()函数中使用列表来存储杨辉三角形中的数据，列表中的每个元素又是一个列表，其中存储杨辉三角形的某一行数据。printtriangle()函数中的 format()函数用于格式化字符串，在此处只需简单了解即可。

7.8.2　案例二

汉诺塔问题是源于印度一个古老传说，大梵天创造世界时，在世界中心贝拿勒斯的圣庙中做了3根金刚石柱子，在一根柱子上从下往上按照大小顺序摆着64片黄金圆盘（称为汉诺塔）。大梵天命令婆罗门把圆盘从一根柱子上按大小顺序重新摆放在另一根柱子上，并规定在3根柱子之间一次只能移动一个圆盘且小圆盘上不能放置大圆盘，如图 7.27 所示。

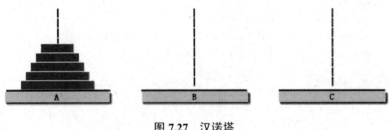

图 7.27　汉诺塔

假设使用 1，2，…，n 标记 n 个大小互不相同的圆盘，A、B、C 标记 3 个柱子，初始状态时所有圆盘都放在 A 柱子上，最终状态时所有的圆盘都放在 C 柱子上，柱子 B 作为中间缓冲。

当 n = 1 时，即只有 1 个圆盘，此时可以直接把这个圆盘从柱子 A 移动到柱子 C，这也是递归的终止条件。

当 n > 1 时，依次解决以下 3 个子问题：

- 借助柱子 C 将前 n-1 个盘子从柱子 A 移到柱子 B；
- 将圆盘 n 从柱子 A 移　到柱子 C；
- 借助柱子 A 将前 n-1 个圆盘从柱子 B 移到柱子 C。

汉诺塔问题的具体实现如例 7-21 所示。

例 7-21　汉诺塔问题。

```
1   def hanoi(n, a, b, c):
2       if n == 1:
3           # 当仅有 1 个圆盘,直接将圆盘从柱子 a 移动到柱子 c 上
4           print(n, a, '->',c)
5       else:
6           # 将 n-1 个圆盘从柱子 a 移动到柱子 b 上
7           hanoi(n-1, a, c, b)
8           # 将最大的圆盘从柱子 a 移动到柱子 c 上
9           print(n, a, '->',c)
10          # 将 n-1 个圆盘从柱子 b 移动到柱子 c 上
11          hanoi(n-1, b, a, c)
12  n = int(input('请输入圆盘数: '))
13  hanoi(n, 'A', 'B', 'C')
```

运行结果如图 7.28 所示。

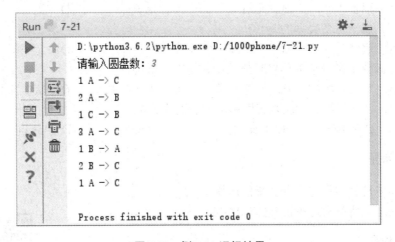

图 7.28　例 7-21 运行结果

在例 7-21 中，使用函数的递归调用解决汉诺塔问题。使用递归需抓住两个关键点：一是递归的结束条件，二是递归的规律。

7.9　本章小结

本章主要介绍了 Python 中函数的基本知识，包括函数的定义、函数的参数、函数的返回值、函数的嵌套调用与递归调用。通过本章的学习，应熟练掌握如何自定义函数、如何设置函数的参数。另外，在实际编写程序时，应尽量使用函数来简化一些代码，提高代码的可读性、可重用性及可维护性。

7.10　习　　题

1．填空题

（1）_____关键字表示定义一个函数。
（2）通过_____语句可以返回函数值并退出函数。
（3）在函数内部定义的变量为_____变量。
（4）省略 return 语句的函数将返回_____。
（5）在函数内部修改全局变量，需要使用_____关键字声明。

2．选择题

（1）若想查看一个函数的文档字符串，则可以通过（　　）属性实现。
　　A．__doc__　　　　B．__name__　　　C．__func__　　　D．__str__
（2）若只用一个变量来接收函数返回的多个值，则这个变量类型为（　　）。
　　A．列表　　　　　B．元组　　　　　C．字典　　　　　D．集合
（3）下列属于可变类型的是（　　）。
　　A．数字　　　　　B．字符串　　　　C．列表　　　　　D．元组
（4）在函数定义时某个形参有值，则称这个参数为（　　）。
　　A．不定长参数　　B．位置参数　　　C．关键参数　　　D．默认参数
（5）（　　）函数可以得到程序中所有的全局变量。
　　A．globals()　　　B．locals()　　　　C．global()　　　　D．local()

3．思考题

（1）简述局部变量与全局变量的区别。
（2）简述位置参数与关键参数的区别。

4．编程题

编写函数，计算形式如 x + xx + xxx + xxxx +…+ xxx…xxx 的表达式的值（其中 x 为小于 10 的自然数）。

第8章

chapter 8

函数（下）

本章学习目标
- 理解间接调用函数。
- 掌握匿名函数。
- 掌握闭包与装饰器。
- 理解偏函数。
- 掌握常用的内建函数。

第7章讲解了函数的基本知识，本章将带领大家继续深入学习函数，只有了解函数高级的用法，才能更好地编写出简洁的代码，同时也便于阅读优秀代码并借鉴到自己程序中。

8.1　间接调用函数

前面调用函数时，使用函数名加参数列表的形式调用。除此之外，还可以将函数名赋值给一个变量，再通过变量名加参数列表的形式间接调用函数，如例8-1所示。

例8-1　变量名加参数列表的形式间接调用函数。

```
1    def output(message):
2        print(message)
3    output('直接调用output()函数！')
4    x = output
5    x('间接调用output()函数！')
```

运行结果如图8.1所示。

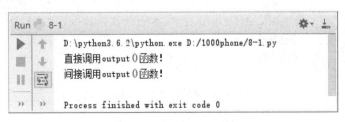

图 8.1　例 8-1 运行结果

在例 8-1 中，第 3 行通过函数名直接调用 output()函数，第 5 行通过变量 x 间接调用 output()函数。

大家可能会疑惑：间接调用函数有何用处?这种用法可以使一个函数作为另一个函数的参数，如例 8-2 所示。

例 8-2 一个函数作为另一个函数的参数。

```
1    def output(message):
2        print(message)
3    def test(func, arg):
4        func(arg)
5    test(output, '一个函数作为另一个函数的参数')
```

运行结果如图 8.2 所示。

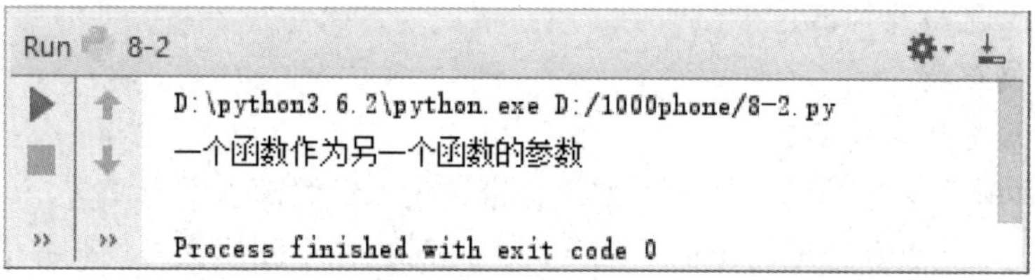

图 8.2 例 8-2 运行结果

在例 8-2 中，第 5 行将 output()函数的函数名作为参数传入 test()函数中，第 4 行相当于间接调用 output()函数。

另外，函数名还可以作为其他数据类型的元素，如例 8-3 所示。

例 8-3 函数名作为其他数据类型的元素。

```
1    def output(message):
2        print(message)
3    list1 = [(output, '千锋教育'), (output, '扣丁学堂')]
4    for (func, arg) in list1:
5        func(arg)
```

运行结果如图 8.3 所示。

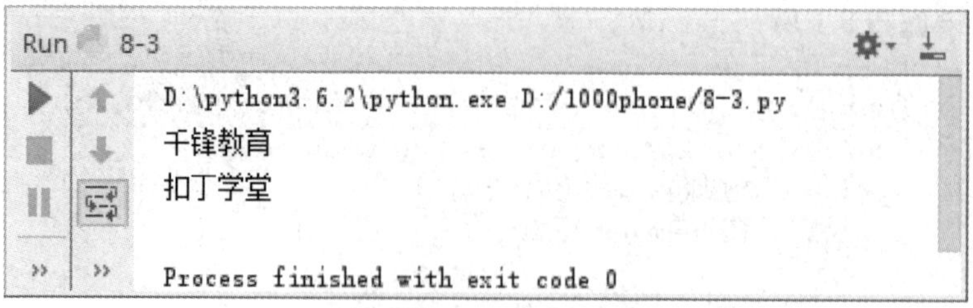

图 8.3 例 8-3 运行结果

在例 8-3 中，第 3 行列表 list1 中的每个元素为元组，元组中的第一个元素为函数 output()的函数名，第 4 行遍历列表 list1，第 5 行相当于间接调用 output()函数。

8.2 匿 名 函 数

匿名函数是指没有函数名称的、临时使用的微函数。它可以通过 lambda 表达式来声明，其语法格式如下：

```
lambda [arg1 [, arg2,…, argn]] : 表达式
```

其中，"[arg1 [, arg2,…, argn]]"表示函数的参数，"表达式"表示函数体。lambda 表达式只可以包含一个表达式，其计算结果可以看作是函数的返回值。虽然 lambda 表达式不允许包含其他复杂的语句，但在表达式中可以调用其他函数。

接下来演示 lambda 表达式的使用，如例 8-4 所示。

例 8-4　lambda 表达式的使用。

```
1    sum = lambda num1, num2 : num1 + num2
2    print(sum(4, 5))
```

运行结果如图 8.4 所示。

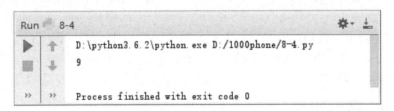

图 8.4　例 8-4 运行结果

在例 8-4 中，第 1 行使用 lambda 表达式声明匿名函数并赋值给 sum，相等于这个函数有了函数名 sum，该行相当于以下代码：

```
def sum(num1, num2):
    return num1 + num2
```

使用 lambda 表达式声明的匿名函数也可以作为自定义函数的实参，如例 8-5 所示。

例 8-5　lambda 表达式声明的匿名函数作为自定义函数的实参。

```
1    def fun(num1, num2, func):
2        return func(num1, num2)
3    print(fun(8, 6, lambda num1, num2 : num1 + num2))
4    print(fun(8, 6, lambda num1, num2 : num1 - num2))
```

运行结果如图 8.5 所示。

Run 8-5
D:\python3.6.2\python.exe D:/1000phone/8-5.py
14
2
Process finished with exit code 0

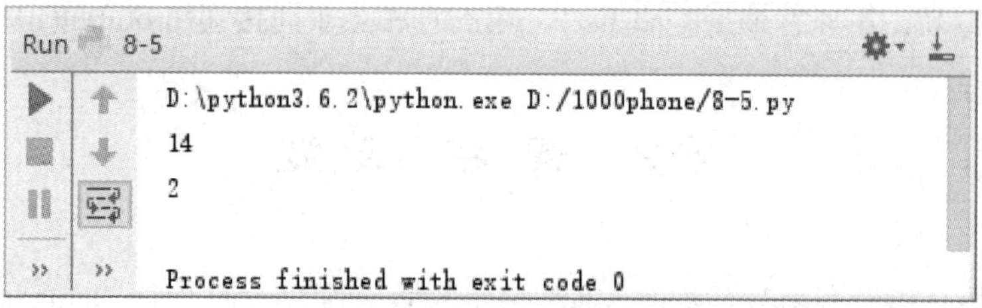

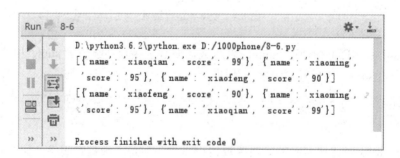

图 8.5 例 8-5 运行结果

在例 8-5 中，第 3 行使用 lambda 表达式作为 fun()函数的实参，第 2 行相当于间接调用 lambda 表达式声明的匿名函数。

此外，lambda 表达式声明的匿名函数还可以作为内建函数的实参，如例 8-6 所示。

例 8-6 lambda 表达式声明的匿名函数作为内建函数的实参。

```
1   info = [
2       {'name':'xiaoqian', 'score':'99'},
3       {'name':'xiaofeng', 'score':'90'},
4       {'name':'xiaoming', 'score':'95'}
5   ]
6   # 按姓名字母由大到小排序
7   info1 = sorted(info, key = lambda x:x['name'], reverse = True)
8   print(info1)
9   # 按分数由小到大排序
10  info2 = sorted(info, key = lambda x:x['score'])
11  print(info2)
```

运行结果如图 8.6 所示。

Run 8-6
D:\python3.6.2\python.exe D:/1000phone/8-6.py
[{'name': 'xiaoqian', 'score': '99'}, {'name': 'xiaoming',
'score': '95'}, {'name': 'xiaofeng', 'score': '90'}]
[{'name': 'xiaofeng', 'score': '90'}, {'name': 'xiaoming',
'score': '95'}, {'name': 'xiaoqian', 'score': '99'}]
Process finished with exit code 0

图 8.6 例 8-6 运行结果

在例 8-6 中，第 7 行使用“key = lambda x:x['name']”作为 sorted()函数的关键参数，此时 sorted()函数将列表 info 中的元素按照'name'对应的值进行排序并赋值给 info1，“reverse = True”指定排序规则为从大到小排序。

lambda 表达式表示一个匿名函数，也可以作为列表或字典的元素，如例 8-7 所示。

例 8-7 lambda 表达式声明的匿名函数作为列表或字典的元素。

```
1   power = [lambda x: x**2, lambda x: x**3, lambda x: x**4]
2   print(power[0](2), power[1](2), power[2](2))
3   dict1 = {1:lambda x:print(x), 2: lambda x = '扣丁学堂':print(x)}
4   dict1[1]('千锋教育')
5   dict1[2]()
```

运行结果如图 8.7 所示。

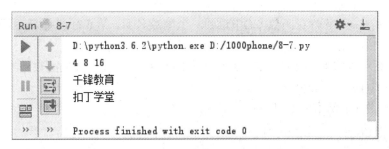

图 8.7 例 8-7 运行结果

在例 8-7 中，第 1 行列表 power 中的每个元素都为一个 lambda 表达式，即构成一个匿名函数列表。第 2 行分别调用列表 power 中的每个匿名函数。第 3 行字典 dict1 中键对应的值为 lambda 表达式，注意 lambda 表达式中也可以含有默认参数。第 4 行调用字典 dict1 中键为 1 对应的匿名函数。第 5 行调用字典 dict1 中键为 2 对应的匿名函数，此处使用默认参数。

8.3 闭 包

在前面章节中，函数可以通过 return 返回一个变量。此外，函数也可以返回另外一个函数名，如例 8-8 所示。

例 8-8 一个函数返回另外一个函数名。

```
1   def f1():
2       print('f1()函数')
3   def f2():
4       print('f2()函数')
5       return f1
6   x = f2()
7   x()
8   f1() # 正确
```

运行结果如图 8.8 所示。

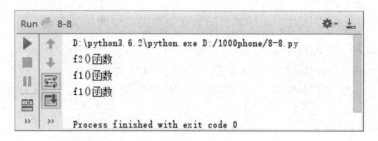

图 8.8   例 8-8 运行结果

在例 8-8 中,第 5 行在函数 f2()中返回一个函数名 f1,第 6 行调用 f2()函数并将返回值赋值给 x,第 7 行通过变量 x 间接调用 f1()函数。

此外,还可以将 f1()函数的定义移动到 f2()函数中,在这样 f2()函数外的作用域就不能直接调用 f1()函数,如例 8-9 所示。

例 8-9   将 f1()函数的定义移动到 f2()函数中。

```
1    def f2():
2        print('f2()函数')
3        def f1():
4            print('f1()函数')
5        return f1
6    x = f2()
7    x()
8    # f1()   错误
```

运行结果如图 8.9 所示。

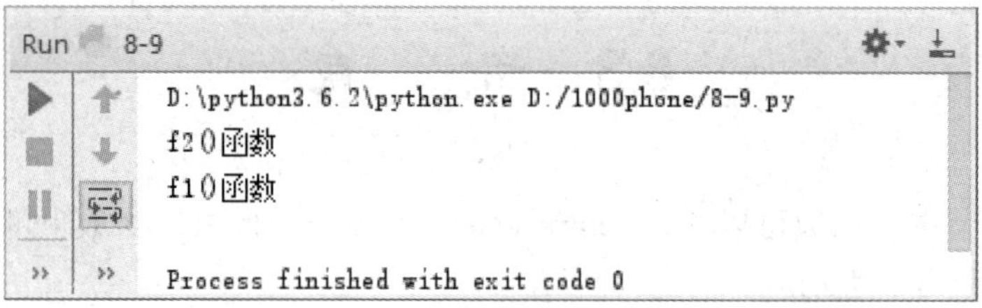

```
Run    8-9
    D:\python3.6.2\python.exe D:/1000phone/8-9.py
    f2()函数
    f1()函数
    Process finished with exit code 0
```

图 8.9   例 8-9 运行结果

在例 8-9 中,函数 f1()的定义嵌套在函数 f2()中,此时在函数 f2()外的作用域不能直接调用函数 f1(),因此将第 8 行代码注释掉。

将一个函数的定义嵌套到另一个函数中,还有其他的作用,如例 8-10 所示。

例 8-10   闭包。

```
1    list1 = [1, 2, 3, 4]
2    def f2(list):
3        def f1():
4            return sum(list)
5        return f1
```

```
6    x = f2(list1)
7    print(x())
```

运行结果如图 8.10 所示。

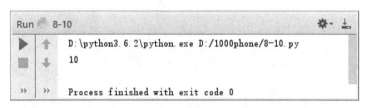

图 8.10 例 8-10 运行结果

在例 8-10 中，函数 f2()中传入一个参数，在函数 f1()中对该参数中的元素求和，具体执行过程如图 8.11 所示。

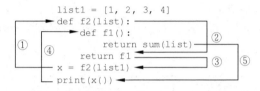

图 8.11 程序执行过程

在图 8.11 中，list1 作为参数传进函数 f2()中，此时不能把函数 f1()移到函数 f2()的外面。因为函数 f1()的功能是计算 list 中所有元素值的和，所以 f1()函数必须依赖于函数 f2()的参数。如果函数 f1()在函数 f2()外，则无法取得 f2()中的数据进行计算，这就引出了闭包的概念。

如果内层函数引用了外层函数的变量（包括其参数），并且外层函数返回内层函数名，这种函数架构称为闭包。从概念中可以得出，闭包需要满足如下 3 个条件：

- 内层函数的定义嵌套在外层函数中。
- 内层函数引用外层函数的变量。
- 外层函数返回内层函数名。

8.4 装 饰 器

在夏天天气晴朗时，人们通常只穿 T 恤就可以了，但当刮风下雨时，人们通常在 T 恤的基础上再增加一件外套，它可以遮风挡雨，并且不影响 T 恤原有的作用，这就是现实生活中装饰器的概念。

8.4.1 装饰器的概念

装饰器本质上还是函数，可以让其他函数在不做任何代码修改的前提下增加额外功能。它通常用于有切面需求的场景，例如，插入日志、性能测试、权限校验等。

在讲解装饰器之前，先看一段简单的程序，如例 8-11 所示。

例 8-11 将 func()函数的返回值加 1。

```
1   def f2(func):
2       def f1():
3           x = func()
4           return x + 1
5       return f1
6   def func():
7       print('func()函数')
8       return 1
9   decorated = f2(func)
10  print(decorated())
11  print(func())
```

运行结果如图 8.12 所示。

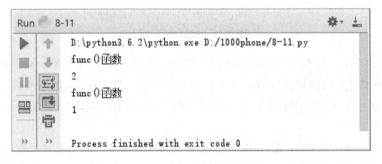

图 8.12 例 8-11 运行结果

在例 8-11 中，第 1 行定义了一个带单个参数 func 的名称为 f2 的函数，第 2 行 f1()函数为闭包的功能函数，其中调用了 func()函数并将 func()函数的返回值加 1 并返回。这样每次 f2()函数被调用时，func 的值可能会不同，但不论 func()代表何种函数，程序都将调用它。

从程序运行结果可看出，调用函数 decorated()的返回值为 2，调用 func()函数的返回值为 1，两者都输出"func()函数"，此时称变量 decorated 是 func 的装饰版，即在 func()函数的基础上增加新功能，本例是将 func()函数的返回值加 1。

还可以用装饰版来"代替"func，这样每次调用时就总能得到"附带其他功能"的 func 版本，如例 8-12 所示。

例 8-12 用装饰版来"代替"func。

```
1   def f2(func):
2       def f1():
3           return func() + 1
```

```
4        return f1
5    def func():
6        print('func()函数')
7        return 1
8    func = f2(func)
9    print(func())
```

运行结果如图 8.13 所示。

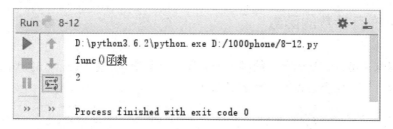

图 8.13 例 8-12 运行结果

在例 8-12 中，第 3 行等价于例 8-11 中的第 3、4 行，第 8 行将例 8-11 中的第 9 行
decorated 改为 func，这样每次通过函数名 func 调用函数时，都将执行装饰后的版本。

通过上例可以得出装饰器的概念，即一个以函数作为参数并返回一个替换函数的可
执行函数。装饰器的本质是一个嵌套函数，外层函数的参数是被修饰的函数，内层函数
是一个闭包并在其中增加新功能（装饰器的功能函数）。

8.4.2 @符号的应用

例 8-12 中使用变量名将装饰器函数与被装饰函数联系起来。此外，还可以通过@符
号和装饰器名实现两者的联系，如例 8-13 所示。

例 8-13 @符号的应用。

```
1    def f2(func):
2        def f1():
3            return func() + 1
4        return f1
5    @f2
6    def func():
7        print('func()函数')
8        return 1
9    print(func())
```

运行结果如图 8.14 所示。

在例 8-13 中，第 5 行通过@符号和装饰器名实现装饰器函数与被装饰函数联系。
第 9 行调用 func()函数时，程序会自动调用装饰器函数的代码。

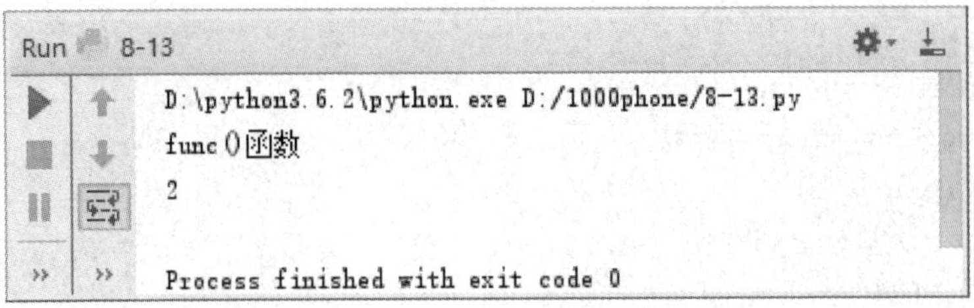

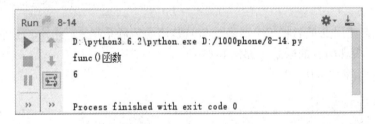

图 8.14　例 8-13 运行结果

8.4.3　装饰有参数的函数

装饰器除了可以装饰无参数的函数外，还可以装饰有参数的函数，如例 8-14 所示。

例 8-14　用装饰器装饰有参数的函数。

```
1    def f2(func):
2        def f1(a = 0, b = 0):
3            return func(a, b) + 1
4        return f1
5    @f2
6    def func(a = 0, b = 0):
7        print('func()函数')
8        return a + b
9    print(func(2, 3))
```

运行结果如图 8.15 所示。

图 8.15　例 8-14 运行结果

在例 8-14 中，第 6 行定义一个带有两个默认参数的 func()函数。第 5 行将 f2()函数声明为装饰器函数，用来修饰 func()函数。第 9 行调用 func 装饰器函数，注意 f1()函数中的参数必须包含对应 func()函数的参数。

8.4.4　带参数的装饰器——装饰器工厂

通过上面的学习可知，装饰器本身也是一个函数，即装饰器本身也可以带参数，此时装饰器需要再多一层内嵌函数，如例 8-15 所示。

例 8-15　带参数的装饰器。

```
1    def f3(arg = '装饰器的参数'):
2        def f2(func):
3            def f1():
4                print(arg)
5                return func() + 1
6            return f1
7        return f2
8    @f3('带参数的装饰器')
9    def func():
10       print('func()函数')
11       return 1
12   print(func())
```

运行结果如图 8.16 所示。

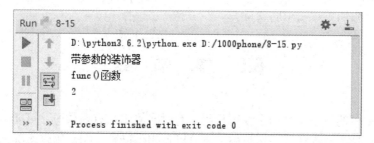

图 8.16　例 8-15 运行结果

在例 8-15 中，第 1 行定义装饰器函数，其由 3 个函数嵌套而成，最外层函数有一个装饰器自带的参数，内层函数不变，相当于闭包的嵌套。第 8 行将 f3()函数声明为装饰器函数，用来修饰 func()函数。

若大家不理解此代码，可以将装饰器写成如下代码，如例 8-16 所示。

例 8-16　装饰器分解成闭包的嵌套。

```
1    def f3(arg = '装饰器的参数'):
2        def f2(func):
3            def f1():
4                print(arg)
5                return func() + 1
6            return f1
7        return f2
8    def func():
9        print('func()函数')
10       return 1
11   f2 = f3('带参数的装饰器')
12   func = f2(func)
13   print(func())
```

运行结果如图 8.17 所示。

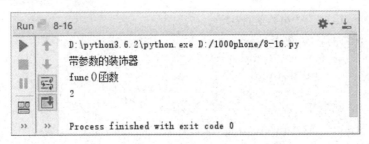

图 8.17　例 8-16 运行结果

在例 8-16 中，将装饰器分解成闭包的嵌套，这种写法更容易理解。此外，还可以将第 11、12 行代码写成如下代码：

```
func = f3('带参数的装饰器')(func)
```

上述代码相当于省略中间变量 f2。

8.5　偏　函　数

函数最重要的一个功能的是复用代码，有时在复用已有函数时，可能需要固定其中的部分参数，除了设置默认值参数外，还可以使用偏函数（用来固定函数调用时部分或全部参数的函数叫偏函数），如例 8-17 所示。

例 8-17　偏函数。

```
1   def myAdd1(a, b, c):
2       return a + b + c
3   def myAdd2(a, b):
4       return myAdd1(a, b, 123)
5   print(myAdd2(1, 1))
```

运行结果如图 8.18 所示。

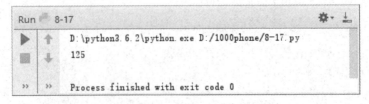

图 8.18　例 8-17 运行结果

在例 8-17 中，第 3 行定义一个 myAdd2()函数，与第 1 行 myAdd1()函数的区别仅在于参数 c 固定为一个数字 123，这时就可以使用偏函数来复用上面的函数。

8.6　常用的内建函数

在 Python 中，内建函数是被自动加载的，可以随时调用这些函数，不需要定义，极大地简化了编程。

8.6.1　eval()函数

eval()函数用于对动态表达式求值，其语法格式如下：

```
eval(source, globals = None, locals = None)
```

其中，source 是动态表达式的字符串，globals 和 locals 是求值时使用的上下文环境的全局变量和局部变量，如果不指定，则使用当前运行上下文。

接下来演示 eval()函数的用法，如例 8-18 所示。

例 8-18　eval()函数的用法。

```
1   x = 3
2   str = input('请输入包含 x（x = 3）的 Python 表达式：')
3   print(str, '的结果为', eval(str))
```

运行结果如图 8.19 所示。

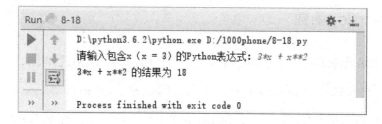

图 8.19　例 8-18 运行结果

在例 8-18 中，通过 input()函数输入 Python 表达式，接着通过 eval()函数求出该表达式的值。

8.6.2　exec()函数

exec()函数用于动态语句的执行，其语法格式如下：

```
exec(source, globals = None, locals = None)
```

其中，source 是动态语句的字符串，globals 和 locals 是使用的上下文环境的全局变量和局部变量，如果不指定，则使用当前运行上下文。

接下来演示 exec()函数的用法，如例 8-19 所示。

例 8-19　exec()函数的用法。

```
1    str = input('请输入 Python 语句：')
2    exec(str)
```

运行结果如图 8.20 所示。

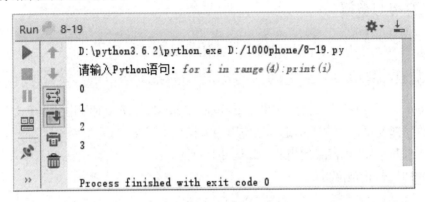

图 8.20　例 8-19 运行结果

在例 8-19 中，通过 input()函数输入 Python 语句，接着通过 exec()函数执行该语句。

8.6.3　compile()函数

compile()函数用于将一个字符串编译为字节代码，其语法格式如下：

```
compile(source, filename, mode, flags=0, dont_inherit=False, optimize=-1)
```

其中，source 为代码语句的字符串，filename 为代码文件名称，如果不是从文件读取代码，则传递一些可辨认的值，mode 为指定编译代码的种类，其值可以为'exec'、'eval'、'single'，剩余参数一般使用默认值。

接下来演示 compile()函数的用法，如例 8-20 所示。

例 8-20　compile()函数的用法。

```
1    str = input('请输入 Python 语句：')
2    co = compile(str, '', 'exec')
3    exec(co)
```

运行结果如图 8.21 所示。

在例 8-20 中，通过 input()函数输入 Python 语句，接着通过 compile()函数将字符串 str 转换为字节代码对象。

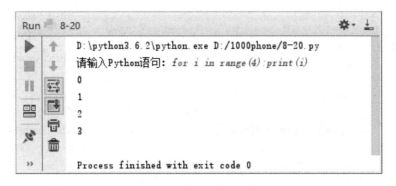

图 8.21 例 8-20 运行结果

8.6.4 map()函数

程序中经常需要对列表和其他序列中的每个元素进行同一个操作并将其结果集合起来，具体示例如下：

```
list1, list2 = [1, 2, 3, 4], []
for i in list1:
    list2.append(i + 10)
print(list2)
```

上述代码表示将 list1 中的每个元素加 10 并添加到 list2 中。该程序运行后，输出结果如下：

```
[11, 12, 13, 14]
```

实际上，Python 提供了一个更方便的工具来完成此种操作，这就是 map()函数，其语法格式如下：

```
map(function, sequence[, sequence,…])
```

其中，function 为函数名，其余参数为序列，返回值为迭代器对象，通过 list()函数可以将其转换为列表，也可以使用 for 循环进行遍历操作。

接下来演示 map()函数的用法，如例 8-21 所示。

例 8-21 map()函数的用法。

```
1   list1 = [1, 2, 3, 4]
2   func = lambda x : x + 10
3   list2 = list(map(func, list1))
4   print(list2)
```

运行结果如图 8.22 所示。

在例 8-21 中，map()函数对列表 list1 中的每个元素调用 func 函数并将返回结果组成一个可迭代对象，如图 8.23 所示。

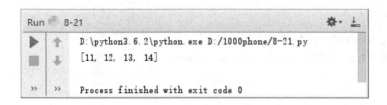

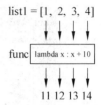

图 8.22　例 8-21 运行结果　　　　　　图 8.23　map()函数执行过程

此外，map()函数还可以接收两个序列，具体示例如下：

```
list = list(map(lambda x, y : x + y, range(1, 5), range(5, 9)))
print(list)
```

该程序运行后，输出结果如下：

```
[6, 8, 10, 12]
```

8.6.5　filter()函数

filter()函数可以对指定序列进行过滤操作，其语法格式如下：

```
filter(function, sequence)
```

其中，function 为函数名，它所引用的函数只能接收一个参数，并且返回值是布尔值，sequence 为一个序列，filter()函数返回值为迭代器对象。

接下来演示 filter()函数的用法，如例 8-22 所示。

例 8-22　filter()函数的用法。

```
1    seq = ['qianfeng', 'codingke.com', '*#$']
2    func = lambda x : x.isalnum()
3    list = list(filter(func, seq))
4    print(list)
```

运行结果如图 8.24 所示。

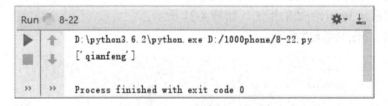

图 8.24　例 8-22 运行结果

在例 8-22 中，filter()函数对列表 list 中的每个元素调用 func 函数并返回使得 func 函数返回值为 True 的元素组成的可迭代对象，如图 8.25 所示。

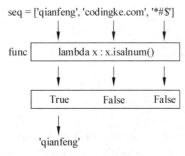

图 8.25　**filter()**函数执行过程

8.6.6　zip()函数

zip()函数用于将一系列可迭代的对象作为参数，将对象中对应的元素打包成一个个元组，然后返回由这些元组组成的迭代对象，如例 8-23 所示。

例 8-23　zip()函数的用法。

```
1    list1, list2 = [1, 2, 3], ['千锋教育', '扣丁学堂', '好程序员特训营']
2    list3 = list(zip(list1, list2))
3    print(list3)
```

运行结果如图 8.26 所示。

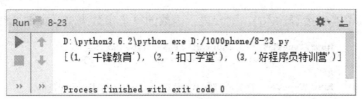

图 8.26　例 8-23 运行结果

在例 8-23 中，zip()函数将列表 list1 中第 1 个元素与列表 list2 中的 1 个元素组成一个元组，以此类推，最终返回由 3 个元组组成的迭代对象。

zip()参数可以接受任何类型的序列，同时也可以有两个以上的参数。但当传入参数的长度不同时，zip()函数以最短序列长度为准进行截取获得元组，具体示例如下：

```
list1, list2, list3 = [1, 2, 3, 4], ['a', {1, 'a'}], [3.4, 5]
list4 = list(zip(list1, list2, list3))
print(list4)
```

该程序运行后，输出结果如下：

```
[(1, 'a', 3.4), (2, {1, 'a'}, 5)]
```

此外，在 zip()函数中还可以使用*运算符，如例 8-24 所示。

例 8-24　在 zip()函数中使用*运算符。

```
1    list1, list2 = [1, 2, 3], ['千锋教育', '扣丁学堂', '好程序员特训营']
```

```
2    zipped = zip(list1, list2)
3    list4 = zip(*zipped)
4    print(list(list4))
```

运行结果如图 8.27 所示。

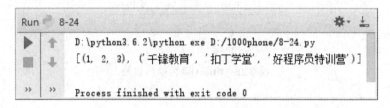

图 8.27 例 8-24 运行结果

在例 8-24 中，第 3 行 zip()函数中使用*运算符相当于执行相反的操作。

在 Python 中，还有许多内建函数，当要用到某个函数时，只需在 PyCharm 编辑器中写出函数名,它就会自动提示函数的参数。例如,在编辑器中输入 map 后出现如图 8.28 所示的提示。

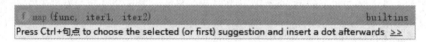

图 8.28 函数参数提示

此时在编辑器中接着输入(),则会提示函数的每个参数类型，如图 8.29 所示。

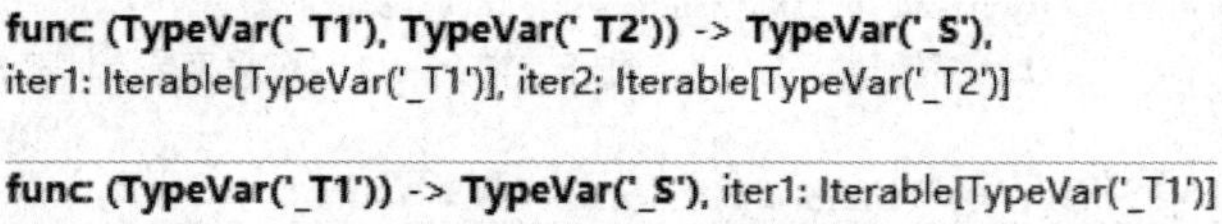

func: (TypeVar('_T1'), TypeVar('_T2')) -> TypeVar('_S'),
iter1: Iterable[TypeVar('_T1')], iter2: Iterable[TypeVar('_T2')]

---

func: (TypeVar('_T1')) -> TypeVar('_S'), iter1: Iterable[TypeVar('_T1')]

图 8.29 参数类型提示

8.7 小 案 例

8.7.1 案例一

假设已实现用户聊天、购买商品、显示个人信息等功能，在使用这些功能前需验证用户使用的登录方式（微信、QQ 或其他）及身份信息，要求使用装饰器实现该功能，具体实现如例 8-25 所示。

例 8-25 装饰器案例。

```
1    type = input('请输入登录方式：')
2    status = False
3    name, pwd= "小千", "123"  # 假设从数据库中获取到用户信息
```

```
4    def login(checkType):
5        def check(func):
6            def wrapper(*args, **kwargs):
7                if checkType == 'WeChat'or checkType == 'QQ':
8                    global status
9                    if status == False:
10                       username = input("user:")
11                       password = input("password:")
12                       if username == name and password == pwd:
13                           print("欢迎%s! "%name)
14                           status = True
15                       else:
16                           print("用户名或密码错误! ")
17                   if status == True:
18                       func(*args,**kwargs)
19               else:
20                   print('仅支持微信或QQ登录! ')
21           return wrapper
22       return check
23   @login(type)
24   def shop():
25       print('购物')
26   @login(type)
27   def info():
28       print('个人信息')
29   @login(type)
30   def chat():
31       print('聊天')
32   info()
33   chat()
34   shop()
```

运行结果如图 8.30 所示。

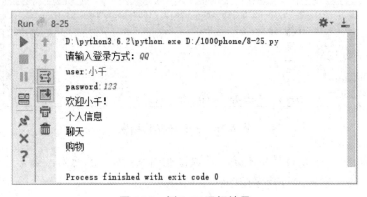

图 8.30　例 8-25 运行结果

在例 8-25 中，使用带参数的装饰器 login()修饰函数 info()、chat()和 shop()，这样在每次调用这 3 个函数时，将变得非常简单。

8.7.2　案例二

若有以下学生信息，如表 8.1 所示。现要求只对男同学的成绩进行由高到低排序并输出排序后学生的姓名与成绩，具体实现如例 8-26 所示。

表 8.1　学生信息

姓　名	性　别	分　数	姓　名	性　别	分　数
小千	女	95	小丁	男	88
小锋	男	99	小明	男	90
小扣	女	86	…	…	…

例 8-26　对男同学的成绩进行由高到低排序并输出排序后的学生姓名与成绩。

```
1    info = [{'name':'小千', 'sex':0, 'score':95},      # 0 代表女性
2           {'name':'小锋', 'sex':1, 'score':99},      # 1 代表男性
3           {'name':'小扣', 'sex':0, 'score':86},
4           {'name':'小丁', 'sex':1, 'score':88},
5           {'name':'小明', 'sex':1, 'score':90}]
6    temp1 = list(filter(lambda x:x['sex'] == 1, info))
7    temp2 = list(sorted(temp1, key = lambda x:x['score'], reverse = True))
8    for x in temp2:
9        for key, value in x.items():
10           if key != 'sex':
11               print(value, end = ' ')
12       print()
```

运行结果如图 8.31 所示。

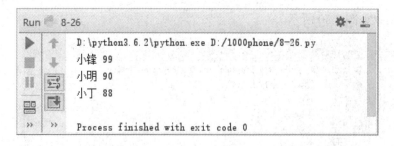

图 8.31　例 8-26 运行结果

在例 8-26 中，第 6 行使用 filter()函数过滤出'sex'为 1 的元素，第 7 行使用 sorted()函数对过滤出的元素再进行降序排序。

8.8 本 章 小 结

本章主要介绍了 Python 中函数的高级用法，包括间接调用函数、匿名函数、闭包、装饰器、偏函数及常用的内建函数。通过本章的学习，应理解闭包及装饰器的用法并能够应用到实际开发中。

8.9 习　　题

1. 填空题

（1）若一个函数引用另一个函数中的变量，则可以使用_____实现。

（2）装饰器本质上是_____。

（3）装饰器的内层函数是一个_____。

（4）在函数定义前添加装饰器名和_____符号实现对函数的装饰。

（5）带参数的装饰器实现时需多一层_____函数。

2. 选择题

（1）（　　）函数可以对指定序列进行过滤。
　　A．map()　　　　B．filter()　　　　C．sorted()　　　　D．zip()

（2）匿名函数可以通过（　　）关键字进行声明。
　　A．def　　　　B．return　　　　C．lambda　　　　D．anonymous

（3）程序调用 filter() 函数时，第一个参数所引用的函数返回值是（　　）。
　　A．布尔值　　　B．字符串　　　C．列表值　　　D．元组值

（4）（　　）函数根据传入的函数对指定序列做操作。
　　A．exec()　　　　B．eval()　　　　C．map()　　　　D．zip()

（5）若 print(list(zip(range(2), range(2, 5))))，则输出（　　）。
　　A．[(0, 2), (1, 3), (0, 4)]　　　　　　B．[(2, 0), (3, 1)]
　　C．[(1, 3), (0, 4)]　　　　　　　　　　D．[(0, 2), (1, 3)]

3. 思考题

（1）简述闭包的概念。

（2）简述装饰器的概念。

4. 编程题

编写程序，要求使用两个装饰器装饰同一函数。

第 9 章

模块与包

本章学习目标
- 理解模块与包的概念。
- 掌握模块的导入。
- 熟悉内置标准模块。
- 掌握自定义模块。
- 掌握包的发布与安装。

模块可以将函数按功能划分到一起，以便共享给他人使用。一个 Python 文件就可以视作一个模块，模块提供了将独立文件连接构建更复杂 Python 程序的方式。

9.1　模块的概念

模块是一个保存了 Python 代码的文件，其中可以包含变量、函数或类的定义，也可以包含其他各种 Python 语句。使用模块有以下 3 方面的优势。

（1）模块提高了代码的可维护性。在程序开发过程中，随着程序功能的增多，在一个文件中的代码会越来越长，从而造成程序不易维护，此时可以把相关功能的代码分配到一个模块里，从而使代码更易懂、更易维护。

（2）模块提高了代码的可重用性。在应用程序开发中，经常需要处理时间，此时不必在每个程序中写入时间的处理函数，只需导入 time 模块即可。

（3）模块避免了函数名和变量名冲突。由于相同名字的函数和变量可以分别存在于不同模块中，在编写模块时，不必考虑名字会与其他模块冲突（此处不考虑导包情况）。

在 Python 中，模块可以分为 3 类，具体如下所示：
- 内置标准模块（标准库）——Python 自带的模块，如 sys、os 等。
- 自定义模块——用户为了实现某个功能自己编写的模块。
- 第三方模块——其他人已经编写好的模块。

一个 Python 程序可由若干模块构成，一个模块中可以使用其他模块的变量、函数和类等，如图 9.1 所示。

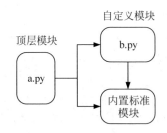

图 9.1　模块原理图

在图 9.1 中，a.py 是一个顶层模块（又称主模块），其中使用了自定义模块 b.py 和内置标准模块，b.py 也使用了内置标准模块。

接下来简单演示模块的使用，如例 9-1 所示。

例 9-1　模块的使用。

```
1    import math              # 导入内置标准模块 math
2    num = math.sqrt(9)       # 使用 math 模块中的 sqrt() 函数
3    print(num)
```

运行结果如图 9.2 所示。

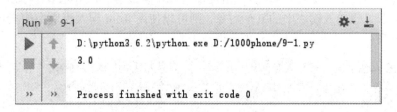

图 9.2　例 9-1 运行结果

在例 9-1 中，程序使用 math 模板中的 sqrt() 函数可以很方便地计算出 9 的算术平方根。

9.2　模块的导入

模块需要先导入，然后才能使用其中的变量或函数。在 Python 中使用关键字 import 导入某个模块，其语法格式如下：

```
import 模块名                    # 导入模块
import 模块名 1, 模块名 2, …      # 导入多个模块
import 模块名 as 别名            # 为模块指定别名
```

其中，import 用于导入整个模块，可用 as 为导入的模块指定一个别名。使用 import 导入模块后，模块中的对象均以"模块名（别名）.对象名称"的方式来引用。

接下来演示 import 关键字导入模块，如例 9-2 所示。

例 9-2　import 关键字导入模块。

```
1    import math as m
2    import sys, time
3    print(m.sqrt(9))
4    print(sys.platform)
5    print(time.time())
```

运行结果如图 9.3 所示。

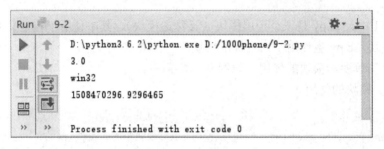

图 9.3　例 9-2 运行结果

在例 9-2 中，第 1 行为 math 模块指定别名 m，第 2 行一次导入多个模块。

此外，若只想导入模块中的某个对象，则可以使用 from 导入模块中的指定对象，其语法格式如下：

```
from 模块名 import 导入对象名            # 导入模块中某个对象
from 模块名 import 导入对象名 as 别名     # 给导入的对象指定别名
from 模块名 import *                   # 导入模块中所有对象
```

注意使用 from 导入的对象可以直接使用，不需要使用模块名作为限定符，如例 9-3 所示。

例 9-3　使用 from 导入对象。

```
1    from math import sqrt as st
2    print(st(9))
```

运行结果如图 9.4 所示。

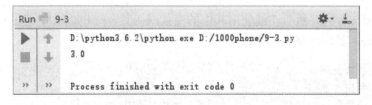

图 9.4　例 9-3 运行结果

在例 9-3 中，第 1 行通过 from 关键字从 math 模块中导入 sqrt()函数，然后再通过 as 关键字为 sqrt()函数指定别名 st。

import 与 from 导入模块各有特点，使用 import 导入模块时比较简单，使用 from 导入模块时需列出想要导入的对象名，但无论哪种导入方式，模块只能一次导入。另外，注意模块整体导入的开销是比较大的。

9.3 内置标准模块

Python 标准库中包括了许多模块，从 Python 语言自身特定的类型到一些只用于少数程序的模块，本节主要介绍基础阶段常见的内置标准模块。

9.3.1 sys 模块

sys 模块是 Python 标准库中最常用的模块之一。通过它可以获取命令行参数，从而实现从程序外部向程序内部传递参数的功能，也可以获取程序路径和当前系统平台等信息。

接下来演示通过 sys 模块获取命令行参数，如例 9-4 所示。

例 9-4 通过 sys 模块获取命令行参数。

```
1    import sys
2    print(sys.argv)
3    print("参数个数:" + str(len(sys.argv)))
4    for i in range(len(sys.argv)):
5        print("" + str(i + 1) + ": " + sys.argv[i])
```

运行结果如图 9.5 所示。

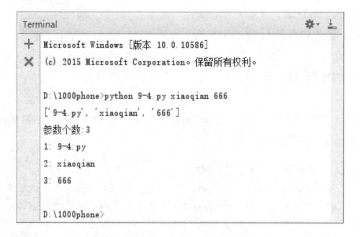

图 9.5　例 9-4 运行结果

在例 9-4 中，注意执行程序时，需要开启终端模式（在 PyCharm 中，选择 View->Tool Windows->View->Terminal 选项即可）。从程序运行结果可以看出，在命令行中输入了 3

个参数，分别为'9-4.py'、'xiaoqian'、'666'。

在导入模块时，用户省略了模块文件的路径和扩展名，但 Python 解释器可以找到对应的文件，这是因为 Python 解释器会按特定的路径来搜索模块文件，用户可以通过 sys.path 获取搜索模块的路径，如例 9-5 所示。

例 9-5　通过 sys.path 获取搜索模块的路径。

```
1    import sys
2    print(sys.path)
```

运行结果如图 9.6 所示。

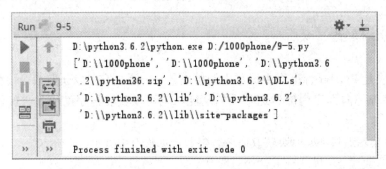

图 9.6　例 9-5 运行结果

在例 9-5 中，第 2 行通过 print()函数打印出搜索模块路径。sys.path 通常由 4 部分组成，具体如下所示：

- 程序的当前目录（可用 os 模块中的 getcwd()函数查看当前目录名称）。
- 操作系统的环境变量 PYTHONPATH 中包含的目录（如果存在）。
- Python 标准库目录。
- 任何.pth 文件包含的目录（如果存在）。

9.3.2　platform 模块

platform 模块提供了很多方法用于获取有关开发平台的信息，如例 9-6 所示。

例 9-6　platform 模块中的方法。

```
1    import platform
2    print(platform.platform())          # 获取当前操作系统名称及版本号
3    print(platform.architecture())      # 获取计算机类型信息
4    print(platform.python_build())      # 获取 Python 版本信息
5    print(platform.python_compiler())   # 获取 Python 编译器信息
```

运行结果如图 9.7 所示。

在例 9-6 中，通过 platform 模块可以获取有关开发平台的相关信息。

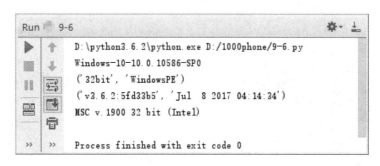

图 9.7 例 9-6 运行结果

9.3.3 random 模块

random 模块用于生成随机数，其中常用的函数如表 9.1 所示。

表 9.1 random 模块的主要函数

函　　数	说　　明
random()	返回一个 0 到 1 之间的随机浮点数 n(0≤n<1)
uniform(a, b)	返回一个指定范围内的随机符点数 n(a≤n≤b 或 b≤n≤a)
randint(a, b)	返回一个指定范围内的整数 n(a≤n≤b)
randrange ([start], stop[, step])	从指定范围内按指定基数递增的集合中获取一个随机数
choice(sequence)	从序列中获取一个随机元素
shuffle (x[, random])	用于将一个列表中的元素打乱
sample(sequence, k)	从指定序列中随机获取指定长度 k 的片断，原有序列不会被修改

接下来演示 random 模块中主要函数的用法，如例 9-7 所示。

例 9-7 random 模块中主要函数的用法。

```
1    import random
2    print(random.random())              # 生成 0～1 之间的一个随机浮点数
3    print(random.uniform(3, 5))         # 生成 3～5 之间的一个随机浮点数
4    print(random.uniform(5, 3))         # 生成 3～5 之间的一个随机浮点数
5    print(random.randint(0,5))          # 生成 0～5 之间的一个随机整数
6    print(random.randrange(0, 6, 2))    # 从 0、2、4 中随机获取一个数
7    list = [1, 2, 3, 4, 5, 6]
8    random.shuffle(list)                # 打乱列表 list 中的元素
9    print(list)
10   print(random.sample(list, 4))       # 从列表 list 中随机获取 4 个元素
```

运行结果如图 9.8 所示。

在例 9-7 中，程序通过 random 模块可以生成随机数。注意每次运行程序时，结果可能会发生变化。

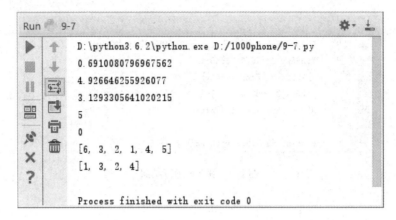

图 9.8　例 9-7 运行结果

9.3.4　time 模块

time 模块用于获取并处理时间，Python 中有两种时间表示方式，接下来分别介绍每种表示方式。

1．时间戳

时间戳是指从格林尼治时间 1970 年 01 月 01 日 00 时 00 分 00 秒（北京时间 1970 年 01 月 01 日 08 时 00 分 00 秒）起至现在的总秒数。time 模块中的 time() 函数可以获取当前时间的时间戳，如例 9-8 所示。

例 9-8　time 模块中的 time() 函数的用法。

```
1    import time
2    print(time.time())
```

运行结果如图 9.9 所示。

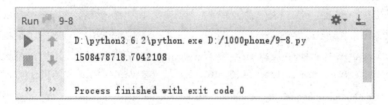

图 9.9　例 9-8 运行结果

在例 9-8 中，通过 time 模块中的 time() 函数获取当前时间的时间戳，但从该结果中不能直接得出它所表示的时间，此时可以将该结果转换为时间元组，再进行格式化输出。

2．时间元组

时间元组 struct_time 包含 9 个元素，具体如表 9.2 所示。

表 **9.2** struct_time 元组的字段

序 号	字 段	说 明
0	tm_year	年份，0000~9999 的整数
1	tm_mon	月份，1~12 的整数
2	tm_day	日期，1~31 的整数
3	tm_hour	小时，0~23 的整数
4	tm_min	分钟，0~59 的整数
5	tm_sec	秒钟，0~59 的整数
6	tm_wday	星期，0~6 的整数(星期一为 0)
7	tm_yday	天数，1~366 的整数
8	tm_isdst	0 表示标准时区，1 表示夏令时区

在 time 模块中，localtime()函数可以将一个时间戳转为一个当前时区的时间元组，如例 9-9 所示。

例 **9-9** localtime()函数的用法。

```
1    import time
2    print(time.localtime(time.time()))
```

运行结果如图 9.10 所示。

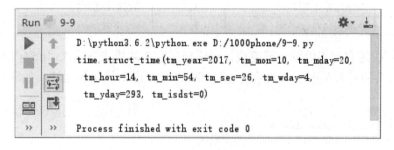

```
Run    9-9                                              ⚙· ⬇
▶  ↑    D:\python3.6.2\python.exe D:/1000phone/9-9.py
■  ↓    time.struct_time(tm_year=2017, tm_mon=10, tm_mday=20,
⏸  ⇶      tm_hour=14, tm_min=54, tm_sec=26, tm_wday=4,
   ⮐      tm_yday=293, tm_isdst=0)
≫  ≫    Process finished with exit code 0
```

图 **9.10** 例 9-9 运行结果

在例 9-9 中，程序通过 time 模块中 localtime()函数可以将时间戳转为时间元组。从运行结果可发现，时间元组表示时间也不易观察，此时可以通过 strftime()函数将时间元组格式化，如例 9-10 所示。

例 **9-10** strftime()函数的用法。

```
1    import time
2    print(time.strftime('%Y-%m-%d %H:%M:%S', time.localtime(time.time())))
3    print(time.strftime('%a %b %d %H:%M:%S %Y', time.localtime(time.time())))
```

运行结果如图 9.11 所示。

在例 9-10 中，通过 time 模块中 strftime ()函数可以将时间元组格式化。该函数中第一个参数为格式化的时间字符串，其中格式化符号如表 9.3 所示。

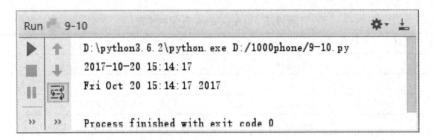

图 9.11　例 9-10 运行结果

表 9.3　时间格式化符号

格式化符号	说　明	格式化符号	说　明
%y	年份，00~99	%B	本地简化月份名称
%Y	年份，0000~9999	%c	本地相应的日期表示和时间表示
%m	月份，01~12	%j	天数，001~366
%d	天数，01~31	%p	本地 A.M.或 P.M.
%H	小时，00~23	%U	星期数，00~53，星期天为星期的开始
%I	小时，01~12	%w	星期几，0~6，星期天为星期的开始
%M	分钟，00~59	%W	星期数，00~53，星期一为星期的开始
%S	秒钟，00~59	%x	本地相应的日期表示
%a	本地简化星期名称	%X	本地相应的时间表示
%A	本地完整星期名称	%Z	当前时区的名称
%b	本地简化月份名称	%%	%号本身

Python 中还有许多内置标准模块，可以通过在终端模式下输入"help('模块名')"查看该模块包含的对象及用法，如通过 help('time')查看 time 模块的用法，如图 9.12 所示。

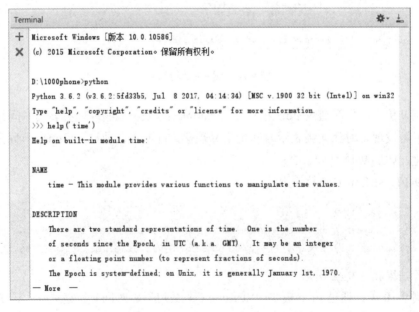

图 9.12　通过 help()查看模块用法

9.4　自定义模块

　　毕竟内置标准模块的功能有限，开发人员经常需要自定义函数，此时可以把函数组织到模块中，其他程序只需导入便可以引用模块中定义的函数，这种做法不仅使程序具有良好的结构，而且增加了代码的重用性。

　　在 Python 中，每个.py 文件都可以作为一个模块，模块的名字就是文件的名字，接下来演示如何自定义模块，假设 mymodule.py 文件中包含 2 个函数，具体如下所示：

```
# 输出信息
def output(info):
    print(info)
# 求和
def add(num1, num2):
    print(num1 + num2)
```

　　如果创建的模块 mymodule.py 与 9-11.py 保存在同一目录下，此时通过导入该模块便可引用其中包含的函数，如例 9-11 所示。

　　例 9-11　自定义模块。

```
1    import mymodule                                          # 导入 mymodule 模块
2    mymodule.output('千锋教育-中国 IT 职业教育领先品牌')      # 调用 output()函数
3    mymodule.add(1, 2)                                       # 调用 add()函数
```

　　运行结果如图 9.13 所示。

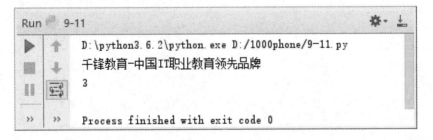

图 9.13　例 9-11 运行结果

　　在例 9-11 中，程序导入 mymodule 模块并引用其中包含的函数。

　　在实际开发中，自定义完模块后，为了保证模块编写正确，一般需要在模块中添加测试信息，具体如下所示：

```
# 输出信息
def output(info):
    print(info)
# 求和
```

```
def add(num1, num2):
    print(num1 + num2)
# 测试
output('扣丁学堂|好程序员特训营')
add(3, 5)
```

此时，若执行 9-11.py 代码，则运行结果如图 9.14 所示。

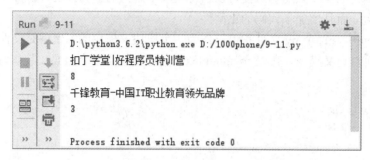

图 9.14 例 9-12 运行结果

从程序运行结果可发现，9-11.py 执行了 mymodule.py 中的测试代码，这是不期望出现的结果。为了解决上述问题，Python 提供了一个 __name__ 属性，它存在于每个 .py 文件中。当模块被其他程序导入使用时，模块 __name__ 属性值为模块文件的主名；当模块直接被执行时，__name__ 属性值为 '__main__'。

接下来修改 mymodule.py 文件，使其作为模块导入时不执行测试代码，具体如下所示：

```
# 输出信息
def output(info):
    print(info)
# 求和
def add(num1, num2):
    print(num1 + num2)
# 测试
if __name__ == '__main__':
    output('扣丁学堂|好程序员特训营')
    add(3, 5)
```

修改完成后，再次执行 9-11.py 代码，运行结果如图 9.15 所示。

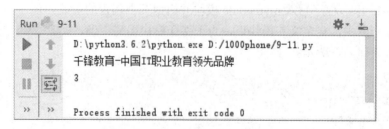

图 9.15 例 9-13 运行结果

从程序运行结果可发现，执行 9-11.py 代码时，程序并没有执行 mymodule 模块中的测试代码。

9.5 包 的 概 念

Python 的程序由包、模块和函数组成。包是由一系列模块组成的集合，模块是处理某一类问题的函数和类的集合，它们之间的关系如图 9.16 所示。

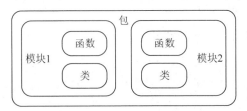

图 9.16 包与模块的关系

Python 提供了许多有用的工具包，如字符串处理、Web 应用、图像处理等，这些自带的工具包和模块安装在 Python 的安装目录下的 Lib 子目录中。包是一个至少包含 __int__.py 文件的文件夹，__init__.py 文件一般用来进行包的某些初始化工作或者设置 __all__ 值，其内容可以为空。

假设首先在包 pack 中创建两个子包：pack1 和 pack2，然后在包 pack1 中定义模块 myModule1，在包 pack2 中定义模块 myModule2，最后在包 pack 中定义一个模块 main，调用子包 pack1 和 pack2 中的模块，具体结构如下所示：

```
D:\1000PHONE\PACK
|   main.py
|   __init__.py
├─pack1
|       myModule1.py
|       __init__.py
└─pack2
        myModule2.py
        __init__.py
```

其中，pack1 包下的 __init__.py 文件内容如下：

```
if __name__ == '__main__':
    print('作为主程序运行')
else:
    print('pack1 初始化')
```

pack1 包下的 myModule1.py 文件内容如下：

```
def func():
    print("调用 pack.pack1.myModule1.func()")
```

```
if __name__ == '__main__':
    print('作为主程序运行')
else:
    print('pack1 初始化')
```

pack2 包下的__init__.py 文件内容如下：

```
if __name__ == '__main__':
    print('作为主程序运行')
else:
    print('pack2 初始化')
```

pack2 包下的 myModule2.py 文件内容如下：

```
def func():
    print("调用 pack.pack2.myModule2.func()")
if __name__ == '__main__':
    print('作为主程序运行')
else:
    print('pack2 初始化')
```

pack 包下的__init__.py 文件内容如下：

```
if __name__ == '__main__':
    print('作为主程序运行')
else:
    print('pack 初始化')
```

pack 包下的 main.py 文件内容如下：

```
import pack.pack1.myModule1
from pack.pack2 import myModule2
pack.pack1.myModule1.func()
myModule2.func()
```

运行 main.py 程序，则运行结果如图 9.17 所示。

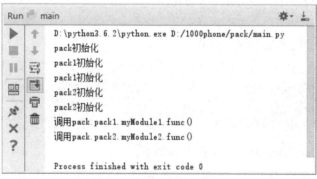

图 9.17 运行结果（一）

由程序运行结果可发现，导入模块过程中遇到的所有__init__.py 文件都会被执行。从包中导入单独的模块可以使用以下 3 种方法：

```
import Package.SubPackage.Module # 使用时必须用全路径名
from Package.SubPackage import Module # 可直接使用模块名而不用加包前缀
from Package.SubPackage.Module import function # 直接导入模块中的函数或变量
```

当需要导入某个包下的所有模块时，不可以直接使用如下语句：

```
from Package.SubPackage import *
```

这时需要使用__all__记录当前包所包含的模块，例如在 pack1 包的__init__.py 文件中第一行添加如下代码：

```
__all__ = ['myModule1']
```

其中中括号中的内容是模块名的列表，如果模块数量超过两个，使用逗号分开。同理，在 pack2 包的__init__.py 文件中也添加一行类似的代码：

```
__all__ = ['myModule2']
```

这样就可以在 main.py 模块中一次导入 pack1、pack2 包中所有的模块，pack 包下的 main.py 文件内容如下：

```
from pack.pack1 import *
from pack.pack2 import *
myModule1.func()
myModule2.func()
```

运行 main.py 程序，运行结果如图 9.18 所示。

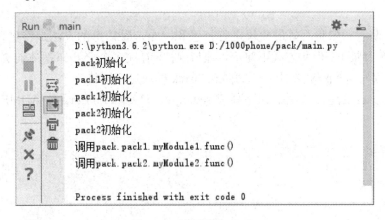

图 9.18　运行结果（二）

如果 pack1 包下的 myModule1.py 文件需要引用 pack2 包下的 myModule2 模块，默认情况下，myModule1.py 文件是找不到 myModule2 模块，此时需要按相对位置引入模块，修改 myModule1.py 文件，具体如下所示：

```
from .. import pack2
def func():
    pack2.myModule2.func()
    print("调用pack.pack1.myModule1.func()")
if __name__ == '__main__':
    print('作为主程序运行')
else:
    print('pack1初始化')
```

其中,".."表示包含 from 导入命令的模块文件所在路径的上一级目录,运行 main.py 程序,则运行结果如图 9.19 所示。

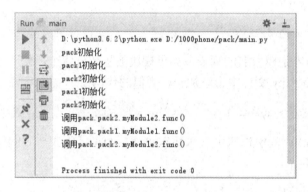

图 9.19　运行结果（三）

9.6　包 的 发 布

本节将演示如何将写好的模块进行打包和发布,最简单的方法是将包直接复制到 Python 的 lib 目录下,但此方式不便于管理与维护,存在多个 Python 版本时会非常混乱。接下来通过编写 setup.py 来对 9.5 节介绍的 pack 模块进行打包。

（1）在 pack 所在的文件目录下新建 setup.py、MANIFEST.in、README.txt 文件,其目录结构如下:

```
D:\1000phone
│   MANIFEST.in
│   README.txt
│   setup.py
└─pack
    │   main.py
    │   __init__.py
    ├─pack1
    │   │   myModule1.py
    │   │   __init__.py
```

```
└─pack2
     myModule2.py
     __init__.py
```

（2）打开 setup.py 文件，编辑其内容如下：

```
from distutils.core import setup
setup(
    name = 'myProject',
    author = '千锋教育',
    author_email = 'xiaoqian@1000phone.com',
    version = '1.0',
    url = 'http://www.qfedu.com/',
    packages = ['pack', 'pack.pack1', 'pack.pack2']
)
```

其中，packages 指明将要发布的包。

打开 MANIFEST.in 文件，编辑其内容如下：

```
include *.txt
```

该文件列出了各种希望包含在包中的非源代码。

README.txt 文件中的内容为提示使用者如何使用该包中的模块。

（3）在终端模式下，进入 pack 包所在的文件目录执行如下命令：

```
python setup.py build
```

该命令可以构建包，具体执行过程如图 9.20 所示。

图 9.20 构建包

执行完该命令后，目录结构如下所示：

```
D:\1000phone
```

```
    |   MANIFEST.in
    |   README.txt
    |   setup.py
    ├──build
    |   └──lib
    |       └──pack
    |           |   main.py
    |           |   __init__.py
    |           ├──pack1
    |           |       myModule1.py
    |           |       __init__.py
    |           └──pack2
    |                   myModule2.py
    |                   __init__.py
    └──pack
        |   main.py
        |   __init__.py
        ├──pack1
        |       myModule1.py
        |       __init__.py
        └──pack2
                myModule2.py
                __init__.py
```

（4）接着在终端模式下输入以下命令：

```
python setup.py sdist
```

该命令可以生成最终发布的压缩包，具体执行过程如图 9.21 所示。

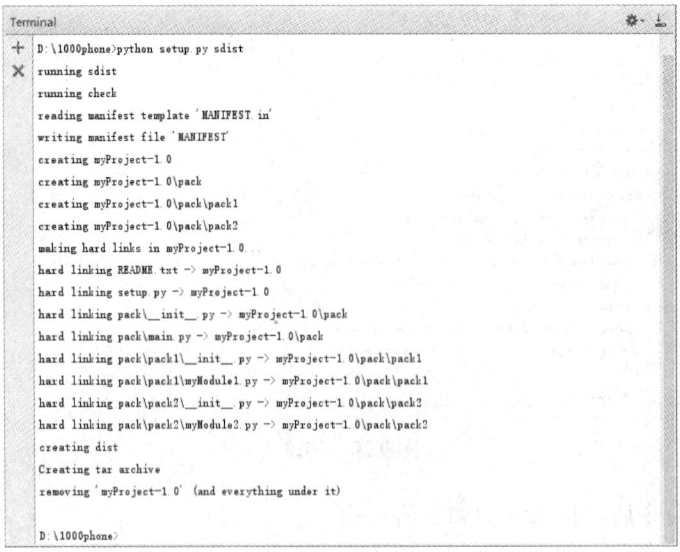

图 9.21　生成压缩包

执行完该命令后，目录结构如下所示：

```
D:\1000phone
 |  MANIFEST
 |  MANIFEST.in
 |  README.txt
 |  setup.py
 ├──build
 |   └──lib
 |       └──pack
 |           |  main.py
 |           |  __init__.py
 |           ├──pack1
 |           |     myModule1.py
 |           |     __init__.py
 |           └──pack2
 |                 myModule2.py
 |                 __init__.py
 ├──dist
 |      myProject-1.0.tar.gz
 └──pack
     |  main.py
     |  __init__.py
     ├──pack1
     |     myModule1.py
     |     __init__.py
     └──pack2
           myModule2.py
           __init__.py
```

其中，dist 目录下 myProject-1.0.tar.gz 文件为将要发布的包，开发者可以将此文件发布给其他人或上传到 Python 社区供更多的开发者下载。

9.7 包 的 安 装

9.6 节讲解了如何发布自己制作的包，本节讲解如何安装其他开发者发布的包（以 9.6 节最终生成的压缩包为例）。

（1）进入压缩包所在的文件目录并对其进行解压，解压后的文件目录如下所示：

```
D:\1000phone\dist
```

```
|   myProject-1.0.tar.gz
└── myProject-1.0
    |   PKG-INFO
    |   README.txt
    |   setup.py
    └── pack
        |   main.py
        |   __init__.py
        ├── pack1
        |       myModule1.py
        |       __init__.py
        └── pack2
                myModule2.py
                __init__.py
```

（2）在终端模式下，进入 myProject-1.0 目录下执行如下命令：

```
python setup.py install
```

该命令的具体执行过程如图 9.22 所示。

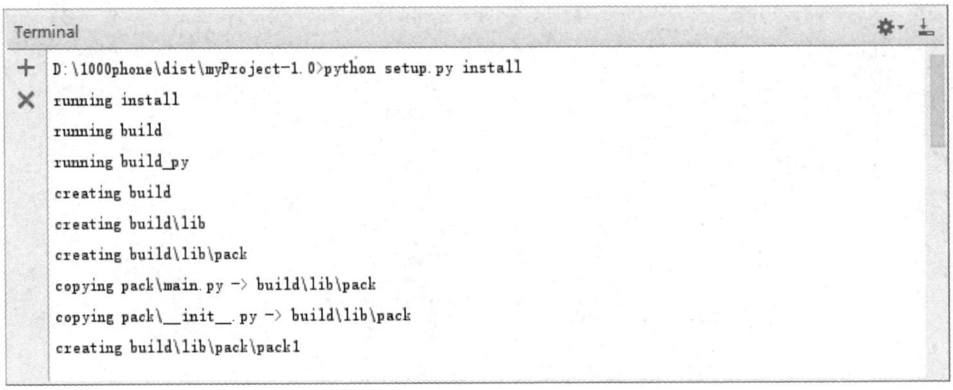

图 9.22　包安装过程

通过该命令就可以将 pack 包安装到系统（即 Python 路径）中，即该包存在于 D:\python3.6.2\Lib\site-packages（本书中 Python 的安装目录为 D:\python3.6.2）。

9.8　小案例

大家在使用手机 QQ 进行群聊时，经常会有小伙伴发红包，如图 9.23 所示。

发红包模块需要满足以下 3 点要求：

• 设定红包金额与数量。

图 9.23 发红包界面

- 金额数最大的为运气王。
- 随机分配金额。

接下来按照上述要求编写发红包功能模块，具体实现如例 9-12 所示。

例 9-12 发红包功能模块。

```
1   import random
2   def giveRedPackets(total, num):
3       # total 表示拟发红包总金额
4       # num 表示拟发红包数量
5       print('共',total,'元 分', num, '份')
6       each = []
7       already = 0 # 已发红包总金额
8       average = total / num # 平均金额
9       for i in range(1, num):
10          # 为当前抢红包的人随机分配金额
11          # 至少给剩下的人每人留平均金额
12          t1 = random.uniform(0, (total-already)-(num-i)*average)
13          t = round(t1, 2)
14          each.append(t)
15          already += t
16      # 剩余所有钱发给最后一个人
17      each.append(round(total-already, 2))
18      print("运气王:", sorted(each)[num - 1])
19      random.shuffle(each)
```

```
20      print('红包序列:', each)
21      return each
22  if __name__ =='__main__':
23      total, num = 100, 6
24      each = giveRedPackets(total, num)
```

运行结果如图 9.24 所示。

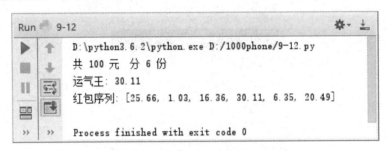

图 9.24 例 9-12 运行结果

在例 9-12 中，由于发红包时时，每个人所得的金额是随机的，因此需导入 random 模块。另外，round()函数用于返回浮点数的四舍五入值（对于 Python 2.x 版本是常规四舍五入，对于 Python 3.x 版本是奇进偶不进式的四舍五入），第一个参数表示需要进行四舍五入的浮点数，第二个参数表示从小数点到最后四舍五入的位数。

在 Python 中不建议使用浮点数进行精确计算，因为往往会得到意想不到的结果。大家可在实际开发中导入 decimal 模块来处理浮点数存在的误差。

9.9 本章小结

本章主要介绍了 Python 程序中的模块与包，包括模块的概念、模块的导入、内置标准模块、自定义模块、包的概念、包的发布及安装。在开发应用时可以将程序组织成模块架构，这样不仅可以提高代码的重用性，而且便于将复杂任务分解并进行分块调试。

9.10 习 题

1. 填空题

（1）在 Python 中，使用_____关键字引入模块。
（2）导入模块时可以使用_____关键字为模块指定别名。
（3）若导入模块中的某个对象，则可以使用_____关键字。
（4）在安装包时，需执行_____命令安装。
（5）在生成发布压缩包时，需执行_____命令压缩。

2．选择题

（1）下列导入模块方式中，错误的是（   ）。

     A．import math   B．import math as m

     C．from * import math   D．from math import *

（2）每个模块内部都有一个（   ）属性。

     A．__name__   B．__main__

     C．name   D．'__main__'

（3）（   ）模块可以获取命令行参数。

     A．platform   B．random

     C．sys   D．time

（4）包目录下必须有一个（   ）文件。

     A．__name__.py   B．__init__.py

     C．__main__.py   D．__package__.py

（5）在 random 模块中，用于生成一个[0,1)之间的随机浮点数的函数是（   ）。

     A．random(0, 1)   B．randrange(0, 1)

     C．random()   D．randint(0, 1)

3．思考题

（1）使用模块有哪些优势？

（2）模块有哪些类型？

4．编程题

    编写程序实现猜数字游戏模块，要求系统随机产生一个整数，玩家最多可以猜 5 次，系统会根据玩家的猜测进行提示，玩家则可以根据系统的提示对下一次的猜测进行适当调整。

第 10 章

面向对象（上）

本章学习目标
- 理解对象与类的概念。
- 掌握类的定义与对象的创建。
- 掌握构造方法与析构方法。
- 掌握类方法与静态方法。
- 掌握运算符重载。

面向对象程序设计是模拟如何组成现实世界而产生的一种编程方法，是对事物的功能抽象与数据抽象，并将解决问题的过程看成一个分类演绎的过程。其中，对象与类是面向对象程序设计的基本概念。

10.1　对象与类

在现实世界中，随处可见的一种事物就是对象，对象是事物存在的实体，如学生、汽车等。人类解决问题的方式总是将复杂的事物简单化，于是就会思考这些对象都是由哪些部分组成的。通常都会将对象划分为两个部分，即静态部分与动态部分。顾名思义，静态部分就是不能动的部分，这个部分被称为"属性"，任何对象都会具备其自身属性，如一个人，其属性包括高矮、胖瘦、年龄、性别等。然而具有这些属性的人会执行哪些动作也是一个值得探讨的部分，这个人可以转身、微笑、说话、奔跑，这些是这个人具备的行为（动态部分），人类通过探讨对象的属性和观察对象的行为来了解对象。

在计算机世界中，面向对象程序设计的思想要以对象来思考问题，首先要将现实世界的实体抽象为对象，然后考虑这个对象具备的属性和行为。例如，现在面临一名足球运动员想要将球射进对方球门这个实际问题，试着以面向对象的思想来解决它。步骤如下：

首先可以从这一问题中抽象出对象，这里抽象出的对象为一名足球运动员。

然后识别这个对象的属性。对象具备的属性都是静态属性，如足球运动员有一个鼻子、两条腿等，这些属性如图 10.1 所示。

接着识别这个对象的动态行为，即足球运动员的动作，如跳跃、转身等，这些行为都是这个对象基于其属性而具有的动作，这些行为如图 10.2 所示。

识别出这个对象的属性和行为后，这个对象就被定义完成了，然后根据足球运动员具有的特性制定要射进对方球门的具体方案以解决问题。

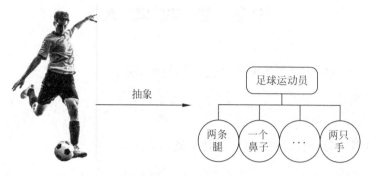

图 10.1　识别对象的属性

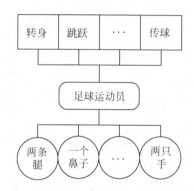

图 10.2　识别对象具有的行为

究其本质，所有的足球运动员都具有以上的属性和行为，可以将这些属性和行为封装起来以描述足球运动员这类人。由此可见，类实质上就是封装对象属性和行为的载体，而对象则是类抽象出来的一个实例。这也是进行面向对象程序设计的核心思想，即把具体事物的共同特征抽象成实体概念，有了这些抽象出来的实体概念，就可以在编程语言的支持下创建类。因此，类是那些实体的一种模型，具体如图 10.3 所示。

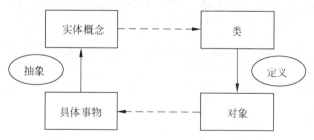

图 10.3　现实世界与编程语言的对应关系

在图 10.3 中，通过面向对象程序设计的思想可以建立现实世界中具体事物、实体概念与编程语言中类、对象之间的一一对应关系。

10.2 类 的 定 义

Python 使用 class 关键字来定义类，其语法格式如下：

```
class 类名:
    类体
```

其中，类名的首字母一般需要大写，具体示例如下：

```
class Student:
    def say(self, name):       # 实例方法
        self.name = name       # 实例属性
        print('我是', self.name)
```

其中，实例方法与前面学习的函数格式类似，区别在于类的所有实例方法都必须至少有一个名为 self 的参数，并且必须是方法的第一个形参（如果有多个形参），self 参数代表将来要创建的对象本身。另外，self.name 称为实例属性，在类的实例方法中访问实例属性时需要以 self 为前缀。

在类中定义实例方法时，第一个参数指定为 self 只是一个习惯。实际上，该参数的名字是可以变化的，具体如下所示：

```
class Student:
    def say(my, name):         # 实例方法
        my.name = name         # 实例属性
        print('我是', my.name)
```

尽管如此，本书建议大家编写代码时仍以 self 作为实例方法的第一个参数名字，这样便于其他人阅读代码。

10.3 对象的创建

在 Python 中，有两种对象：类对象与实例对象。类对象只有一个，而实例对象可以有多个。

10.3.1 类对象

类对象是在执行 class 语句时创建的，如例 10-1 所示。

例 10-1 类对象。

```
1    class Student:
```

```
2      def say(self, name):        # 实例方法
3          self.name = name        # 实例属性
4          print('我是', self.name)
5      print('类对象生成')
6  print(type(Student))
```

运行结果如图 10.4 所示。

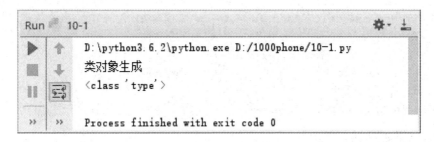

图 10.4　例 10-1 运行结果

在例 10-1 中，Python 执行 class 语句时创建了一个类对象和一个变量（名称就是类名称），变量引用类对象。通过 type()函数可以测试对象的类型。

在定义类时，还可以定义类属性，如例 10-2 所示。

例 10-2　定义类属性。

```
1  class Student:
2      school = '扣丁学堂'         # 类属性
3      def say(self, name):        # 实例方法
4          self.name = name        # 实例属性
5          print('我是', self.name)
6  print(Student.school)
```

运行结果如图 10.5 所示。

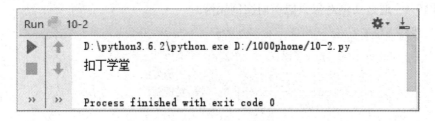

图 10.5　例 10-2 运行结果

在例 10-2 中，第 6 行通过"类名.类属性名"方式访问类属性。

10.3.2　实例对象

实例对象通过调用类对象来创建（就像调用函数一样来调用类对象），每个实例对

象继承类对象的属性，并获得自己的命名空间。实例方法的第一个参数默认为 self，表示引用实例对象。在实例方法中对 self 的属性赋值才会创建属于实例对象的属性，如例 10-3 所示。

例 10-3 创建实例对象属性。

```
1  class Student:
2      school = '扣丁学堂'              # 类属性
3      def say(self, name):            # 实例方法
4          self.name = name            # 实例属性
5          print('我是', self.name)
6  s1 = Student()                      # 创建实例对象
7  s1.say('小千')
8  print(s1.school, s1.name)
```

运行结果如图 10.6 所示。

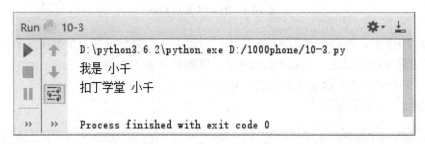

图 10.6   例 10-3 运行结果

在例 10-3 中，第 7 行通过"实例名.实例方法"方式调用实例方法，第 8 行通过实例对象访问类属性 school。

如果类中存在相同名称的类属性与实例属性，则通过实例对象只能访问实例属性，如例 10-4 所示。

例 10-4 通过实例对象只能访问实例属性。

```
1  class Student:
2      school = '扣丁学堂'              # 类属性
3      def say(self, school):          # 实例方法
4          self.school = school        # 实例属性
5          print('学校:', self.school)
6  s1 = Student()                      # 创建实例对象
7  s1.say('好程序员特训营')
8  print(Student.school, s1.school)
```

运行结果如图 10.7 所示。

在例 10-4 中，类属性名与实例属性名相同，通过实例对象访问属性时会获取实例属性名对应的值。因此，当程序中访问类属性时，一般通过类对象获取。

此外，还可以通过赋值运算符修改或增加类对象与实例对象的属性，如例 10-5 所示。

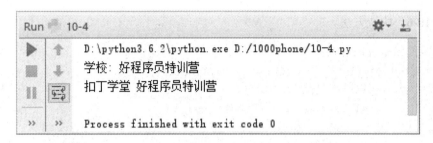

图 10.7　例 10-4 运行结果

例 10-5　通过赋值运算符修改或增加类对象与实例对象的属性。

```
1    class Student:
2        school = '扣丁学堂'            # 类属性
3        def say(self, name):          # 实例方法
4            self.name = name          # 实例属性
5            print('我是', self.name)
6    s1 = Student()                    # 创建实例对象
7    s1.say('小千')
8    s1.name = '小锋'
9    s1.age = 18
10   Student.school = '千锋教育'
11   print(Student.school, s1.name, s1.age)
```

运行结果如图 10.8 所示。

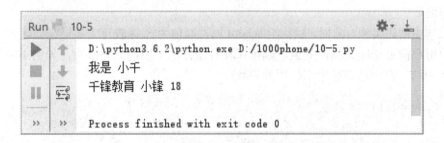

图 10.8　例 10-5 运行结果

在例 10-5 中，第 8 行修改实例属性 name 为'小锋'，第 9 行增加实例属性 age，第 10 行修改类属性 school 为'千锋教育'。

10.4　构 造 方 法

Python 中构造方法一般用来为实例属性设置初值或进行其他必要的初始化操作，在创建实例对象时被自动调用和执行，如例 10-6 所示。

例 10-6 构造方法。

```
1   class Student:
2     def __init__(self):          # 构造方法
3        print('调用构造方法')
4        self.school = '千锋教育'
5     def say(self):
6        print('学校: ', self.school)
7   s1 = Student()                  # 创建实例对象
8   s1.say()
```

运行结果如图 10.9 所示。

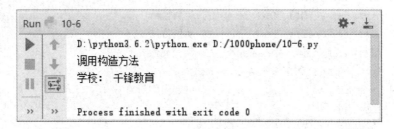

图 10.9　例 10-6 运行结果

在例 10-6 中，第 2 行定义一个构造方法，该方法名称（__init__）是固定不变的，如果用户没有定义它，Python 将提供一个默认的构造方法。第 7 行创建实例对象时将会自动调用构造方法给 school 属性赋值为'千锋教育'。第 6 行在实例方法 say()中访问 school 属性的值。

上例中创建实例对象时，默认给 school 属性赋值为'千锋教育'。如果在创建实例对象时，由用户指定 school 属性的值，则可以在构造方法中添加额外参数，如例 10-7 所示。

例 10-7 在构造方法中添加额外参数。

```
1   class Student:
2     def __init__(self, mySchool = '千锋教育'):  # 构造方法
3        self.school = mySchool
4     def say(self):
5        print('学校: ', self.school)
6   s1 = Student()
7   s1.say()
8   s2 = Student('扣丁学堂')
9   s2.say()
```

运行结果如图 10.10 所示。

在例 10-7 中，第 2 行定义一个构造方法，其中增加了一个默认参数。第 6 行创建实例对象 s1 调用构造方法时，使用默认值'千锋教育'。第 8 行创建实例对象 s2 调用构造方法时，使用指定的参数值'扣丁学堂'。

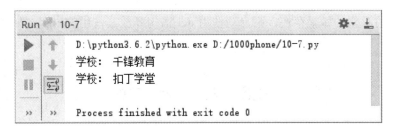

图 10.10　例 10-7 运行结果

10.5　析 构 方 法

析构方法一般用来释放对象占用的资源，在删除对象和收回对象空间时被自动调用和执行，如例 10-8 所示。

例 10-8　析构方法。

```
1   class Student:
2       def __init__(self, myName):  # 构造方法
3           self.name = myName
4           print('初始化', self.name)
5       def __del__(self):            # 析构方法
6           print('释放对象占用资源', self.name)
7   s1 = Student('小千')
8   s2 = Student('小锋')
9   del s2
10  print('程序结束')
```

运行结果如图 10.11 所示。

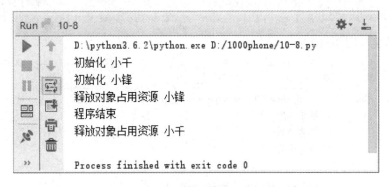

图 10.11　例 10-8 运行结果

在例 10-8 中，第 5 行定义一个析构方法，该方法名称（__del__）是固定不变的，如果用户没有定义它，Python 将提供一个默认的析构方法。第 9 行使用 del 语句删除一个对象，此时会自动调用析构方法。当程序结束时，Python 解释器会自动检测当前是否

存在未释放的对象，如果存在，则自动使用 del 语句释放其占用的内存，如本例中的 s1 对象。

10.6　类　方　法

类方法是类所拥有的方法，通过修饰器@classmethod 在类中定义，其语法格式如下：

```
class 类名:
    @classmethod
    def 类方法名(cls)
        方法体
```

其中，cls 表示类本身，通过它可以访问类的相关属性，但不可以访问实例属性，如例 10-9 所示。

例 10-9　类方法。

```
1    class Student:
2        num = 0
3        def __init__(self, myName):
4            Student.num += 1
5            self.name = myName
6        @classmethod  # 类方法
7        def count(cls):
8            print('学生个数:', cls.num)
9    Student.count()
10   s1 = Student('小千')
11   s1.count()
12   s2 = Student('小锋')
13   Student.count()
```

运行结果如图 10.12 所示。

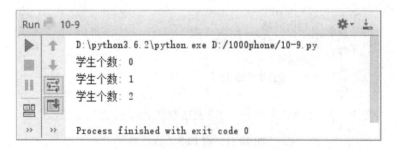

图 10.12　例 10-9 运行结果

在例 10-9 中，第 4 行在实例方法中通过"类名.类属性"的方式访问类属性 num。第 8 行在类方法中通过"cls.类属性"的方式访问类属性 num。第 9 行在创建实例对象之前通过"类名.类方法名"调用类方法 count()。第 11 行通过"实例对象名.类方法名"调用类方法 count()。

10.7　静 态 方 法

类方法可以通过类名或实例对象名调用，静态方法也可以通过两者调用，其语法格式如下：

```
class 类名:
    @staticmethod
    def 静态方法名():
        函数体
```

其中，@staticmethod 为装饰器，参数列表中可以没有参数。静态方法可以访问类属性，但不可以访问实例属性，如例 10-10 所示。

例 10-10　静态方法。

```
1   class Student:
2       num = 0
3       def __init__(self, myName):
4           Student.num += 1
5           self.name = myName
6       @staticmethod   # 静态方法
7       def count():
8           print('学生个数:', Student.num)
9   Student.count()
10  s1 = Student('小千')
11  s1.count()
12  s2 = Student('小锋')
13  Student.count()
```

运行结果如图 10.13 所示。

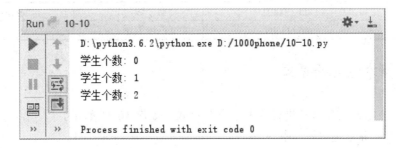

图 10.13　例 10-10 运行结果

在例 10-10 中，第 8 行在静态方法中通过"类名.类属性"的方式访问类属性 num。

第 9 行在创建实例对象之前通过"类名.静态方法名"调用静态方法 count()。第 11 行通过"实例对象名.静态方法名"调用静态方法 count()。

10.8 运算符重载

在 Python 中可通过运算符重载来实现对象之间的运算，如字符串可以进行如下运算：

```
'www.codingke' + '.com'
```

字符串可以通过"+"运算符实现字符串连接操作，其本质是通过__add__方法重载了运算符"+"，因此上述代码还可以写成如下代码：

```
'www.codingke'.__add__('.com')
```

Python 把运算符与类的实例方法关联起来，每个运算符都对应一个方法。运算符重载就是让类的实例对象可以参与内置类型的运算，表 10.1 列出了部分运算符重载方法。

表 10.1　部分运算符重载方法

运　算　符	方　　法	说　　明	示例（a、b 均为对象）
+	__add__(self, other)	加法	a + b
−	__sub__(self, other)	减法	a−b
*	__mul__(self, other)	乘法	a * b
/	__truediv__(self, other)	除法	a / b
%	__mod__(self, other)	求余	a % b
<	__lt__(self, other)	小于	a < b
<=	__le__(self, other)	小于或等于	a <= b
>	__gt__(self, other)	大于	a > b
>=	__ge__(self, other)	大于或等于	a >= b
==	__eq__(self, other)	等于	a == b
!=	__ne__(self, other)	不等于	a != b
[index]	__getitem__(self, item)	下标运算符	a[0]
in	__contains__(self, item)	检查是否是成员	r in a
len	__len__(self)	元素个数	len(a)
str	__str__(self)	字符串表示	str(a)

10.8.1　算术运算符重载

定义一个复数类并对其进行算术运算符重载，如例 10-11 所示。
例 10-11　算术运算符重载。

```
1   class MyComplex: # 定义复数类
2       def __init__(self, r = 0, i = 0):    # 构造方法
```

```
3            self.r = r # 实部
4            self.i = i # 虚部
5        def __add__(self, other):                # 重载加运算
6            return MyComplex(self.r + other.r, self.i + other.i)
7        def __sub__(self, other):                # 重载减运算
8            return MyComplex(self.r - other.r, self.i - other.i)
9        def __mul__(self, other):                # 重载乘运算
10           return MyComplex(self.r*other.r - self.i*other.i,
11                       self.i*other.r + self.r*other.i)
12       def __truediv__(self, other):            # 重载除运算
13           return MyComplex(
14               (self.r*other.r + self.i*other.i)/(other.r**2 + other
               .i**2),
15               (self.i*other.r - self.r*other.i)/(other.r**2 + other
               .i**2))
16       def show(self):                          # 显示复数
17           if self.i < 0:
18               print('(', self.r, self.i, 'j)', sep = '')
19           else:
20               print('(', self.r, '+', self.i, 'j)', sep = '')
21   c1 = MyComplex(6, -8)
22   c2 = MyComplex(3, 4)
23   (c1 + c2).show()
24   (c1 - c2).show()
25   (c1 * c2).show()
26   (c1 / c2).show()
```

运行结果如图 10.14 所示。

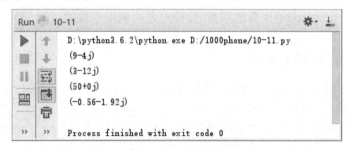

图 10.14　例 10-11 运行结果

在例 10-11 中，定义了一个 MyComplex 类，通过__add__()、__sub__()、__mul__()、__truediv__()方法分别重载+、−、*、/运算符。

10.8.2　比较运算符重载

定义一个复数类并对其进行比较运算符重载，如例 10-12 所示。

例 10-12   比较运算符重载。

```
1    class MyComplex: # 定义复数类
2       def __init__(self, r = 0, i = 0):      # 构造方法
3          self.r = r # 实部
4          self.i = i # 虚部
5       def __eq__(self, other):                # 重载==运算符
6          return self.r == other.r and self.i == other.i
7    c1 = MyComplex(6, -8)
8    c2 = MyComplex(6, -8)
9    print(c1 == c2)
10   print(c1 != c2)
```

运行结果如图 10.15 所示。

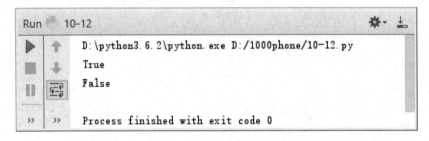

图 10.15   例 10-12 运行结果

在例 10-12 中，定义了一个 MyComplex 类，通过__eq__()方法重载==运算符。

10.8.3   字符串表示重载

当对象作为print()、str()函数的参数时，该对象会调用重载的__str__()方法，如例 10-13 所示。

例 10-13   字符串表示重载。

```
1    class MyComplex: # 定义复数类
2       def __init__(self, r = 0, i = 0): # 构造方法
3          self.r = r # 实部
4          self.i = i # 虚部
5       def __str__(self): # 重载__str__()
6          if self.i < 0:
7             return '(' + str(self.r) + str(self.i)+'j)'
8          else:
9             return '(' + str(self.r) + '+' + str(self.i) + 'j)'
10   c1 = MyComplex(6, -8)
11   c2 = MyComplex(6, 8)
12   print(c1, str(c2))
```

运行结果如图 10.16 所示。

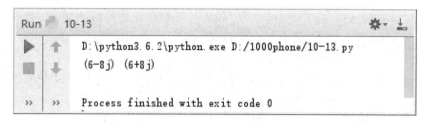

图 10.16　例 10-13 运行结果

在例 10-13 中，定义了一个 MyComplex 类，通过__str__()方法重载字符串表示。

10.8.4　索引或切片重载

当对实例对象执行索引、切片或 for 迭代时，该对象会调用重载的__getitem__()方法，如例 10-14 所示。

例 10-14　重载__getitem__()方法。

```
1   class Data:                        # 定义 Data 类
2     def __init__(self, list):        # 构造方法
3         self.data = list[:]
4     def __getitem__(self, item):     # 重载索引与切片
5         return self.data[item]
6   data = Data([1, 2, 3, 4])
7   print(data[2])
8   print(data[1:])
9   for i in data:
10    print(i, end = ' ')
```

运行结果如图 10.17 所示。

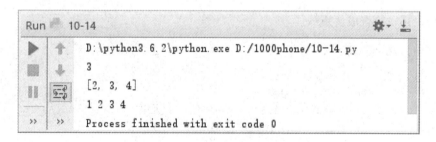

图 10.17　例 10-14 运行结果

在例 10-14 中，定义了一个 Data 类，通过__getitem__()方法重载索引与切片。

此外，在通过赋值语句给索引或切片赋值时，实例对象将调用__setitem__()方法实现对序列对象的修改，如例 10-15 所示。

例 10-15   重载__setitem__()方法。

```
1   class Data:                              # 定义 Data 类
2      def __init__(self, list):             # 构造方法
3          self.data = list[:]
4      def __setitem__(self, key, value):    # 重载索引与切片赋值
5          self.data[key] = value
6   data = Data([1, 2, 3, 4])
7   print(data.data)
8   data[1] = '千锋教育'
9   data[2:] = '扣丁学堂', '好程序员特训营'
10  print(data.data)
```

运行结果如图 10.18 所示。

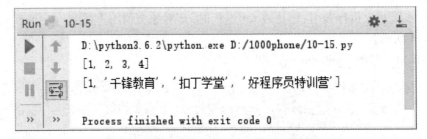

图 10.18   例 10-15 运行结果

在例 10-15 中，定义了一个 Data 类，通过__ setitem__()方法重载索引或切片赋值。

10.8.5   检查成员重载

当对实例对象执行检查成员时，该对象会调用重载的__contains__()方法，如例 10-16 所示。

例 10-16   检查成员重载。

```
1   class Data:                              # 定义 Data 类
2      def __init__(self, list):             # 构造方法
3          self.data = list[:]
4      def __contains__(self, item):         # 重载__contains__()
5          return item in self.data
6   data = Data([1, 2, 3, 4])
7   print(1 in data)
8   print(0 in data)
```

运行结果如图 10.19 所示。

在例 10-16 中，定义了一个 Data 类，通过__contains__()方法重载检测成员运算符。

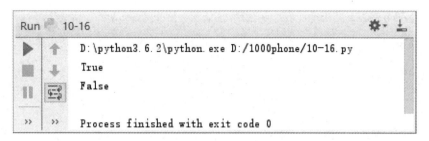

图 10.19 例 10-16 运行结果

10.9 小 案 例

通过扑克牌类与玩家类设计扑克牌发牌程序，要求程序随机将 52 张牌（不含大小王）发给 4 位玩家，最终在屏幕上显示每位玩家的牌，具体实现如例 10-17 所示。

例 10-17 随机将 52 张牌发给 4 位玩家。

```
1   # 定义牌类
2   class Card:
3       # 牌面数字:1-13
4       RANKS = ["A", "2", "3", "4", "5", "6", "7",
5               "8", "9", "10", "J", "Q", "K"]
6       # 牌面图标:红心、方块、梅花、黑桃
7       SUITS = ["♥", "♦", "♣", "♠"]
8       # 构造方法
9       def __init__(self):
10          self.cards = []
11      # 生成牌
12      def create(self):
13          for suit in Card.SUITS:
14              for rank in Card.RANKS:
15                  self.cards.append((suit, rank))
16          self.shuffle()
17      # 洗牌
18      def shuffle(self):
19          import random
20          random.shuffle(self.cards)
21      # 发牌,每位玩家默认 13 张牌
22      def deal(self, players, perCards = 13):
23          for rounds in range(perCards):
24              for player in players:
25                  topCard = self.cards[0]
26                  self.cards.remove(topCard)
27                  player.add(topCard)
```

```
28    # 定义玩家类
29    class Player:
30        # 构造方法
31        def __init__(self, name):
32            self.name = name
33            self.cards = []
34        # 重载字符串表示方法
35        def __str__(self):
36            if self.cards:
37                rep = ""
38                for card in self.cards:
39                    rep += str(card[0]) + str(card[1]) + "   "
40            else:
41                rep = "无牌"
42            return rep
43        # 添加牌
44        def add(self, card):
45            self.cards.append(card)
46    # 测试
47    if __name__ == "__main__":
48        # 4 位玩家
49        players = [Player('小千'), Player('小锋'),
50                  Player('小扣'), Player('小丁')]
51        # 生成一副牌
52        card = Card()
53        card.create()
54        # 发给每位玩家 13 张牌
55        card.deal(players, 13)
56        # 显示 4 位玩家的牌
57        for player in players:
58            print(player.name, "玩家:", player)
```

运行结果如图 10.20 所示。

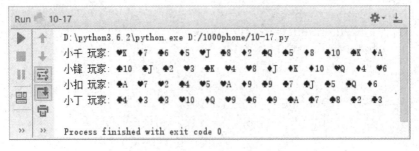

图 10.20   例 10-17 运行结果

在例 10-17 中，定义了一个 Card 类与 Player 类，两者通过 Card 类中的实例方法 deal() 完成扑克牌的发放。

10.10　本章小结

本章主要介绍了 Python 中面向对象的基本概念，包括类的定义、对象的创建、构造方法与析构方法、类方法与静态方法、运算符重载。在编写大型应用程序时，应考虑使用面向对象的思想进行编程。

10.11　习　题

1. 填空题

（1）使用_____关键字定义类。

（2）类的所有实例方法都必须至少有一个名为_____的参数。

（3）实例对象通过调用_____来创建。

（4）使用 del 语句删除一个对象，程序会自动调用_____方法。

（5）类方法通过修饰器_____在类中定义。

2. 选择题

（1）构造方法名称为（　　）。

    A.　__del__　　　　　　　　　　　　B.　__doc__

    C.　__init__　　　　　　　　　　　　D.　__str__

（2）当对象作为 print() 函数的参数时，该对象会调用重载的（　　）方法。

    A.　__del__()　　　　　　　　　　　B.　__init__()

    C.　__getitem__()　　　　　　　　　D.　__str__()

（3）（　　）用于标识静态方法。

    A.　@classmethod　　　　　　　　　B.　@staticmethod

    C.　@instancemethod　　　　　　　　D.　@objectmethod

（4）一般将（　　）作为类方法的第一个参数名称。

    A.　cls　　　　　　　　　　　　　　B.　this

    C.　self　　　　　　　　　　　　　　D.　类名

（5）实例属性只能通过（　　）访问。

    A.　实例对象名　　　　　　　　　　B.　类对象名

    C.　类名　　　　　　　　　　　　　D.　上述 3 项

3．思考题

（1）简述类对象与实例对象的区别。

（2）简述实例方法、类方法、静态方法的区别。

4．编程题

编写程序，定义一个 Point（点）类，使其能完成打印功能和统计创建点对象个数功能。

第11章

面向对象（下）

本章学习目标

- 理解面向对象的三大特征。
- 掌握继承。
- 掌握多态。
- 了解设计模式。

第 10 章讲解了面向对象中类与对象的基本概念，本章主要讲解面向对象的三大特征：封装、继承、多态，面向对象的灵活应用可以增强代码的安全性、重用性及可维护性。

11.1 面向对象的三大特征

面向对象程序设计实际上就是对现实世界的对象进行建模操作。面向对象程序设计的特征主要可以概括为封装、继承和多态，接下来针对这 3 种特性进行简单介绍。

1. 封装

封装是面向对象程序设计的核心思想。它是指将对象的属性和行为封装起来，其载体就是类，类通常对客户隐藏其实现细节，这就是封装的思想。例如，计算机的主机是由内存条、硬盘、风扇等部件组成，生产厂家把这些部件用一个外壳封装起来组成主机，用户在使用该主机时，无须关心其内部的组成及工作原理，如图 11.1 所示。

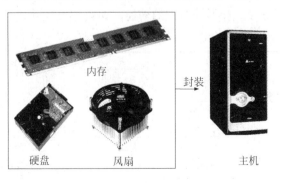

图 11.1　主机及其组成部件

2. 继承

继承是面向对象程序设计提高重用性的重要措施。它体现了特殊类与一般类之间的关系，当特殊类包含了一般类的所有属性和行为，并且特殊类还可以有自己的属性和行为时，称作特殊类继承了一般类。一般类又称为父类或基类，特殊类又称为子类或派生类。例如，已经描述了汽车模型这个类的属性和行为，如果需要描述一个小轿车类，只需让小轿车类继承汽车模型类，然后再描述小轿车类特有的属性和行为，而不必再重复描述一些在汽车模型类中已有的属性和行为，如图 11.2 所示。

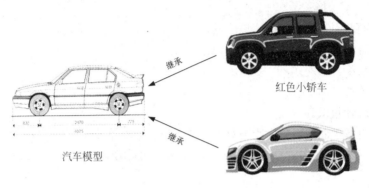

图 11.2　汽车模型与小轿车

3. 多态

多态是面向对象程序设计的重要特征。生活中也常存在多态，例如，学校的下课铃声响了，这时有学生去买零食、有学生去打球、有学生在聊天。不同的人对同一事件产生了不同的行为，这就是多态在日常生活中的表现。程序中的多态是指一种行为对应着多种不同的实现。例如，在一般类中说明了一种求几何图形面积的行为，这种行为不具有具体含义，因为它并没有确定具体几何图形，又定义一些特殊类，如三角形、正方形、梯形等，它们都继承自一般类。在不同的特殊类中继承了一般类的求面积的行为，可以根据具体的不同几何图形使用求面积公式，重新定义求面积行为的不同实现，使之分别实现求三角形、正方形、梯形等面积的功能，如图 11.3 所示。

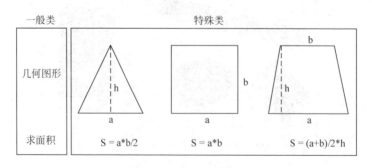

图 11.3　一般类与特殊类

在实际编写应用程序时，开发者需要根据具体应用设计对应的类与对象，然后在此基础上综合考虑封装、继承与多态，这样编写出的程序更健壮、更易扩展。

11.2 封　　　装

类的封装可以隐藏类的实现细节，迫使用户只能通过方法去访问数据，这样就可以增强程序的安全性。接下来演示未使用封装可能出现的问题，如例 11-1 所示。

例 11-1　未使用封装。

```
1   class Student:
2      def __init__(self, myName, myScore):
3         self.name, self.score = myName, myScore
4      def __str__(self):
5         return '姓名:' + str(self.name) + '\t 成绩:' + str(self.score)
6   s1 = Student('小千', 100)
7   print(s1)
8   s1.score = -68
9   print(s1)
```

运行结果如图 11.4 所示。

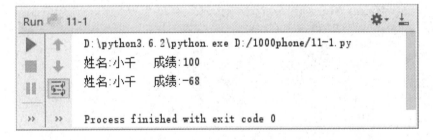

图 11.4　例 11-1 运行结果

在例 11-1 中，运行结果输出的成绩为-68，在程序中不会有任何问题，但在现实生活中明显是不合理的。为了避免这种不合理的情况，就需要用到封装，即不让使用者随意修改类的内部属性。在定义类时，可以将属性定义为私有属性，这样外界就不能随意修改。Python 中通过在属性名前加两个下画线来表明私有属性，如例 11-2 所示。

例 11-2　私有属性。

```
1   class Student:
2      def __init__(self, myName, myScore):
3         self.name, self.__score = myName, myScore
4      def __str__(self):
5         return '姓名:' + str(self.name) + '\t 成绩:' + str(self.__score)
6   s1 = Student('小千', 100)
```

```
7    print(s1)
8    s1.__score = -68
9    print(s1)
```

运行结果如图 11.5 所示。

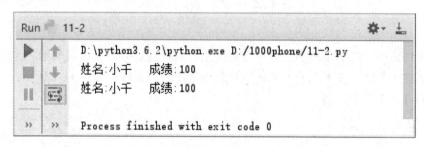

图 11.5　例 11-2 运行结果

在例 11-2 中，self.name 为公有属性，self.__score 为私有属性。第 8 行试图修改私有属性的值。从程序运行结果可看出，私有属性的值并没有发生变化。

当属性设置为私有属性后，经常需要提供设置或获取属性值的两个方法供外界使用，如例 11-3 所示。

例 11-3　设置或获取属性值的方法。

```
1    class Student:
2        def __init__(self, myName, myScore = 0):
3            self.name = myName
4            self.setScore(myScore)
5        def setScore(self, myScore):
6            if 0 < myScore <= 100:
7                self.__score = myScore
8            else:
9                self.__score = 0
10               print(self.name,'成绩有误!')
11       def getScore(self):
12           return self.__score
13       def __str__(self):
14           return '姓名:' + str(self.name) + '\t 成绩:' + str(self.__score)
15   s1 = Student('小千', -68)
16   print(s1)
17   s1.setScore(100)
18   print(s1.getScore(), s1)
```

运行结果如图 11.6 所示。

在例 11-3 中，第 17 行通过 setScore()方法设置私有属性 self.__score 的值，第 18 行通过 getScore()方法获取私有属性 self.__score 的值。

此外，私有属性在类外不能直接访问，但程序在测试或调试环境中，可以通过"对象名._类名"的方式在类外访问，如例 11-4 所示。

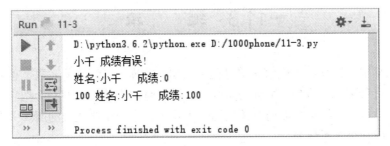

图 11.6　例 11-3 运行结果

例 11-4　在类外访问私有属性。

```
1   class Student:
2       def __init__(self, myName, myScore = 0):
3           self.name = myName
4           self.setScore(myScore)
5       def setScore(self, myScore):
6           if 0 < myScore <= 100:
7               self.__score = myScore
8           else:
9               self.__score = 0
10              print(self.name,'成绩有误!')
11      def getScore(self):
12          return self.__score
13      def __str__(self):
14          return '姓名:' + str(self.name) + '\t成绩:' + str(self.__score)
15  s1 = Student('小千', 100)
16  print(s1)
17  s1._Student__score = 90
18  print(s1)
```

运行结果如图 11.7 所示。

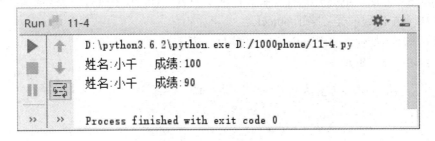

图 11.7　例 11-4 运行结果

在例 11-4 中，第 17 行通过"对象名._类名"的方式在类外修改私有属性的值。

11.3 继　　承

在自然界中，继承这个概念非常普遍，例如，熊猫宝宝继承了熊猫爸爸和熊猫妈妈的特性，它有着圆圆的脸颊、大大的黑眼圈、胖嘟嘟的身体，人们不会把它错认为是狒狒。在程序设计中，继承是面向对象的另一大特征，它用于描述类的所属关系，多个类通过继承形成一个关系体系。

11.3.1　单一继承

单一继承是指生成的派生类只有一个基类，如学生与教师都继承自人，如图 11.8 所示。

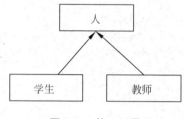

图 11.8　单一继承

单一继承由于只有一个基类，继承关系比较简单，操作比较容易，因此使用相对较多，其语法格式如下：

```
class 基类名(object):   # 等价于 class 基类名:
    类体
class 派生类名(基类名):
    类体
```

上述代码表示派生类继承自基类，派生类可以使用基类的所有公有成员，也可以定义新的属性和方法，从而完成对基类的扩展。注意 Python 中所有的类都继承自 object 类，第 10 章中出现的类省略了 object。

接下来演示如何定义单一继承，如例 11-5 所示。

例 11-5　单一继承。

```
1   class Person(object):
2     def __init__(self, name):
3         self.name = name
4     def show(self):
5         print('姓名:', self.name)
6   class Student(Person):
7     pass
```

```
8    s1 = Student('小千')
9    s1.show()
```

运行结果如图 11.9 所示。

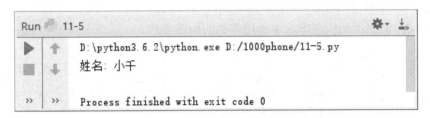

图 **11.9**　例 **11-5** 运行结果

在例 11-5 中，Student 类继承自 Person 类，第 9 行使用派生类实例对象调用基类中的公有方法。

大家可能会有疑问，派生类的构造方法名与基类的构造方法名相同，创建派生类实例对象如何调用构造方法，接下来演示这种情形，如例 11-6 所示。

例 11-6　派生类的构造方法名与基类的构造方法名相同。

```
1    class Person(object):
2        def __init__(self, name):
3            print('Person 类构造方法')
4            self.name = name
5        def show(self):
6            print('姓名:', self.name)
7    class Student(Person):
8        pass
9    class Teacher(Person):
10       def __init__(self, name):
11           print('Teacher 类构造方法')
12   s1 = Student('小千')
13   t1 = Teacher('小锋')
```

运行结果如图 11.10 所示。

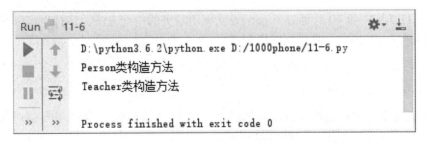

图 **11.10**　例 **11-6** 运行结果

在例 11-6 中，派生类 Student 中没有定义构造方法，第 12 行创建 Student 类实例对象调用基类的构造方法；派生类 Teacher 中显式定义构造方法，第 13 行创建 Teacher 类实例对象调用自身的构造方法。

如果派生类的构造函数中需要添加参数，则可以在派生类的构造方法中调用基类的构造方法，如例 11-7 所示。

例 11-7 派生类的构造方法中调用基类的构造方法。

```
1   class Person(object):
2     def __init__(self, name):
3         print('Person 类构造方法')
4         self.name = name
5     def show(self):
6         print('姓名:', self.name)
7   class Student(Person):
8     def __init__(self, name, score):
9         print('Teacher 类构造方法')
10        super(Student, self).__init__(name)
11        self.__score = score
12    def __str__(self):
13        return '姓名:'+ str(self.name) + ' 分数:' + str(self.__score)
14  s1 = Student('小千', 100)
15  print(s1)
```

运行结果如图 11.11 所示。

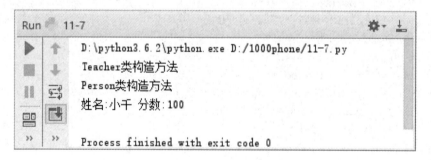

图 11.11 例 11-7 运行结果

在例 11-7 中，第 10 行通过 super()方法调用基类的构造方法，该行也可以写成如下两行中的任意一种形式，具体如下所示：

```
super().__init__(name)
Person.__init__(self, name)
```

如果派生类定义的属性和方法与基类的属性和方法同名，则派生类实例对象调用派生类中定义的属性和方法，如例 11-8 所示。

例 11-8 派生类实例对象调用派生类中定义的属性和方法。

```
1   class Person(object):
```

```
2        def __init__(self, name):
3            self.name = name
4        def show(self):
5            print('姓名:', self.name)
6    class Student(Person):
7        def __init__(self, name, score):
8            self.name, self.__score = name, score
9        def show(self):
10           print('姓名:', self.name, ' 分数:', self.__score)
11   s1 = Student('小千', 100)
12   s1.show()
```

运行结果如图 11.12 所示。

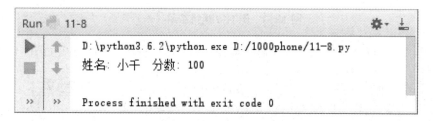

图 11.12　例 11-8 运行结果

在例 11-8 中，第 8 行在派生类中定义与基类实例属性名相同的属性 self.name，第 9 行在派生类中定义与基类实例方法名相同的方法 show()。从运行结果可看出，派生类实例对象 s1 调用派生类中定义的属性与方法。

另外，需特别注意，基类的私有属性和方法是不会被派生类继承的。因此，派生类不能访问基类的私有成员，如例 11-9 所示。

例 11-9　派生类不能访问基类的私有成员。

```
1    class Person(object):
2        def __init__(self, name):
3            self.__name = name
4        def __show(self):
5            print('姓名:', self.__name)
6    class Student(Person):
7        def test(self):
8            print(self.__name)
9            self.__show()
10   s1 = Student('小千')
11   s1.test()
```

运行结果如图 11.13 所示。

在例 11-9 中，第 8 行在派生类中访问基类中的私有属性__name。程序运行后报错，提示实例对象没有_Student__name 属性。当一个类中定义了私有成员，Python 会在该成员名前添加"_类名",因此错误中会提示没有_Student__name 属性。

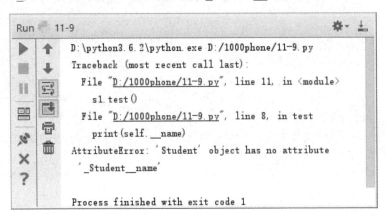

图 11.13 例 11-9 运行结果 (一)

同理,将例 11-9 中的第 8 行代码注释掉,再次运行程序,运行结果如图 11.14 所示。

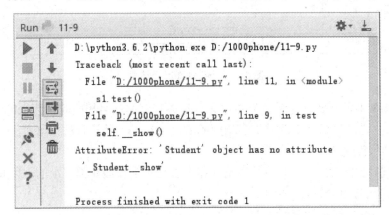

图 11.14 例 11-9 运行结果 (二)

11.3.2 多重继承

在现实生活中,在职研究生既是一名学生,又是一名职员。在职研究生同时具有学生和职员的特征,这种关系应用在面向对象程序设计上就是用多重继承来实现的,如图 11.15 所示。

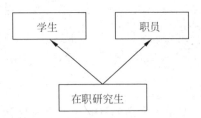

图 11.15 多重继承

多重继承指派生类可以同时继承多个基类，其语法格式如下：

```
class 基类1(object):
    类体
class 基类2(object):
    类体
class 派生类(基类1, 基类2):
    类体
```

上述代码表示派生类继承自基类 1 与基类 2。接下来演示如何定义多重继承，如例 11-10 所示。

例 11-10 多重继承。

```
1   class Student(object):
2       def __init__(self, name, score):
3           self.name, self.score = name, score
4       def showStd(self):
5           print('姓名:', self.name, ' 分数:', self.score)
6   class Staff(object):
7       def __init__(self, id, salary):
8           self.id, self.salary = id, salary
9       def showStf(self):
10          print('ID:', self.id, ' 薪资:', self.salary)
11  class OnTheJobGraduate(Student, Staff):
12      def __init__(self, name, score, id, salary):
13          Student.__init__(self, name, score)
14          Staff.__init__(self, id, salary)
15  g1 = OnTheJobGraduate('小千', 100, '110', 10000)
16  g1.showStd()
17  g1.showStf()
```

运行结果如图 11.16 所示。

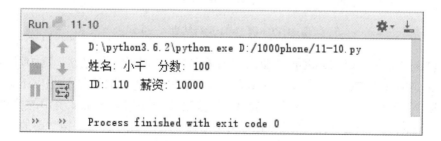

图 11.16　例 11-10 运行结果

在例 11-10 中，派生类 OnTheJobGraduate 继承自基类 Student 与 Staff，则派生类同时拥有两个基类的公有成员。第 12 行在派生类中定义构造方法并调用两个基类的构造方法。第 15 行创建派生类实例对象并对其属性进行初始化。

在多重继承中，如果基类存在同名的方法，Python 按照继承顺序从左到右在基类中搜索方法，如例 11-11 所示。

例 11-11 基类存在同名方法。

```
1    class Student(object):
2        def __init__(self, name, score):
3            self.name, self.score = name, score
4            print('Student类', self.name)
5        def show(self):
6            print('姓名:', self.name, ' 分数:', self.score)
7    class Staff(object):
8        def __init__(self, name, salary):
9            self.name, self.salary = name, salary
10           print('Staff类', self.name)
11       def show(self):
12           print('姓名:', self.name, ' 薪资:', self.salary)
13   class OnTheJobGraduate(Student, Staff):
14       def __init__(self, name1, score, name2, salary):
15           Student.__init__(self, name1, score)
16           Staff.__init__(self, name2, salary)
17   g1 = OnTheJobGraduate('小千', 100, 'xiaoqian', 10000)
18   g1.show()
```

运行结果如图 11.17 所示。

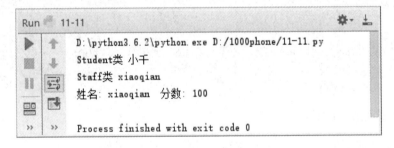

图 11.17　例 11-11 运行结果（一）

在例 11-11 中，基类 Student 与 Staff 中存在相同的属性名与方法名，第 18 行派生类实例对象调用基类 Student 中的 show()方法。此处需注意，该方法输出 self.name 为'xiaoqian'，而不是'小千'，因为派生类调用构造方法时，先调用 Student 类中的构造方法，此时 self.name 为'小千'，接着调用 Staff 类中的构造方法，此时会覆盖掉之前的内容，最终 self.name 为'xiaoqian'。

如果将例 11-11 中第 13 行代码中的 Student 与 Staff 交换位置，具体如下所示：

```
class OnTheJobGraduate(Staff, Student):
```

再次运行程序，则运行结果如图 11.18 所示。

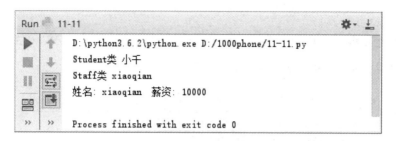

图 11.18　例 11-11 运行结果（二）

11.4　多　　态

Python 中加法运算符可以作用于两个整数，也可以作用于字符串，具体如下所示：

```
1 + 2           # 将整数1与2相加,结果为3
'1' + '2'       # 将字符'1'与'2'拼接,结果为'12'
```

上述代码中，加法运算符对于不同类型对象执行不同的操作，这就是多态。在程序中，多态是指基类的同一个方法在不同派生类对象中具有不同的表现和行为，当调用该方法时，程序会根据对象选择合适的方法，如例 11-12 所示。

例 11-12　多态。

```
1   class Person(object):
2       def __init__(self, name):
3           self.name = name
4       def show(self):
5           print('姓名:', self.name)
6   class Student(Person):
7       def __init__(self, name, score):
8           super(Student, self).__init__(name)
9           self.score = score
10      def show(self):
11          print('姓名:', self.name, ' 分数:', self.score)
12  class Staff(Person):
13      def __init__(self, name, salary):
14          super(Staff, self).__init__(name)
15          self.salary = salary
16      def show(self):
17          print('姓名:', self.name, ' 薪资:', self.salary)
18  def printInfo(obj):
19      obj.show()
20  s1 = Student('小千', 100)
21  s2 = Staff('小锋', 10000)
```

```
22  printInfo(s1)
23  printInfo(s2)
```

运行结果如图 11.19 所示。

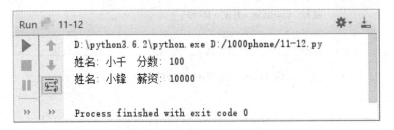

图 **11.19** 例 **11-12** 运行结果

在例 11-12 中，Student 与 Staff 都继承自 Person 类，3 个类中都存在 show()。第 22 行与第 23 行通过自定义函数 printInfo 调用各类对象中的 show 属性，程序会根据对象选择调用不同的 show()方法，这种表现形式称为多态。

11.5 设 计 模 式

设计模式描述了软件设计过程中经常碰到的问题及解决方案，它是面向对象设计经验的总结和理论化抽象。通过设计模式，开发者就可以无数次地重用已有的解决方案，无须再重复相同的工作。本节将简单介绍工厂模式与适配器模式。

11.5.1 工厂模式

工厂模式主要用来实例化有共同方法的类，它可以动态决定应该实例化哪一个类，不必事先知道每次要实例化哪一个类。例如在编写一个应用程序时，用户可能会连接各种各样的数据库，但开发者不能预知用户会使用哪个数据库，于是提供一个通用方法，里面包含了各个数据库的连接方案，用户在使用过程中，只需要传入数据库的名字并给出连接所需的信息即可，如例 11-13 所示。

例 **11-13** 工厂模式。

```
1   class Operation(object):
2       def connect(self):
3           pass
4   class MySQL(Operation):
5       def connect(self):
6           print('连接 MySQL 成功')
7   class SQLite(Operation):
8       def connect(self):
```

```
9              print('连接SQLite成功')
10  class DB(object):
11      @staticmethod
12      def create(name):
13          name = name.lower()
14          if name == 'mysql':
15              return MySQL()
16          elif name == 'sqlite':
17              return  SQLite()
18          else:
19              print('不支持其他数据库')
20  if __name__ == '__main__':
21      db1 = DB.create('MySQL')
22      db1.connect()
23      db2 = DB.create('SQLite')
24      db2.connect()
```

运行结果如图 11.20 所示。

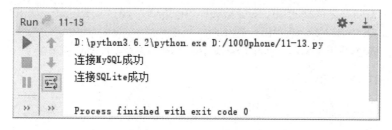

图 11.20 例 11-13 运行结果

在例 11-13 中，第 10 行定义 DB 类，类中定义了一个静态方法 create()，该方法的参数为类名，可以根据类名创建对应的对象，因此称为工厂方法。从程序运行结果可看出，工厂方法可以根据类名创建相应的对象。

11.5.2 适配器模式

适配器模式是指一种接口适配技术，实现两个不兼容接口之间的兼容，例如原程序中存在类 Instrument 与 Person，其中 Instrument 实例对象可以调用 play()方法，Person 实例对象可以调用 act()方法，新程序中增加类 Computer，其实例对象可以调用 execute()方法。现要求类 Instrument 与 Person 的实例对象通过 execute()调用各自的方法，具体如例 11-14 所示。

例 11-14 适配器模式。

```
1  class Instrument(object): # 乐器类,原程序存在的类
2      def __init__(self, name):
3          self.name = name
```

```
4        def play(self):
5            print(self.name, '演奏')
6    class Person(object):  # 人类,原程序存在的类
7        def __init__(self, name):
8            self.name = name
9        def act(self):
10            print(self.name, '表演')
11   class Computer(object):  # 计算机类,新程序添加的类
12       def __init__(self, name):
13            self.name = name
14       def execute(self):
15            print(self.name, '执行程序')
16   class Adapter(object):  # 适配器类,用于统一接口
17       def __init__(self, obj, adaptedeMthods):
18            self.obj = obj
19            self.__dict__.update(adaptedeMthods)
20   if __name__ == '__main__':
21       obj1 = Instrument('guitar')
22       Adapter(obj1, dict(execute = obj1.play)).execute()
23       obj2 = Person('xiaoqian')
24       Adapter(obj2, dict(execute = obj2.act)).execute()
```

运行结果如图 11.21 所示。

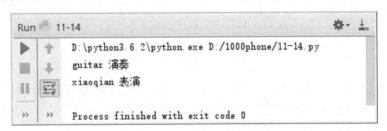

图 11.21　例 11-14 运行结果

在例 11-14 中，第 17 行定义适配器类，第 19 行使用类的内部字典 __dict__，它的键是属性名，值是相应属性对象的数据值。第 22、24 行通过适配器类的实例对象实现了新程序与原程序的兼容。

11.6 小 案 例

小伙伴在童年时都看过《猫和老鼠》，本案例实现猫捉老鼠游戏，猫与老鼠的位置用整数代替，游戏开始时，猫与老鼠的位置随机，之后老鼠移动的步数在[-2, -1, 0, 1, 2]中随机选择一个，猫移动的步数通过用户输入，当老鼠位置与猫位置相同时，游戏结束，

具体实现如例 11-15 所示。

    例 11-15   猫捉老鼠实现。

```python
1   import random
2   # 动物类
3   class Animal(object):
4       step = [-2, -1, 0, 1, 2]
5       def __init__(self, gm, point = None):
6           self.gm = gm
7           if point is None:
8               self.point = random.randint(0, 50)
9           else:
10              self.point = point
11      def move(self, aStep = random.choice(step)):
12          if 0 <= self.point + aStep <= 50:
13              self.point += aStep
14  # 猫类,继承自动物类
15  class Cat(Animal):
16      def __init__(self, gm, point = None):
17          super(Cat, self).__init__(gm, point)
18          self.gm.setPoint('cat', self.point)
19      def move(self):
20          aStep = int(input('请输入猫移动的步数: '))
21          super(Cat, self).move(aStep)
22          self.gm.setPoint('cat', self.point)
23   # 老鼠类,继承自动物类
24  class Mouse(Animal):
25      def __init__(self, gm, point = None):
26          super(Mouse, self).__init__(gm, point)
27          self.gm.setPoint('mouse', self.point)
28      def move(self):
29          super(Mouse, self).move()
30          self.gm.setPoint('mouse', self.point)
31  # 地图类
32  class GameMap(object):
33      def __init__(self):
34          self.catPoint, self.mousePoint = None, None
35      # 设置猫或老鼠的位置
36      def setPoint(self, obj, point):
37          if obj == 'cat':
38              self.catPoint = point
39          if obj == 'mouse':
40              self.mousePoint = point
```

```
41      # 判断猫与老鼠是否相遇
42      def catched(self):
43          print('老鼠:', self.mousePoint, '\t 猫:', self.catPoint)
44          if self.mousePoint is not None and self.catPoint is not None \
45                  and self.mousePoint == self.catPoint:
46              return True
47  # 测试
48  if __name__ == '__main__':
49      gm = GameMap()
50      mouse = Mouse(gm)
51      cat = Cat(gm)
52      while not gm.catched():
53          mouse.move()
54          cat.move()
55      else:
56          print('猫抓住老鼠，游戏结束!')
```

运行结果如图 11.22 所示。

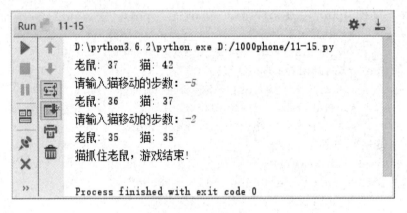

图 11.22　运行结果

在例 11-15 中，定义了 4 个类（Animal、Cat、Mouse、GameMap），其中 Cat 与 Mouse 继承自 Animal 并分别改写了父类中 move()方法。另外，Animal、Cat、Mouse 类中构造方法的第二个参数接受 GameMap 类的实例对象。

11.7　本 章 小 结

本章主要介绍了面向对象的三大特征，包括封装、继承与多态。在掌握面向对象编程后，还需了解设计模式，它为编写大型应用程序提供了思路。学习完本章内容，应加深对面向对象程序设计的理解，并能够将该方法运用到实际开发中。

11.8　习　　题

1．填空题

（1）_____是指将对象的属性和行为封装起来。

（2）_____是面向对象程序设计提高重用性的重要措施。

（3）_____是指一种行为对应着多种不同的实现。

（4）Python 中所有的类都继承自_____类。

（5）继承分为单一继承与_____。

2．选择题

（1）Python 中通过在属性名前加（　　）个下画线来表明私有属性。

    A．0　　　　　　　　　B．1　　　　　　　　　C．2　　　　　　　　　D．4

（2）下列选项中，与 class A 等价的写法是（　　）。

    A．class A:(object)　　　　　　　　　B．class A:Object

    C．class AObject　　　　　　　　　　D．class A(object)

（3）下列选项中，关于多重继承正确的是（　　）。

    A．class A:B, C　　　　　　　　　　B．class A:(B, C)

    C．class A(B, C):　　　　　　　　　D．class A(B:C):

（4）派生类通过（　　）可以调用基类的构造方法。

    A．__init__()　　　　　　　　　　　B．super()

    C．__del__()　　　　　　　　　　　D．派生类名

（5）若基类与派生类中有同名实例方法，则通过派生类实例对象调用（　　）中方法。

    A．基类　　　　　　　　　　　　　　B．派生类

    C．先基类后派生类　　　　　　　　　D．先派生类后基类

3．思考题

（1）简述面向对象的三大特征。

（2）什么是工厂模式？

4．编程题

编写程序，定义动物 Animal 类，由其派生出猫类（Cat）和狮子类（Lion），二者都包含 sound()实例方法，要求根据派生类对象的不同调用各自的 sound()方法。

chapter *12*

文　件

本章学习目标

- 理解文件的概念。
- 掌握文件的操作。
- 掌握目录的操作。

程序在运行时将数据加载到内存中，内存中的数据是不能永久保存的，这时就需要将数据存储起来以便后期多次使用。通常是将数据存储在文件或数据库中，而数据库最终还是要以文件的形式存储到介质上，因此掌握文件处理是十分有必要的。

12.1　文　件　概　述

相信大家对文件并不陌生，它可以存储文字、图片、音乐、视频等，如图 12.1 所示。总之，文件是数据的集合，可以有不同的类型。

图 12.1　各种不同类型的文件

按数据的组织形式，文件大致可以分为如下两类。

1. 文本文件

文本文件是一种由若干字符构成的文件，可以用文本编辑器进行阅读或编辑。以 txt、

py、html 等为后缀的文件都是文本文件。

2．二进制文件

二进制文件一般是指不能用文本编辑器阅读或编辑的文件。以 mp3、mp4、png 等为后缀的文件都是二进制文件，如果想要打开或修改这些文件，必须通过特定软件进行，比如用 Photoshop 软件可以编辑图像文件。

从本质上讲，文本文件也是二进制文件，因为计算机处理的全是二进制数据。

12.2 文 件 操 作

通过程序操作文件与手动操作文件类似，通常需要经过 3 个步骤：打开文件、读或写数据、关闭文件。

12.2.1 打开文件

对文件所有的操作都是在打开文件之后进行的，打开文件使用 open()函数来实现，其语法格式如下：

```
open(file[, mode = 'r' [,…]])
```

该函数返回一个文件对象，通过它可以对文件进行各种操作，参数列表中参数的说明如表 12.1 所示。

表 12.1　open()函数的各参数说明

参　　数	说　　明
file	被打开的文件名
mode	文件打开模式，默认是只读模式

例如打开文件名为 test.txt 的文件，具体示例如下：

```
f1 = open('test.txt')                  # 打开当前目录下的 test.txt 文件
f2 = open('../test.txt')               # 打开上级目录下的 test.txt 文件
f3 = open('D:/1000phone/test.txt')     # 打开 D:/1000phone 目录下的 test.txt 文件
```

示例中使用 open()函数打开文件时使用只读模式打开，此时必须保证文件是存在的，否则会报文件不存在的错误。

Python 中打开文件的模式有多种，具体如表 12.2 所示。

在表 12.2 中，'r'表示从文件中读取数据，'w'表示向文件中写入数据，'a'表示向文件中追加数据，'＋'可以与以上 3 种模式（'r'、'w'、'a'）配合使用，表示同时允许读和写。另外，当需要处理二进制文件时，则需要提供'b'给 mode 参数，例如'rb'用于读取二进制文件。

表 12.2　文件打开模式

mode	权限			读/写格式	删除原内容	文件不存在	文件指针初始位置
	读	写	追加				
'r'	√			文本		产生异常	文件开头
'r+'	√	√		文本		产生异常	文件开头
'rb+'	√	√		二进制		产生异常	文件开头
'w '		√		文本	√	新建文件	文件开头
'w+'	√	√		文本	√	新建文件	文件开头
'wb+'	√	√		二进制	√	新建文件	文件开头
'a'			√	文本		新建文件	文件末尾
'a+'	√	√	√	文本		新建文件	文件末尾
'ab+'	√	√	√	二进制		新建文件	文件末尾

12.2.2　关闭文件

当对文件内容操作完以后，一定要关闭文件，这样才能保证所修改的数据保存到文件中，同时也可以释放内存资源供其他程序使用。关闭文件的语法格式如下：

```
文件对象名.close()
```

接下来演示文件的打开与关闭，如例 12-1 所示。

例 12-1　文件的打开与关闭。

```
1    f = open('test.txt', 'a+')  # 以追加模式读写 test.txt
2    f.close()                   # 关闭文件
```

运行结果如图 12.2 所示。

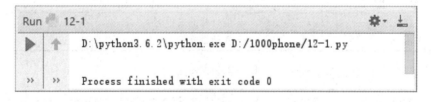

图 12.2　例 12-1 运行结果

在例 12-1 中，通过 open()函数打开文件 test.txt，此时返回一个文件对象并赋值给 f，最后通过文件对象调用 close()方法关闭文件。

此处需注意，即使使用了 close()方法，也无法保证文件一定能够正常关闭。例如，在打开文件之后和关闭文件之前发生了错误导致程序崩溃，这时文件就无法正常关闭。因此，在管理文件对象时推荐使用 with 关键字，可以有效地避免这个问题，具体示例如下：

```
with open('test.txt', 'r+') as f:
```

```
    # 通过文件对象 f 进行读写操作
```

使用 with-as 语句后，就不需要再显式使用 close()方法。另外 with-as 语句还可以打开多个文件，具体示例如下：

```
with open('test1.txt', 'r+') as f1, open('test2.txt', 'a+') as f2:
    # 通过文件对象 f1、f2 分别操作 test1.txt、test2.txt 文件
```

从上述示例可看出，with-as 语句极大地简化了文件打开与关闭操作，这对保持代码的优雅性有极大的帮助。

12.2.3 读文本文件

打开文件成功后将返回一个文件对象，对文件内容的读取可以通过该对象来实现，该对象有 3 种方法可以获取文件内容，具体如下所示：

1. read()方法

read()方法可以从文件中读取内容，其语法格式如下：

```
文件对象.read([size])
```

该方法表示从文件中读取 size 个字节或字符作为结果返回，如果省略 size，则表示读取所有内容，如例 12-2 所示。

例 12-2 read()方法的使用。

```
1   with open('test.txt') as f:
2       str1 = f.read(4)     # 读取 4 个字符
3       str2 = f.read()      # 读取剩余所有字符
4       print(str1, str2, sep = '\n')
```

假设 test.txt 文件内容如图 12.3 所示。

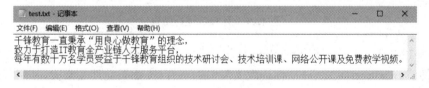

图 12.3　test.txt 文件内容

程序运行结果如图 12.4 所示。

在例 12-2 中，程序使用 with-as 语句打开 test.txt 文件，先读取 4 个字符组成字符串（'千锋教育'）并赋给 str1，接着再读取剩余的字符串赋给 str2。

2. readlines()方法

readlines()方法可以读取文件中的所有行，其语法格式如下：

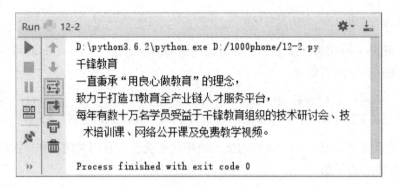

图 12.4   例 12-2 运行结果

文件对象.readlines()

该方法将文件中的每行内容作为一个字符串存入列表中并返回该列表，如例 12-3 所示。

例 12-3   readlines()方法的使用。

```
1    with open('test.txt') as f:
2        str = f.readlines() # 读取所有行内容
3        print(str)
```

运行结果如图 12.5 所示。

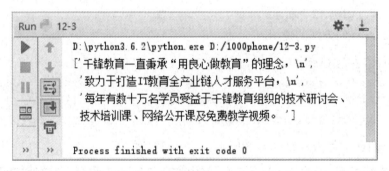

图 12.5   例 12-3 运行结果

在例 12-3 中，第 2 行使用 readlines()方法读取文件 test.txt 中每行内容并存入列表中。此处需注意，readlines()方法一次性读取文件中的所有行，如果文件非常大，使用 readlines()方法就会占用大量的内存空间，读取的过程也较长，因此不建议对大文件使用该方法。

3．readline()方法

readline()方法可以逐行读取文件的内容，其语法格式如下：

文件对象.readline()

该方法将从文件中读取一行内容作为结果返回，如例 12-4 所示。

例 12-4   readline()方法的使用。

```
1   with open('test.txt') as f:
2       while True:
3           str = f.readline()      # 读取一行内容
4           if not str:             # 若没读取到内容,则退出循环
5               break
6           print(str, end = '')    # 若读取到内容,则打印内容
```

运行结果如图 12.6 所示。

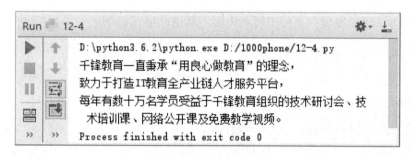

图 12.6　例 12-4 运行结果

在例 12-4 中，程序通过 while 循环每次从文件中读取一行，当未读取到内容时，退出循环。

4．in 关键字

除了上述几种方法外，还可以通过 in 关键字读取文件，如例 12-5 所示。

例 12-5　in 关键字的使用。

```
1   with open('test.txt') as f:
2       for line in f:
3           print(line, end = '')
```

运行结果如图 12.7 所示。

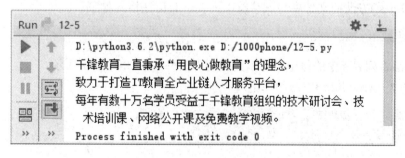

图 12.7　例 12-5 运行结果

在例 12-5 中，程序通过 for 循环每次从文件中读取一行，当未读取到内容时，退出循环。

12.2.4　写文本文件

文件中写入内容也是通过文件对象来完成，可以使用 write()方法或 writelines()方法来实现。

1．write()方法

write()方法可以实现向文件中写入内容，其语法格式如下：

```
文件对象.write(s)
```

该方法表示将字符串 s 写入文件中，如例 12-6 所示。

例 12-6　write()方法的使用。

```
1    with open('test.txt', 'w') as f:
2        f.write('扣丁学堂\n')
```

程序运行结束后，在程序文件所在路径下打开 test.txt 文件，其内容如图 12.8 所示。

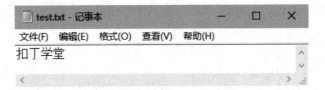

图 12.8　例 12-6 运行结果

在例 12-6 中，程序通过 write()方法向 test.txt 文件中写入'扣丁学堂\n'。注意如果 test.txt 文件在打开之前存在，则先清空文件内容，再写入'扣丁学堂\n'。

2．writelines()方法

writelines()方法向文件中写入字符串列表，其语法格式如下：

```
文件对象.writelines(s)
```

该方法将列表 s 中的每个字符串元素写入文件中，如例 12-7 所示。

例 12-7　writelines()方法的使用。

```
1    s = ['千锋教育', '扣丁学堂', '好程序员特训营']
2    with open('test.txt', 'w') as f:
3        f.writelines(s)
```

程序运行结束后，在程序文件所在路径下打开 test.txt 文件，其内容如图 12.9 所示。

在例 12-7 中，程序通过 writelines ()方法将列表 s 中的元素写入 test.txt 文件，注意写入的字符串之间没有换行。

图 12.9　例 12-7 运行结果

12.2.5　读写二进制文件

文本文件使用字符序列来存储数据，而二进制文件使用字节序列存储数据，它只能被特定的读取器读取。Python 中的 pickle 模块可以将数据序列化。

序列化是指将对象转化成一系列字节存储到文件中，而反序列化是指程序从文件中读取信息并用来重构上一次保存的对象。

pickle 模块中的 dump()函数可以实现序列化操作，其语法格式如下：

```
dump(obj, file, [,protocol = 0])
```

该函数表示将对象 obj 保存到文件 file 中，参数 protocol 是序列化模式，默认值为 0，表示以文本的形式序列化，protocol 的值还可以是 1 或 2，表示以二进制的形式序列化。

pickle 模块中的 load ()函数可以实现反序列化操作，其语法格式如下：

```
load(file)
```

该函数表示从文件 file 中读取一个字符串，并将它重构为原来的 python 对象。

接下来演示使用 pickle 模块实现序列化和反序列化操作，如例 12-8 所示。

例 12-8　使用 pickle 模块实现序列化和反序列化操作。

```
1    import pickle                    # 导入 pickle 模块
2    data1 = {'小千': [18, '女', 100],
3            '小锋': [19, '男', 98.5],
4            '小扣': [18, '男', 60] }
5    data2 = ['千锋教育', '扣丁学堂', '好程序特训营']
6    with open('test.dat', 'wb') as f1:
7        pickle.dump(data1, f1)        # 将字典序列化
8        pickle.dump(data2, f1, 1)     # 将列表序列化
9    with open('test.dat', 'rb') as f2:
10       data3 = pickle.load(f2)       # 重构字典
11       data4 = pickle.load(f2)       # 重构列表
12   print(data3, data4)
```

运行结果如图 12.10 所示。

在例 12-8 中，第 7 行和第 8 行通过 dump()函数将 data1 与 data2 进行序列化后写入 test.dat 文件中，第 10 行和第 11 行通过 load()函数从文件 test.dat 中读取数据并进行反序列化操作。

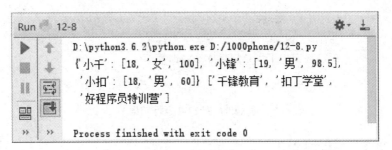

图 12.10 例 12-8 运行结果

12.2.6 定位读写位置

文件指针是指向一个文件的指针变量，用于标识当前读写文件的位置，通过文件指针就可对它所指的文件进行各种操作。

tell()方法可以获取文件指针的位置，其语法格式如下：

```
文件对象.tell()
```

该方法返回一个整数，表示文件指针的位置，如例 12-9 所示。

例 12-9 tell()方法的使用。

```
1    with open('test.txt', 'w+') as f:
2        n = f.tell()     # 文件指针指向文件头,值为 0
3        print(n)
4        f.write('www.qfedu.com')
5        n = f.tell()     # 文件指针指向文件尾
6        print(n)
```

运行结果如图 12.11 所示。

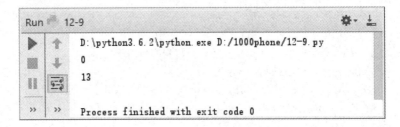

图 12.11 例 12-9 运行结果

在例 12-9 中，第 2 行获取文件指针位置为 0，表示处于文件头，第 4 行向文件中写入字符串'www.qfedu.com'，长度为 13，此时文件指针处于文件尾。

seek()方法可以移动文件指针位置，其语法格式如下：

```
文件对象.seek((offset[, where = 0]))
```

其中，参数 offset 表示移动的偏移量，单位为字节，其值为正数时，文件指针向文件尾方向移动；其值为负数时，文件指针向文件头方向移动。参数 where 指定从何处开始移动，其值可以为 0、1、2，具体含义如下所示：

- 0——表示文件头。
- 1——表示当前位置。
- 2——表示文件尾。

接下来演示 seek()方法的使用，如例 12-10 所示。

例 12-10 seek()方法的使用。

```
1  with open('test.txt', 'w+') as f:
2      print(f.tell())  # 文件指针处于文件头
3      f.write('qfedu/com')
4      print(f.tell())  # 文件指针处于文件尾
5      f.seek(5,0)       # 文件指针处于位置 5
6      print(f.tell())
7      f.write('.')
8      print(f.tell())
```

运行结果如图 12.12 所示。

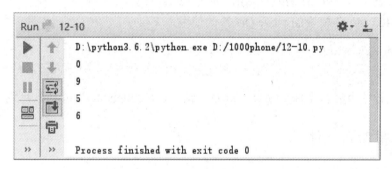

图 12.12 例 12-10 运行结果

程序运行结束后， test.txt 文件内容如图 12.13 所示。

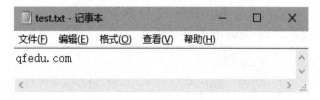

图 12.13 test.txt 文件内容

在例 12-10 中，程序通过移动文件指针将"/"替换为"."。

12.2.7 复制文件

在日常生活中，经常需要将文件从一个路径下复制到另一个路径下。在 Python 中，

shutil 模块的 copy()函数可以实现复制文件，其语法格式如下：

```
shutil.copy(src, dst)
```

该函数表示将文件 src 复制为 dst，如例 12-11 所示。

例 12-11 shutil 模块的 copy()函数的使用。

```
1   import shutil # 导入 shutil 模块
2   shutil.copy('D:/1000phone/test.txt', 'copytest.txt')
```

程序运行结束后，在目录"D:/1000phone/"下会生成一个 copytest.txt 文件。

12.2.8 移动文件

在日常生活中，经常需要将文件从一个路径下移动到另一个路径下。在 Python 中，
shutil 模块的 move ()函数可以实现移动文件，其语法格式如下：

```
shutil.move(src, dst)
```

该函数表示将文件 src 移动到 dst，如例 12-12 所示。

例 12-12 shutil 模块的 move ()函数的使用。

```
1   import shutil # 导入 shutil 模块
2   shutil.move('D:/1000phone/copytest.txt', '../copytest.txt')
```

程序运行结束后，文件 copytest.txt 从目录"D:/1000phone/"移动到目录"D:/"。

12.2.9 重命名文件

在 Python 中，os 模块的 rename()函数可以重命名文件，其语法格式如下：

```
os.rename(src, dst)
```

该函数表示将 src 重命名为 dst，如例 12-13 所示。

例 12-13 os 模块的 rename()函数的使用。

```
1   import os # 导入 os 模块
2   os.rename('D:/copytest.txt', 'D:/copytest1.txt')
```

程序运行结束后，文件 copytest.txt 被重命名为 copytest1.txt。

12.2.10 删除文件

在 Python 中，os 模块的 remove ()函数可以删除文件，其语法格式如下：

```
os.remove(src)
```

该函数表示将文件 src 删除，如例 12-14 所示。

例 12-14   os 模块的 remove ()函数的使用。

```
1    import os # 导入 os 模块
2    os.remove('D:/copytest1.txt')
```

程序运行结束后，文件 copytest1.txt 被删除。

12.3 目 录 操 作

在开发中，随着文件数量的增多，就需要创建目录来管理文件，本节讲解有关文件
目录的操作，该操作需要导入 os 模块。

12.3.1 创建目录

os 模块的 mkdir()函数可以创建目录，其语法格式如下：

```
os.mkdir(path)
```

参数 path 指定要创建的目录，如例 12-15 所示。

例 12-15   os 模块的 mkdir()函数的使用。

```
1    import os # 导入 os 模块
2    os.mkdir('D:/1000phone/codingke')
```

程序运行结束后，在目录 D:/1000phone/下创建出一个目录 codingke。此处需注意，
该函数只能创建一级目录；如果需要创建多级目录，则可以使用 makedirs()函数，其语
法格式如下：

```
os.makedirs(path1/path2…)
```

参数 path1 与 path2 形成多级目录，具体示例如下：

```
import os # 导入 os 模块
os.makedirs('D:/1000phone/goodprogrammer/test')
```

程序运行结束后，目录结构为 D:/1000phone/goodprogrammer/test。

12.3.2 获取目录

os 模块的 getcwd()函数可以获取当前目录，其语法格式如下：

```
os.getcwd()
```

该函数的使用比较简单，如例 12-16 所示。

例 12-16　os 模块的 getcwd()函数的使用。

```
1    import os # 导入 os 模块
2    res = os.getcwd()
3    print(res)
```

运行结果如图 12.14 所示。

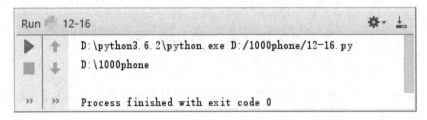

图 12.14　**例 12-16 运行结果**

从程序运行结果可以看出，本程序的文件在 D:\1000phone 目录中。

另外，os 模块的 listdir()函数可以获取指定目录中包含的文件名与目录名，其语法格式如下：

```
os.listdir(path)
```

其中，参数 path 指定要获取目录的路径，如例 12-17 所示。

例 12-17　os 模块的 listdir()函数的使用。

```
1    import os # 导入 os 模块
2    res = os.listdir('D:/1000phone')
3    print(res)
```

运行结果如图 12.15 所示。

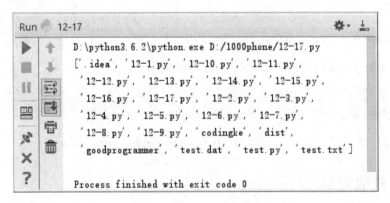

图 12.15　**例 12-17 运行结果**

从程序运行结果可以看出，该函数返回一个列表，其中的元素为 D:/1000phone 目录下所有文件名与目录名。

12.3.3　遍历目录

如果希望查看指定路径下全部子目录的所有目录和文件信息，就需要进行目录的遍历，os 模块的 walk()函数可以遍历目录树，其语法格式如下：

os.walk(树状结构文件夹名称)

该函数返回一个由 3 个元组类型的元素组成的列表，具体如下所示：

[(当前目录列表)，(子目录列表)，(文件列表)]

接下来演示使用 walk()函数遍历目录，如例 12-18 所示。

例 12-18　使用 walk()函数遍历目录。

```
1    import os # 导入 os 模块
2    def traversals(path):
3      if not os.path.isdir(path):
4         print('错误: ',path,'不是目录或不存在')
5         return
6      list_dirs = os.walk(path)          # os.walk 返回一个元组,包括 3 个元素
7      for root, dirs, files in list_dirs: # 遍历该元组的目录和文件信息
8        for d in dirs:
9           print(os.path.join(root, d))  # 获取完整路径
10       for f in files:
11          print(os.path.join(root, f))  # 获取文件绝对路径
12   traversals('D:\\1000phone')
```

程序运行结束后，程序输出 D:/1000phone 目录下全部子目录的所有目录和文件信息。

12.3.4　删除目录

删除目录可以通过以下两个函数实现：

```
os.rmdir(path)            # 只能删除空目录
shutil.rmtree(path)       # 空目录、有内容的目录都可以删除
```

接下来演示这两个函数的使用，如例 12-19 所示。

例 12-19　删除目录。

```
1    import os, shutil  # 导入 os、shutil 模块
2    os.rmdir('D:/1000phone/codingke')
3    shutil.rmtree('D:/1000phone/goodprogrammer')
```

程序运行结束后，D:/1000phone/codingke 空目录被删除，D:/1000phone/goodprogrammer

目录及目录下内容被删除。

12.4　小　案　例

在 Windows 操作系统中，查看某个文件目录信息可以通过在右键快捷菜单中选择"属性"命令来实现，如图 12.16 所示。

图 12.16　1000phone 属性

在图 12.16 中，可以查看文件目录 1000phone 的属性。现要求编写程序，统计指定文件目录大小以及文件和文件夹数量，具体如例 12-20 所示。

例 12-20　统计指定文件目录大小以及文件和文件夹数量。

```
1    import os # 导入 os 模块
2    # 记录总大小、文件个数、目录个数
3    totalSize, fileNum, dirNum = 0, 0, 0
4    # 遍历指定目录
5    def traversals(path):
6        global totalSize, fileNum, dirNum
```

```
 7       if not os.path.isdir(path):
 8           print('错误: ', path, '不是目录或不存在')
 9           return
10       for lists in os.listdir(path):
11           sub_path = os.path.join(path, lists)
12           if os.path.isfile(sub_path):
13               fileNum += 1   # 统计文件数量
14               totalSize += os.path.getsize(sub_path)      # 文件总大小
15           elif os.path.isdir(sub_path):
16               dirNum += 1                              # 统计子目录数量
17               traversals(sub_path)                     # 递归遍历子目录
18   # 单位换算
19   def sizeConvert(size):
20       K, M, G = 1024, 1024**2, 1024**3
21       if size >= G:
22           return str(round(size/G, 2)) + 'GB'
23       elif size >= M:
24           return str(round(size/M, 2)) + 'MB'
25       elif size >= K:
26           return str(round(size/K, 2)) + 'KB'
27       else:
28           return str(size) + 'Bytes'
29   # 输出目录位置、大小及个数
30   def output(path):
31       if os.path.isdir(path):
32           print('类型;文件夹')
33       else:
34           return
35       print('位置:', path)
36       print('大小:', sizeConvert(totalSize) +
37            '('+ str(totalSize) + ' 字节)')
38       print('包含:', fileNum, '个文件, ',dirNum, '个文件夹')
39   # 测试
40   if __name__=='__main__':
41       path = 'D:/1000phone'
42       traversals(path)
43       output(path)
```

运行结果如图 12.17 所示。

从程序运行结果可看出，程序输出的信息与图 12.16 中的信息相同。

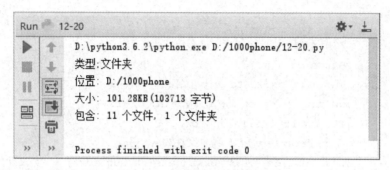

图 12.17　例 12-20 运行结果

12.5　本　章　小　结

本章主要介绍了文件，包括文件概述、文件操作、目录操作。在实际开发中，要注意区分文本文件与二进制文件的读写操作。另外，需重点掌握目录的操作。

12.6　习　　题

1.填空题

（1）文件分为文本文件与_____。

（2）打开文件可以使用_____函数实现。

（3）打开及关闭文件可以使用_____语句实现。

（4）_____方法可以获取文件指针的位置。

（5）_____方法可以移动文件指针位置。

2.选择题

（1）打开一个二进制文件并进行追加写入，正确的打开模式是（　　）。

　　A．'ab+'　　　　　　　　　　　　B．'a+'

　　C．'w+'　　　　　　　　　　　　D．'wb+'

（2）下列选项中，用于读取文本文件一行内容的是（　　）。

　　A．文件对象.read()　　　　　　　B．文件对象.readlines()

　　C．文件对象.readline()　　　　　D．文件对象.read(300)

（3）os 模块的（　　）函数可以删除文件。

　　A．move ()　　　　　　　　　　　B．del()

　　C．rename()　　　　　　　　　　D．remove ()

（4）os 模块的（　　）函数可以创建多级目录。

　　A．mkdir()　　　　　　　　　　　B．make()

C．makedirs ()   D．makefiles()

（5）下列选项中，（   ）只能删除空目录。

A．os.rmdir(path)   B．shutil.rmtree(path)

C．os.rmtree(path)   D．os.remove(path)

3．思考题

（1）读取文本文件有哪些方法?

（2）简述 pickle 模块中 dump()函数与 load ()函数的作用。

4．编程题

读取文本文件 test.txt 并生成文件 newtest.txt，其中的内容与 test.txt 一致，但是在每行的首部添加了行号。

第13章

异　　常

本章学习目标
- 理解异常的概念。
- 掌握异常的处理。
- 掌握触发异常。
- 掌握自定义异常。

异常是指程序运行时引发的错误，引发错误的原因有多种，例如语法错误、除数为零、打开不存在的文件等。若这些错误没有进行处理，则会导致程序终止运行，而合理地使用异常处理错误，可以使程序具有更强的容错性。

13.1　异　常　概　述

13.1.1　异常的概念

在生活中，使用计算机中的某个应用软件时，由于某种错误，可能会引发异常，如图 13.1 所示。

图 13.1　程序异常

在程序中，当 Python 检测到一个错误时，解释器就会指出当前流程已无法继续执行下去，这时就出现了异常。例如，使用 print()函数输出一个未定义的变量值，具体如下所示：

```
print(name)
```

在 Python 程序中，如果出现异常，而异常对象并未被捕获或处理，程序就会用自动回溯，返回一种错误信息，并终止执行。上述语句返回的错误信息如下：

```
Traceback (most recent call last):
  File "D:/1000phone/test.py", line 1, in <module>
    print(name)
NameError: name 'name' is not defined
```

上述信息提示 name 变量名未定义，NameError 为 Python 的内建异常类。异常是指因为程序出错而在正常控制流以外采取的行为，即异常是一个事件，该事件可能会在程序执行过程中发生并影响程序的正常执行。

13.1.2　异常类

Python 为了区分不同的异常，其中内置了许多异常类，常见的异常类如表 13.1 所示。

表 13.1　常见的异常类

异常类名称	基　　类	说　　明
BaseException	object	所有异常类的直接或间接基类
Exception	BaseException	所有非退出异常的基类
SystemExit	BaseException	程序请求退出时抛出的异常
KeyboardInterrupt	BaseException	用户中断执行（通常是按 Ctrl+C 键）时抛出
GeneratorExit	BaseException	生成器发生异常，通知退出
ArithmeticError	Exception	所有数值计算错误的基类
FloatingPointError	ArithmeticError	浮点运算错误
OverflowError	ArithmeticError	数值运算超出最大限制
ZeroDivisionError	ArithmeticError	除零导致的异常
AssertionError	Exception	断言语句失败
AttributeError	Exception	对象没有这个属性
EOFError	Exception	读取超过文件结尾
OSError	Exception	I/O 相关错误的基类
ImportError	Exception	导入模块/对象失败
LookupError	Exception	查找错误的基类
IndexError	LookupError	序列中没有此索引
KeyError	LookupError	映射中没有这个键
MemoryError	Exception	内存溢出错误
NameError	Exception	未声明、未初始化对象
UnboundLocalError	NameError	访问未初始化的本地变量
ReferenceError	Exception	弱引用试图访问已经垃圾回收了的对象
RuntimeError	Exception	一般的运行时错误
NotImplementedError	RuntimeError	尚未实现的方法
SyntaxError	Exception	语法错误
IndentationError	SyntaxError	缩进错误
TabError	IndentationError	Tab 和空格混用

续表

异常类名称	基　　类	说　　明
SystemError	Exception	一般的解释器系统错误
TypeError	Exception	对类型无效的操作
ValueError	Exception	传入无效的参数
Warning	Exception	警告的基类
RuntimeWarning	Warning	可疑的运行时行为警告基类
SyntaxWarning	Warning	可疑的语法警告基类

在表 13.1 中，BaseException 是异常的顶级类，但用户定义的类不能直接继承这个类，而是要继承 Exception。Exception 类是与应用相关异常的顶层基类，除了系统退出事件类（SystemExit、KeyboardInterrupt 和 GeneratorExit）之外，几乎所有用户定义的类都应该继承自这个类，而不是 BaseException 类。

13.2　捕获与处理异常

为了防止程序运行中遇到异常而意外终止，开发时应对可能出现的异常进行捕获并处理。Python 程序使用 try、except、else、finally 这 4 个关键字来实现异常的捕获与处理。

13.2.1　try-except 语句

try-except 语句可以捕获异常并进行处理，其语法格式如下：

```
try:
    # 可能出现异常的语句
except 异常类名:
    # 处理异常的语句
```

当 try 语句块中某条语句出现异常时，程序就不再执行 try 语句块中后面的语句，而是直接执行 except 语句块，如例 13-1 所示。

例 13-1　try-except 语句。

```
1   try:
2       a = float(input('请输入被除数:'))
3       b = float(input('请输入除数:'))
4       print(a, '/', b, '结果为', a / b)
5       print('运算结束')
6   except ZeroDivisionError:
7       print('除数不能为 0')
8   print('程序结束')
```

程序运行时，输入 4 与 2，则运行结果如图 13.2 所示。

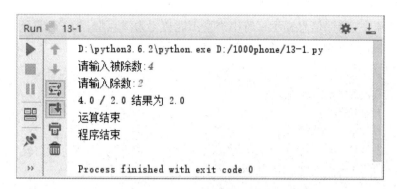

图 13.2 例 13-1 运行结果（一）

再次运行程序，输入 4 与 0，则运行结果如图 13.3 所示。

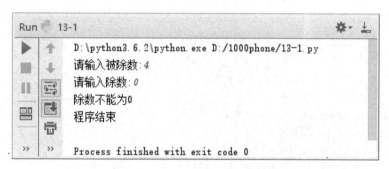

图 13.3 例 13-1 运行结果（二）

从两次运行结果可看出，程序没有触发异常与触发异常执行的流程并不一致。程序中一旦发生异常，就不会执行 try 语句块中剩余的语句，而是直接执行 except 语句块。另外，本程序捕获并处理了异常，因此，当输入的除数为 0 时，程序可以正常结束，而不是终止运行。

需要注意的是，例 13-1 程序只能捕捉 except 后面的异常类，如果发生其他类型的异常，程序依然会终止。例如，运行例 13-1 的程序，输入 ab 再回车，则程序出现错误，如图 13.4 所示。

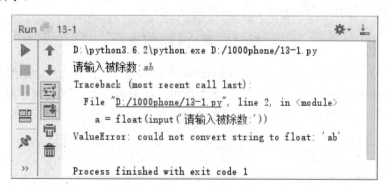

图 13.4 错误信息

在图 13.4 中，错误信息提示字符串类型不能转化为浮点型。为了保证程序正常运行，此时就需要捕获并处理多种异常，其语法格式如下：

```
try:
    # 可能出现异常的语句
except 异常类名 1:
    # 处理异常 1 的语句
except 异常类名 2:
    # 处理异常 2 的语句
...
```

接下来演示捕获并处理多种异常，如例 13-2 所示。

例 13-2 捕获并处理多种异常。

```
1   try:
2       a = float(input('请输入被除数:'))
3       b = float(input('请输入除数:'))
4       print(a, '/', b, '结果为', a / b)
5       print('运算结束')
6   except ZeroDivisionError:
7       print('除数不能为 0')
8   except ValueError:
9       print('传入参数无效')
10  print('程序结束')
```

程序运行时，输入 ab 并回车，则运行结果如图 13.5 所示。

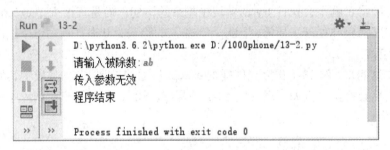

图 13.5　例 13-2 运行结果

在例 13-2 中，程序中增加了对 ValueError 异常的处理。在程序中，虽然开发者可以编写处理多种异常的代码，但异常是防不胜防的，很有可能再出现其他异常，此时就需要捕获并处理所有可能发生的异常，其语法格式如下：

```
try:
    # 可能出现异常的语句
except 异常类名:
    # 处理异常的语句
except:
```

```
     # 与上述异常不匹配时,执行此语句块
```

如果程序发生了异常，但是没有找到匹配的异常类别，则执行不带任何匹配类型的 except 语句块。

接下来演示捕获并处理所有异常，如例 13-3 所示。

例 13-3　捕获并处理所有异常。

```
1   try:
2       a = float(input('请输入被除数:'))
3       b = float(input('请输入除数:'))
4       print(a, '/', b, '结果为', a / b)
5       print('运算结束')
6   except ZeroDivisionError:
7       print('除数不能为 0')
8   except:
9       print('其他错误')
10  print('程序结束')
```

程序运行时，输入 ab 并回车，则运行结果如图 13.6 所示。

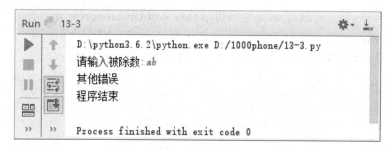

图 13.6　例 13-3 运行结果

在例 13-3 中，第 8 行通过 except 语句处理除 ZeroDivisionError 异常外的其他所有异常。

13.2.2　使用 as 获取异常信息

为了区分不同的异常，可以使用 as 关键字来获取异常信息，其语法格式如下：

```
try:
    # 可能出现异常的语句
except 异常类名 as 异常对象名:
    # 处理异常的语句
```

通过异常对象名便可以访问异常信息，如例 13-4 所示。

例 13-4　通过异常对象名访问异常信息。

```
1   try:
2       a = float(input('请输入被除数:'))
```

```
3        b = float(input('请输入除数:'))
4        print(a, '/', b, '结果为', a / b)
5        print('运算结束')
6    except ZeroDivisionError as e:
7        print(type(e), e)
8    print('程序结束')
```

运行结果如图 13.7 所示。

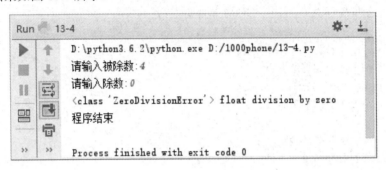

图 13.7   例 13-4 运行结果

在例 13-4 中，第 6 行通过 as 关键字可以获取 ZeroDivisionError 异常类的实例对象 e，第 7 行通过 print()函数打印异常信息。

如果程序需要获取多种异常信息，则可以使用如下语法格式：

```
try:
    # 可能出现异常的语句
except (异常类名 1, 异常类名 2, …) as 异常对象名:
    # 处理异常的语句
```

接下来演示获取多种异常信息，如例 13-5 所示。

例 13-5   获取多种异常信息。

```
1    try:
2        a = float(input('请输入被除数:'))
3        b = float(input('请输入除数:'))
4        print(a, '/', b, '结果为', a / b)
5        print('运算结束')
6    except (ZeroDivisionError, ValueError) as e:
7        print(type(e), e)
8    print('程序结束')
```

程序运行时，输入 4 与 0，则运行结果如图 13.8 所示。

再次运行程序，输入 ab，则运行结果如图 13.9 所示。

从上述运行结果可看出，当程序出现 ZeroDivisionError 或 ValueError 异常时，第 6 行语句会自动捕获相应的异常并生成该异常类的实例对象。

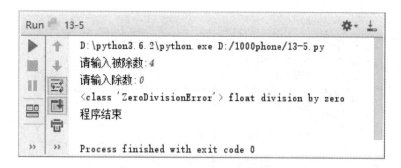

图 13.8 例 13-5 运行结果（一）

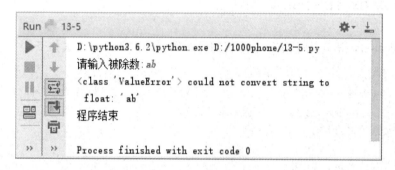

图 13.9 例 13-5 运行结果（二）

如果程序需要获取所有异常信息，则可以使用如下语法格式：

```
try:
    # 可能出现异常的语句
except BaseException as 异常对象名:
    # 处理异常的语句
```

所有的异常类都继承自 BaseException 类，因此上述语句可以获取所有异常信息，如例 13-6 所示。

例 13-6 获取所有异常信息。

```
1   try:
2       a = float(input('请输入被除数:'))
3       b = float(input('请输入除数:'))
4       print(a, '/', b, '结果为', a / b)
5       print('运算结束')
6   except BaseException as e:
7       print(type(e), e)
8   print('程序结束')
```

运行结果如图 13.10 所示。

在例 13-6 中，第 6 行语句可以获取所有异常，但不建议在程序中直接捕获所有异常，因为它会隐藏所有程序员未想到并且未做好准备处理的错误。

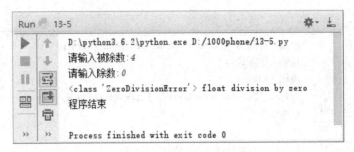

图 13.10　例 13-6 运行结果

13.2.3　try-except-else 语句

try-except-else 语句用于处理未捕获到异常的情形,其语法格式如下:

```
try:
    # 可能出现异常的语句
except BaseException as 异常对象名:
    # 处理异常的语句
else:
    # 未捕获到异常执行的语句
```

如果 try 语句内出现了异常,则执行 except 语句块,否则执行 else 语句块。

接下来演示 try-except-else 语句的用法,如例 13-7 所示。

例 13-7　try-except-else 语句的用法。

```
1   try:
2       a = float(input('请输入被除数:'))
3       b = float(input('请输入除数:'))
4       result = a / b
5   except BaseException as e:
6       print(type(e), e)
7   else:
8       print(a, '/', b, '结果为', result)
9   print('程序结束')
```

程序运行时,输入 4 与 0,则运行结果如图 13.11 所示。

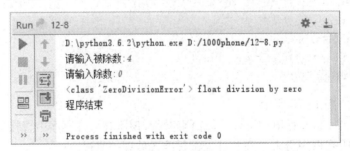

图 13.11　例 13-7 运行结果(一)

再次运行程序，输入 4 与 2，则运行结果如图 13.12 所示。

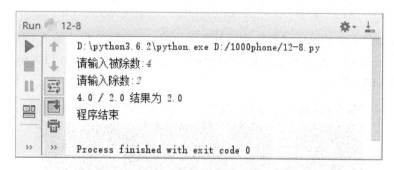

图 13.12　例 13-7 运行结果（二）

在例 13-7 中，当未捕获到异常时，程序执行 else 语句块。

13.2.4　try-finally 语句

在 try-finally 语句中，无论 try 语句块中是否发生异常，finally 语句块中的代码都会执行，其语法格式如下：

```
try:
    # 可能出现异常的语句
finally:
    # 无论是否发生异常都会执行的语句
```

其中，finally 语句块用于清理在 try 块中执行的操作，如释放其占有的资源（如文件对象、数据库连接、图形句柄等）。

接下来演示 try-finally 语句的用法，如例 13-8 所示。

例 13-8　try-finally 语句的用法。

```
1  try:
2      f = open('test.txt', 'a+')
3      i = 1
4      while True:
5          str = input('请输入第%d行字符串（按Q结束）:'%i)
6          if str.upper() == 'Q':
7              break
8          f.write(str + '\n')
9          i += 1
10 except KeyboardInterrupt:
11     print('程序中断!（Ctrl+C）')
12 finally:
13     f.close()
```

```
14        print('文件关闭')
15   print('程序结束')
```

打开控制台（按 Window+R 组合键打开运行窗口，在输入框中输入 cmd 并单击"确定"按钮），在命令行模式下进入 D:\1000phone 目录，输入"python 13-8.py"，开始执行程序，如图 13.13 所示。

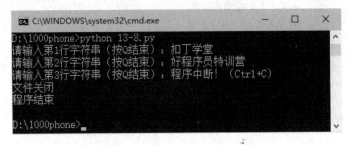

图 13.13　在命令行模式中执行程序

当提示输入第 3 行字符串时，在键盘中按下 Ctrl+C 键，此时引发 KeyboardInterrupt 异常，程序立即执行 except 语句，之后再执行 finally 语句。

另外，with-as 语句可作为 try-finally 语句处理异常的替代，其语法格式如下：

```
with 表达式 [as 变量名]:
    with 语句块
```

该语句用于定义一个有终止或清理行为的情况，如释放线程资源、文件、数据库连接等，在这些场合下使用 with 语句将使代码更加简洁。

在讲解文件打开与关闭时，本书使用的就是 with-as 语句。with 后面的表达式的结果将生成一个支持环境管理协议的对象，该对象中定义了__enter__() 和__exit__()方法。在 with 内部的语句块执行之前，调用__enter__()方法运行构造代码，如果在 as 后面指定了一个变量，则将返回值和这个变量名绑定。当 with 内部语句块执行结束后，自动调用__exit__()方法，同时执行必要的清理工作，不管执行过程中有无异常发生。

以上学习了 try-except 语句、try-except-else 语句和 try-finally 语句，在实际开发中，经常需要将 3 种语句结合起来使用，具体如下所示：

```
try:
    # 可能出现异常的语句
except 异常类名 as 异常对象名:
    # 处理特定异常的语句
except:
    # 处理多个异常的语句
else:
    # 未捕获到异常执行的语句
finally:
    # 无论是否发生异常都会执行的语句
```

程序先执行 try 语句块，若 try 语句块中的某一语句执行时发生异常，则程序跳转到 except 语句，从上到下判断抛出的异常是否与 except 后面的异常类相匹配，并执行第一个匹配该异常的 except 后面的语句块。

若 try 语句块中发生了异常，但是没有找到匹配的异常类，则执行不带任何匹配类型的 except 语句块。

若没有发生任何异常，则程序在执行完 try 语句块后直接进入 else 语句块。

最后，无论程序是否发生异常，都会执行 finally 语句块。

13.3 触 发 异 常

触发异常有两种情况：一种是程序执行中因为错误自动触发异常，另一种是显式地使用 raise 或 assert 语句手动触发异常。Python 捕获与处理这两种异常的方式是相同的。本节主要介绍手动触发异常。

13.3.1 raise 语句

raise 语句可以手动触发异常，其使用方法有如下 3 种。

1．通过类名触发异常

该方法只需指明异常类便可创建异常类的实例对象并触发异常，其语法格式如下：

```
raise 异常类名
```

例如，手动触发语法错误异常，则可以使用以下语句：

```
raise SyntaxError
```

程序运行时，输出以下信息：

```
Traceback (most recent call last):
  File "D:/1000phone/test.py", line 1, in <module>
    raise SyntaxError
SyntaxError: None
```

2．通过异常类的实例对象触发异常

该方法只需指明异常类的实例对象便可触发异常，其语法格式如下：

```
raise 异常类的实例对象
```

例如，手动触发除零导致的异常，则可以使用以下语句：

```
raise ZeroDivisionError()
```

程序运行时，输出以下信息：

```
Traceback (most recent call last):
  File "D:/1000phone/test.py", line 1, in <module>
    raise ZeroDivisionError()
ZeroDivisionError
```

此外，该方法还可以指定异常信息，具体如下所示：

```
raise ZeroDivisionError('除数为零!')
```

程序运行时，输出以下信息：

```
Traceback (most recent call last):
  File "D:/1000phone/test.py", line 1, in <module>
    raise ZeroDivisionError('除数为零!')
ZeroDivisionError: 除数为零!
```

3. 抛出异常

raise 语句还可以抛出异常，具体如下所示：

```
try:
    raise ZeroDivisionError
except:
    print('捕捉到异常!')
    raise          # 重新触发刚才发生的异常
```

程序运行时，输出以下信息：

```
Traceback (most recent call last):
捕捉到异常!
  File "D:/1000phone/test.py", line 2, in <module>
    raise ZeroDivisionError
```

可以看出，程序执行了 except 语句块中的代码，其中的 raise 语句会重新触发 ZeroDivisionError 异常，但此时异常对象并未被捕获或处理，因此程序终止运行。

13.3.2 assert 语句

assert 语句（又称断言）是有条件的触发异常，其语法格式如下：

```
assert 表达式 [, 参数]
```

其中，当表达式为真时，不触发异常；当表达式为假时，触发 AssertionError 异常。若给定了参数部分，则在 AssertionError 后将参数部分作为异常信息的一部分给出。

assert 语句的主要功能是帮助程序员调试程序，以保证程序运行的正确性，因此它一般在开发调试阶段使用。

接下来演示 assert 语句的用法，如例 13-9 所示。

例 13-9　assert 语句的用法。

```
1   try:
2       a = float(input('请输入被除数:'))
3       b = float(input('请输入除数:'))
4       assert a >= b, '被除数大于除数'
5       result = a / b
6   except BaseException as e:
7       print(e.__class__.__name__, ':', e)
8   print('程序结束')
```

程序运行时，输入 4 与 2，则运行结果如图 13.14 所示。

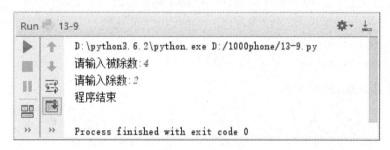

图 13.14　例 13-9 运行结果（一）

再次运行程序，输入 2 与 4，则运行结果如图 13.15 所示。

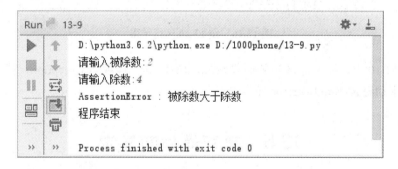

图 13.15　例 13-9 运行结果（二）

在例 13-9 中，只有当输入的被除数小于除数时，程序才会触发 AssertionError 异常。

13.4　自定义异常

Python 中内置的异常类毕竟有限，用户有时须根据需求设置其他异常，如学生成绩不能为负数、限定密码长度等。自定义异常类一般继承于 Exception 或其子类，其命名一般以 Error 或 Exception 为后缀，如例 13-10 所示。

　　例 13-10　自定义异常。

```
1    class NumberError(Exception):    # 自定义异常类，继承于 Exception
2        def __init__(self, data = ''):
3            Exception.__init__(self, data)
4            self.data = data
5        def __str__(self):                    # 重载__str__方法
6            return self.__class__.__name__ + ':' + self.data + '非法数值(<= 0)'
7    try:
8            num = input('请输入正数:')
9            if float(num) <= 0:
10               raise NumberError(num) # 触发异常
11           print('输入的正数为:', num)
12   except BaseException as e:
13           print(e)
```

运行结果如图 13.16 所示。

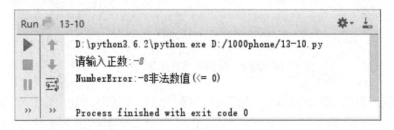

图 **13.16**　例 **13-10** 运行结果

　　在例 13-10 中，第 1 行自定义异常类 NumberError，继承自 Exception，第 10 行通过 raise 语句手动触发 NumberError 异常。

13.5　回溯最后的异常

　　当触发异常时，Python 可以回溯异常并提示许多信息，这可能会给程序员定位异常位置带来不便，因此，Python 中可以使用 sys 模块中的 exc_info()函数来回溯最后一次异常信息，该函数返回一个元组(type, value/message, traceback)，每个元素的具体含义如下所示：

- type：异常的类型；
- value/message——异常的信息或者参数；
- traceback——包含调用栈信息的对象。

接下来演示该函数的用法，如例 13-11 所示。

例 13-11 sys 模块中 exc_info() 函数的用法。

```
1   import sys # 导入 sys 模块
2   try:
3       4 / 0
4   except:
5       tuple = sys.exc_info()
6       print(tuple)
```

运行结果如图 13.17 所示。

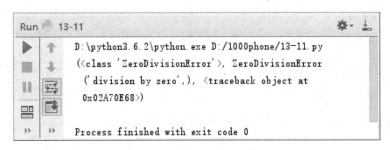

图 **13.17** 例 **13-11** 运行结果

在例 13-11 中，第 6 行输出 sys.exc_info() 函数的返回值。该函数虽然可以获取最后触发异常的信息，但是难以直接确定触发异常的代码位置。

13.6 小 案 例

计算 test.txt 文件中每行数字的总和与平均值，该文件可能不存在或为空，也可能某行不包含数字。程序中须捕获并处理可能发生的异常（不能使用 with-as 语句），具体实现如例 13-12 所示。

例 13-12 计算 test.txt 文件中每行数字的总和与平均值。

```
1   sum, num, flag = 0, 0, True
2   try:
3       file = open('test.txt', 'r')
4   except FileNotFoundError as e:  # 处理文件不存在的异常
5       print(e.__class__.__name__, ':', e)
6       flag = False
7   if flag:
8       try:
9           for line in file:
10              num += 1
11              sum += float(line)
```

```
12          ave = sum / num
13     except ValueError as e:   # 处理某行不是数字的异常
14          print(num, '行 ', e.__class__.__name__, ':', e)
15          if num > 1:
16              print(num, '行之前:')
17              print('总和:', sum, ' 平均值:', sum / (num - 1))
18          else:
19              print('无法计算')
20     except ZeroDivisionError:  # 处理空文件的异常
21          print('空文件')
22     else:
23          print('总和:', sum, ' 平均值:', ave)
24     finally:
25          file.close()
26 print('程序结束')
```

若 test.txt 文件不存在，则程序运行结果如图 13.18 所示。

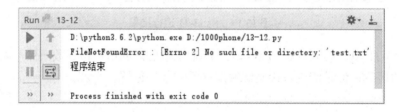

图 13.18　例 13-12 运行结果（一）

若 test.txt 文件内容如下所示：

```
12
76
扣丁学堂
23
```

则程序运行结果如图 13.19 所示。

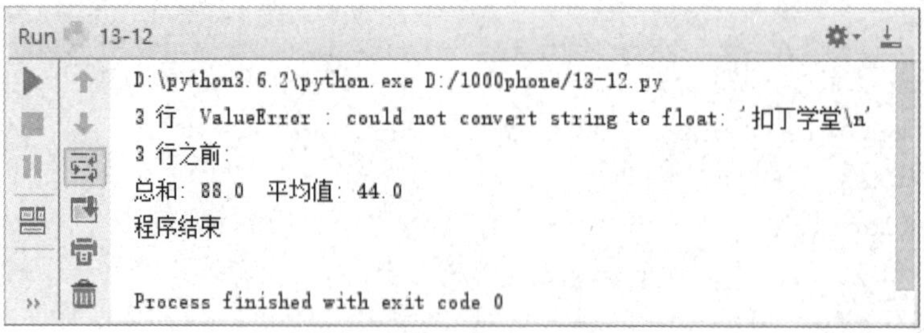

Run　13-12　　　　　　　　　　　　　　　　　　　　　　　　☆▾ ⬇
D:\python3.6.2\python.exe D:/1000phone/13-12.py
3 行　ValueError : could not convert string to float: '扣丁学堂\n'
3 行之前:
总和: 88.0　平均值: 44.0
程序结束

Process finished with exit code 0

图 13.19　例 13-12 运行结果（二）

在例 13-12 中，程序通过 try-except 语句和 try-except-else-finally 语句分别对文件操作和除法操作中可能出现的异常进行捕获和处理。

13.7 本 章 小 结

本章主要介绍了异常，包括异常的概念、触发异常、捕获与处理异常、自定义异常、回溯最后的异常。学习完本章知识，须理解异常处理的作用，即它使程序能够正常执行，不至于因异常导致退出或崩溃。

13.8 习 题

1. 填空题

（1）用户自定义的异常类须继承_____。

（2）Exception 类的基类是_____。

（3）_____语句是有条件的触发异常。

（4）sys 模块中_____函数用来回溯最后一次异常信息。

（5）通过_____关键字可以获取异常信息。

2. 选择题

（1）下列选项中，（   ）语句可以手动触发异常。
    A．try   B．except
    C．raise   D．finally

（2）当 try 语句块中未触发异常时，（   ）语句块不会执行。
    A．finally   B．except
    C．else   D．try

（3）下列选项中，语句顺序正确的是（   ）。
    A．try-else-except   B．try-except-finally-else
    C．try-finally-except   D．try-except-else-finally

（4）无论 try 语句块中是否发生异常，（   ）语句块都会被执行。
    A．except   B．except-as
    C．finally   D．else

（5）SyntaxError 表示出现（   ）异常。
    A．语法错误   B．缩进错误
    C．除零错误   D．断言

3. 思考题

（1）简述异常处理语句的执行流程。

（2）简述 raise 语句的使用方法。

4. 编程题

输入与输出员工的姓名、年龄、月收入（输出年收入），假设姓名字符串长度为 2～18，年龄为 18～60，月收入大于 2500，如果不满足上述条件，则手动触发异常并处理。

第14章

综 合 案 例

本章学习目标
- 了解程序的开发流程。
- 掌握程序的流程控制。

通过前面的学习，相信大家已掌握 Python 语言基础知识。为了提高大家的动手能力，本章将回顾一下所学知识，设计一款 2048 游戏。

14.1 需 求 分 析

2048 游戏是一款数字益智游戏，如图 14.1 所示。具体游戏规则如下：

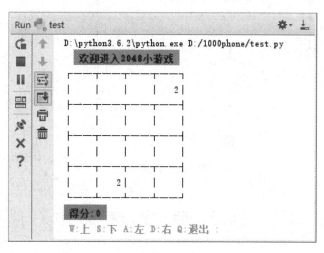

图 14.1　2048 游戏界面

① 玩家每次可以选择上下左右其中一个方向移动。
② 每移动一次，所有数字方块都会往移动的方向靠拢。
③ 相同数字方块在靠拢时会相加。
④ 每次移动完成后，系统会在空白的方块中随机添加 2 或 4。
⑤ 当所有方块中填满数字并不能相加时，游戏结束。

⑥ 玩家的得分为相同数字之和的累加。

根据上述游戏规则，该游戏须实现以下功能：

① 显示游戏界面。

② 上下左右移动。

③ 添加随机数字。

④ 判断游戏是否结束。

为方便读者理解各功能之间的联系，此处画出程序的流程图，如图 14.2 所示。

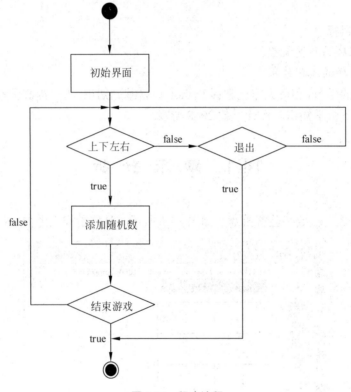

图 14.2　程序流程

14.2　程序设计

对程序各功能有了初步了解后，本节将带领大家实现每个功能。首先，程序须选用合适的数据结构，由于游戏可以看成由 4×4 个数字组成，每移动一次，就是对这 4×4 个数字进行操作，因此数据结构可以选择二维列表（二维列表类似于二维矩阵），具体如下所示：

```
matix = [[0 for i in range(4)] for i in range(4)]  # 初始化生成一个二维列表
score = 0 # score 记录游戏的分数
```

通过 print()函数打印该二维列表，则输出结果如下所示：

[[0, 0, 0, 0], [0, 0, 0, 0], [0, 0, 0, 0], [0, 0, 0, 0]]

二维列表中的数据须显示在 4×4 方块中，具体实现如下所示：

```
1   def display():
2       print('  \033[1;31;42m 欢迎进入 2048 小游戏 \033[0m')
3       print('\r'
4          ' ┌────┬────┬────┬────┐ \n'
5          ' │ %4s │ %4s │ %4s │ %4s │ \n'
6          ' ├────┼────┼────┼────┤ \n'
7          ' │ %4s │ %4s │ %4s │ %4s │ \n'
8          ' ├────┼────┼────┼────┤ \n'
9          ' │ %4s │ %4s │ %4s │ %4s │ \n'
10         ' ├────┼────┼────┼────┤ \n'
11         ' │ %4s │ %4s │ %4s │ %4s │ \n'
12         ' └────┴────┴────┴────┘ '
13         % (ifZero(matix[0][0]), ifZero(matix[0][1]),
14            ifZero(matix[0][2]), ifZero(matix[0][3]),
15            ifZero(matix[1][0]), ifZero(matix[1][1]),
16            ifZero(matix[1][2]), ifZero(matix[1][3]),
17            ifZero(matix[2][0]), ifZero(matix[2][1]),
18            ifZero(matix[2][2]), ifZero(matix[2][3]),
19            ifZero(matix[3][0]), ifZero(matix[3][1]),
20            ifZero(matix[3][2]), ifZero(matix[3][3]),)
21         )
22       print('\033[1;31;47m 得分:%s \033[0m' % (score))
```

其中，第 2 行与第 22 行输出带颜色的字符串，其语法格式如下：

\033[显示方式;前景色;背景色 m

显示方式、前景色与背景色都用数字表示，具体如表 14.1 与表 14.2 所示。

表 14.1　显示方式

显 示 方 式	说　　明
0	终端默认设置
1	高亮显示
4	使用下画线
5	闪烁
7	反白可见
8	不可见

ifZero ()函数的实现如下所示：

```
1   def ifZero(s):
```

```
2        return s if s != 0 else ''
```

表 14.2　前景色与背景色

前　景　色	背　景　色	说　　明
30	40	黑色
31	41	红色
32	42	绿色
33	43	黄色
34	44	蓝色
35	45	紫红色
36	46	青蓝色
37	47	白色

其中，若参数 s 为 0，则返回空字符，否则返回参数 s。

此时，只需在上述界面的基础上再随机生成两个数（2 或 4）就可以构成初始界面，具体如下所示：

```
1    def init():
2        initNumFlag = 0
3        while True:
4            k = 2 if random.randrange(0, 10) > 1 else 4   # 随机生成2或4
5            s = divmod(random.randrange(0, 16), 4) # 生成矩阵初始化的下标
6            if matix[s[0]][s[1]] == 0: # 只有当其值不为0时才赋值,避免第二个值重复
7                matix[s[0]][s[1]] = k
8                initNumFlag += 1
9                if initNumFlag == 2:
10                   break
11       display()
```

程序调用 init()函数生成初始界面，如图 14.3 所示。

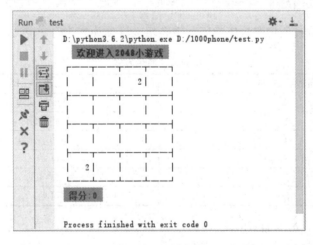

图 14.3　初始界面

界面显示功能完成后，接下来实现上下左右功能，它是整个游戏的核心功能。由于上下左右 4 个方向的具体实现代码类似，此处只讲解向右移动的实现，具体如下所示：

```
1    def moveRight():
2        global score
3        for i in range(4):
4            for j in range(3, 0, -1):
5                for k in range(j - 1, -1, -1):
6                    if matix[i][k] > 0:
7                        if matix[i][j] == 0:
8                            if k > 0 and matix[i][k] == matix[i][k - 1]:
9                                matix[i][k] *= 2
10                               score += matix[i][k]   # 将当前数作为 score 加上
11                               matix[i][k - 1] = 0
12                           if k == 2 and matix[i][k - 1] == 0 and \
13                                          matix[i][k] == matix[i][k - 2]:
14                               matix[i][k] *= 2
15                               score += matix[i][k]
16                               matix[i][k - 2] = 0
17                           matix[i][j] = matix[i][k]
18                           matix[i][k] = 0
19                        elif matix[i][j] == matix[i][k]:
20                           matix[i][j] *= 2
21                           score += matix[i][j]
22                           matix[i][k] = 0
23                        break
```

其中，i 控制行，j 控制列，k 控制第 i 行的前 j-1 个数字，注意 i 与 j 都是从 0 开始。第 8～11 行代码用于处理图 14.4（假设 j＝3、k＝2）中出现的情形，第 12～16 行代码用于处理图 14.5（假设 j＝3、k＝2）中出现的情形，第 19～22 行用于处理图 14.6（假设 j＝3、k＝2）中出现的情形。

| 0 | 2 | 2 | 0 |

图 14.4　某行数字（一）

| 2 | 0 | 2 | 0 |

图 14.5　某行数字（二）

| 0 | 0 | 2 | 2 |

图 14.6　某行数字（三）

上述代码就可以实现右移的功能，大家可以根据此代码自己实现左移、上移、下移功能，在此不再赘述。

每次执行移动操作后，程序中须自动添加一个随机数（2 或 4）并重新输出显示界面，具体如下所示：

```
1    def addRandomNum():
2        while True:
3            k = 2 if random.randrange(0, 10) > 1 else 4
```

```
4        s = divmod(random.randrange(0, 16), 4)
5        if matix[s[0]][s[1]] == 0:
6            matix[s[0]][s[1]] = k
7            break
8    display()
```

此处只需将随机数添加到对应矩阵不为 0 的元素处，再调用 display()函数显示界面即可。

最后，程序须检查游戏是否结束，具体如下所示：

```
1    def checkOver():
2        for i in range(4):
3            for j in range(3):
4                if matix[i][j] == 0 or matix[i][j] == matix[i][j + 1] or \
5                        matix[j][i] == matix[j + 1][i]:
6                    return True
7        else:
8            return False
```

上述代码使用 for 循环遍历二维矩阵中每个元素，若存在某个元素为 0 或存在某个元素可以与周围的元素相加时，游戏未结束；否则，游戏结束。

14.3 代 码 实 现

14.2 节介绍了 2048 游戏中必须实现的各种功能，接下来讲解如何将这些功能组合成程序流程，具体如下所示：

```
1    def main():
2        flag = True
3        init()
4        while flag:    # 循环标志
5            d = input('\033[1;36;1m W:上 S:下 A:左 D:右 Q:退出 :\033[0m')
6            if d == 'A':       # 左移
7                moveLeft()
8            elif d == 'S':     # 下移
9                moveDown()
10               elif d == 'W':     # 上移
11                   moveUp()
12           elif d == 'D':     # 右移
13               moveRight()
14           elif d == 'Q':     # 退出
15               break
16           else:              # 对用户的其他输入不处理
```

```
17          continue  *
18      addRandomNum()
19      if not checkOver():
20          print('游戏结束')
21          flag = False
```

上述代码使用 while 循环与 if-elif-else 语句来控制整个程序的流程。

接下来编写代码，测试整个程序，具体如下所示：

```
1   if __name__ == '__main__':
2       main()
```

至此，整个程序编写完成。

14.4 效 果 演 示

程序代码编辑完成，如果没有错误，便可运行。本节演示程序运行效果。

1．初始界面

程序运行后，首先进入初始界面，如图 14.7 所示。

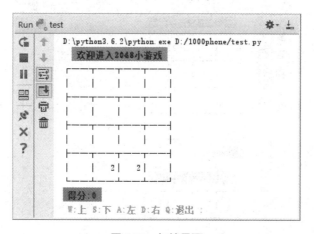

图 14.7 初始界面

2．上移

当输入 W 时，游戏中所有数字会向上移动。移动过程中，相同数字方块在靠拢时会相加，并将结果与得分相加。移动完成后，程序会随机添加一个数字，如图 14.8 所示。

3．下移

当输入 S 时，游戏中所有数字会向下移动。移动过程中，相同数字方块在靠拢时会相加，并将结果与得分相加。移动完成后，程序会随机添加一个数字，如图 14.9 所示。

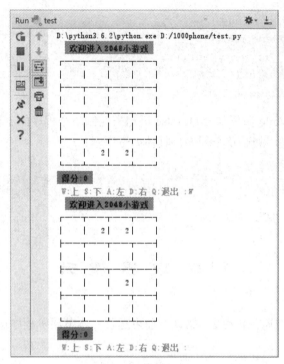

图 14.8　上移界面

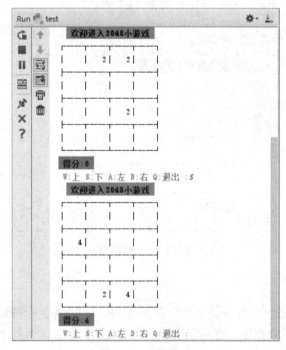

图 14.9　下移界面

4.　左移

当输入 A 时，游戏中所有数字会向左移动。移动过程中，相同数字方块在靠拢时会相加，并将结果与得分相加。移动完成后，程序会随机添加一个数字，如图 14.10 所示。

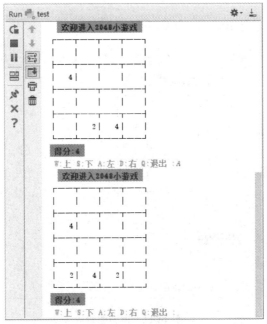

图 14.10　左移界面

5．右移

当输入 D 时，游戏中所有数字会向右移动。移动过程中，相同数字方块在靠拢时会相加，并将结果与得分相加。移动完成后，程序会随机添加一个数字，如图 14.11 所示。

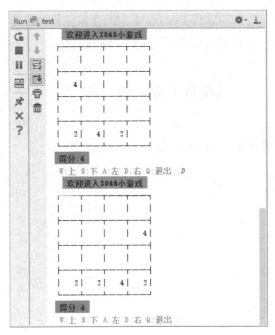

图 14.11　右移界面

6. 退出游戏

当输入 Q 时，程序退出游戏，如图 14.12 所示。

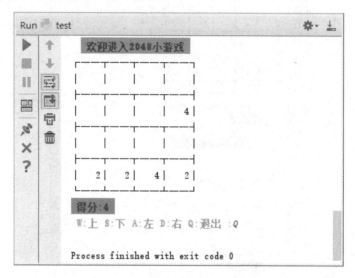

图 14.12　退出游戏

14.5　本 章 小 结

通过本章的学习，大家须掌握 Python 语言的开发流程和技巧，熟练运用 Python 语言基础知识，提高运用 Python 语言解决实际问题的能力。

14.6　课 外 实 践

尝试用面向对象思想实现 2048 游戏。

附录 A

常用模块和内置函数操作指南

基本的标准模块如表 A.1 所示。

表 A.1 基本的标准模块

模 块 名	说 明
math	数学函数
os	处理文件或目录
random	生成随机数
re	正则匹配
time	处理时间或日期
sqlite3	创建并使用 SQLite 数据库
sys	Python 解释器的设置
itertools	操作迭代对象

读写文件模块如表 A.2 所示。

表 A.2 读写文件模块

模 块 名	说 明
csv	读写 CSV（Comma-Separated Values，字符分隔值）文件
json	处理 JSON 文件
xml	分析 XML 文件
zipfile	读写.zip 文件

数据分析模块如表 A.3 所示。

表 A.3 数据分析模块

模 块 名	说 明
numpy	快速运算矩阵
json	Python 对象与 JSON 字符串之间相互转换
pandas	分析表格数据
scipy	科学计算
scikit-learn	机器学习

数据可视化模块如表 A.4 所示。

表 A.4　数据可视化模块

模　块　名	说　明
matplotlib	绘制图表
image manipulation	处理图像
bokeh	交互式绘图

与网络相关的模块如表 A.5 所示。

表 A.5　与网络相关的模块

模　块　名	说　明
requests	获取网页
BeautifulSoup	解析 HTML 页面
paramiko	通过 SSH 执行命令

常用内置函数如表 A.6 所示。

表 A.6　常用内置函数

函　数	说　明
abs(x)	求 x 的绝对值
all(iterable)	接受一个迭代器,如果迭代器的所有元素都为真,那么返回 True,否则返回 False
any(iterable)	接受一个迭代器,如果迭代器里有一个元素为真,那么返回 True,否则返回 False
bin(x)	将整数 x 转换为二进制字符串
bool([x])	将 x 转换为布尔类型
bytes([source[, encoding[, errors]]])	将一个字符串转换成字节类型
callable(object)	判断对象是否可以被调用
chr(i)	返回值是当前整数对应的 ASCII 字符
compile(source, filename, mode, flags=0, dont_inherit=False, optimize=−1)	将字符串编译成 Python 能识别或可以执行的代码,也可以将文字读成字符串再编译
complex([real[, imag]])	创建一个复数
divmod(a,b)	返回一个元组(a // b, a % b)
enumerate(iterable, start=0)	返回一个可以枚举的对象
eval(expression, globals=None, locals=None)	将字符串当成有效的表达式来求值并返回计算结果
exec(object[, globals[, locals]])	执行字符串或 compile()方法编译过的字符串
filter(function, iterable)	用于过滤序列,过滤掉不符合条件的元素,返回由符合条件元素组成的新列表
float([x])	将整数和字符串转换成浮点数
format(value[,format_spec])	格式化输出字符串,格式化的参数顺序从 0 开始
frozenset([iterable])	创建不可变集合
getattr(object, name[, default])	获取对象的属性
globals()	返回一个描述当前全局变量的字典
hasattr(object, name)	用于判断对象是否包含对应的属性
hash(object)	用于获取一个对象(字符串或者数值等)的哈希值

续表

函　　数	说　　明
help([object])	返回对象的帮助文档
hex(x)	将整数 x 转换成十六进制字符串
id(object)	返回对象的内存地址
input([prompt])	获取用户输入内容
int([x[,base=10]])	将一个数字或 base 类型的字符串转换成整数
isinstance(object, classinfo)	检查对象是否是类的对象
issubclass(class, classinfo)	检查一个类是否是另一个类的子类
iter(object[, sentinel])	用来生成迭代器
len(s)	返回对象（字符、列表、元组等）长度或项目个数
list([iterable])	列表构造函数
locals()	返回当前可用的局部变量的字典
map(function, iterable, …)	根据提供的函数对指定序列做映射
max(arg1, arg2, *args[, key])	返回给定参数的最大值
memoryview(obj)	返回给定参数的内存查看对象
min(arg1, arg2, *args[, key])	返回给定参数的最小值
next(iterator[, default])	返回一个可迭代数据结构中的下一项
oct(x)	将整数 x 转换成八进制字符串
open(file, mode='r', buffering= −1, encoding=None, errors=None, newline=None, closefd=True, opener=None)	用于打开一个文件，创建一个 file 对象，相关的方法才可以调用它进行读写
ord(c)	返回对应的十进制整数
pow(x, y[, z])	计算 x 的 y 次方，如果 z 已存在，则对结果进行取模
print(*objects, sep=' ', end='\n', file=sys.stdout, flush=False)	用于打印输出
range([start,]stop[,step])	返回一个可迭代对象，从 start（默认为 0）开始，到 stop 结束（不包括 stop），step 为步长（默认为 1）
repr(object)	将对象转化为供解释器读取的形式
reversed(seq)	反转列表中元素
round(x[,n])	对浮点数进行近似取值
set([iterable])	创建一个无序不重复元素集
setattr(object, name, value)	用于设置属性值
slice(start, stop[, step])	实现切片功能
sorted(iterable, key=None, reverse=False)	对所有可迭代的对象进行排序操作
str(object='')	转换为字符串类型
sum(iterable[, start])	进行求和计算
super([type[, object-or-type]])	用于调用父类的一个方法
tuple([iterable])	将序列转化为元组
type(object)	返回对象所属的类型
vars([object])	返回对象的属性和属性值的字典对象
zip(*iterables)	用于将可迭代对象中对应的元素打包成一个个元组，然后返回由这些元组组成的列表

图书资源支持

感谢您一直以来对清华版图书的支持和爱护。为了配合本书的使用，本书提供配套的资源，有需求的读者请扫描下方的"书圈"微信公众号二维码，在图书专区下载，也可以拨打电话或发送电子邮件咨询。

如果您在使用本书的过程中遇到了什么问题，或者有相关图书出版计划，也请您发邮件告诉我们，以便我们更好地为您服务。

我们的联系方式：

地　　址：北京市海淀区双清路学研大厦 A 座 701

邮　　编：100084

电　　话：010－62770175－4608

资源下载：http://www.tup.com.cn

客服邮箱：tupjsj@vip.163.com

QQ：2301891038（请写明您的单位和姓名）

资源下载、样书申请

书 圈

扫一扫，获取最新目录

用微信扫一扫右边的二维码，即可关注清华大学出版社公众号"书圈"。

大千世界,五光十色。细颗粒物无处不在,并与人们的生产和生活息息相关。例如,大气中气溶胶运动沉积、工业管道的颗粒物运动沉积、邮轮溢油事故下溢油在海洋中的扩散、核泄漏事故后核素在释放环境中的扩散与迁移、新型冠状病毒气溶胶的传播等,都属于细颗粒现象学的研究范畴。2013年,"雾霾"天弥漫全国,全国范围内掀起蓝天保卫战,其实那就是在与细颗粒"作战",既要追根溯源,又要开展各类细颗粒物的源项分析、运动沉积、过滤消除等系列研究。除此之外,超微颗粒、纳米颗粒和细颗粒还被用于新型材料制备,在航天、电子信息和电磁装备等高科技领域发挥着越来越重要的作用。因此,研究细颗粒不仅是保护人类健康和生活环境的需要,也是研究新型材料和电子装备的需要。但是,目前细颗粒学相关资料还没有成为完善的体系,迫切需要一本从宏观角度系统阐述细颗粒学相关理论的书籍。

本书填补了这方面的空白。内容包括环境大气、环境水体、工业生产等相关领域颗粒物的一系列理论知识和应用技术,比较完整地对颗粒物的源项、运动及其影响进行了理论阐述,又从颗粒物污染防治措施、颗粒物制备技术两个方面给予了技术应用说明。因此,此书既可作为专业教材,也可以作为研究人员的理论参考书。也就是说,无论是对于相关专业的学生,还是对于具有一定经验的研究学者,本书都具有较高的参考价值。

周涛教授及课题组长期从事细颗粒研究相关工作,围绕颗粒物运动沉积开展了大量科研工作,先后承担了颗粒物相关的国家重点研发计划课题、北京自然科学基金项目,发表了许多具有重要参考价值的科研论文,具有丰富的颗粒物运动沉积实验研究、程序开发和数值模拟的经验。

我相信,这本著作的出版,将为我国细颗粒学的发展提供重要参考。我非常乐意将《细颗粒现象学》推荐给从事环境污染防治、严重事故研究的广大学者和同行。

中国工程院院士、中国核动力研究设计院教授　于俊崇

2022 年 8 月 25 日

前言
PREFACE

　　2020 年 9 月,中国明确提出 2030 年"碳达峰"与 2060 年"碳中和"的宏伟目标。2017 年 10 月 18 日,习近平总书记在党的十九大报告中指出,坚持人与自然和谐共生,必须树立和践行绿水青山就是金山银山的理念,坚持节约资源和保护环境的基本国策。我国以重工业为主的产业结构、以煤炭为主的能源结构没有根本改变,污染排放和生态保护的严峻形势没有根本改变,仍然存在严重的大气污染、水体污染和土壤污染,生态环保任重道远。

　　大气污染、水污染、重工业污染等问题的本质与细颗粒息息相关。近几十年来众多专家、学者对颗粒物相关方向进行了大量的理论研究、实验观测、程序计算和模拟仿真,细颗粒学已然成为当今热门、前沿的科研领域之一。基于此,作者撰写了本书。本书是作者及课题组在细颗粒研究方面多年成果的汇集和梳理,还引用了其他学者的有关研究。书中归纳了细颗粒的形成、形态、性能、运动和变化规律及其研究方法,论述了细颗粒对环境大气、环境水体和生产的影响机理及工程应用,并明确了环保标准与文化。对于细颗粒的脱除、制备及环境防治和生产应用,均具有较大的借鉴和学习意义。特别是关于细颗粒的运动沉积研究方法和运动机理,本书都具有比较务实和详细的研究,对相关学者尤具参考价值。本书内容涉及跨学科、多学科和交叉学科,注重将基础科学理论与应用技术相结合,是集科学、技术和科普知识为一体的科技类著作。

　　全书共分为 8 章。第 1 章对颗粒学的研究现状和研究方法进行了介绍;第 2 章分析了颗粒物及其特性;第 3～5 章分别对环境大气颗粒物、环境水体颗粒物和工业生产颗粒物进行了详细介绍;第 6 章总结了颗粒物的应用和发展情况;第 7 章整理给出了国内外环保标准与文化;第 8 章归纳了环境的管控防治及展望。

　　全书由周涛教授任主编,交通运输部水运科学研究院助理研究员李子超和华北电力大学副教授陈娟任副主编。参与编写的还有:马栋梁、齐实、张晗、王尧新、陈杰、李兵、田晓瑞、任爱群、秦雪猛、朱亮宇、冯祥、石顺、张海龙、张家磊、丁锡嘉、张博雅、许鹏、陈宁、魏晓燕等同志(排名不分先后)。撰写过程中得到了东南大学、华北电力大学、清华大学和交通运输部水运科学研究院等相关单位及部门和各位专家朋友的支持,在此一并表示谢意。

本书的内容覆盖面广,深入浅出,从利用颗粒物和防治颗粒物正反两个角度,给出了科学思考方法和应用技术。有助于读者系统了解颗粒物的研究方法,并提高对颗粒物的理论认知。可作为相关专业高年级本科生和研究生课程的教材,也可供政府、科研院所和企事业单位相关专业人员参考。

本书撰写过程中,尽量针对相关专业的学科特点,在选材的新颖性、科学性和知识性等方面做了很大的努力。但限于作者的知识领域和水平所限,本书仍可能存在不足之处,敬请读者批评指正。

编　者

2022 年 5 月

目录
CONTENTS

第 1 章

绪　论

　　自然界中的沙、石、雪,生活中的面、盐、米,生产环境中的粉、尘、霾等,大小不一,形状各异,性质也不同,但都可以归为五彩缤纷的颗粒现象,它们都可归入颗粒物问题的范畴。颗粒物通常指固体颗粒,有时也包括某些液体、气液、气固颗粒。自 20 世纪 40 年代开始,人们逐渐归纳出了体系完整的细颗粒的理论和技术。它建立在现代数学、物理和化学等理论基础之上,同时也借鉴了其他学科的理论和方法。本书应用这些方法对大气、水体及工业生产中的细颗粒现象进行了分析,同时对细颗粒的应用技术也进行了研究。

1.1　细颗粒现象学

　　由于颗粒物与生产和生活息息相关,又有着复杂的运动规律,近几十年来众多专家、学者对颗粒学相关方向进行了大量的理论研究、实验观测、程序计算和模拟仿真,使其成为一个热门、前沿的研究方向。之后对颗粒物的研究形成了专门的学科——颗粒学,是研究颗粒的形成、性质、处理加工技术及应用的学科。

　　现象学(phenomenology),是 20 世纪西方流行的一种哲学思潮。狭义的现象学,指 20 世纪西方哲学中德国哲学家 E. 胡塞尔(E. Edmund Husserl,1859—1938年)创立的哲学流派。其学说主要由胡塞尔本人及其早期追随者的哲学理论构成。广义的现象学,首先指这种哲学思潮,其内容除胡塞尔哲学,还包括直接和间接受其影响而产生的种种哲学理论,以及 20 世纪西方人文学科中所运用的现象学原则和方法的体系。

　　马克思主义哲学认为,“透过现象看本质”这句话所包含的内容是现象与本质的对立统一。现象是事物的外部联系,是事物本质的外部表现,是局部的、个别的。不同的现象可以具有共同的本质,同一本质可以表现为千差万别的现象。一方面,事物的本质存在于现象之中,离开事物的现象就无法认识事物的本质,事物现象和本质的统一提供了科学认识的可能性；另一方面，现象又不等于本质，把握了事物的现象，并不等于认识到事物的本质，现象和本质的矛盾，决定了认识过程的曲折性和复杂性。

本书所指细颗粒现象学，顾名思义就是以细颗粒现象为研究对象的学科。本书主要是对"细颗粒现象"的理解，其目的是"回到细颗粒事物本身"。"细颗粒现象"的本意就是显现出来的东西，显现本身已经是通过实践活动在意识之中的显现了，实践是意识的自我显现。因此细颗粒现象学就是细颗粒现象的实践研究，并且通过意识的自我显现解释事物本身。对细颗粒现象的研究已成为颗粒学的重要分支学科，也就是细颗粒现象学。细颗粒现象学是一门交叉性极强的学科，同其他任何一门学科一样，细颗粒现象学的形成也经历了从感性认识逐步上升到理性认识，最终成为一门学科的过程。

1.2　研究现状

1.2.1　环境大气颗粒物研究现状

1. 气溶胶研究现状

大气气溶胶（简称气溶胶）是指大气与悬浮在其中的固体和液体微粒共同组成的多相体系，尽管气溶胶只是地球大气成分中含量很少的组分，但由于其独特的理化性质及其在大气中发生的各种物理化学反应，对地球气候和环境系统造成了显著影响，成为国际大汽化学研究中最前沿的领域之一。气溶胶被认为是与温室气体、土地利用、太阳活动等同等重要的全球气候变化的驱动因子，也是气候变化中最具不确定性的因子之一，是当前国际热门课题。近年来，有关气溶胶研究的文章呈指数增长。*Nature*、*Science* 等国际顶尖科学杂志不断报道该领域的最新研究成果，2005 年以来出版的有关气溶胶、空气污染和气候变化的论文每年达十数篇。2018 年，作者团队对颗粒物运动沉积方法进行了研究和分析，归纳了颗粒物的发展方向和趋势。2020年，李源遽等对颗粒物有机源示踪物的筛选与应用进行了综述。2021 年，魏少涵研究了一次对流过程对气溶胶清除和再生过程的影响。

2. 国外雾霾研究现状

国外学者较早地对雾霾天气进行了研究，主要是围绕研究雾霾的特征和组成，特别是区域雾霾天气对整体气候的影响，城市典型气候特征与雾霾天气形成的关系等方面。1992 年，马尔姆（Malm W. C.）等对美国典型城市出现的灰霾天气进行了时空演变分析，同时对雾霾中的颗粒物进行了定量分析。通过分析，对造成雾霾天气的可能污染源进行了追踪调查和数值模拟。2007 年，阿努福姆（Anthony C. Anuforom）等研究了西非城市萨赫勒哈麦丹灰霾的空间和时间变化，2011 年，亚洲理工学院的阮氏金莺(Nguyen ThiKim Oanh)和利拉萨库图姆(Ketsiri Leelasakultum)对山区雾霾天气情况进行了气象排放特征的研究,以便于对这种区域雾霾天气进行预警。2020 年,萨马德(A. Samad)等研究了德国斯图加特市颗粒物的垂直分布。2021 年,波伊尼亚克(Posyniak M. A.)等对波兰的雾霾微物理和光学垂直结构进行了实验研究。

3. 国内雾霾研究现状

国内关于雾霾排放源中颗粒运动的研究起步较晚,但是随着我国城市化进程的加快、工业发展的加剧,城市中出现了越来越多的污染物排放源,这些都是潜在造成城市雾霾的源头。近年来,随着对环境保护和可持续发展的重视,我国对雾霾排放源中的颗粒研究也在不断深化。1994 年,陈宗良等通过采样北京市典型热电厂的颗粒数据,测量和解析了北京市大气中的小颗粒。2004 年,肖锐等通过对 2000 年北京春夏季大气中气溶胶样品采集,并结合 X 射线能谱和扫描电镜等技术深入分析了大气中约 2500 组气溶胶组成。结果表明,在春季沙尘暴高发时段,矿物尘占据颗粒类型的主导;非沙尘暴时段,北京市大气粉尘中除了检测出来部分矿物尘还有大量的含硫颗粒物。2006 年,唐孝炎编写的《大气环境化学》中指出,雾霾造成能见度急剧下降,而能见度受气溶胶和气体的吸收散射、入射光的光波波长以及太阳位置的影响很大。而在这其中,粒径在 $0.1\sim1\mu m$ 范围的亚微米颗粒,由于其粒径范围与太阳短波辐射波长相近,具有最大的质量消光效率,对能见度影响最大。2010 年,郭二果等对城市空气颗粒物随季节、日动态变化和空间分布规律作了综述,并探讨了人为活动、气象和特殊天气因素等对城市空气颗粒物水平的影响,最后提出目前关于城市空气悬浮颗粒物的研究中存在的问题及今后研究的发展方向。2011 年,杨军等通过对2007 年冬季南京雾外场实验获得的雾霾转换过程中大气气溶胶和雾滴尺度谱分布同步观测资料进行分析,根据能见度和含水量将雾霾过程划分为雾、轻雾、湿霾和霾四个不同阶段,进而分析了不同阶段粗、细气溶胶粒子的微物理特征。2016 年,顾赛菊等对雾霾污染的间接经济损失进行了研究。2019 年,叶松等对基于多源数据的桂林市气溶胶特性进行了分析。2020 年,丁净研究了天津市冬季气溶胶的粒径分布特征。2020 年,毛前军等研究了 2009—2018 年全球气溶胶光学厚度时空分布特性。2020 年,作者团队完成了北京市自然基金项目《北京雾霾排放源中亚微粒颗粒热泳碰撞机理及应用研究》。2021 年,廖志宇研究了园林绿化植物覆盖率对城市雾霾的缓解效果。

1.2.2 环境水体颗粒物研究现状

1. 溢油研究现状

水体是江、河、湖、海、地下水、冰川等的总称,它不仅包括水,还包括水中的溶解物质、悬浮物、底泥、水生生物等。环境水体中颗粒物的组成、运动规律等对水质有很大影响,比如海上溢油和放射性核素扩散等都会对水体造成严重的污染。国际上开发了许多已公开源代码且可以准确预报潮流的成熟的数学模型,如普林斯顿海洋模式(Princeton Ocean Model，POM)、区域海洋模式(Regional Ocean Modeling System，ROMS)等，把这些模型与颗粒物特性耦合，可研究颗粒物的运动规律。其中费伊(J. A. Fay)进行了开创性的工作，考虑到油在水面的实际受力情况，提出了油膜的三阶段扩展理论，成为油膜扩展的经典理论。通过大量的深入研究，学者们相继提出了各种理论和模型用于模拟溢油事故，把溢油离散为许多粒子的粒子追踪法已经得到国内外学者的普遍认可。2007 年，于海亮等针对整个渤海湾海域，用 POM 三维模式建立了水动力模型和溢油行为模型，分析和预测溢油的迁移轨迹。2011 年，郭为军等在大连附近海域，用三维水动力模式 POM 模拟了近海海域的水动力特征，并把溢油在海上的漂移、扩散、蒸发和乳化等过程概括为输运和风化过程，模拟了"阿提哥"号邮轮溢油事故，取得了较好的预测结果。2013 年，宋朋远等以"蓬莱 19-3"油田溢油为研究对象，用二维水动力模型分析了溢油在海洋中漂移、乳化和扩散等行为。2018 年，杨德周等针对"桑吉"号沉船溢油事故，用 ROMS 模式对西北太平洋海域(105°E～136°E、15°N～41°N)建立了水动力模型，模拟了东海和黄海的环流结构，并用拉格朗日方法分析了溢油的迁移路径和对我国的影响。2020 年，于跃等对颗粒物作用下海洋溢油沉降过程的影响因素进行了研究。2021 年，乔冰等对海洋溢油生态环境损害因果关系判定方法与模型进行了研究。

2. 海水放射性研究现状

自 20 世纪 70 年代以来，人们开始对海洋中的放射性物质进行观测。1976 年，长谷裕隆(Yutaka Nagaya)等对 1969 年到 1973 年在日本周边和北太平洋中 ^{90}Sr 和 ^{137}Cs 的观测进行了报道。1980 年，博恩(Bowen V. T.)等对 1973 年到 1974 年在北太平洋以及赤道附近太平洋的 ^{137}Cs、^{90}Sr、^{239}Pu 和 ^{240}Pu 的水平以及垂向分布进行了研究。1984 年，长屋(Nagaya Y.)和中村清吉(Kiyoshi Nakamura)对 1980 年到 1982 年在中太平洋的 ^{137}Cs、^{90}Sr、^{239}Pu 和 ^{240}Pu 的观测进行了分析研究。21 世纪以来，许多学者针对更多的观测数据的长期变化进行分析研究。这些研究让人们提高了对海洋中放射性物质分布特征和演变规律的认识，但由于观测的局限性，通过这些研究并不能全面地了解海洋中的放射性物质的整体特性。赵昌等用 POM 建立了全球放射性物质输运模型，对 ^{137}Cs 的输运进行了长期模拟，预测了核素 30 年的迁移路径，表明 4～5 年后核素扩散到美国西海岸，8～9 年后扩散到整个北太平洋。赵云霞等基于妈祖(Marine Science and Numerical Modeling，MASNUM)海洋环流模式，建立了西北太平洋水动力模型及核素扩散模型，对福岛泄漏核素的输运进行了长达 20 年的模拟和预测，结果得出在 2015 年核素已经扩散到整个中国海域。何晏春等用海洋环流模式——迈阿密等密度线坐标海洋模式(Miami Isopycnic Coordinate Ocean Model，MICOM)模拟了核素在海洋中的长距离输送，结果显示，不同的排放情景和气象资料对核素在表层和次表层的迁移路径没有显著影响。2019 年，程亚卫等采用拉格朗日方法，用普林斯顿海洋模式，以福岛核泄漏事故为例，对核素在近海的迁移进行了模拟,并用国家海洋局第一海洋研究所的数据对模拟结果的流场进行了验证。张俊丽等针对大鹏澳海域,建立了深度平均的二维对流扩散模型,研究了核电站废水中核素的扩散情况。乔清党等通过对国内外海流和放射性物质输运方式的分析,针对海洋环境问题,确立了核事故评价系统的总体方案。2016 年到 2021 年期间,作者团队研究了核泄漏事故后核素在近海海域的迁移规律及影响因素,编制了计算程序,并对程序进行了验证。

1.2.3 工业生产颗粒物研究现状

1. 气固两相流

工业生产中的颗粒物主要包括气体介质中的颗粒物和液体介质中的颗粒物。气固两相流在工业中被广泛应用,因而有关气固两相流动的研究包括数值模拟研究开展得很多。在二维、三维气固两相湍流数值模拟计算方面,很多人已经做过大量工作,积累了很多数值模拟经验,但作为工程应用,目前的气固两相流的数值模拟主要还是基于时均的纳维-斯托克斯(N-S)方程的数学模型。最早期的模型是单颗粒动力学模型,考虑已知均匀速度场和均匀温度场流场中颗粒的平均运动或对流运动的轨道,以及颗粒速度及温度沿着轨道的变化,其缺点是没有考虑颗粒运动对流场的影响,这是一个过于简单的模型。20 世纪 60 年代后期到 70 年代中期,斯伯丁(Spalding)提出了无滑移的单流体模型,假定颗粒的平均速度等于当地的流体相速度,颗粒相与连续相的扩散系数和温度相同,并且不考虑流体与颗粒之间的阻力,因此模型比较简单,精度很低,经常与实验相差很大。20 世纪 70 年代末期,克劳特(Crowe C. T)等提出了颗粒轨道模型,考虑了流体相湍流对颗粒的影响,可描述单个颗粒的运动过程,但是无法反映"穿越轨道效应"(crossing trajectory effect)等颗粒行为,为此,戈斯曼(Gosman)等提出了目前应用非常广泛的随机轨道模型,该模型以流体的时均流场和湍动能场为基础,通过不同的近似选取流体瞬时或者脉动速度,随机轨道模型相当于半直接模拟,要给出颗粒相的详细信息,计算量非常大。这些模拟方法都为可吸入颗粒物流动的研究提供了基础,实际上,上述各种模型都是从不同角度对真实过程的近似,虽然许多方法已经广泛应用于工程,并且已经形成了商业软件,而计算精度却有好有坏,各个模型的适用性还要取决于颗粒的体积分数、弛豫时间、颗粒碰撞时间等,气固两相流的研究仍在发展中。2019 年发布的 ANSYS 2019 R3 中,通过选择 FLUENT 中已有的气固两相流模型,可以用于分析具有温差的多维颗粒的流动,为后续分析可吸入颗粒物在温度下的运动特性提供了依据。能够实现模拟的模型主要有离散相模型、多相流模型、VOF 模型、欧拉模型等。2021 年,石瑞芳等综述了气固两相湍流场纳米颗粒演变特性。

2. 固液两相流

液态介质中,颗粒的运动沉积不同于颗粒在气态介质中的运动沉积。这是因为气液的物性不同,一般来说,液态的分子较为致密,对颗粒运动的阻力较大。国外方面,1973 年,麦克纳布(McNab)等进行了颗粒在液体内运动沉积的实验,使用了粒径分别为 $0.79\mu m$ 和 $1.01\mu m$ 的颗粒,结果表明,与气体介质中的颗粒热泳系数相比,液体中颗粒的热泳系数低很多。McNab 还提出了适用于液体中的热泳力计算公式。1998 年,安德列夫(A. F. Andreev)对比了气体介质中的颗粒热泳现象,提出液态介质中颗粒热泳沉积效应的区别,研究表明,液体中热泳力与颗粒的粒径成正比。2005 年,韩敏子(Minsub Han)利用分子动力学理论研究液态介质中颗粒受到的热泳效应,研究表明中性颗粒在非导电液体内运动时,当存在温度梯度时,颗粒与液体表面存在着切向的压力梯度,使得液体中颗粒的热泳力可以和气体中的热泳力相比拟。2014 年,倪(Peiyuan Ni)等研究了液态金属中颗粒沉积到陶瓷管壁中的运动规律。国内方面,1994 年,张延松详细分析了液体中的固体颗粒受离心力作用下的沉降规律,通过对颗粒的受力分析,建立了相应的数学模型。2000 年,吴宁等研究了固体颗粒在液体中的阻力系数和沉降速度,采用漂移流模型介绍了固体颗粒在静止液体中的沉降动力学特性,并且考虑了颗粒形状和边界条件等因素对沉降速度的影响。2000 年,王维等介绍了颗粒流体两相流动的特征及其模拟方法,重点论述了拟流体模型的研究现状及发展,并对两相流动模拟中的各种方法进行了展望。2010 年,周涛、杨瑞昌等对已有的颗粒物动态分析测量技术进行了改造,对矩形通道内的不均匀温度场中近壁面区的亚微米颗粒的运动情况进行了测量。研究表明,亚微米颗粒在湍流温度场中运动,热泳力对亚微米颗粒作用较强,而湍流对较大颗粒作用较强。2014 年,作者团队对压水堆堆芯内不溶性粒状腐蚀产物的运动沉积进行了数值模拟,建立了压水堆冷却剂通道模型,得到腐蚀产物的沉积规律,并提出相应的解决措施。2020 年,谈明高等对双叶片泵固液两相流单颗粒运动进行了可视化实验。2021 年,宋龙波等研究了大尺寸固体颗粒对固液两相流输送泵叶轮的磨损。

3. 多相流动

多相流动包括颗粒物在同一种物质的不同相和不同介质的不同相中的运动。细颗粒在多介质流动中的受力情况复杂,受到热泳力、黏性阻力、马格纳斯(Magnus)力、萨夫曼(Saffman)升力等的综合作用,且在不同条件下受力情况变化很大。细颗粒所处的介质及细颗粒所处的热工条件对细颗粒的运动和沉积影响很大。由于细颗粒较小,使得对其进行准确的受力分析十分困难,另外,由于细颗粒的受力受到条件的限制,很大程度增加了细颗粒的受力研究困难。

4. 不同介质流动

随着科技的发展,流动换热中的介质不再局限于水或空气,已经拓展到了许多不同的其他介质,如超临界水、超临界二氧化碳、液态铅铋、液态钠等液态金属介质。这些介质的密度、黏性、可压缩性等,与水和空气都有很大不同,颗粒物在其中的受力和运动特性也有很大差别。

1.2.4 非工业生产颗粒物研究现状

非工业生产颗粒物涉及的领域包括农业、航空航天、交通运输、生活餐饮、军事和生物医药等。可见,颗粒物涉及范围非常广泛,生活的方方面面及各行各业都会产生不同的颗粒物,这些颗粒物的危害程度不同,需要综合各学科知识进一步研究。

1. 农业领域

农业颗粒物包括土壤风蚀、农田耕作、作物收割和残茬燃烧等过程中的排放,吴雪伟等对东北农业耕作和收割时的大气颗粒物排放进行了研究。

2. 航空航天领域

航空航天中包括外太空颗粒物和航天器中的颗粒物等,于芳等研究了航天器内密闭环境中微生物在悬浮颗粒物上的附着情况。

3. 交通运输领域

交通运输中的颗粒物包括车辆排放和交通扬尘等,巴利萌等研究了渭南市主城区道路积尘负荷及交通扬尘颗粒物排放。

4. 生活餐饮领域

生活餐饮颗粒物包括油烟排放、烧烤排放、生活垃圾等,李源遽等研究了餐饮源有机颗粒物的排放特征;陈忱等对中国住宅室内超细颗粒物的来源及控制进行了研究。

5. 军事领域

军事颗粒物包括演习和武器实验等过程中的颗粒物排放,邹旭东等研究了朝鲜核试验对中国气象的影响,分析了核试验后污染物的扩散。

6. 生物医药领域

生物颗粒物包括病毒和细菌等微生物群体,冉淑君等针对口腔诊疗中新型冠状病毒(简称新冠)气溶胶传播的防控进行了研究。

1.2.5 颗粒物技术应用现状

1. 能源领域

工业节能煤的清洁高效开发利用、可再生能源低成本规模化开发等都要用到颗粒学及其技术。例如,目前我国使用的电能中大部分仍是依靠煤燃烧的火力发电,如何提高煤的燃烧效率,降低单位发电量的能耗,降低烟尘中固体颗粒物的排放,以及提高烟尘和粉煤灰的综合利用都是颗粒学研究的重要内容。提高新型太阳能光电化学电池的光电转换效率,与构成该电池主要材料的半导体颗粒的结构、尺寸和性能有关。

2. 矿产资源领域

颗粒学及其相关技术除了在破碎、研磨、分选、筛分等环节发挥作用,还在共伴生资源、低品位矿和尾矿综合利用方面提供新技术、新工艺和新设备。例如,煤系高岭土的回收与产品深加工技术,贵重金属、稀有尾矿资源整体综合利用技术,大用量、低成本、高附加值的尾矿开发技术,难处理复杂原矿流态化焙烧技术,矿产资源的高效开发利用等。

3. 新材料领域

以纳米材料为代表的超微颗粒及其复合功能材料和涂料,具有防辐射、隐身、隔热、防腐、抗磨及改善润湿性等方面的优良性能,在航天、电子信息等高科技领域,以及化工、轻工、航运等传统行业,正发挥着越来越重要的作用。探索低成本且具有高效、长寿命光电转化效率的新材料,也是颗粒技术的重要内容。包括微纳米颗粒在内的细颗粒涂层技术,对于防腐增效也有重要价值。

4. 电子信息领域

电子信息领域包括投资类产品、电子元器件产品及专用材料等。投资类产品如电子计算机、通信机、雷达、仪器及电子专用设备,是国民经济发展、改造和装备的重要手段。电子元器件产品及专用材料包括显像管、集成电路、各种高频磁性材料、半导体材料及高频绝缘材料等。

5. 生物医药领域

纳米生物医药是近年来迅速发展的纳米科学技术的一个重要组成部分。纳米药物的制备、纳米药物在生物体内输运过程的检测与控制,纳米药物的结构、尺寸大小与其吸收、代谢及生物相容性的关系,这些课题的研究直接关系到人类的健康与生命。中药的超微细加工将大大提高药物的疗效,是今后中药产业发展的方向。2020年,史庆丰研究了医院内冠状病毒气溶胶的传播特性及对策。2020年,作者团队发表了新冠病毒微粒的动力学特征研究。

1.3　研究方法

1.3.1　方法分类

1. 数值模拟

数值模拟一般用通用动力学方程描述气溶胶的行为,利用分区法可将方程转化为可以数值求解的离散方程,并应用到 MAEROS 模型中。萨默斯(Summers R. M.)等给出了 MELCOR 等计算程序,MELCOR、ASTEC 等主流程序的气溶胶行为计算部分均以该模型为基础,并与其他事故现象的诸多模型进行耦合。孙雪霆等采用分区法模型计算了不同热工条件下的气溶胶沉积情况,分析了 4 种自然沉积机理对不同粒径气溶胶的沉积作用。刘鹏等用 ANSYS 对液态金属中固态颗粒物运动特性进行了数值模拟。作者团队利用 ANSYS 等数值模拟软件对颗粒物运动沉积行为进行了计算分析,并研究了沉积机理。

2. 程序计算

程序计算方法主要是利用颗粒物运动沉积模型编制程序,对颗粒物进行研究。德国贝克尔公司完成了安全壳内气溶胶运动行为实验,并在此基础上进行了数值模拟和程序计算。中国原子能科学研究院完成了放射性气溶胶在安全壳内和管道内的数值模拟和程序计算工作,同时完成了非能动冷却安全壳内的气溶胶迁移机理实验。细颗粒物在流体中受到热泳力、重力、湍流力等的影响,作者团队完善了不同介质中颗粒运动模型,编制了气溶胶运动沉积关键参数敏感度计算分析程序(SJWL-MGD)、不同介质中颗粒物沉积效率计算程序(DOPIF)等。

3. 实验方法

利用实验方法对颗粒物运动沉积机理进行研究,也是重要方法。国际上和国内均已搭建了研究严重事故下核电站颗粒物运动沉积实验台架,主要研究安全壳和管道内颗粒物的重力沉降、热泳沉积和湍流沉积等非能动沉积行为。其中包括欧洲联合研究中心(Joint Research Centre)的 GRACE 实验平台,德国的 THAI 实验平台等。托斯坎实验室采用实验和数值模拟两种方法对喷淋条件下安全壳内气溶胶的脱除进行研究。在不同压力、温度工况及气体粒径条件对气溶胶运动沉积的影响进行研究,实验结果表明 $2\mu m$ 以下的气溶胶可以运用喷淋方式快速脱除,但是对粒径更大或者机械性能更低的大气溶胶来说,喷淋方法去除气溶胶的效率并不高。萨尔内实验团队对严重事故下核电站内氧化碘的形成过程和气溶胶的行为进行了分析研究,通过实验和模型研究得出了严重事故下气溶胶运动沉积的影响因素及相关规律。魏严淞等开展了非能动冷却安全壳内气溶胶迁移机理实验。作者团队开展了气溶胶运动沉积实验和超临界水中细颗粒运动实验。

1.3.2　数值方法

1. 模拟软件

目前,世界上很多商用 CFD 软件都能对颗粒物的运动进行数值模拟,但是其求解器的算法、适应性等各有千秋,能计算颗粒物的软件及其特点见表 1-1。

表 1-1   数值模拟软件及其特点

数值模拟软件	特　点
FLUENT	一种优秀的不可压缩流动求解器,具有较小的可压缩流动特性,拥有较多的用户;非结构化网格求解器;最通用的
CFX	唯一使用完全隐式耦合算法的大型商业软件;该算法的先进性、丰富的物理模型以及前处理和后处理的完整性,使其在精度、计算稳定性、计算速度和灵活性方面具有出色的性能
OpenFOAM	它是开源的,使用类似于我们日常习惯的方法来描述软件中的偏微分方程有限体积离散化
STAR-CCM+	强大的网格能力,先进的物理模型,强大的可视化,强大的兼容性,能够处理超过 10 亿个网格
Phoenics	世界上第一个商用 CFD 软件,具有很大的开放性,大量的模型选择,提供了欧拉算法和拉格朗日算法

2. 数值模拟流程

对于存在温差的气固两相流场,除重力外,颗粒相还受到其他各种力引起的加速作用,用数值方法计算的基本流程如图 1-1 所示。

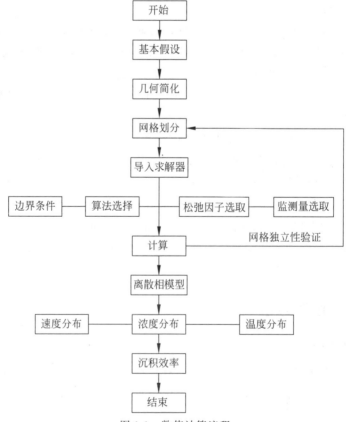

图 1-1   数值计算流程

从图 1-1 可以看出,对颗粒物进行数值分析时,首先需要对颗粒物与流体的关系进行基本假设。比如,颗粒直径很小,不考虑气体的浮力和质量力的存在;颗粒相是稀薄相,不考虑颗粒之间的碰撞;颗粒物形状为球形等。然后对几何模型进行简化,并进行网格划分,从而选取适合的边界条件,如速度入口、压力出口、入口边界颗粒物的浓度、固体壁面边界条件。并选择合适精度的算法和监测量,进行调节。最后,对于稳态计算进行网格独立性验证,对于瞬态计算还需步长独立性验证,得到计算结果。

3. 数值模拟应用

利用数值模拟方法能够直观反映颗粒物在流场中的运动情况,流体和颗粒物的相互作用情况等,得到的结果更加直观精细。例如,作者团队核热工安全与标准化研究所成员对核电站安全壳颗粒物运动数值模拟结果如图 1-2 所示。

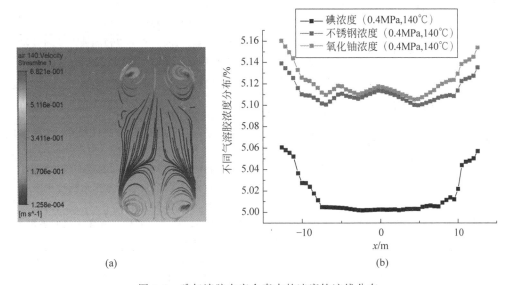

(a) (b)

图 1-2 碘气溶胶在安全壳内的速度轨迹线分布
(a) 碘气溶胶在安全壳内的速度轨迹线分布;(b) 不同种类气溶胶在安全壳内的水平面分布

从图 1-2(a)可以看出,通过数值模拟方法能够得到清晰的颗粒物速度轨迹线,从而可以预测在整个安全壳的上下封头处,会有四个相对比较对称的旋涡,且最大速度也出现在上下封头的旋涡处。这主要是由于空气温度较高,与冷壁面之间发生热交换,形成了自然循环,并且在上下椭圆封头处,会出现二次流现象,在自然循环及二次流的综合作用下就形成了四个旋涡。

从图 1-2(b)可以看出,数值模拟方法能够得到在安全壳任意位置处的浓度数值结果,在水平平面内,气溶胶浓度分布均呈现为,靠近中心位置浓度分布比较低,而两边边缘位置浓度分布高。这主要是因为,在水平平面内由于在靠近安全壳边缘的位置温度梯度比较大,所以由温度梯度产生的热泳力就更大,从而在边缘位置热泳沉积就更大。

1.3.3 程序方法

1. 分析程序

颗粒物对核电厂安全运行有重要影响,相关程序较多,以核电站颗粒物为例,对于核电厂颗粒物迁移预测计算方面,国内外学者基于核电站现场数据,开发了完全依靠经验公式和半经验公式模型的计算软件,具体程序见表1-2。

表 1-2 国内外颗粒物计算程序

程 序	特 点
日本学者开发的 ACE-Ⅱ 程序	认为腐蚀产物可以进入内氧化层和外氧化层,而不直接进入冷却剂,计算了腐蚀产物对管壁的沉积和侵蚀;依赖于电厂数据对传质系数进行修正,完全依赖经验公式模型
韩国开发的 CRUDTRAN 程序	用于预测活化和腐蚀产物的运动行为,可以预测铁离子和微粒的行为;将主回路简化为堆芯腐蚀产物、蒸汽发生器腐蚀产物、冷却剂中的颗粒物和离子
瑞士开发的 DISER 程序	建立了腐蚀产物溶解于冷却剂的模型;模拟主冷却剂中三种物质形态下的腐蚀产物:离子、胶体、微粒
保加利亚开发的 MIGA 程序	该程序考虑了微粒和离子两种物质形态,管壁只考虑一层氧化层和一层沉积层
法国 CEA 开发的 PACTOLE 程序	用于预测压水堆腐蚀产物的活化行为随时间变化的经验程序;是世界上最好的腐蚀产物计算程序之一,其考虑运输过程中腐蚀产物的侵蚀、沉淀、溶解、热迁移和沉积
匈牙利开发的 PADTRAN 程序	用于不活泼核素的迁移模拟,微粒会沉积在所有区域的表面,包括堆芯的燃料包壳
西屋公司开发的 CORA 程序	可以作出关于压水堆系统内腐蚀产物的行为可靠性预测,包括腐蚀产物的释放、腐蚀产物在燃料表面的沉积,以及在中子辐照区的活化、活化产物的沉积等
法国 IRSN 开发的 ASTEC 程序	主要用于事故下源项确定、概率评估、事故管理和物理分析等,能够对裂变产物气溶胶运动行为进行分析,并考虑了蒸汽冷凝
美国核管会开发的 MELCOR 程序	应用于严重事故下反应堆压力容器熔融物行为评估和裂变产物气溶胶行为预测
中科华核电技术研究院开发的 LILY 程序	基于已有成熟理论及实验参数,模拟分析一回路系统中金属、金属表面氧化层、冷却剂中的溶解物和悬浮物、各区域管壁表面沉积物之间的物质交换现象,最终获得主循环冷却剂系统中主要腐蚀产物的分布;但是只能计算稳态,而不能计算瞬态
东南大学作者团队	多介质颗粒运动沉积、气液固细颗粒运动沉积计算程序;颗粒沉积计算程序,但该软件侧重于颗粒物的物理沉积计算

2. 程序计算流程

程序计算具体流程如图 1-3 所示。

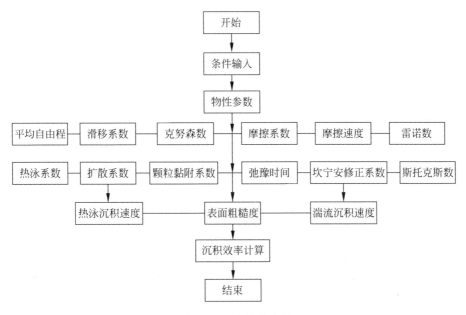

图 1-3 程序计算流程

3. 程序计算应用

利用程序计算方法计算速度更快,能够更有针对性地分析颗粒物的运动结果,但是只能得到设定的结果。例如,作者团队所研究的不同介质中颗粒物沉积效率变化的计算结果如图 1-4 所示。

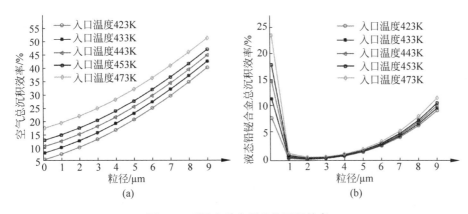

图 1-4 不同介质中颗粒物沉积效率
(a) 空气中沉积效率的变化;(b) 液态铅铋合金中沉积效率的变化

从图 1-4 可以看出,利用程序计算的方法可以得到沉积效率的具体大小,程序计算的结果是建立在理论计算和实验的基础上的,得到合适的计算模型需要实验的支撑。当粒径增加时,热泳沉积效率和总沉积效率略有下降,湍流沉积效率不断增加,但是三种沉积效率变化都不大。总沉积效率和热泳沉积效率要大于湍流沉积效率。可见,粒径对高温气冷堆中的粉尘的沉积影响不大。

1.3.4　实验方法

1. 典型实验

目前对颗粒物的脱除用实验方法研究较多,常规的去除颗粒物装置主要有机械脱除、电泳脱除、布袋脱除、加湿脱除。但是对超细颗粒而言,由于它们的质量小,气流的跟随性非常好,并且它们几乎总是跟随气流并且难以从气流中分离,所以常规除尘方法的去除效率相对较低,而且电站中环境复杂,常规脱除装置难以实现,热泳沉积可以作为一种自然脱除颗粒物方法。为了研究热泳运动沉积机理,国内外学者做了大量实验研究,具体结果见表 1-3。

表 1-3　实验对比

	实　验　段	测量方式
Chang 实验	两个不同直径的圆管嵌套组成,圆管之间通过冷却水水冷却	利用冷凝核子计数仪(condensation nucleus counter,CNC)和激光气固计数仪(laser aerosol spectrometer,LAS)在实验管段的出口处和入口处测量颗粒物数目随时间的变化趋势
Chiou 实验	长为 2m,直径为 3cm 的塑料管,内部有直径为 1.6cm 的不锈钢管的沉积壁面	校准的浮力测量仪
Toda 实验	两水平放置的平板间的 2mm 通道	利用电荷耦合器件(CCD)照相机
Romay 实验	长为 0.965m,内径为 0.49cm 的不锈钢圆管,外为环形冷却剂通道;在预热段中可以将气固两相流体加热到一定的温度,有水冷(20℃)的环形通道	利用 CNC
杨瑞昌实验	采用实验段总长 1086mm,断面管道尺寸为 21.3mm×40mm	三维粒子动态分析仪(particle dynamics analyzer,PDA)三维 PDA 系统
作者实验	矩形通道总长为 1086mm,断面主道尺寸为 20mm×20mm,冷却水通道截面尺寸为长 60mm、宽 35mm 的凹型槽结构	三维 PDA 系统

2. 方法举例

作者团队设计了可视化颗粒物热泳沉积实验装置,实验系统的整体设计如图 1-5 所示。

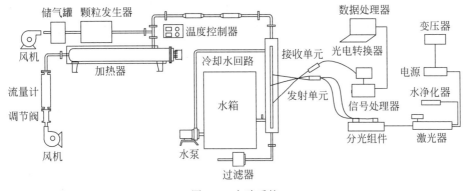

图 1-5 实验系统

本实验系统沿流动方向包含颗粒发生部分、空气加热部分、气固搅浑部分、实验段部分、测量部分和气固两相流中的后处理部分,实验台布置如图 1-6 所示。

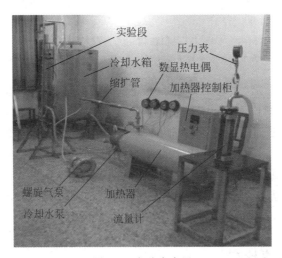

图 1-6 实验台布置

从图 1-6 可以看出,由颗粒发生装置制备出粒径为 $0.1\sim1\mu m$ 的空心微珠颗粒。之后,为了得到温度较高的气固两相流,由气泵鼓风,将空气不停地送入管道中。气泵还设有旁路系统,用以稳定整个系统的流量,同时对调节流量也有辅助作用。空气进入加热器后,将空气加热到 $100\sim200$℃,加热器通过控制箱进行温度调节。最后,热空气与颗粒充分混合后,进入实验通道,由于实验通道三面冷却,所以会有一个温度梯度,从而发生热泳运动和热泳沉积。在气固两相流流过通道时,使用 PDA 测量系统和热电偶测温系统对相关参数进程准确测量。尾部气固两相流可以进一步加以利用,从而进行排放源出口模拟实验。

3. 结果举例

应用实验研究方法对某一重要参数验证,更有利于对程序计算和数值模拟方法进行完善。由作者团队实验得出的颗粒物在管道中运动的可视化实验结果如图 1-7 所示。

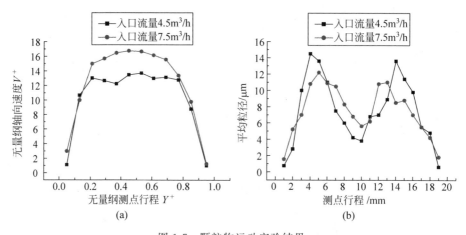

图 1-7　颗粒物运动实验结果

(a) 颗粒物轴向平均速度分布;(b) 颗粒物中间测点粒径分布

从图 1-7 可以看出,通道中分散系小颗粒的轴向速度变化趋势大致为倒 U 形,即通道中间区域的颗粒具有较大的轴向速度,两侧随着靠近壁面,颗粒轴向速度逐渐减小;特别是邻近壁面的区域,颗粒轴向速度迅速下降达到极小值,说明壁面的限制与摩擦作用限制了小颗粒轴向速度在邻近区域中的发展。紧邻通道两侧壁面的区域中平均粒径最小,说明较小颗粒大量聚集于这两个区域。其次,平均粒径较小的区域为通道中间区域,说明该区域中较大颗粒更快地向四周扩散,就留下相对较多的较小颗粒。

1.3.5　方法比较

1. 方法特点

数值模拟、程序计算和实验方法,三者各有优缺点,三种方法并不是相互独立的,有机地将三种方法结合,能够更好地服务于颗粒物的运动沉积研究,三种方法的优缺点见表 1-4。

2. 计算比较

清华大学刘若雷实验结果与公式计算结果的脱除效率对比如图 1-8 所示。

表 1-4 方法比较

	优 点	缺 点
数值模拟	能够直观地得到流场中所有位置的具体信息,计算结果全面;成本较低;周期较短	受计算机性能影响较大;计算量大;需要进行实验验证,不能直接计算沉积效率
程序计算	能够得到相对全面的信息;成本低;周期短	计算结果不够直观;需要进行实验验证
实验方法	是程序计算和数值模拟的基础;可以呈现更加直观的结果	受环境影响大;影响因素多;测量困难;存在测量误差和人为误差;数据后处理复杂;成本大;周期长

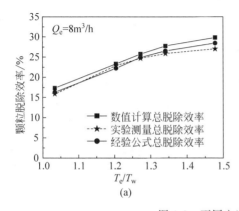
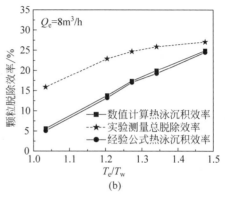

图 1-8 不同方法计算结果对比

(a) 总沉积效率比较;(b) 热泳沉积效率比较

从图 1-8 可以看出,数值模拟和经验公式计算得到的颗粒脱除效率与实验测量结果都符合较好,可以从一定角度反映颗粒的沉积运动规律,可是如果从定量角度来看却存在着一定的差异。分析认为,由于实验时实际颗粒的粒径范围较宽,不同尺度的颗粒可能在沉积机理上并不完全相同,并且由于在数值模拟和经验公式计算中采用了取平均粒径进行计算的处理方法,也造成计算结果与实验结果可能存在一定差异。

1.4 相关领域及应用

1.4.1 涉及领域

目前颗粒学已经成为一门跨理、工、农、医等多个领域的交叉性很强的技术科学,涉及能源、化工、材料、建材、轻工、冶金、电子、气象、食品、医药、环境、航空和航天等多个领域。正是由于颗粒学覆盖范围的广泛性、基础理论的概括性和技术的实用性，其受到了国内外科技界越来越多的关注和重视。

在国务院制定的《国家中长期科学和技术发展规划纲要（2006—2020 年）》中，确定了 11 个国民经济和社会发展的重点领域、68 项有可能在近期获得技术突破的优先主题，安排了 16 个重大专项，超前部署了 8 个技术领域的 27 项前沿技术，18 个基础科学问题，并提出实施 4 个重大科学研究计划，在这些项目中与颗粒学及其技术有关的约有一半以上。已经拟定初稿的《国家中长期科学和技术发展规划纲要（2021—2035 年）》中，许多研究领域也涉及颗粒物问题。

1.4.2　环境领域

大气环境中超微颗粒对人类健康、安全可能产生的危害，以及大气中的气溶胶对环境及天气、气候的影响，是全社会密切关注的重大民生问题，也是国际环境外交的焦点问题。气溶胶通过影响大气能见度，直接影响交通、运输，作为一种重大的灾害性天气，沙尘暴更造成严重的生态灾害，以及人员伤亡与财产损失。各种工业与生活烟尘、众多有机碳和元素碳，以及大量汽车尾气的排放，成为大气中可吸入颗粒物的主要来源，严重毒化了我们周围的环境；采矿粉体中的粉尘污染严重伤害了工人的身体健康。如何实时检测，采取有效措施减少污染物的排放，减少与防止灾害天气的发生；降低环境中的粉尘浓度，保护工人的身体健康，正是颗粒学领域需要迫切研究解决的问题。

1.4.3　生产领域

随着工业的发展，工业生产的安全可靠性越来越受到人们的重视，颗粒物对工业安全的影响是多方面的。工业流体中的颗粒物会对管路产生化学腐蚀、磨蚀-腐蚀、物理磨损、加速腐蚀（FAC）效应等，降低管路的性能，同时颗粒物会在壁面沉积，造成传热恶化；管道弯头和窄通道是物理磨损和颗粒物沉积的重点区域，严重时可能发生堵塞。研究颗粒物的运动沉积规律，降低颗粒物对生产设备的影响也是急需解决的问题。

1.4.4　相关应用

1. 无害处理应用

在各种固、液、气废弃物的无害化处理领域，颗粒学及其应用技术大有用武之地。例如，复合利用工业废渣生产高性能辅助性胶凝材料，燃煤发电厂烟气脱硫灰渣完全资源化的清洁生产，印刷线路板回收利用与无害化处理技术，已经成功使用并大力推广；废橡胶、废塑料的再生及深加工产品利用技术等，都对环境保护起了很好的作用,也都得到社会的重视和企业的欢迎。我国目前的产业仍然以传统工业为主,在利用先进适用技术改造传统产业方面,颗粒学及其相关技术将会在机械、冶金、电力、石油、煤炭、化工、建材、轻工等行业,围绕产业结构调整和升级,强化技术创新,促进先进实用技术的产业化和推广应用,在提升我国产业技术水平,努力解决我国产业发展的技术瓶颈方面发挥重大的作用。

2. 生产应用

人们一直在探索并利用颗粒物技术。用簸扬的方法去除谷物中的秕糠,用淘洗的方法提纯有用的矿石等就是人类早期对颗粒技术的不自觉运用。工业发展以来,各种与颗粒相关的工业和科学领域都自觉或不自觉地开展了与自身需要相关的颗粒理论及技术的研究。如矿冶领域的破碎、粉磨、筛选与分级;建材领域水泥的粉磨、粉尘控制及散装产品的储存与运输;制药领域药物颗粒的制备、成型及中药加工现代化;农业领域粮食及饲料的加工与输送等。

3. 应用体系

随着对各种具体颗粒现象认识的不断深入,人们逐渐意识到,原来分散在各学科中的颗粒现象具有某些共同的本质,受相同规律的支配,可以采用相似或相同的理论和方法去解释或者解决。例如,人们发现,颗粒物料的性质不仅与其物性有关,还与其尺寸有关,且某些性质非常强烈地依赖于颗粒尺寸——超微颗粒的光、电、磁、热等特性与较大尺度(微米级)的原物质相比都会发生极大的变化。细颗粒现象应用相关领域见表1-5。

表 1-5　细颗粒现象应用相关领域

相关学科	相关方向	领域及应用举例
土壤力学	颗粒测量基础(粒度、形状、含量等)	采油:提高三次采油的回收率
流体力学		炼油:催化裂化中催化剂组分改进
气溶胶力学	测量技术(筛选、沉降、内孔、离心、冲击等)	化工:粒度控制
统计学		环保:雾霾机理研究与防治
计算数学	取样(散料、制样、缩分等)	国防:毒气过滤吸附
电学		发电:煤粉制备
声学	散料力学(静力学、动力学等)	核工业:核泄漏事故处理
磁学		劳保:防尘口罩
表面化学	散料物理(传热、传质、扩散等)	医学:微粒通过生物膜的运动
化学工程		制药:药粉制备
环保科学	流动(单项流、多项流)	建材:生料输运

1.5 发展方向与趋势

（1）要依靠数学方法,同时注意不同数学方法原理带来的误差,因此要积极探索不同方法得到的分析结果的相互印证及一致性,同时注重选择准确合理的有效方法。

（2）由于缺乏实际的运行数据,许多研究使用程序计算数据或测试数据,因此必须加强模糊数学、小波分析、粗糙集理论、未确知数学和灰色理论等数学方法。

（3）在建模过程中要注意简化模型的精准性,也要注意非线性精准模型的求解性,避免快速简化模型带来的误差影响模型本身的可靠度,也要实现利用非线性精准模型得到清晰答案,便于计算可靠性结论。

（4）由于气体温度梯度的作用,会产生一个力来迫使悬浮在气体中的颗粒向低温移动,这种过程就叫作热泳运动。当气溶胶和周围固体壁之间存在温度梯度时,会出现热泳现象,并引起热泳沉积,因此热泳沉积过程的研究是非常重要的课题。

（5）颗粒的沉积运动是一个受到湍流力、重力和热泳力等多种作用的综合过程,这些作用是相互增强还是削弱,要根据具体实际环境和时间效应进一步完善计算模型。

（6）在物理过程非确定论建模过程中,对于多维不确定参数和小功能故障概率评估,存在计算精度差、计算效率低以及工作量大的问题,所以需要提高效率,减少计算成本和负担。

（7）建立准确的计算模型,编制程序并进行实验验证,积极实现在三维多角度耦合多介质条件下的特性分析。

（8）强化微观、介观和宏观的"三观"结合,注意从分子运动论的角度研究微纳米颗粒物的运动特性。

（9）增强系统运行经验,强化数据库乃至云数据库的建立和完善,注意与人工智能结合,注重人因及其相应安全文化。

参考文献

[1] 中国颗粒学会. 2009—2010 颗粒学学科发展报告[M]. 北京:中国科学技术出版社,2010.

[2] 任中京. 当代激光颗粒分析技术的进展与应用[J]. 物理,1998(3):163-166.

[3] TAO C,ZHAO G,YU S,et al. Experimental study of thermophoretic deposition of HTGR graphite particles in a straight pipe[J]. Progress in Nuclear Energy,2018,107:136-147.

[4] NICOLAOU L. Inertial and gravitational effects on aerosol deposition in the conducting airways[J]. Journal of Aerosol Science,2018,120:32-51.

[5] ARANI M K,ESTEKI M H,AYOOBIAN N. Validation of STRCS code for calculation of fission-product transport in reactor coolant system during severe accidents[J]. Annals of

Nuclear Energy,2018,114：206-213.

[6] KLJENAK I,DAPPER M,DIENSTBIER J,et al. Thermal-hydraulic and aerosol containment phenomena modelling in ASTEC severe accident computer code[J]. Nuclear Engineering & Design,2010,240(3)：656-667.

[7] 李洋.雾霾排放源亚微米颗粒物热泳沉积机理研究[D].北京：华北电力大学(北京),2012.

[8] 陈宗良,葛苏,张晶.北京市大气气溶胶小颗粒的测量和解析[J].环境科学研究,1997,7(3)：1-9.

[9] 肖锐,刘咸德,梁汉东,等.北京市春夏季大气气溶胶的单颗粒分析表征[J].岩矿测试,2004,23(2)：125-131.

[10] 陈碧辉,李跃清.成都市大气颗粒污染物与气象要素的关系[J].城市环境与城市生态,2006,19(3)：18-24.

[11] 郭二果,王成,郄光发,等.城市空气悬浮颗粒物时空变化规律及影响因素研究进展[J].城市环境与城市生态,2010,23(5)：34-37.

[12] 杨军,牛忠清,石春娥,等.雾霾过程演变与气溶胶粒子微物理特征[C].第28届中国气象学会年会,2011.

[13] NAGAYA Y,NAKAMURA K. 90 Sr and 137 Cs contents in the surface waters of the adjacent seas of Japan and the North Pacific during 1969 to 1973[J]. Journal of Oceanography,1976,32(5)：228-234.

[14] POVINEC P P,AARKROG A,BUESSELER K O,et al. 90Sr,137Cs and（239，240）Pu concentration surface water time series in the Pacific and Indian Oceans—WOMARS results [J]. Journal of Environmental Radioactivity,2005,81(1)：63-87.

[15] CROWE C T,SHARMA M P,STOCK D E. The particle-source-in-cell for gas droplet flows [J]. J. Fluids Engr. ,1977,99：325-331.

[16] GASMAN A D, IOANNIDES E. Aspects of computer simulation of liquid-fuelled combustors[J]. AIAA,Pap. ,1981,81-0323：1285-1293.

[17] PEIYUAN N I,LAGE T I H,MIKAEL E,et al. On the deposition of particles in liquid metals onto vertical ceramic walls[J]. International Journal of Multiphase Flow,2014,62：152-160.

[18] 王维,李佑楚.颗粒流体两相流模型研究进展[J].化学进展,2000,12(2)：208-217.

[19] 周涛,杨瑞昌.矩形管边界层内亚微米颗粒运动热泳规律的实验研究[J].中国电机工程学报,2010,30(2)：92-95.

[20] XIAO Z G,SUN X T,CHEN L L,et al. Design of concentration measurement point for test of in-containment aerosol deposition[J]. Nuclear Safety,2017,16(1)：82-85,94.

[21] PORCHERON E, LEMAITRE P, MARCHAND D, et al. Experimental and numerical approaches of aerosol removal in spray conditions for containment application[J]. Nuclear Engineering & Design,2010,240(2)：336-343.

[22] IGARASHI M,HIDAKA A,YU M,et al. Scoping test and analysis on CsI aerosol behavior in a straight pipe in WIND project[C]. 4nd International Conference on Nuclear Engineering. American Society of Mechanical Engineers,1996.

[23] HIDAKA A,YU M,IGARASHI M,et al. Experimental and analytical study on aerosol behavior in WIND project[J]. Nuclear Engineering & Design,2000,200(1)：303-315.

[24] IAEA(2012). modelling of transport of radioactive substances in the primary circuit of

water-cooled reactors［M］. IAEA-TECDOC-1672. Vienna：International Atomic Energy Agency,2012:4-52.

［25］ DINOV K A. A model of crud particle/wall interaction and deposition in a pressurized water reactor primary system［J］. Nuclear Technology,1991,94:3(3):281-285.

［26］ 刘健,刘圆圆,张春明.腐蚀产物程序在压水堆核电厂一回路辐射安全中的应用［C］.厦门：中国核学会辐射防护分会 2013 年学术年会,2013.

［27］ CHANG Y C,RANADE M B,GENTRY J W. Thermophoretic deposition in flow along an annular cross-section：experiment and simulation［J］. J. Aerosol Sci. ,1995,38(3)：407-428.

［28］ CHIOU M C,CLEAVER J W. Effect of thermophoresis on sub-micron particle deposition from a laminar forced convection boundary layer flow onto an isothermal cylinder［J］. J. Aerosol Sci. 1996,27(8)：1155-1167.

［29］ FRANCISCO J R,TAKAGAKI S S,DAVID Y H,et al. Thermophoretic deposition of aerosol particles in turbulent tube flow［J］. J. Aerosol Sci. ,1998,29(8)：942-959.

［30］ 方晓璐. AP1000 严重事故下气溶胶运动沉积特性研究［D］.北京：华北电力大学（北京）,2017.

［31］ 刘若雷.湍流温度场内可吸入颗粒物运动特性研究［D］.北京：清华大学,2009.

［32］ 吴雪伟.东北农业耕作和收割时期大气颗粒物排放特征研究［D］.北京：中国科学院大学（中国科学院东北地理与农业生态研究所）,2019.

［33］ 于芳,何新星,谢琼,等.密闭环境中悬浮颗粒物上附着微生物的检测［J］.航天医学与医学工程,2000(3)：210-214.

［34］ 李源遽,吴爱华,童梦雪,等.餐饮源有机颗粒物排放特征［J］.环境科学,2020,41(8)：3467-3474.

［35］ 邹旭东,杨洪斌,张云海,等.朝鲜核实验影响中国的气象条件分析［J］.环境科学与技术,2019,42(S1)：138-142.

［36］ 冉淑君,梁景平.口腔诊疗中新型冠状病毒气溶胶传播的防控［J］.上海交通大学学报（医学版）,2020,40(3)：282-285.

第2章

颗粒物及其模型

　　由于自然过程和人类活动,造成不断有微粒进入环境,空气、土壤、水等周围环境中的物理、化学过程也会产生一些微粒。环境中各类颗粒物的来源多样,成分复杂,与地理条件、气象因素等自然因素,以及经济水平、能源结构、管理水平等社会因素有很大关系。本章从颗粒物的基本概念及表示方法着手,描述颗粒物来源、分类及其特性,并对颗粒物测定分析和计算方法进行说明。

2.1　基本概念

　　水溶胶是以水为分散介质、透明或半透明、介于乳液和溶液之间的中间状态交替分散液,其粒径为 $10 \sim 100nm$,有较高的分散稳定性。1918 年,物理学家道南(E. G. Donnan)发现胶体化学过程和有云的大气过程有重要的相似点,因此参照术语"水溶胶"(hydrosol),引入了术语"气溶胶"(aerosol),用于指空气中分散的颗粒和液滴。气溶胶是多相系统,由颗粒及气体组成,平常所见到的灰尘、熏烟、烟、雾、霾等都属于气溶胶的范畴。我国现行环境标准规定,凡粒径在 $100\mu m$ 以下的颗粒物统称为总悬浮颗粒物,粒径大于 $100\mu m$ 的叫作降尘。另一种粒径小于 $10\mu m$ 的颗粒物叫作飘尘,简称 PM_{10},飘尘中的很大一部分比细菌还小,人眼观察不到,它可以几小时、几天或者几年飘浮在大气中。飘浮的范围从几千米到几十千米,甚至上千千米。因此在大气中会不断蓄积使污染程度加重。

2.2　分类

2.2.1　物理状态分类

　　按大气颗粒物的物理状态,可分为固态、液态和固液混合态颗粒物。物理状态分类见表 2-1。

表 2-1　物理状态分类

物理状态分类	主要成分	粒径范围
固态	烟	$0.01\sim1\mu m$
	粉尘	$1\sim75\mu m$
	亚微粉尘	小于 $1\mu m$
液态	轻雾	大于 $40\mu m$
	浓雾	小于 $10\mu m$
	雾尘或尘雾	小于 $10\mu m$
固液混合态	烟尘	小于 $1\mu m$

1. 固态大气颗粒物

主要是烟和粉尘。烟是指燃烧过程产生的或燃烧产生的气体转化形成的颗粒物,其粒径为 $0.01\sim1\mu m$;粉尘是指工业生产中破碎的和运转作业产生的颗粒物,其粒径大于 $1\mu m$。也有学者认为,粉尘是指 $1\sim75\mu m$ 的大气颗粒物,而小于 $1\mu m$ 的粉尘称为亚微粉尘。

2. 液态大气颗粒物

主要是雾和雾尘或尘雾。雾是由大量微小水滴或冰晶形成的悬浮体系,按其对大气能见度的影响可分为浓雾和轻雾,其粒径分别小于 $10\mu m$ 和大于 $40\mu m$。尘雾是工业生产中过饱和蒸气为凝结核的凝聚,以及化学反应和液体喷雾所形成的悬浮体系。一般认为尘雾的粒径小于 $10\mu m$。

3. 固液混合态大气颗粒物

固液混合态颗粒物主要是烟尘,是指燃烧、冶炼等工业生产过程中释放的尘粒为凝结核所形成的烟、雾混合体系,其粒径一般小于 $1\mu m$。

2.2.2　粒径大小分类

大气颗粒物的粒径与其沉降速度密切相关,一般情况下,颗粒物粒径越小,沉降速度越慢;反之,则越快。因此,大气颗粒物按粒径大小分类与其沉降特性相混合,形成降尘、飘尘、细粒子、超细粒子等术语概念。其中细粒子和超细粒子分别指粒径小于 $2.5\mu m$ 和 $0.1\mu m$ 的大气颗粒物。也有学者将大气颗粒物按其粒径分为粗粒子和细粒子两大类,将粒径大于 $2.5\mu m$ 的大气颗粒物统称为粗粒子。颗粒物分类具体见表 2-2。

表 2-2 颗粒物分类

种类	状态	颗粒直径	来　源
粉尘	固态	$1\sim100\mu m$	机械粉碎的固态微粒(如风吹扬尘、风沙)
烟	固态	$0.01\sim1\mu m$	由升华、蒸馏、熔融及化学反应等产生的蒸汽凝结而成的固体颗粒
灰	固态	$1\sim200\mu m$	燃烧过程中产生的不燃性微粒(如煤、木材燃烧时产生的硅酸盐颗粒,粉煤燃烧时产生的飞灰等)
雾	液体	$2\sim200\mu m$	水蒸气冷凝生成的颗粒小水滴或冰晶
霭	液体	$>10\mu m$	与雾相似,气象上称为轻雾,水平视程在 $1\sim2km$ 之内,使大气呈灰色
霾	固体	$0.1\mu m$ 左右	由干的尘或盐粒悬浮于大气中形成,使大气浑浊呈浅蓝色或微黄色,水平视程小于 $2km$
烟尘	固态或液态	$0.01\sim5\mu m$	一般含碳物质,主要由煤燃烧产生的固体碳粒、水、焦油状物质及不完全燃烧的灰分所形成的混合物
烟雾	固态	$0.01\sim2\mu m$	指各种妨碍视程(能见度低于 $2km$)的大气污染,主要由光化学烟雾产生的颗粒物,粒径常小于 $0.5\mu m$,使大气呈淡褐色

2.2.3 沉降特性分类

按大气颗粒物的沉降特性,可分为降尘(dustfall)和飘尘(floating dust)。沉降特性分类见表 2-3。

表 2-3 沉降特性分类

沉降特性分类	定　义	自然沉降速度	粒径范围
降尘	在重力作用下能较快沉降的大气颗粒物	$1cm/s$ 以上	大于 $30\mu m$
飘尘	长期飘浮在大气中的颗粒物	很难沉降	小于 $10\mu m$

降尘是指在重力作用下能较快沉降的大气颗粒物,其粒径大于 $30\mu m$,自然沉降速度一般在 $1cm/s$ 以上。也有学者认为,粒径在 $10\mu m$ 以上的大气颗粒物,均能在较短时期内沉降,如粒径为 $10\mu m$ 的颗粒物,其沉降速度为 $0.3cm/s$ 左右,因此,将 $10\mu m$ 以上的大气颗粒物统称为降尘。飘尘是指能在相当长的时期内飘浮在大气中的颗粒物,其粒径小于 $10\mu m$,自然沉降很难,有的需要数月或数年的时间。

2.2.4 其他特性分类

按其他特性仍有多种分类和命名,比如,大气颗粒物按其主要成分,分为有机、无机和生物性颗粒物。按其物理化学性状在大气环境中的变化,分为一次颗粒物和二次颗粒物。一次颗粒物是指自然或人类活动直接释放到大气中的颗粒物;二次颗粒物是指进入大气中的颗粒物通过化学反应或物理化学过程转化形成的颗粒物。此外,大气颗粒物还可以按其吸湿性,分为吸湿性、亲水性和非吸湿性、憎水性颗粒物;按大气颗粒物的形成状态,分为分散性、凝聚性颗粒物;按大气颗粒物的粒度模态,分为爱根核模、积聚核模和粗粒子模等。大气颗粒物的各种粒子,按其分类和定义进行命名,须满足专有名词术语的基本要求。一般说来,其命名主要应具有单义性和科学性。其命名方法主要是在这一专业的知识体系,运用系统性原理进行全面、统一的分析研究,并按系统性原则确定其名称。大气颗粒物其他特性分类见表2-4。

表 2-4　大气颗粒物其他特性分类

大气颗粒物其他特性分类	类　　型
按主要成分	有机颗粒物
	无机颗粒物
	生物性颗粒物
按物理化学性状	一次颗粒物
	二次颗粒物
按吸湿性	吸湿性颗粒物
	亲水性颗粒物
	非吸湿性颗粒物
	憎水性颗粒物
按形成状态	分散性颗粒物
	凝聚性颗粒物
按粒度模态	爱根核模
	积聚核模
	粗粒子模

2.3　基本特性

2.3.1　物理特性

主要包括颗粒物的粒径与粒径分布、密度、安置角与滑动角、比表面积、含水率、荷电性、导电性、黏附性及爆炸性等。颗粒物的粒径大小与过滤装置有关,越大的颗粒物越容易沉积,并在管道壁面上对管道造成腐蚀。

1. 粒径

粒径是表征颗粒物大小的最佳代表性尺寸,对球形颗粒来说,是指它的直径。实际的颗粒大小和形状均是不规则的。为了表征颗粒大小,需要按一定方法,确定一个表示颗粒大小的代表性尺寸作为颗粒的直径,简称粒径。例如,用显微镜法测定粒径时有定向粒径、长轴粒径、短轴粒径等;用筛分法测出的称为筛分直径;用液体沉降法测出的称为斯托克斯(Stokes)粒径。粒径的测定方法不同,其定义的方法也不同,得出的粒径值差别也很大。在通风除尘技术中,常用斯托克斯粒径作为颗粒的粒径。其定义为:在同一种流体中,与颗粒密度相同并且具有相同沉降速度的球体直径称为该颗粒的斯托克斯粒径。

2. 密度

颗粒在自然堆积状态下,往往是不密实的,颗粒之间与颗粒内部存在空隙。因此,在自然堆积(松散)状态下单位体积颗粒的质量要比密实状态下小得多,所以,颗粒的密度分为堆积密度(或容积密度)ρ_b和真密度(或颗粒密度)ρ_p。自然堆积状态下单位体积颗粒的质量称为堆积密度,与颗粒的贮运设备和除尘器灰斗容积的设计有密切关系。在颗粒(或物料)的输送中也要考虑颗粒的堆积密度。将颗粒表面及其内部的空气排出后,单位体积颗粒的质量称为真密度,它对机械类除尘器(如重力沉降室、惯性除尘器、旋风除尘器)的工作和效率具有较大的影响。例如,对粒径大、真密度大的颗粒可以选用重力沉降室或旋风除尘器;对于真密度小的颗粒,则不适合用这种类型的除尘器。对于同一种颗粒,密度关系如公式(2-1)和公式(2-2)所示。

$$\rho_b \leqslant \rho_p \tag{2-1}$$

$$\rho_b = (1-\varepsilon)\rho_p \tag{2-2}$$

式中:ε 为颗粒空隙率,%;ρ_b 为堆积密度,kg/m^3;ρ_p 为真密度,kg/m^3。

3. 安置角与滑动角

安置角就是将颗粒自然地堆放在水平面上,堆积成圆锥体的锥底角,也叫作自然堆积角、静止角、堆积角或安息角,一般为35°~50°。将颗粒置于光滑的平板上,使该板倾斜到颗粒开始滑动时的角度称为滑动角或动安置角,一般为30°~40°。安置角与滑动角如图2-1所示,图中,φ 为安置角,Φ 为滑动角。

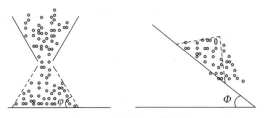

图 2-1 安置角与滑动角

颗粒的安置角和滑动角是评价颗粒流动性的一个重要指标,它们与颗粒的粒径、含水率、尘粒形状、尘粒表面光滑度、颗粒黏附性等因素有关,是设计除尘器灰斗或料仓锥度、除尘管道或输灰管道倾斜度的主要依据。测定方法主要有排出法、注入法和倾斜法。

4. 比表面积

比表面积为单位体积或质量颗粒所具有的表面积。颗粒的比表面积是用来表示颗粒总体细度的一种特性值。颗粒的细度大小影响颗粒的一系列物理、化学性质。单位体积粉尘所具有的表面积如公式(2-3)所示。

$$S_v = \frac{\overline{S}}{\overline{V}} = \frac{6}{\overline{d}_{SV}} \text{cm}^2/\text{cm}^3 \qquad (2\text{-}3)$$

式中：$\overline{S}$ 为颗粒的平均表面积，cm^2；$\overline{V}$ 为颗粒的平均净体积，cm^3；$\overline{d}_{SV}$ 为颗粒的表面积-体积平均直径，cm。

以质量表示的比表面积如公式(2-4)所示。

$$S_m = \frac{\overline{S}}{\rho_p \overline{V}} = \frac{6}{\rho_p \overline{d}_{SV}} \text{cm}^2/\text{g} \qquad (2\text{-}4)$$

式中：ρ_p 为颗粒真密度，g/cm^3；$\overline{S}$ 为颗粒的平均表面积，cm^2；$\overline{V}$ 为颗粒的平均净体积，cm^3；$\overline{d}_{SV}$ 为颗粒的表面积-体积平均直径，cm。

以堆积体积表示的比表面积如公式(2-5)所示。

$$S_b = \frac{\overline{S} \cdot (1-\varepsilon)}{\overline{V}} = (1-\varepsilon) \cdot S_v = \frac{6(1-\varepsilon)}{\overline{d}_{SV}} \text{cm}^2/\text{g} \qquad (2\text{-}5)$$

式中：ε 为颗粒空隙率；$\overline{S}$ 为颗粒的平均表面积，cm^2；$\overline{V}$ 为颗粒的平均净体积，cm^3；$\overline{d}_{SV}$ 为颗粒的表面积-体积平均直径，cm。

5. 黏附性

尘粒附着在固体表面，或尘粒彼此相互附着的现象称为黏附。产生黏附的原因是黏附力的存在。颗粒之间或颗粒与固体表面之间的黏附性质叫作颗粒的黏附性。在气态介质中，产生黏附的力主要有范德瓦耳斯力（分子力）、静电力和毛细黏附力等。影响颗粒黏附性的因素很多，现象也很复杂。一般情况下，颗粒的粒径小、形状不规则、表面粗糙、含水率高、湿润性好和带电量大时，易于产生黏附现象；颗粒黏附现象还与其周围介质性质有关。

颗粒相互间的凝并与颗粒在器壁或管道壁堆积，都与颗粒的黏附性有关。前者会使尘粒增大，易被各种除尘器所捕集，后者易使除尘设备或管道发生故障；颗粒黏附性的强弱取决于颗粒的性质（包括形状、粒径、含湿量等）和外部条件（包括空气的温度和湿度、尘粒的运动状况、电场力、惯性力等）。

6. 磨损性

颗粒的磨损性指颗粒在流动过程中对器壁或管壁的磨损程度。硬度高、密度大、带有棱角的颗粒磨损性大，颗粒的磨损性与气流速度的 2～3 次方成正比，在高气流速度下，颗粒对管壁的磨损显得更为严重。为了减少颗粒的磨损，需要适当地选取除尘管道中的气流速度和壁厚。对磨损性的颗粒,最好在易于磨损的部位(如管道的弯头、旋风除尘器的内壁等处)采用耐磨材料作内衬,除了一般耐磨涂料还可以采用铸石、铸铁等材料。

7. 颗粒相的容积份额和空隙度

在气溶胶系统中,固体各相在单位容积混合物中所占据的容积,即各相的容积份额计算如公式(2-6)所示。

$$\phi^{(s)} = n_p^{(s)} V_p^{(s)} \tag{2-6}$$

式中:上标 s 表示由相同尺寸颗粒构成的某一颗粒相,$n_p^{(s)}$ 表示这一相的颗粒在单位容积内的数量,又称为量密度;$V_p^{(s)}$ 表示每个颗粒的体积,m^3。

流体所占的容积份额则为 $\varepsilon = 1 - \phi$。这里 ϕ 为所有各相颗粒所占容积份额的总和。显然,当气固混合物中的固体颗粒都是同一直径,或者尺寸接近而可以用一个平均直径表示时,公式中的 ϕ 也就是这个直径(或平均直径)的所有颗粒的总容积份额。ε 常常又被称为空隙度。

8. 沉降速度

单个颗粒在流体中的沉降过程称为自由沉降。若颗粒数量较多,相互间距离较近,则颗粒沉降时相互间会干扰,称为干扰沉降。自由沉降与干扰沉降相比较为简单,下面主要讨论自由沉降。自由沉降速度又称终端速度,指任一颗粒的沉降不因流体中存在其他颗粒而受到干扰时,在等速阶段里颗粒相对于流体的运动速度,即加速阶段终了时颗粒相对于流体的速度。

颗粒刚开始沉降时,速度为零,则曳力也为零,颗粒在净质量力(质量力与浮力之差)作用下沿质量力方向作加速运动,随着运动速度的增加,曳力开始由零不断增大,直至与净质量力相等为止,这时颗粒加速减为零,速度达到一恒定值,也是最大值,此后颗粒等速下降,这一最终的运动速度称为沉降速度。

由此可见,单个颗粒在流体中的沉降过程分为两个阶段:加速段和等速段,对于小颗粒,加速段极短,通常可以忽略,于是,整个沉降过程都可认为是匀速沉降。

9. 松弛时间

颗粒从一个稳态速率调整到另外一个所需要的时间,由它的松弛时间表征。松弛时间是当作用在颗粒上的力变化时,大部分运动变化出现的时期,例如,下落颗粒达到它的终端沉降速率前所用的时间。颗粒的松弛时间不受所受力类型的影响,松弛时间 τ 是颗粒进入气流后是否能很快跟随气流运动的一个重要评价,定义如公式(2-7)所示。

$$\tau = \frac{d_p^2 \bar{\rho}_p Cu}{18\bar{\mu}} \tag{2-7}$$

式中:τ 为松弛时间,s;d_p 为颗粒直径,m;ρ_p 为颗粒密度,kg/m^3;Cu 为坎宁安修正系数；μ 为气体黏度，kg/（m·s）。

10. 斯托克斯准则

颗粒的松弛时间 τ 与颗粒之间的二次碰撞时间间隔 τ_c 之比，作为判断悬浮体内细颗粒运动状态的准则，称为斯托克斯准则。$\dfrac{\tau}{\tau_c}<1$，表示颗粒在二次碰撞间隔之间有足够的时间对流体局部速度的变化作出反应，这时颗粒的运动主要取决于流体的运动，颗粒与颗粒间的相互影响很小，此时气固悬浮体属于稀相；相反，$\dfrac{\tau}{\tau_c}>1$，则悬浮体为浓相。

2.3.2   化学特性

1. 爆炸性

当悬浮在空气中的某些颗粒（如煤粉、麻尘等）达到一定浓度时，若存在能量足够的火源（如高温、明火、电火花、摩擦、碰撞等），将会引起爆炸，这类颗粒称为有爆炸危险性颗粒。

这里所说的爆炸是指可燃物的剧烈氧化作用，并在瞬间产生大量的热量和燃烧产物，在空间内造成很高的温度和压力，故称为化学爆炸。可燃物除指可燃颗粒，还包括可燃气体和蒸气。引起可燃物爆炸必须具备两个条件：一是由可燃物与空气或含氧成分的可燃混合物达到一定的浓度；二是存在能量足够的火源。

颗粒的粒径越小，表面积越大，颗粒和空气的湿度越小，爆炸危险性越大。对于有操作危险的颗粒，在进行通风除尘系统设计时必须给予充分注意，采取必要和有效的防爆措施。爆炸性是某些颗粒特有的，具有爆炸危险的颗粒在空气中的浓度只有在一定范围内才能发生爆炸，这个爆炸范围的最低浓度叫作爆炸下限，最高浓度叫作爆炸上限，颗粒的爆炸上限因数值很大，在通常情况下皆达不到，故无实际意义。

2. 电化学性质

颗粒的电化学性质主要指颗粒的溶解度、酸碱度化学活性、表面电性、电导率、降解和残留、防腐等。

对颗粒水溶液酸碱度来说，电导率的测定值是其溶解、电离、水解离子综合作用的结果。对矿物颗粒物酸碱度来说，电导率是矿物表面的特征值，反映其溶解度、化学活性、表面电性、降解和残留、防腐等方面的趋势行为。

矿物的溶解是一个包含微粒、胶粒、络合离子和离子化合物的复杂过程，可以用水溶液电导率和酸碱度的大小及其变化来表征矿物在水中的溶解性能。矿物的溶解速率受粒度、表面活性、温度、浓度差、时间等因素影响。

电导率的大小主要与溶液中带电粒子的多少、种类、电荷大小及溶液的温度等因素有关。

3. 重金属在大气颗粒物中的化学形态

由于不同化学相中的重金属具有不同的化学活性,所以有关重金属化学形态及其转化方面的研究得到了国内外学者的广泛重视。在环境中存在着由无机金属及其化合物向有机金属化合物的转化途径,目前在金属甲基化方面研究得最为深入,有多种金属和类金属元素都可在环境中发生甲基化反应,如汞(Hg)、铅(Pb)、锡(Sn)、钯(Pd)、铊(Tl)、铂(Pt)、金(Au)、铬(Cr)、锗(Ge)、钴(Co)、锑(Sb)和砷(As)等。已有的研究表明,重金属对环境的危害首先取决于其化学活性,其次才取决于其含量。因此,判断重金属对环境的危害,不仅需要知道这些粒子中金属元素的含量,更为重要的是应该了解这些元素的化学形态分布。金属污染物与其他无机、有机污染物的最大区别是不可降解,只会发生形态的转化。对于同一种重金属,在不同的形态下毒性可能有很大的差别。在有关重金属化学形态的研究中,如何进行形态的分类和提取相当重要。有的学者采用 SMT(The standard Measurements and Testing Program of the European Community)分类法把金属的存在形态划分为七类,即水溶态、可交换态、碳酸盐结合态、铁锰氧化物结合态、有机物、硫化物结合态和残渣态。

4. 颗粒物中重金属的形态变化

大气颗粒物通过干湿沉降可转移到地表土壤和地面水体中,并通过一定的生物化学作用,将重金属转移到动植物体内。在许多工业发达国家,大气沉降对生态系统中重金属累积的贡献率在各种外源输入因子中列于首位。重金属的化学形态在一定的环境条件下,可发生转化。吕玄文等的研究表明,大气颗粒物中 Cu、Pb、Zn 在不同条件下化学形态发生了明显的迁移变化,大气颗粒物中 Cu、Pb、Zn 的总含量在模拟酸雨中浸泡 24h 后都会大幅降低,但 Cu、Pb 可交换态的含量略有增加,其他 4 种形态的总量减少;Zn 残渣态的含量相对增加,颗粒物中的 Zn 主要以残渣形态存在,在湖水中浸泡 24h 后,大气颗粒物中 Cu、Pb 的总含量基本保持不变,而 Zn 的含量减少了;由于湖水中有机物、微生物等的作用,Cu 由残渣态向铁锰氧化物结合态和有机物结合态转化;颗粒物中元素 Pb 由可交换态转化为其他形态,颗粒物中的 Zn 大部分以溶解态转移到湖水中,这说明,在氧化或还原条件下,重金属的化学形态可发生相互转化,同时其对环境的危害性也发生了相应的改变。

5. 大气颗粒物中重金属的分布

大气颗粒物中重金属的分布呈现随时间、空间和粒径分布变化的特点。近年来我国环境工作者对许多城市的大气颗粒物中重金属分布的时间变化研究取得了一定的成果,这些研究显示了大气颗粒物中重金属的季节性变化和一天中不同时段的变化规律。对城市大气颗粒物中重金属含量随时间变化的研究,可以了解引起其变化的主要因素,从而进行有效的控制,这对于城市环境保护、污染治理具有理论和实际意义。

2.3.3　生物特性

颗粒表面会附着细菌、病毒等生物,病毒等微生物也会组成微细颗粒,颗粒就具备了生物性质。毒粒是病毒的细胞外颗粒形式,也是病毒的感染性形式。1985 年,Dulbacco 等指出:病毒颗粒或毒粒是一团能够自主复制的遗传物质,它们被蛋白质外壳所包围,有的还具有包膜,以保护遗传物质免遭环境破坏,并作为将遗传物质从一个宿主细胞传递给另一个宿主细胞的载体。研究表明,新冠气溶胶可包含仍存活的病毒,传播距离远超 6 英尺(1 英尺=0.3048 米)的安全距离。

2.3.4　其他特性

颗粒物除了具有以上物理特性、化学特性和生物特性,还具有时空分布特性。大气颗粒物污染具有典型的时间和空间分布特征,这种特性不仅跟一年四季的季节性明显相关,还与区域地理地貌特征有显著关系。从时间分布上,短期颗粒物的时空分布特性,主要是区域污染物的迁移及演变过程,包括大尺度区域霾天气和沙尘天气等形成、迁移和消散,以及中小尺度的突发性重污染时间(如生物质燃烧诱发的重污染、节假日(春节、元宵节、清明节等)期间燃放烟花爆竹诱发的重污染天气);长期颗粒的时空分布主要是区域的污染物变化特征及变化趋势,大气颗粒物及其化学组分主要受温度、相对湿度、风向等边界层气象条件影响而呈现明显的季节分布特征。水中颗粒也会受到四季变化及江河湖海洋流等多因素影响而变化,也具有典型的时空分布特性。

2.4　测定方法

2.4.1　采样方法

大气颗粒物采样中常采用滤膜捕集空气待测颗粒物,通过惯性碰撞、截留、重力沉降、静电吸引、热力或者扩散等原理将颗粒物从环境空气中分离出来,并收集在滤膜上,得到的样品可以采取多种手段进行化学组分的综合分析。不同的组分测定对滤膜材料的要求不同,常用滤膜的组成、性质及其范围见表 2-5。

表 2-5　常用滤膜的组成、性质及其范围

滤膜种类	组成及性质	适用范围
聚四氟乙烯滤膜	碳基材质,表面呈白色、接近透明;颗粒物捕集效率高;不易分割,在高于 60 ℃时熔化	适用于进行质量分析以及无机元素分析
石英纤维滤膜	石英基质,表面为白色、不透明;浸透射光,颗粒物捕集效率高;边脆、软,易剥落	适用于含碳组分的分析,不适用于无机元素分析
玻璃纤维滤膜	硼硅酸玻璃纤维基质,表面为白色、不透明;流速快,耐高温;价格便宜	适用于重量分析,不适用于元素分析

2.4.2　粒度测定

1. 沉降法

沉降法对浓度测量时可分为沉降天平法、光透沉降法、离心沉降法等。沉降法的理论基础都是依据斯托克斯定律,即球状的细颗粒在水中的下沉速度与颗粒直径的平方成正比,根据不同粒径的颗粒在液体中的沉降速度不同来测量粒度分布。它的基本过程是把样品放到某种液体中制成一定浓度的悬浮液,悬浮液中的颗粒在重力或离心力作用下将沉降。大颗粒的沉降速度较快,小颗粒的沉降速度较慢。斯托克斯定律是沉降法粒度测试的基本理论依据。沉降法测量浓度原理如图 2-2 所示。

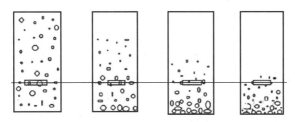

图 2-2　沉降法测量浓度原理

从图 2-2 可以看出,利用沉降法能够有效地区分不同直径的颗粒,从而达到测量颗粒直径的目的。该法在涂料和陶瓷等工业中是一种传统的粉体粒径测试方法。已制定的国际标准(ISO 3262 Extenders for Paint Specifications and Methods of Test)对涂料中常用的 21 种体质颜料的粒度分布测试的原理均基于沉降法。

2. 筛分法

筛分法是一种最传统的粒度测试方法,其用一套标准筛子如孔直径(mm):20、10、5、2、1、0.5、0.25、0.1、0.075,按照被测试样的粒径大小及分布范围,将大小不同筛孔的筛子叠放在一起进行筛分,收集各个筛子的筛余量,称量求得被测试样以质量计的颗粒粒径分布。将烘干且分散了的样品中有代表性的试样倒入标准筛内摇振,然后分别称出留在各筛子上的土重,并计算出各粒组的相对含量,即得土的颗粒级别。该种方法的优点是成本低,使用容易。缺点是对于小于 400 目($38\mu m$)的干粉很难测量。测量时间越长,得到的结果就越小。不能测量射流或乳浊液;在测量针状样品时这会得到一些奇怪的结果,难以给出详细的粒度分布;且该种方法的操作步骤较为复杂,结果受人为因素影响较大;所谓"某某粉体多少目",是指用该目数的筛子筛分后的筛余量小于某给定值。如果不指明筛余量,"目"的含义是模糊的,给沟通带来一些不便。筛分法分干筛和湿筛两种形式,可以用单个筛子来控制单一粒径颗粒的通过率,也可以用多个筛子叠加起来同时测量多个粒径颗粒的通过率,并计算出百分数。筛分法有手工筛、振动筛、负压筛、全自动筛等多种方式。颗粒能否通过筛子与颗粒的取向和筛分时间等因素有关,不同行业有各自的筛分方法标准。

3. 超声粒度分析

超声波发生端(RF generator)发出一定频率和强度的超声波,经过测试区域,到达信号接收端(RF detector)。当颗粒通过测试区域时,由于不同大小的颗粒对声波的吸收程度不同,在接收端得到的声波的衰减程度也就不一样,根据颗粒大小同超声波强度衰减之间的关系,得到颗粒的粒度分布,它可以直接测试固液比达到70%的高浓度浆料。

4. 颗粒图像法

颗粒图像法有静态、动态两种测试方法。静态方式使用改装的显微镜系统,配合高清晰摄像机,将颗粒样品的图像直观地反映到计算机屏幕上,配合相关的计算机软件可进行颗粒大小、形状、整体分布等属性的计算;动态方式具有形貌和粒径分布双重分析能力,重建了全新的循环分散系统和软件数据处理模块,解决了静态颗粒图像仪制样烦琐、采样代表性差、颗粒粘连等缺陷。电镜法主要通过高分辨率扫描电子显微镜(scanning electron microscopy,SEM)测量水体中纳米粒子尺寸。扫描电子显微镜的工作原理是用一束极细的电子束扫描样品,在样品表面激发出次级电子,次级电子的多少与电子束入射角、材料特性有关。次级电子由探测体收集,并在那里被闪烁器检测转变为光信号,再经光电倍增管和放大器转变为电信号,控制荧光屏显示出与电子束同步的扫描图像。本过程会产生二进制版本的图像,纳米粒子是白色的而背景是黑色的。分割以后颗粒分析被用于计数和测量粒子在二进制中的图像,粒子的轮廓可以检验粒子与背景分离的质量,通过图像处理软件给出图像中每个粒子的测量结果。

5. 透气法

透气法是先将样品装到一个金属管里并压实,将这个金属管安装到一个气路里形成一个闭环气路。当气路中的气体流动时,气体将从颗粒的缝隙中穿过。如果样品较粗,颗粒之间的缝隙就大,气体流边所受的阻碍就小;样品较细,颗粒之间的缝隙就小,气体流动所受的阻碍就大。透气法就是根据这样一个原理来测试粒度的,颗粒样品的气体透过能力与粉末的比表面积有关,借此求出样品的比表面积,并由此得到颗粒的平均粒度。样品一般要求均匀干燥,形状等轴性好,施压时不易变形、破碎或聚结。取样量应为试样真密度的两倍以上,且真密度已知。常用于质量或生产控制的基本判断,设备简单,操作方便。其缺点是分辨率低,重现性差,人为因素影响较大。这种方法只能得到一个平均粒度值,不能测量粒度分布。这种方法主要用在磁性材料行业。

6. 激光法

激光法是根据激光照射到颗粒后,颗粒使激光产生衍射或散射的现象来测试粒度分布的。由激光器发生的激光,经扩束后成为一束直径为 10mm 左右的平行光。在没有颗粒的情况下,该平行光通过富氏透镜后会聚到后焦平面上,如图 2-3 所示。

当通过适当的方式,将一定量的颗粒均匀地放置到平行光束中时,平行光将发生散射现象。一部分光将与光轴成一定角度向外传播,如图 2-4 所示。

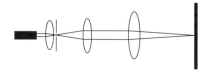

图 2-3　无颗粒光线会聚

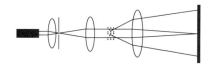

图 2-4　有颗粒光线会聚

理论和实验都证明:大颗粒引发的散射光的角度小,颗粒越小,散射光与轴之间的角度就越大。这些不同角度的散射光通过富氏透镜后将在焦平面上形成一系列不同半径的光环,由这些光环组成明暗交替的光斑,称为艾里(Airy)斑。艾里斑中包含着丰富的粒度信息,简单的理解就是半径大的光环对应着较小的粒径;半径小的光环对应着较大的粒径;不同半径光环光的强弱,包含该粒径颗粒的数量信息。这样我们在焦平面上放置一系列的光电接收器,将由不同粒径颗粒散射的光信号转换成电信号,并传输到计算机中,通过米氏散射(Mie scattering)理论对这些信号进行数学处理,就可以得到粒度分布了。

7. 电阻法

电阻法又叫作库尔特法,是由一个叫库尔特的美国人发明的一种粒度测试方法。根据这种方法,颗粒在通过一个小微孔的瞬间,占据了小微孔中的部分空间而排开了小微孔中的导电液体,小微孔两端的电阻发生变化,电阻的大小与颗粒的体积成正比。当不同大小的粒径颗粒连续通过小微孔时,小微孔的两端将连续产生不同大小的电阻信号,用计算机处理这些电阻信号,就可以得到粒度分布了,如图 2-5 所示。

用库尔特法进行粒度测试所用的介质通常是导电性能较好的生理盐水。

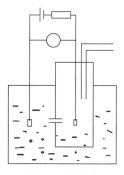

图 2-5　电阻法

8. 刮板法

把样品刮到一个平板的表面,观察粗糙度,以此来评价样品的粒度是否合格。此法是涂料行业采用的一种方法,是一种定性的粒度测试方法。它的原理与前面提到的沉降法原理大致相同。测试过程是首先将一定量的样品与液体在 500mL 或 1000mL 的量筒里配制成悬浮液,充分搅拌均匀后取出一定量(如 20mL)作为样品的总质量,然后根据斯托克斯定律计算好每种颗粒的沉降时间,在固定的时刻分别放出相同量的悬浮液,来代表该时刻对应的粒径。将每个时刻得到的悬浮液烘干、称重后就可以计算出粒度分布了。此法目前在磨料和河流泥沙等行业还有应用。

2.4.3 组分测定

1. 元素无损分析

将大气颗粒物捕集后不经样品消解处理而直接进行定量分析的方法有仪器中子活化分析（INAA）法、质子X射线发射光谱分析（PIXE）法、非破坏性的X射线荧光光谱分析（XRF）法等。INAA法可测定多种元素，检测限为1.01ppm（1ppm＝1mg/kg＝1×10^{-6}）。PIXE法测定中必须使用质子加速器，检测限为$0.1\sim2ng/m^3$（Cu、Zn）。XRF法与中子活化分析（NAA）法和PIXE法相比，其灵敏度稍低，但仪器相对廉价，且操作方便，元素间的相互干扰小。

2. 试样经消解后分析

大气颗粒物的消解方法很多，用HNO_3-HCl分解后在氯仿中显色，可用分光光度计法测定Pb等元素。将试样经酸分解后，原子吸收分光光度（AAS）分析、等离子体发射光谱（ICP）分析、等离子体发射光谱-质谱（ICP-MS）分析是使用最多的方法。原子AAS法的测量对象是呈原子状态的金属元素和部分非金属元素，是由待测元素灯发出的特征谱线通过供试品经原子化产生的原子蒸气时，被蒸气中待测元素的基态原子所吸收，通过测定辐射光强度减弱的程度，求出供试品中待测元素的含量。原子吸收一般遵循分光光度法的吸收定律，通常比较对照品溶液和供试品溶液的吸光度，求得供试品中待测元素的含量。

3. 水溶性成分分析

大气颗粒物中的水溶性成分易溶于雨水，会进入生物体内，应进行分析测定。以水为提取液样品，经超声波提取后，一般金属离子用AAS，等离子体-原子发射光谱法（ICP-AES），ICP-MS测定，也可用离子色谱法（IC）进行测定。

4. 碳的成分分析

大气颗粒物中的碳主要以元素态碳（EC）、碳酸盐碳和有机碳（OC）的形态存在。除了石灰岩地质区域，一般地区采集的颗粒样品中碳酸盐碳含量较低。因此常以EC和OC为主要研究对象。一般情况下EC在总碳（TC）中所占的比例较低，但EC吸附致癌性物质的能力较强，又是吸收光能的主要物质之一，因此定量测定的意义很大。在EC和OC分别测定中，常使用的方法有热分离法、光学法和酸分解法等，其中热分离法使用较多。仪器有热光碳分析仪（TOR/TOT）等。

5. 特定元素的形态测定

As、Sb、Hg等元素在大气颗粒物中往往以多种化学形态存在，在环境中的行为及毒性差异较大，因此这些元素的形态测定十分重要。经过滤膜分级捕集大气颗粒物后,用 NAA 法定量测定 T-As 的同时,用水、磷酸盐溶液逐次提取分离,然后用高效液相色谱——原子荧光(HPLC-AFS)法分离测定阴离子态 As。

6. 有机成分分析

大气中多环芳烃(PHA)及硝基多环芳烃主要源自柴油、汽油及煤燃烧排放的污染物,被大气颗粒物吸附后其致癌性、致突变性及对人体健康的影响已引起人们的关注。大气颗粒物样品经提取并净化后,一般用气相色谱-质谱联用法(Gas Chromatography-Mass Spectrometer,GC-MS)法进行测定,也有采用高效液相色谱仪、荧光检测器或化学发光检测器进行测定的报道。用大气压离子化 LC-MS 法测定苯并(a)芘,用 GC-MS 法同时测定 PHA、正构烷烃及有机氯化物,用 GC-ECD 或 GC-MS 法定量测定 PCB 及有机氯杀虫剂等都有报道,用 GC-MS 法、离子色谱法(ion chromatography,IC)及毛细管电泳法(capillary electrophoresis,CE)测定羧酸类的报道较多。

2.4.4　浓度测定

1. 重量法

在标准状态下(即压力为 760mm Hg,温度为 273K)气体每单位体积含尘质量(微克或毫克)数称为含尘浓度。重量法又叫作重量浓度法,通过重力称重的方法,可以得到流体中悬浮颗粒物的绝对质量。采用过滤器或其他分离器收集粉尘并称重的方法,是测定含尘量的可靠方法。采用现场海水过滤或者通过离心的方法来分离颗粒物,然后进行称重。需要通过速度很高的离心力来将颗粒进行分离,采用过滤的方法,把滤膜洗干净干燥之后称重,之后通过抽真空或者加压的方法通过过滤膜来收集颗粒物质。过滤器可用滤纸、聚苯乙烯的微滤膜等。有多种测定仪器,如静电降尘重量分析仪可测出低达每标准立方米含尘 $10\mu g$ 的浓度。若将已知有效表面积的集尘装置放在露天的适当位置,收集足够量的尘粒进行称重,可测定降尘量。

2. 光散射法

当颗粒小到一定的程度时,颗粒在液体中作布朗运动,呈一种随机的运动状态,其运动距离、运动速度与颗粒的大小有关。通过相关技术来识别这些颗粒的运动状态,就可以得到粒度分布。动态光散射法,主要用来测量纳米材料的粒度分布。激光粉尘仪具有 21 世纪国际先进水平的新型内置滤膜在线采样器,仪器在连续监测粉尘浓度的同时,可收集颗粒物,以便对其成分进行分析,并求出质量浓度转换系数 K。可直读粉尘质量浓度(mg/m^3),具有 PM_{10}、PM_5、$PM_{2.5}$、$PM_{1.0}$ 及 TSP(粒径小于 $100\mu m$ 颗粒,称为总悬浮物颗粒)切割器供选择。仪器采用了强力抽气泵,使其更适合需配备较长采样管的中央空调排气口 PM_{10} 可吸入颗粒物浓度的检测,以及对可吸入尘 $PM_{2.5}$ 进行监测。仪器符合《工业企业设计卫生标准》(GBZ 1—2002)、《工作场所有害因素职业接触限值》(GBZ 2—2002)标准、原卫生部 WS/T 206—2001《公共场所空气中可吸入颗粒物(PM$_{10}$)测定方法-光散射法》标准、原劳动部 LD 98—1996《空气中粉尘浓度的光散射式测定法》标准,以及原铁道部 TB/T 2323—1992《铁路作业场所空气中粉尘相对质量浓度与质量浓度的转换方法》等行业标准。

3. 浓度规格表比较法

应用较广泛的是林格曼提出的林格曼煤烟浓度表。该表是在长 14cm、宽 20cm 的各张白纸上描出宽度分别为 1.0mm、2.3mm、3.7mm、5.5mm、10.0mm 的方格黑线图,使矩形白纸板内黑色部分所占的面积大致为 0、20%、40%、60%、80%、100%,以此把烟尘浓度区别为 6 级,分别称为 0 度、1 度、2 度、3 度、4 度、5 度。在标准状态下,1 度烟尘浓度相当于 0.25g/m³,2 度相当于 0.7g/m³,3 度相当于 1.2g/m³,4 度约为 2.3g/m³,5 度为 4~5g/m³。在使用时,将浓度表竖立在与观测者眼睛大致相同的高度上,然后在离开纸板 16m、离烟囱 40m 的地方注视此纸板,与离烟囱口 30~45cm 处的烟尘浓度作比较。观测时,观测者应与烟气流向成直角,不可面向太阳光线,烟囱出口的背景上不要有建筑物、山等障碍物。除林格曼煤烟浓度表,还有其他形式的浓度表和进行浓度比较的测定仪器,如望远镜式煤烟浓度测定仪和烟尘透视筒等。浓度规格表比较法的优点是简便易行,缺点是易产生误差。

4. 光度测定法

用一定强度的光线通过受测气体,或用水洗涤一定量的受测气体,使气体中的尘粒进入水中,然后用一定强度的光线通过含尘水,气体或水中的尘粒就会对光线产生反射和散射现象,用光电器件测定透射光或散射光的强度,并与标准的光度比较,即可换算成含尘浓度。

5. 浊度法

水的浊度不仅与水中存在的悬浮颗粒的浓度有关,还与其颗粒的大小、形状以及颗粒表面对光的散射特性有密切关系。悬浮液中颗粒的密度和粒径分布等相关参数不变的情况下,通过建立浊度与浓度关系的标准曲线,来测量悬浮液颗粒质量浓度,对于粒径处于微米级以下的颗粒,在进行浓度测定时可以假设其体积、表面积形状系数均为常数,并进行相关的计算分析。

6. 粒子计算法

将已知空气体积中的粉尘沉降在一透明表面上,然后在显微镜下数出尘粒数目,测量结果用每立方厘米内的粒子数表示,必要时可换算成含尘浓度,其换算的近似值为:每立方厘米有 500 个尘粒,相当于在标准状态下含尘浓度每立方米约 2mg,2000 个尘粒约为每立方米 10mg,20000 个尘粒约为每立方米 100mg。

7. 间接测量法

含尘气流以湍流状态通过测量管,由于粉尘粒子和管内壁之间的摩擦而使尘粒带电,测量电流量,即可根据标准曲线换算出含尘浓度。此外,用热电偶测定尘粒吸收特定光源的辐射热,可间接测出含尘浓度。在离子化室内,测出空气中尘粒对离子流的衰减。此法也可算出含尘浓度,测定下限可到每立方厘米 200 个尘粒。

2.5　计算模型

2.5.1　受力模型

1. 曳力

细颗粒在黏性流体中运动时,流体作用在细颗粒上的曳力是由压差曳力和摩擦曳力两部分组成的。在连续稳定的流场中,作用在单个粒子上的曳力可以用公式(2-8)表示。

$$F_d = 0.5C_D\rho_f A \, |u_p - u_f| \, (u_p - u_f) \tag{2-8}$$

式中：F_d 为曳力,N;C_D 为曳力系数;ρ_f 为气体密度,kg/m^3;A 为颗粒在速度差方向上的投影面积,m^2,对于球形颗粒 $A = \pi d_p^2/4$;u_p 为颗粒相速度,u_f 为气体相速度,单位均为 m/s。

不可压缩牛顿流体中球形细颗粒的曳力系数 C_D 只是颗粒雷诺数 Re_p 的函数,取值由以下公式确定：当 $0 \leqslant Re_p \leqslant 1$ 时,$C_D = \dfrac{24}{Re_p}$;当 $1 < Re_p \leqslant 500$ 时,$C_D = \dfrac{24}{Re_p}(1 + 0.1 Re_p^{0.75})$;当 $500 < Re_p \leqslant 200000$ 时,$C_D = 0.44$。颗粒雷诺数由公式(2-9)表示。

$$Re_p = \frac{\rho_f d_p |u_p - u_f|}{\mu} \tag{2-9}$$

式中：μ 为气体动力黏度,Pa·s;d_p 为颗粒当量直径,m。

2. 萨夫曼升力

当细颗粒在有速度梯度的流场中运动时,由于颗粒两端流速的不同,细颗粒将受到一个与主流速度方向垂直的力。在雷诺数较低的情况下,萨夫曼升(Saffman)力可以用公式(2-10)表示。

$$F_L = 1.615\rho_f \upsilon^{0.5} d_p^2 (u_f - u_p) \left| \frac{du_f}{dx} \right|^{0.5} \tag{2-10}$$

式中：F_L 为萨夫曼升力,N;υ 为气体运动黏度,m^2/s;d_p 为颗粒当量直径,m;$\dfrac{du_f}{dx}$ 为气体在 X 方向上的速度梯度,1/s。

3. 热泳力

悬浮于流场中的细粒子会受到一个由温度梯度造成的与温度梯度反向的力,即热泳力。热泳力可以用公式(2-11)表示。

$$F_{th} = -\frac{6\pi\mu\upsilon d_p C_s (k^{-1} + C_t Kn)\, \nabla T/T}{(1 + 3C_m Kn)(1 + 2k^{-1} + 2C_t Kn)} \tag{2-11}$$

式中:d_p 为颗粒当量直径,m;μ 为气体动力黏度,Pa·s;υ 为气体运动黏度,m^2/s;$C_m = 1.14$ 为滑移边界条件中动量交换系数;$C_s = 1.17$ 为热滑移系数;$C_t = 2.18$ 为温度跳跃边界条件中动量交换系数;Kn 为克努森数,$Kn = \lambda/L$,这里,λ 为气体分子的平均自由程,m;L 为流场中物体的特征长度,m;∇T 为气体 X 方向上的温度梯度,K/m;k 为气体导热系数,W/(m·K);T 为气体热力学温度,K。

4. 布朗力

空气分子的不规则运动对细粒子不断撞击,使其产生不规则的位移,即布朗力的作用。当颗粒较小时,如亚微米颗粒,布朗力有较大影响。布朗力的幅值可以用公式(2-12)表示。

$$F_{Browni} = m_p G_i \sqrt{\frac{\pi S_0}{\Delta t}} \tag{2-12}$$

式中:m_p 为颗粒质量,kg;G_i 为期望为 0、方差为 1 的高斯概率分布随机数;Δt 为积分时间步长,s。

S_0 由公式(2-13)表示。

$$S_0 = \frac{216\upsilon k_B T}{\pi^2 \rho_f d_p^5 S^2 C_c} \tag{2-13}$$

式中:T 为气体热力学温度,K;$k_B = 1.38 \times 10^{-23}$ 为玻尔兹曼常量,J/K;$S = \rho_p/\rho_f$,这里 ρ_p 和 ρ_f 分别为颗粒密度和流体密度,kg/m^3;$C_c = 1.17$ 为滑动修正系数。

5. 虚拟质量力

当颗粒相对于周围流体加速时,周围会产生二次流。为了使颗粒运动,除了消耗加速自身所需的功,还要额外消耗产生二次流动的功。

对于球形颗粒,当颗粒与流体作相对变速运动时,虚拟质量力可用公式(2-14)表示。

$$F_a = \frac{1}{2}\left(\frac{4}{3}\pi a_p^3\right)\bar{\rho}\,\frac{d(u_f - u_p)}{dt} \tag{2-14}$$

式中:u_f 为流体速度,m/s;u_p 为固体颗粒的速度,m/s。

对于常压下的气固悬浮系统,只有当颗粒具有较大的加速度时,虚拟质量力才是明显的,因此在正常情况下可以忽略。

6. 马格努斯旋转提升力

在气固两相流动过程中,颗粒之间的非对心碰撞会使颗粒产生旋转。在流体流场不均匀的情况下,速度梯度的存在也会使颗粒产生旋转。在低雷诺数时,颗粒旋转会驱动流体接近其表面,以便在与旋转方向相同的方向上增加速度,并在另一侧降低速度。在这种情况下,颗粒受到一个与颗粒运动方向垂直的力,驱使粒子向更高速侧移动,这种力称为马格努斯(Magnus)旋转提升力。

旋转球体的马格努斯旋转提升力的计算公式如公式(2-15)所示。

$$F_M = \pi a_p^3 \bar{\rho} \boldsymbol{\omega} \times \boldsymbol{V}[1 + O(Re)] \tag{2-15}$$

式中:$\boldsymbol{\omega}$ 为球体旋转的角速度,rad/s;$\boldsymbol{V}$ 为颗粒与流体的相对速度,m/s;$\boldsymbol{V} = \boldsymbol{u}_p - \boldsymbol{u}_f$;$F_M$ 的方向与 $\boldsymbol{V}$ 和 $\boldsymbol{\omega}$ 所在平面垂直,N;$\bar{\rho}$ 为流体的密度,kg/m³。

7. 范德瓦耳斯力

范德瓦耳斯力包括分子之间和原子之间除化学结合力以外的所有作用力,对于半径为 a 的球体,与平面接触时范德瓦耳斯力如公式(2-16)所示。

$$F_v = \left(\frac{h\omega}{8\pi^2 Z_0^2}\right) a \tag{2-16}$$

式中:$h\omega$ 为利富希兹-范德瓦耳斯常数,$Z_0 \cong 4\text{Å}$;a 为颗粒半径,m。

两物体之间的距离增大,范德瓦耳斯力很快减弱,当距离大于 100Å 时,黏着力可忽略不计。范德瓦耳斯力只存在于紧靠壁面的颗粒与壁面之间以及紧靠在一起的颗粒之间。

2.5.2 扩散模型

1. 菲克扩散定律

由于布朗运动引起的扩散作用,使得颗粒物在环境水体中即使在无任何外力作用下也将从高浓度区域向低浓度区域转移,颗粒物因扩散而发生的这种位置转移用菲克第一扩散定律描述。菲克第一扩散定律认为,在单位时间内通过单位面积的粒子数 J,与垂直于该单位面积的粒子的浓度梯度 $\mathrm{d}c/\mathrm{d}x$ 成正比,如公式(2-17)所示。

$$J = -D\frac{\mathrm{d}c}{\mathrm{d}x} \tag{2-17}$$

式中:比例系数 D 为粒子的扩散系数;$\mathrm{d}c/\mathrm{d}x$ 表示粒子浓度在 x 方向上的浓度变化;负号表示这种变化是由高浓度方向向低浓度方向进行,梯度本身就是一个负值。

由于扩散作用,任何一点的颗粒物浓度还将随时间发生变化。颗粒物随时间发生的这种转移规律用菲克第二扩散定律描述,菲克第二扩散定律解释了空间某一点的颗粒物由扩散所引起的浓度随时间的变化关系。这种浓度随时间的变化与该点的浓度梯度的散度成正比,其比例因子仍是扩散系数 D。

2. 布朗位移

布朗运动引起颗粒物作无定向的随机运动,但是就单个颗粒物来说,经过一段时间后,回到它原始位置的可能性是较小的,因此必然发生一个净位移,颗粒物作布朗运动发生的这种净位移 $\bar{s}$ 用相对于某一点的均方根位移表示,如公式(2-18)所示。

$$\bar{s} = \sqrt{\bar{s}^2} = \sqrt{2Dt} \qquad (2-18)$$

式中:t 为颗粒物相对于某一参考点开始作扩散运动所经历的时间,s;D 为颗粒物的扩散系数。式(2-18)表示的是在一维方向上发生的直线位移。对于三维方向,其净位移用式(2-19)估算。

$$\bar{s} = \sqrt{\frac{4}{\pi}Dt} \qquad (2-19)$$

式中符号意义同式(2-18)。

由这些公式可以计算出,仅仅依靠扩散运动而使颗粒物发生的净位移实际是很小的。

3. 颗粒物旋转运动

颗粒物由于布朗运动不仅发生线性的净位移,也会随环境水体随机碰撞发生旋转运动。在时间 t 内,直径为 d 的颗粒物围绕一给定的旋转轴发生的旋转运动用均方旋转角表示,如公式(2-20)所示。

$$\bar{\theta}^2 = 2kTB_\theta t \qquad (2-20)$$

式中:θ 为旋转角,rad;B_θ 称为旋转迁移率;t 为时间,s;T 为温度,K。

4. 颗粒物随垂直高度的分布

动力学理论证明,当颗粒物与环境水域处于平衡状态时,颗粒物也具有同环境水域一样的平均动能,如公式(2-21)所示。

$$\frac{1}{2}m\bar{v}_0^2 = \frac{3}{2}kT \qquad (2-21)$$

式中:m 为颗粒物的质量,kg;T 为温度,K;v_0 为速度,m/s。

因此,可以计算颗粒物具有的平均速度,如公式(2-22)所示。

$$\bar{v}_0 = \sqrt{\frac{3kT}{m}} \qquad (2-22)$$

式中符号意义同公式(2-21)。

2.5.3 沉降模型

对于黏性流体中的悬浮颗粒物,其沉降速率可以选用斯托克斯公式来描述其沉降过程,如公式(2-23)所示。

$$V = d^2(\rho_s - \rho_f)\frac{g}{18\eta} \qquad (2-23)$$

式中：V 为颗粒物的沉降速率，cm/s；d 为颗粒物的直径，cm；ρ_s 为颗粒物的平均密度，g/cm^3；ρ_f 为海水的密度，g/cm^3；η 为海水的黏度，p；g 为地球的重力加速度，cm/s^2。

斯托克斯公式表明，当颗粒物与水的密度差越大，颗粒物的沉降速率越快。当颗粒物的密度大于水的密度时，颗粒物下沉；当颗粒物的密度小于水的密度时，颗粒物上浮；当颗粒物的密度和水的密度保持相等时，颗粒物既不下沉也不上浮。颗粒的直径越大时，沉降速率越快。当水的黏度越小的时候，沉降速率越快。对于小于 $100\mu m$ 的颗粒物，根据此公式计算得出的沉降速率比较准确；对于直径大于 $100\mu m$ 的颗粒，其沉降速率与根据此定律公式计算的结果相比要低。这是因为，在颗粒物下沉的过程中，颗粒物与海水相互的湍流会产生一定的阻力作用。

2.5.4 湍流沉积模型

1. 沉积速度公式

伍德（Wood）计算无量纲沉积速度的公式为

$$V^+ = 0.057 Sc^{-2/3} + 4.5 \times 10^{-4} \tau^{+2} \tag{2-24}$$

式中：Sc 是施密特数；τ^{+2} 为无量纲颗粒弛豫时间。

$$Sc = \frac{3\pi \upsilon d \mu}{C_c k_B T} \tag{2-25}$$

式中：C_c 为坎宁修正系数；υ 为运动黏度，m^2/s；d 为颗粒直径，m；μ 为动力黏度，Pa·s；k_B 玻尔兹曼常量，$k_B = 1.38 \times 10^{-23}$ J/K；T 为温度，K。

2. 湍流沉积效率公式

对湍流沉积采用的计算公式为

$$\eta_2 = 1 - \exp(-\pi DLV^+ u^*/Q) \tag{2-26}$$

式中：D 为当量直径，m；L 为特征长度，m；V^+ 为无量纲沉积速度；Q 为体积流量，m^3/s；u^* 为摩擦速度，m/s。

$$u^* = u_m \sqrt{f/8} \tag{2-27}$$

式中：u_m 为轴向平均速度，m/s；f 为摩擦系数。

2.5.5 热泳沉积模型

1. 层流管中的热泳沉积效率计算公式

有学者通过理论分析提出，在层流管中，热泳沉积效率由普朗特数和热泳系数的乘积 $Pr \cdot K_{th}$、无量纲温度 $(T_e - T_w)/T_e$ 和气体贝克莱数 Pe_g 三个参数决定。

沃克（Walker）等提出了层流管中的预测颗粒热泳沉积效率公式，如公式（2-28）

所示。

$$\eta_L = \beta_1 = 4.07 \frac{PrK_{th}}{T_w}(T_e - T_w)\left(\frac{L}{Pe_g}\right)^{2/3}\phi_0 \qquad (2\text{-}28)$$

式中：η_L 为层流热泳沉积效率；$Pe_g = u_{max}R/\alpha$，这里 $u_{max} = 2(Q/\pi R^2)$；Q 为体积流量，m^3/s；α 为热扩散系数，$m^2 \cdot s$；R 为管半径，m；ϕ_0 为分布函数；T_e 和 T_w 分别为流体入口和管壁温度，K；K_{th} 为陶尔博特（Talbot）热泳系数，$W/(m^2 \cdot K)$；Pr 是气体普朗特数；L 为含颗粒的两相流在管道流过的距离，m；$L = 0$ 表征的是管壁温度开始低于主流进口温度的那个点；η_∞ 是当管长 $L \to \infty$ 时的热泳沉积效率。

所谓"管长 $L \to \infty$"的意思是，当流体运动到自身温度与壁面温度几乎不存在温差位置，就可以近似认为管长无限长了。也可以认为是存在一个长度 L_1，使得管长增加到无限时的 η_∞ 只是比相应于 L_1 条件下的 η_{L_1} 变化量小于 0.3%（0.3% 被认为是可以忽略的）。

2. 湍流管中的热泳沉积效率计算公式

1969 年，拜尔斯（Byers）和卡尔弗特（Calvert）首先提出了定量计算湍流热泳沉积效率的公式，如公式（2-29）所示。

$$\eta_L = 1 - \exp\left(-\frac{\rho C_p f_c Re_D}{4Dh}\frac{K_{th}\upsilon}{\overline{T}}(T_e - T_w)\left[1 - \exp\left(\frac{-4hL}{u_m\rho C_p D}\right)\right]\right) \qquad (2\text{-}29)$$

式中：Re_D 为基于管道直径的雷诺数；f_c 为范宁摩擦系数；υ 为气体运动黏性系数，m^2/s；ρ 为气体密度，kg/m^3；u_m 为气体平均速度，m/s；D 为管道直径，m；h 为对流换热传热系数，$W/(m^2 \cdot K)$；L 为管长，m；T_e 和 T_w 分别为流体入口和管壁温度，K；$\overline{T}$ 为径向气体平均温度，K；K_{th} 为陶尔博特热泳系数，m^2/s；C_p 为气体比定压热容，$J/(kg \cdot K)$。

拜尔斯和卡尔弗特的研究表明，对于粒径大于 $10\mu m$ 的粒子，热泳力的作用较小。热泳沉积主要受粒子尺寸和气固两相流温度影响。沉积效率随粒子尺寸的增大而减小，例如，粒径从 $0.3\mu m$ 增大到时 $1.2\mu m$ 时，沉积效率从 30% 下降到 5%，气固两相流的温度越高，气流与壁面间的温度梯度也就越大，从而沉积效率也增大。

1998 年，罗马尼（Romay）等在综合了其他学者研究成果的基础上，提出了湍流管中的预测颗粒热泳沉积效率的公式，如公式（2-30）所示。

$$\eta_L = 1 - \left[\frac{T_w + (T_e - T_w)\exp(-\pi DhL/\rho QC_p)}{T_e}\right]^{PrK_{th}} \qquad (2\text{-}30)$$

式中：C_p 为气体比定压热容；K_{th} 为陶尔博特热泳系数；T_e 和 T_w 分别为流体入口和管壁温度；h 为对流传热系数；L 为管长；D 为管径；ρ 为气体密度；Q 为体积流量。所有单位均为国际单位，其他单位同式（2-29）。

上述提到的湍流管中热泳沉积效率的计算公式都是通过推导一维管流中对于所选控制体内颗粒的质量平衡模型而得出的。亦即沿管道流动方向，取二个横截面围成一个微元段控制体,然后写出流入和流出微元体的颗粒质量平衡方程,并根据实际工况考虑热泳及热对流对颗粒运动的影响,最后沿管长积分即可得到任意管长 L 的热泳沉积效率计算公式。各公式间的主要区别就是在处理壁面边界的温度梯度分布和沿管道的温度分布时使用了不同方法。

3. 管中层流和湍流通用公式

1985 年,巴彻勒(Batchelor)和沈青(Shen)提出的湍流和层流均适用的热泳沉积效率公式,如公式(2-31)所示。

$$\eta_\infty = PrK_{th}\left(\frac{T_e - T_w}{T_e}\right)\left[1 + (1 - PrK_{th})\left(\frac{T_e - T_w}{T_e}\right)\right] \tag{2-31}$$

式中:η_∞ 为管长 $L \rightarrow \infty$ 时的热泳沉积效率;K_{th} 为陶尔博特热泳系数;T_e 和 T_w 分别为流体入口和管壁温度;Pr 为气体普朗特数,单位同式(2-29)。

此公式是从层流公式发展而来的近似描述湍流管热泳沉积的表达式。巴彻勒和沈青认为,只要沿流动方向总体平均温度下降,该公式运用到湍流中求沉积效率也是合理的。与上文提到的湍流管中的计算公式可计算任意管长 L 的热泳沉积效率不同,巴彻勒和沈青公式求的是管长 $L \rightarrow \infty$ 时的总热泳沉积效率。

2.5.6　总沉积模型

在流道中,为说明问题,沉积效率按湍流沉积和热泳沉积两个部分为主要影响计算,其计算公式如式(2-32)所示。

$$\eta = \eta_1 + \eta_2 + \eta_1 \cdot \eta_2 \tag{2-32}$$

式中:η_1 为热泳沉积效率;η_2 为湍流沉积效率。考虑到粒径微小,并且属于稀相两相流动,还可能受到重力、布朗力等的作用,以及湍流与热泳等各个作用有可能增强沉积,选择第三项加和。

2.5.7　脱除模型

气溶胶的去除效果可通过去除率得到,如公式(2-33)所示。

$$m_f = \frac{M(t)}{M_0} \tag{2-33}$$

式中:M_0 为初始时刻悬浮在空气中的气溶胶质量,kg;$M(t)$ 为 t 时刻悬浮在空气中气溶胶质量,kg;m_f 为去除率,%。

参考文献

[1]　HINDS W C. Aerosol technology:properties,behavior,and measurement of airborne particles [M]. New York:John Wiley and Son,1999.

［2］ BARON P A，WILLEKE K. Aerosol measurement：principles，techniques，and applications［M］.2nd Edition. New York：John Wiley and Son,2003.

［3］ 刘志荣. 谈谈大气颗粒物的分类和命名［J］.中国科技术语,2013,15(2)：31-34.

［4］ 环境科学编委会.中国大百科全书·环境科学［M］.北京：中国大百科全书出版社,1983.

［5］ 唐孝炎.大气环境化学［M］.北京：高等教育出版社,2006.

［6］ 向晓东.气溶胶科学技术基础［M］.北京：中国环境科学出版社,2012.

［7］ 刘立.东莞/武汉城市大气颗粒物的理化特性与来源解析［D］.武汉：华中科技大学,2016.

［8］ 凌礼恭,孙海涛,高晨,等. M310 改进型机组压力容器辐照监督要求及其在高温气冷堆辐照监督中的实践［J］. 核安全,2018,17(1)：6-11.

［9］ 侯斌,吕田,周科源,等. 用于海上钻井平台的小型钠冷快堆核电源概念设计方案［J］. 原子能科学技术，2018,52(3)：494-501.

［10］ PORCHERON E，LEMAITRE P，MARCHAND D，et al. Experimental and numerical approaches of aerosol removal in spray conditions for containment application［J］. Nuclear Engineering and Design,2010,240(36)：336-343.

［11］ 樊昱楠.多气载细颗粒热泳沉积研究［D］.北京：华北电力大学,2013.

［12］ HEALY D P，YOUNG J B. An experimental and theoretical study of particle deposition due to thermophoresis and turbulence in an annular flow［J］. International Journal of Multiphase Flow,2010,36(8)：870-881.

［13］ 卢晓.柴油机排气微粒热泳沉降特性及再悬浮规律的研究［D］.北京：北京交通大学,2009.

［14］ 薛元.细颗粒在流动与温度边界层中的运动规律研究［D］.北京：清华大学,2002.

［15］ 周涛,杨瑞昌,赵磊.湍流环形通道热泳脱除可吸入颗粒物技术研究［J］.环境污染治理技术与设备,2006,7(3)：134-137.

［16］ ANBUCHEZHIAN N,SRINIVASAN K,CHANDRASEKARAN K,et al. Thermophoresis and Brownian motion effects on boundary-layer flow of a nanofluid in the presence of thermal stratification due to solar energy［J］. Applied Mathematics and Mechanics,2012,33(6)：726-738.

［17］ ZUBER N,FINDLAY J A. Average volumetric concentration in two-phase flow systems［J］. J. Heat Transfer,1965,87：453-468.

［18］ SPALDING D B. Mathematical models of continuous combustion［M］//Emissions from Continuous Combustion Systems. New York：Springer US,1972：3-21.

第 **3** 章

环境大气颗粒物

本章主要介绍环境大气颗粒物的基本概念,从来源解释它的组分及形成机理;通过列举大气颗粒物所引发的危害事件来叙述其对生物的危害,从物理和化学的角度对其特征进行描述,并分析运动规律,提出处理措施与技术。

3.1　基本概念

大气颗粒物(atmospheric particulate matters)是大气中存在的各种固态和液态颗粒物的总称。各种颗粒物均匀地分散在空气中构成一个相对稳定的庞大的悬浮体系,即气溶胶体系,因此大气颗粒物也称为大气气溶胶(atmospheric aerosols)。

颗粒物,又称为尘,是气溶胶体系中均匀分散的各种固体或液体微粒。颗粒物可分为一次颗粒物和二次颗粒物。一次颗粒物是由直接污染源释放到大气中造成污染的颗粒物,如土壤粒子、海盐粒子、燃烧烟尘等。二次颗粒物是由大气中某些污染气体组分(如二氧化硫、氮氧化物、碳氢化合物等)之间,或这些组分与大气中的正常组分(如氧气)之间通过光化学氧化反应、催化氧化反应或其他化学反应转化生成的颗粒物,比如二氧化硫转化生成硫酸盐。

大气颗粒物的大小、形状和性质各异,按其特性、测量方法和研究目的等,有多种分类和描述方法。就大气颗粒物粒径的描述来说,可因测量方法不同而表述为光学等效直径、体积等效直径、空气动力学等效直径等。其中空气动力学等效直径较常用,即在气流中,如果待测大气颗粒物与一个有单位密度的球形颗粒物的空气动力学效应相同,则这个球形颗粒物的直径就被定义为待测颗粒物的空气动力学等效直径。

3.2 危害及影响

3.2.1 大气污染事件

1. 马斯河谷烟雾事件

1930 年 12 月 1 日至 5 日,时值隆冬,大雾笼罩了整个比利时大地。比利时列日市西部马斯河谷工业区上空的雾特别浓重,如图 3-1 所示。

由于特殊的地理位置,马斯河谷上空出现了很强的逆温层,导致马斯河谷工业区内 13 个工厂排放的大量烟雾弥漫在河谷上空无法扩散,有害气体在大气层中越积越厚,其积存量接近危害健康的极限。第三天开始,河谷工业区有上千人发生呼吸道疾病,症状表现为胸疼、咳嗽、流泪、咽痛、声音嘶哑、恶心、呕吐、呼吸困难等。短短一个星期,就有 63 人死亡,是同期正常死亡人数的十多倍。许多家畜也未能幸免于难,纷纷死去。马斯河谷烟雾事件轰动世界,此事件是 20 世纪最早记录下的急性大气污染惨案。

2. 1943 年洛杉矶光化学烟雾事件

1943 年 7 月,美国加利福尼亚州南部城市洛杉矶发生了世界上最早的光化学烟雾事件。

洛杉矶,本是美国西部太平洋沿岸的一个海滨城市,前面临海,背后靠山。但是,自从 1936 年在洛杉矶开发石油以来,特别是第二次世界大战后,洛杉矶的飞机制造和军事工业迅速发展。随着工业发展和人口剧增,车辆也越来越多。汽车大量的排放物在紫外线照射下发生光化学反应,生成淡蓝色光化学烟雾,如图 3-2 所示。

图 3-1 马斯河谷烟雾事件

图 3-2 洛杉矶光化学烟雾事件

这种烟雾中含有臭氧、氧化氮、乙醛和其他氧化剂,滞留市区久久不散。大量居民出现眼睛红肿、流泪、喉痛等症状,严重者眼睛刺痛、呼吸不适、头晕恶心,死亡率大大增加。

3. 1952 年伦敦烟雾事件

1952 年 12 月 4 日至 9 日,伦敦上空受高压系统控制,大量工厂生产和居民燃煤取暖排出的废气难以扩散,积聚在城市上空,如图 3-3 所示。

图 3-3　伦敦烟雾事件

当时,伦敦空气中的污染物浓度持续上升,许多人出现胸闷、窒息等不适感,发病率和死亡率急剧增加。在大雾持续的 5 天时间里,据英国官方的统计,丧生者达 5000 多人,在大雾过去之后的两个月内有 8000 多人相继死亡。

4. 雅典"紧急状态"事件

1989 年 11 月 2 日上午 9 时,希腊首都雅典市中心大气质量监测站显示,空气中二氧化碳浓度达 318mg/m^3,超过国家标准(200mg/m^3)59%,发出了红色危险信号。11 时浓度升至 604mg/m^3,超过 500mg/m^3 的紧急危险线。希腊中央政府当即宣布雅典进入"紧急状态",禁止所有私人汽车在市中心行驶,限制出租车和摩托车行驶,并令熄灭所有燃料锅炉,主要工厂削减燃料消耗量 50%,学校一律停课。

11 月 2 日中午,二氧化碳浓度增至 631mg/m^3,超过历史最高纪录。一氧化碳浓度也突破危险线。许多市民出现头疼、乏力、呕吐、呼吸困难等中毒症状。市区到处响起救护车的呼啸声。11 月 2 日 16:30,戴着防毒面具的自行车队在大街上示威游行,高喊"要污染,还是要我们!""请为排气管安上过滤嘴!"

5. 中国雾霾污染事件

2013 年,"雾霾"成为年度关键词。这年一月 4 次雾霾过程笼罩 30 个省(区、市),在北京,仅有 5 天不是雾霾天。有报告显示,中国最大的 500 个城市中,只有不到 1% 的城市达到世界卫生组织(WHO)推荐的空气质量标准。与此同时,世界上污染最严重的 10 个城市有 7 个在中国。

持续的雾霾天气笼罩着全国 10 余个省份,2014 年 2 月 20 日起,北京陷入雾霾,21 日北京市空气重污染应急指挥部将重污染预警级别由黄色提升至橙色。除京津冀地区,河南、山东、山西、陕西、四川的部分地区,长江中下游、辽河平原也存在轻到中度霾,占国土面积的 1/7。这场雾霾直到 27 日才散,雾霾天气造成我国多人患上呼吸道感染。

3.2.2　大气污染现状

1. 环境大气污染概况

虽然肉眼看不见空气中的颗粒物,但是各种颗粒物都能降低空气的能见度。历史上,很多国家都发生过因颗粒物引起的空气污染事件。全球空气质量与空气污染指数见表3-1。

表3-1　空气质量与空气污染指数表

空气质量指数	空气质量指数级别	对健康影响情况	建议采取的措施
0～50	一级(优)	空气质量令人满意,基本无空气污染	各类人群可正常活动
51～100	二级(良)	空气质量可接受,但某些污染物可能对极少数异常敏感人群的健康有较弱影响	极少数异常敏感人群应减少户外活动
101～150	三级(轻度污染)	易感人群症状轻度加剧,健康人群出现刺激症状	儿童、老年人以及心脏病、呼吸系统疾病患者应减少长时间、高强度的户外锻炼
151～200	四级(中度污染)	进一步加剧易感人群症状,可能对健康人群的心脏、呼吸系统有影响	儿童、老年人以及心脏病、呼吸系统疾病患者应避免长时间、高强度的户外锻炼,一般人群适量减少户外活动
201～300	五级(重度污染)	心脏病和肺病患者症状显著加剧,运动耐受力降低,健康人群普遍出现症状	儿童、老年人以及心脏病、呼吸系统疾病患者应停留在室内,一般人群适量减少户外活动
300+	六级(严重污染)	健康人群运动耐受力降低,有明显强烈症状,易出现某些疾病	儿童、老年人和病人应该停留在室内,避免体力消耗,一般人群避免户外活动

从表3-1可以看出不同空气质量指数下,空气污染对人体健康及活动造成的影响。可以结合该表与全球范围内的实时空气质量指数地图和中国实时空气质量指数地图共同查看空气状况。

空气污染对生态环境的影响和危害应该成为当前人类最关注的问题。各种形式的大气污染达到一定程度时,直接影响农作物的正常生长。畜禽因摄入含污染物过多的饲料后,致病或死,导致农业生产的经济损失。大气污染物进入农业环境后,不仅直接影响农业生产,进入农用水域、土壤的污染物又间接危害植物、动物及微生物的生长。空气是动植物生存的必要条件,空气受到污染会对人体健康、动植物的生命造成严重危害和影响。

颗粒物中 $1\mu m$ 以下的微粒沉降速度慢,在大气中存留时间久,在大气动力作用下能够吹送到很远的地方。所以颗粒物的污染往往波及很大区域,甚至成为全球性的问题。粒径在 $0.1\sim1\mu m$ 的颗粒物,与可见光的波长相近,对可见光有很强的散射作用。这是造成大气能见度降低的主要原因。由二氧化硫和氮氧化物化学转化生成的硫酸和硝酸微粒是酸雨形成的主要原因。大量的颗粒物落在植物叶子上影响植物生长,落在建筑物和衣服上能起沾污和腐蚀作用。大气中大量的颗粒物会干扰太阳和地面的辐射,从而对地区性甚至全球性的气候产生影响。

2. 国外环境大气污染现状

近年来,随着空气污染给人类健康造成的威胁日益严重,城市空气问题也开始引发了人们越来越多的关注。世界卫生组织 2014 年 5 月公布的数据显示,全世界大多数城市的室外空气质量不仅没有达到该组织制定的安全标准,其污染的状况还在不断加剧,城市空气污染已经成为当今世界最主要的公共卫生挑战之一。世界卫生组织发布的"城市空气质量数据库"更新版涵盖了 91 个国家 1619 个城市的空气中细颗粒物($PM_{2.5}$)和 1528 个城市可吸入颗粒物(PM_{10})的年平均值,包括兰州、乌鲁木齐、西安、西宁、北京在内的 112 个中国城市向数据库提供了资料。世界卫生组织估计,每年有 430 万人因吸入室内和室外空气污染中的细小微粒而死亡。PM_{10} 微粒属于等于或小于 $10\mu m$ 的微粒,能够渗入肺部并可能进入血液循环,引起心脏病、肺癌、哮喘和急性下呼吸道感染。在《世界卫生组织空气质量指南》中,PM_{10} 的年平均值为 $20\mu g/m^3$,但数据显示,某些城市的 PM_{10} 已达到 $300\mu g/m^3$。

新的情况汇编中的主要调查发现包括:在许多城市区域,常常出现细小颗粒污染程度呈持续性增高状况。细小颗粒污染通常来自发电厂和机动车等燃烧源。绝大部分城市人口平均每年接触到的 PM_{10} 微粒超过了 $20\mu g/m^3$ 这一最高水平。平均而言,仅有少数城市达到世界卫生组织指南规定的数值。2008 年,估计城市室外空气污染共造成 134 万人出现过早死亡。如果普遍达到世界卫生组织指南的标准,估计 2008 年可避免 109 万人死亡。与先前在 2004 年估计的 115 万死亡相比,城市空气污染导致的死亡数已有所上升。城市空气污染导致的死亡估计数上升情况与近期空气污染浓度不断升高、城市人口规模不断扩大及数据可用性和采用方法的改进有关。

2022 年 4 月 4 日,世界卫生组织在 2022 年空气质量数据库更新时指出,全球 99% 的人口生活在空气污染较为严重的区域,这一比例高于 4 年前的 90%。在全球污染最为严重的 10 个城市中,印度占据了其中的 9 个,而且都是由 $PM_{2.5}$ 等微小颗粒物污染造成的。

2019 年底新冠疫情爆发,美国密歇根大学公共卫生学院研究团队发布公报说,研究人员在分析校园内采集的环境样本后发现,新冠病毒通过气溶胶传播的风险可能达到物体表面接触传播的上千倍。他们采集的空气和物体表面样本新冠阳性率分别为 1.6% 和 1.4%。对模拟场景的估算显示,如果暴露在含有新冠病毒的气溶胶中,通过吸入感染新冠的几率约为百分之一;接触一次被新冠病毒污染的物体表面后,感染的几率约为十万分之一。

3. 国内环境大气污染现状

自改革开放以来的 40 年间,随着我国经济持续高速发展,城市化和工业化进程日益加快,各种大气污染物排放不断增加,导致发达国家经历了上百年的大气环境问题在我国集中涌现。从政府的工作报告中可以看出,中国对空气污染越来越重视,下决心在顶层设计上用硬措施来治理空气污染,相信在不久的将来我们便能看到治理的成果,蓝天白云将会重新回到我们的头顶。

2019 年时中国大部分地区处于中度及中度以上污染地区,仅少数地区空气质量为优。实际上,中国正处于飞速发展时期,GDP 的飞速增长所伴随的是愈演愈深的环境污染。空气质量优良的地区不少为发达国家,他们也经历过严重的污染,都曾为治理空气污染付出高额而且漫长的代价。我国的大气污染状况呈现出以城市集群为中心的空间分布特点,尤其是京津冀、长三角和珠三角的大气质量比较差,这些地区一个突出的特点就是经济比较发达,工业化程度比较高,伴随着大量的能源消耗,普遍出现污染物超标、大气悬浮颗粒物的含量超出排放标准的状况。在主要污染物的组成方面呈现出以二氧化硫和固体悬浮物为主的特点,这种情况的出现很大程度上是因为我国的能源结构长期都是以煤炭为主,加上这几年城市中机动车的数量猛增,导致许多城市的污染类型由煤烟型向汽车尾气型转变。此外,我国大气污染的基本特征还包括:相对来说北方比南方的大气污染要严重;季节上,冬季大气污染状况比夏季要严重;城市经济发达程度越高,大气污染相对越严重。所以,我国大气污染防治工作的形势依然严峻,总体的污染物排放量大,以煤烟为主要污染源的状况仍然没有得到解决。城市大气环境中总悬浮颗粒物浓度普遍超标;二氧化硫污染一直在较高水平;机动车尾气污染物排放总量迅速增加;氮氧化物污染呈加重趋势。

大气颗粒物是全国范围内影响城市空气质量的主要污染物,同时也是城市空气质量达标所面临的挑战所在。近些年来,以焦炭为主的能源消耗大幅攀升,机动车保有量急剧增加,经济发达地区氮氧化物(NO_x)和挥发性有机物(VOC)排放量显著增长,臭氧(O_3)和细颗粒物($PM_{2.5}$)污染加剧,在可吸入颗粒物(PM_{10})和总悬浮颗粒物(TSP)污染还未全面解决的况下,京津冀、长三角、珠三角等区域 $PM_{2.5}$ 和 O_3 污染加重,灰霾现象频繁发生,能见度降低。从美国国家航空航天局(NASA)发布的全球 $PM_{2.5}$ 浓度分布可以看出,中国的东部地区是全球 $PM_{2.5}$ 浓度的高值区,污染地区的国土面积占全国的 9.5%,受污染地区的人口占全国人口的 38%。

3.2.3　大气污染影响

1. 对人的危害

粒径在 $3.5\mu m$ 以下的颗粒物,能被吸入人的支气管和肺泡中并沉积下来,引起或加重呼吸系统的疾病。来自欧洲的一项研究称,长期接触空气中的污染颗粒会增加患肺癌的风险,即使颗粒浓度低于法律上限也是如此。另一项报告称,这些颗粒或其他空气污染物短期内浓度上升,还会增加患心脏病的风险。欧洲流行病学家发现,肺癌与局部地区的空气污染颗粒有明显的关联。

现有国内外的流行病学调查、动物毒理学实验和人体临床观察研究表明,大气颗粒物对人体健康有明显的毒性作用,可引起机体呼吸系统、心脏及血液系统、免疫系统和内分泌系统等广泛的损伤。通过对 6 个城市进行的一项研究表明,PM_{10} 污染每年造成美国 6 万人过早死亡,主要是肺炎和慢性肺病患者。另一项研究认为,$PM_{2.5}$ 的浓度每增加 $10\mu g/m^3$,死亡率增加 6.8%。Ostro 等在智利圣地亚哥调查了 5 岁以下儿童的上、下呼吸道症状与颗粒物的关系。他们利用多元回归分析发现,15 岁以下儿童下呼吸道疾病门诊率与 PM_{10} 有显著的关系;$3\sim15$ 岁儿童上呼吸道疾病门诊率与 PM_{10} 也有显著的关系;对于 2 岁以下儿童,PM_{10} 每升高 $50\mu g/m^3$,其下呼吸道症状率上升 $3\%\sim9\%$。多克里(Dockery)等研究发现,慢性咳嗽、支气管炎和胸部疾病与 TSP、PM_{10}、$PM_{2.5}$ 及 $PM_{2.5}$ 中的硫酸盐有正相关关系,但与气态污染物 SO_2、NO_2 的正相关关系很弱。

大气颗粒物的粒径、质量浓度、数浓度、颗粒物表面、化学组成等一些参数常被用来研究毒性和流行病研究。粒子的大小对研究悬浮颗粒物与健康的关系十分重要,因为颗粒物在呼吸道内的沉积取决于颗粒物的粒径。目前认为:大于 $7.0\mu m$ 的颗粒物绝大部分被人体阻留在体外,只产生间接危害;$3.3\sim7.0\mu m$ 的颗粒物穿透滞留在上呼吸道;$2.0\sim3.3\mu m$ 的颗粒物穿透滞留在支气管;$1.1\sim2.0\mu m$ 的颗粒物穿透滞留在支气管末梢;小于 $1.1\mu m$ 的颗粒物穿透滞留在肺泡。但是极细小微粒(小于 $0.5\mu m$)不太容易沉积在肺泡内,进入呼吸道后仍可能随呼气排出体外或被人体所吸收,如图 3-4 所示。

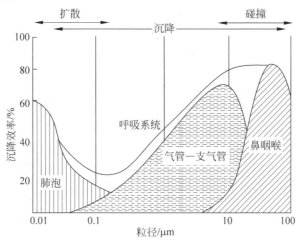

图 3-4　呼吸系统中的颗粒沉积状况

飘尘也称为可吸入尘,它能越过呼吸道的屏障,黏附于支气管壁或肺泡壁上。粒径不同的飘尘随空气进入肺部,以碰撞、扩散、沉积等方式,滞留在呼吸道的不同部位。各种粒径不同的微小颗粒,在人的呼吸系统沉积的部位不同,粒径大于 $10\mu m$ 的,吸入后绝大部分阻留在鼻腔和鼻咽喉部,只有很少部分进入气管和肺内。粒径大的颗粒,在通过鼻腔和上呼吸道时,被鼻腔中鼻毛和气管壁黏液滞留和黏着。据研究,鼻腔滤尘机能能滤掉吸气中颗粒物总量的 $30\%\sim50\%$ 。由于颗粒对上呼吸道黏膜的刺激,使鼻腔黏膜机能亢进,腔内毛细血管扩张,引起大量分泌液,以直接阻留更多的颗粒物,这是机体的一种保护性反应。若长期吸入含有颗粒状物质的空气,鼻腔黏膜持续亢进,致使黏膜肿胀,发生肥大性鼻炎。此后由于黏膜细胞营养供应不足,使黏膜萎缩,逐渐形成萎缩性鼻炎。在这种情况下鼻腔滤尘机能显著下降,进而引起咽炎、喉炎、气管炎和支气管炎等。总之,颗粒物特别是 $10\mu m$ 以下的飘尘是影响人体健康的主要污染物之一。长期生活在飘尘浓度高的环境中,呼吸系统发病率增高。特别是慢性阻塞性呼吸道疾病如气管炎、支气管炎、支气管哮喘、肺气肿、肺心病等发病率显著增高,且可促使这些病人病情恶化,提前死亡。

大气颗粒物的组分不同,对人体健康造成的影响也各不同。在颗粒物表面还能浓缩和富集某些化学物质如多环芳烃类化合物等,这些物质常浓缩在颗粒物表面,成为该类物质的载体,种类繁多,其中不少能致癌,尤其是芳香烃类,具有强致癌作用,随呼吸进入人体成为肺癌的致病因子。许多重金属如铁、铍、铝、锰、铅、镉等的化合物附着在颗粒表面上,也可对人体造成危害。在作业环境中长期吸入含有二氧化硅的粉尘,可以使人得矽肺病。这类疾病往往发生于翻砂、水泥、煤矿开凿等工作中。另外石棉矿开采及其加工中的石棉尘被人吸入也可成为致癌因子。多环芳烃除具有致癌性,还具有破坏造血和淋巴系统的作用。对于放射性大气颗粒物,大气中高强度的放射性大气颗粒物可导致人体白血病和各种癌症的产生。对于具有生物活性的有机大气颗粒物粒子,其均属于变应源,被人体吸入后可使人产生特异的抗体——免疫球蛋白E,从而发生各种变态反应性疾病。对于微量金属,可损害心血管循环系统和肺部系统,引起皮肤疾病,影响中枢神经系统;大气颗粒物上富集的重金属、酸性氧化物、有机污染物和病毒等都会对人体健康产生很大的危害,当大气中的有毒气体与这些物质共同作用时,其对人体产生的危害将更大。

研究人员还发现,即使污染水平短暂升高——类似城市发出雾霾警告的同时,也会使心力衰竭住院或死亡的风险上升 $2\%\sim3\%$ 。这项研究将这些数据应用于美国,发现如果每立方米空气中的 $PM_{2.5}$ 减少 $3.9\mu g$,每年就可以避免近8000例心力衰竭导致的住院治疗。不同粒径颗粒物对人体的危害如图3-5所示。

众所周知,对粒径较大($d_p<4\mu m$)的颗粒物而言,由于受重力沉降作用影响较大,能够很快地沉积在内部表面上;而小粒径($d_p<2\mu m$)的颗粒物则成为气溶胶粒子悬浮在空气中,此时室内空间的气流运动形式和颗粒物分子的扩散将共同决定其运动,重力不再起主要作用;对于粒径介于二者之间的粒子,要么沉积在内部表面,

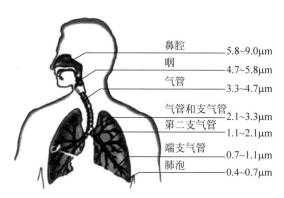

鼻腔	5.8~9.0μm
咽	4.7~5.8μm
气管	3.3~4.7μm
气管和支气管	2.1~3.3μm
第二支气管	1.1~2.1μm
端支气管	0.7~1.1μm
肺泡	0.4~0.7μm

图 3-5　不同粒径颗粒物对人体的危害

要么悬浮在空气中,其主要受到气流形式和重力沉降的共同作用。需要指出的是,悬浮在空气中的颗粒物往往对人体健康和室内空气品质(IAQ)有重要影响。颗粒物对人体健康造成严重的威胁,它们通过人体呼吸系统进入肺部并存留在肺的深处,不但对呼吸系统产生刺激作用,还可以作为携带致癌物的载体侵入肺部,对人体造成伤害。颗粒物的成分和基因决定了其是否有害和致何种病,颗粒物的浓度和暴露时间决定了人的吸入量。浓度越高、时间越长,危害越大。因吸入具有感染能力的生物颗粒物而导致传染的可能性取决于在空气中生物颗粒物浓度的高低,生物颗粒物的浓度越高,越可能传播疾病。

室内颗粒物是通过被人吸入,然后沉积在人体呼吸系统内,从而对人体健康造成危害的。从室内空气品质对人体呼吸健康的影响而言,通常所关心的是粒径小于 $10\mu m$ 的颗粒物(PM$_{10}$),即可吸入颗粒物。因为它可通过呼吸进入人体的上、下呼吸道,尤其是直径小于 $2.5\mu m$ 的细颗粒物(PM$_{2.5}$)可通过上、下呼吸道和支气管到达肺部沉积,甚至可通过肺泡进入人体血液。加之随着颗粒物粒径的减小,细颗粒上吸附重金属、酸性氧化物、有机污染物(如多环芳烃)等有害物质的趋势增多,并且其还是细菌、病毒和真菌的主要载体,已引起世界各国的广泛关注。被吸入的颗粒物由于大小不同而沉积于呼吸系统的不同位置。根据美国国家空气污染管理局(National Air Pollution Control Administration)制定的颗粒物空气品质标准,粒径大于 $10\mu m$ 的颗粒物几乎完全沉积于鼻咽部位,在 $2\sim5\mu m$ 范围内的颗粒物约 10% 沉积于支气管部位,粒径小于 $2\mu m$ 的颗粒物主要沉积于肺泡组织中。当生物颗粒物粒径在 $1\sim2\mu m$ 范围内时,大约有 50% 的颗粒物沉积在肺泡中,粒径越小沉积量越大。

2. 对动物的危害

空气污染对动物的危害和影响与对人的情况相似。动物和人类共同生存在一个大气环境里。大气污染对人类的伤害,动物也不能幸免。凡是对人造成了危害的空气污染物,都同时对动物产生一定的危害和影响,使很多动物患病或死亡。既有急性中毒也有慢性中毒,既有直接摄入空气污染引起的,也有通过食物间接摄入而引起的。例如,美国一家炼钢厂排放大量的二氧化硫、三氧化二砷等废弃物,污染了厂区周围的牧草,牧草中砷的含量达到 400ppm,使周围 24km 内的 3500 头羊中毒死亡 625 头。保加利亚的蒙塔那州磷肥厂排放的大量的氟化氢,使牧草中的氟含量达到 1000ppm,引发牛的氟骨病,导致牛产奶量减少,繁殖能力降低。我国内蒙古自治区包头钢铁厂曾经采用含氟量高的矿石原料,排放的烟气中氟含量很高,污染周围的牧草和水源,引发牛、羊、马等牲畜的骨骼变形、骨折等。在兰州、抚顺及其他地方的电解铝厂因排放出高浓度的氟化氢,使食草牲畜中毒,对动物的生殖、发育均产生不利影响。

空气污染对动物的危害,除污染物的直接侵入造成伤害,还可通过污染食物而进入体内,导致发病和死亡。因为动物没有能力去选择和鉴别某些剧毒性的食物,所以它们将比人类更容易遭受污染物的伤害和影响。其中许多农药是不易分解的化合物,被生物体吸收以后,会在生物体内不断积累,致使这类有害物质在生物体内的含量远远超过在外界环境中的含量,这种现象称为生物富集作用。生物富集作用随着食物链的延长而加强。例如,几十年前滴滴涕(DDT)作为一种高效农药,曾经广泛用于防治害虫。美国某地曾经使用 DDT 防治湖内的孑孓,使湖水中残存有 DDT,而浮游动物体内 DDT 的含量则达到湖水的 1 万多倍。小鱼吃浮游动物,大鱼又吃小鱼,致使 DDT 在这些大鱼体内的含量竟高达湖水的 800 多万倍。

3. 对植物的危害

植物也容易受大气污染,首先是因为它们有庞大的叶面积同空气接触并进行活跃的气体交换。其次,植物不像高等动物那样具有循环系统,可以缓冲外界的影响,为细胞提供比较稳定的内环境。且植物所处位置一般是固定不变的,不像动物可以避开污染。污染物对植物的危害可分为急性、慢性、不可见三种。

急性危害是指在污染物浓度很高的情况下,短时间内所造成的危害。比如,叶片出现伤斑、脱落,甚至整株死亡;又如在铜冶炼厂周围,在水稻扬花和灌浆季节,由于高浓度二氧化硫污染使水稻不能授粉和灌浆,使水稻绝收。因此,在这期间铜冶炼厂要停产检修以减少农业损失。美国田纳西州戈斯特在几十年前有一家工厂排放高浓度二氧化硫,将附近树木和植物全部“烧死”。也有一些地方由于三氧化硫污染、氯气泄漏将附近树木烧死,均是急性中毒危害。

慢性危害是指植物在低浓度污染物的长期暴露下所造成的危害。可影响植物的生长、发育。例如,一些砖瓦厂燃烧煤烟气中含硫、氟等而污染环境,影响果树挂果,使产量明显降低。我国西南、华中、华南、华北地区由于酸雨污染,有局部地区的降水 pH 低至 $4.0 \sim 4.5$,对森林生态系统和水生系统有不良影响,危害某些物种的生存。

不可见伤害是由于植物吸收低浓度污染物而使生理、生化方面受到不良影响。虽然叶片不呈现明显的受害症状,但会造成植物不同程度的减产或影响产品的质量。

污染物对植物的危害,随污染物的性质、浓度、排放量和接触时间、植物的品种以及生长期、气象条件的不同而异。气体污染物通常都是经叶背的气孔进入植物体,然后逐渐扩散到海绵组织、栅状组织,破坏叶绿素,使组织脱水坏死;干扰酶的作用,阻碍各种代谢机能,抑制植物的生长。颗粒状污染物则能擦伤叶面,阻碍阳光进入,影响光合作用,妨碍植物的正常生长。颗粒物上的重金属等有害元素还可进入植物细胞内,产生进一步的危害,使植物枯萎甚至死亡。

3.3　源项分析

3.3.1　常规源项

1. 物性来源

大气颗粒物的成分很复杂,从来源角度,主要有自然源和人为源两种。各自具体来源见表3-2。

表 3-2　大气颗粒物来源分类

分类	来　源
自然源	岩石土壤风化、森林大火、火山爆发、流星雨、沙尘暴、海盐粒子、植物花粉、真菌孢子、细菌体,以及各种有机物质的自燃过程等
人为源	燃料燃烧、冶炼、粉碎、筛分、输送、爆破、农药喷洒等工农业生产过程,以及人们生活活动等排放

从表3-2可以看出,人为源与自然源均包含多种来源,一般来说,自然生成的颗粒物排入大气的速率如果和移出的速率达到平衡,是能够保持空气的相对清洁的。人类活动所产生的颗粒物是空气质量下降的主要原因。有的人为颗粒物排放到空中,经过光化学反应过程还可能生成新的化学性质非常稳定的颗粒物,并参与地—气—生物物质循环,长期污染环境,损害人体健康。

从全球范围来看,颗粒物大部分是天然源产生的,但局部地区,如人口集中的大城市和工矿区,人为源产生的数量可能较多。从18世纪末期开始,煤的用量不断增多。20世纪50年代以后,工业、交通迅猛发展,人口益发集中,城市更加扩大,燃料消耗量急剧增加,人为原因造成的颗粒物污染日趋严重。在现今工业高度发展阶段,人为来源成为城市生活中大气颗粒物的主要来源:各种工业过程所排放的原料和产品微粒,燃烧过程中形成的煤烟、飞灰等,汽车排放的二氧化硫在一定条件下转化的硫酸盐粒子。大气颗粒物被列为一项十分重要的大气污染物。迄今为止,对于大气颗粒物的来源和形成机制,专家们并没有完全一致的结论,至于各种排放源对大气颗粒物的贡献率的测算结果,差别就更大了。例如,中国科学院大气物理研究所王跃思的研究报道指出,北京地区人为活动排放的颗粒物的主要排放源是:汽车尾气,煤炭燃烧,工业排放,地面扬尘,餐饮业排放等;而各种排放源对空气颗粒物的质量浓度的贡献率分别为:汽车尾气 25%,煤炭燃烧 20%,工业排放 20%,地面扬尘 10%,餐饮业排放 15%。

2. 时序来源

从形成机制角度,大气颗粒物可分为一次颗粒物和二次颗粒物两种,具体见表 3-3。

表 3-3 大气颗粒物形成分类

分 类	来 源
一次颗粒物	一次颗粒物是由天然污染源和人为污染源释放到大气中直接造成污染的颗粒物,如沙尘暴、森林火灾、海洋飞沫等自然源产生的烟尘或液态颗粒物;另外,燃煤、机动车、工业生产等人为源排放的烟尘、粉尘、扬尘等,都是一次颗粒物
二次颗粒物	二次颗粒物是大气中某些气态污染物经过一系列化学转化或物理过程生成的固态或液态颗粒物,是由大气中某些污染气体组分(如二氧化硫、氮氧化物、碳氢化合物等)之间,或这些组分与大气中的正常组分(如氧气)之间通过光化学氧化反应、催化氧化反应或其他化学反应转化生成的颗粒物,如二氧化硫、氮氧化物、有机气体等在大气中经光化学反应所形成的硫酸盐、硝酸盐和有机气溶胶等

二次颗粒物的物理化学性质与其排放物(即前驱物)完全不同,在大气中这种颗粒物是大量的。1982 年,美国环保局估计,美国每年人为活动形成的二次颗粒物为 1.25 亿~3.85 亿吨,其中燃料燃烧和工业生产形成的约 1000 万吨,非工业分散排放的有 1.1 亿~3.7 亿吨,由交通引起的有 1300 万吨。

二次颗粒物是 $PM_{2.5}$ 的最大来源。研究表明,在我国中东部地区,二次颗粒物对 $PM_{2.5}$ 的贡献率常高达 60%。一些污染源如汽车,虽然尾气中一次颗粒物浓度不高,但在大气中反应后,就会产生大量二次颗粒物。煤和石油燃烧产生的一次颗粒物及其转化生成的二次颗粒物曾在世界上造成多次污染事件。一次颗粒物的天然源产生量每天约 4.41×10^6 t,人为源每天约 0.3×10^6 t。二次颗粒物的天然源产生量每天约 6×10^6 t,人为源每天约 0.37×10^6 t。就总量来说,一次颗粒物和二次颗粒物约各占一半。

3. 扬尘源

扬尘是指地表松散物质在自然力或人力作用下进入环境空气中形成的大气颗粒物,其主要包括土壤风沙尘、道路扬尘、建筑水泥尘等。土壤风沙尘直接来源于裸露地表的颗粒物,对于某城市而言,除了本地及周边地区的风沙尘,还包括长距离传输的沙尘。道路扬尘是道路上的积尘在一定动力条件的作用下,一次或多次扬起并混合,进入环境空气中的大气颗粒物。建筑水泥尘指在城市市政建设、建筑物建造与拆迁、设备安装工程及装修工程等施工场所和施工过程中产生的大气颗粒物。施工建设引起的扬尘如图 3-6 所示。

图3-6　施工建设引起的扬尘

扬尘源的化学组分含量与尘源和地域有密切的关系。总体来讲,Si、Al、Ca 等地壳元素在三种源中含量都很高,其中建筑水泥尘的 Ca 元素比例显著高于其他两种,而道路扬尘中会存在更多的有机物。由于道路扬尘的最主要来源是土壤风沙,有时会将两者视为一种源考虑。

研究表明,土壤风沙尘与道路扬尘是我国城市大气颗粒物中最重要的贡献源。在我国北方城市(北京、天津、沈阳、安阳、太原、济南、乌鲁木齐等)风沙尘与道路扬尘之和可占 PM_{10} 的 30%～50%,个别城市(如银川)更高达 60%以上。南方城市情况稍好,如南京、广州、杭州等城市的土壤风沙尘与道路扬尘在城市 PM_{10} 质量浓度的分担率在 5%～34%范围内。此外,我国正处于城市建设的高峰时期,建筑、拆迁、道路施工及堆料、运输遗落等施工过程产生的建筑水泥尘,也成为城市颗粒物的重要来源。建筑水泥尘在不同城市之间的变化幅度很大,在北方城市如天津、沈阳、济南、太原等,通常占 PM_{10} 质量浓度的 3%～13%,但在个别南方城市如广州、杭州等对 PM_{10} 的贡献可达 22%,其重要性不可忽视。从季节来看,春季是扬尘源比例最高的季节。

扬尘源对 PM_{10} 有较大贡献,但是对 $PM_{2.5}$ 贡献不大,对人体健康的负面影响比燃烧源产生的颗粒物小。因此,扬尘源的控制,尽管对满足国家 PM_{10} 控制标准很重要,却不是控制 $PM_{2.5}$ 和降低颗粒物健康影响的重要内容。

4. 工业源

工业生产过程种类繁多,生产过程都会产生种类不同的大气颗粒物,多数集中在细和超细颗粒物。对于不同的工业类型,污染源排放的颗粒物的特征组分也不尽相同。工业源中某些特征元素或化学组成被用来识别相应的颗粒物来源,例如,钢铁行业排放的颗粒物中富含 Fe、Ca、Si 等元素,并以 Fe、Mn 元素为特征组分;有色冶金行业的颗粒物排放则以相应有色金属元素如 Zn、Cu、Al 为特征组分。钢铁厂产生的工业源如图 3-7 所示。

图3-7　钢铁厂产生的工业源

工业源对大气颗粒物的污染虽然不具有全国性,但却是众多工业城市颗粒物的重要来源。对于钢铁行业占有重要地位的鞍山、攀枝花、重庆、玉溪等城市,钢铁尘在PM$_{10}$或TSP的分担量可以达到8%～20%,其中鞍山市和攀枝花市的钢铁尘都占到PM$_{10}$浓度的20%。此外,葫芦岛的冶锌工业,哈尔滨的石油化工工业对城市PM$_{10}$的贡献都很高。

火电厂煤炭燃烧形成的污染物中含有大量的颗粒物,经过一定的脱硫脱硝处理,仍旧含有一定量的颗粒物,随后通入大气。由于我国的资源现状,煤电机组一直是各电网电源结构的支撑力量,且这种状况仍将持续很长一段时间。尽管如此,近年来我国的能源结构以及由依赖煤炭的单一结构逐步形成了以煤炭为主的多源互补能源体系,预计到2050年,我国的煤炭占一次能源消费的比重将降至50%,但是以煤炭为主的能源结构不会发生显著变化。在节能减排、追求环保的大背景下,国内的火电排放标准愈加严格,其排放物愈加清洁,所产生的颗粒物也越来越少。但是大量煤炭燃烧所产生的颗粒物仍旧不可避免地进入大气,依旧是大气颗粒物来源的一个重要部分。

5. 机动车排放源

全国机动车保有量猛增,汽车尾气排放也随之成为大气环境的主要污染源之一。机动车排放主要源于燃料在气缸中的不完全燃烧而产生的有机物、炭黑、CO等污染

图 3-8　机动车排放尾气

物,以及由于大气中的氮气在气缸中被氧化而成的NO$_x$。与煤烟尘相比,机动车排放的颗粒物的炭黑比例更高。机动车排放尾气如图3-8所示。

已有的研究显示,机动车排放的颗粒物占PM$_{10}$的5%～20%,已不容忽视。但由于研究结果发表的滞后,现有的研究主要是2000年至2005年的结果。考虑到机动车在2005年以来的猛增态势,其贡献量很可能已经更高。此外,由于机动车排放出的NO$_x$和VOC是大气光化学反应的重要前体物,也是城市颗粒物主要二次组分硝酸盐和二次有机气溶胶(SOA)的前体物,因此其对颗粒物浓度的实质贡献量还会更大。

6. 室内颗粒物的来源

对于自然通风的居住环境,由于其通风量受温度、风速、风向以及建筑物开口方向的影响很大,自然通风不提供一个受约束的室内外颗粒关系,室内空气中的颗粒浓度受室外影响较大。某自然通风房间模型中,窗口风速1m/s,颗粒粒径2.5μm,温度293K情况下的颗粒轨迹如图3-9所示。

从图3-9可以看出,对于安装机械通风系统来维持人体热舒适环境和满意的室

内空气品质的房间,颗粒存在四种可能去向:过滤器或电除尘器的过滤和捕获、通过排风排出、在通风管道的沉降以及在通风房间的沉降。

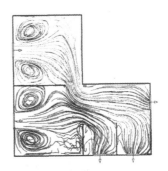

图3-9　自然通风房间模型

　　颗粒的穿透是室内颗粒物的主要来源之一,决定了从室外可以带多少环境颗粒进入室内。室外颗粒物质主要通过门窗等围护结构缝隙的渗透、机械通风的新风以及人员进出带入室内,从而影响室内颗粒物的分布规律。室外颗粒物质是室外空气污染物的一部分,而室外空气污染物中颗粒的来源主要有两大类:第一类是自然散发,第二类是人的生产、生活活动。它们的分布规律均接近正态分布。

　　除了室外颗粒物对室内空气质量的影响,室内人员的活动或设备运行等是室内颗粒物的另一个主要来源。西方国家现场测试表明,烟草、烟雾是室内环境中细颗粒物的主要来源,烹饪是室内第二重要的颗粒物来源,尤其是粗颗粒物的重要来源。在一些办公建筑或工作厂房中,人的生产活动也会产生大量的颗粒物。比如办公建筑中的复印、打印操作,以及其他一些办公设备的操作,都将产生颗粒物质。另外,室内建筑材料表面的挥发也可能是室内颗粒物的主要来源。而供热、通风及空调(HVAC)系统也极有可能因其适宜的温度和湿度环境,而滋生微生物颗粒,是另一重要的室内污染源。

　　生物颗粒物的室内浓度与颗粒物产生源、室内房间尺寸、通风空调系统等几项因素有关。颗粒物室内传播如图3-10所示。

图3-10　颗粒物室内传播

　　从图3-10可以看出,室内颗粒物对人体健康的影响主要体现在对呼吸健康的影响上。

3.3.2　事故源项

1. 总体分类
各类突发事故情况下也会产生大量的颗粒物,造成严重的大气污染,包括爆炸污染和泄漏事故污染等。

2. 爆炸污染
爆炸性环境污染事故是指当物质从一种状态通过物理或化学变化在瞬间变为另一种状态并伴随释放出巨大能量而做机械功的过程。爆炸分为物理爆炸(如锅炉爆炸)、化学爆炸(物质的化学结构发生变化,如炸药爆炸、瓦斯爆炸等)和核爆炸。

化学爆炸是爆炸性环境污染事故中最多的一类。按爆炸物质的性质可分为混合气体爆炸、气体分解爆炸、粉尘爆炸、混合危险废物爆炸、爆炸性化合物爆炸及蒸气爆炸等。化学爆炸的基本特征是反应在瞬间完成,产生大量能量和气体物质。爆炸的危害:一是爆炸所引起的直接破坏,二是爆炸引起火灾,三是如果爆炸中产生有毒有害物,或爆炸是由有毒有害物泄漏、燃烧所引起,将造成严重的环境污染。

3. 泄漏事故污染

泄漏事故污染是指因事故引起的危害颗粒物的泄漏。印度博帕尔灾难是历史上最严重的工业化学事故,影响巨大。1984 年 12 月 3 日凌晨,印度中央邦首府博帕尔市的美国联合碳化物属下的联合碳化物(印度)有限公司设于贫民区附近的一所农药厂发生氰化物泄漏,引发了严重的后果。历史上发生了三次严重的核泄漏事故,包括三哩岛核事故、切尔诺贝利核事故和福岛核事故,大量放射性核素释放到环境中;尤其是福岛核泄漏事故,造成了严重的海洋放射性污染,国际组织和专家学者就其事故和泄漏扩散情况进行了研究。

3.3.3　组分特征

自 20 世纪 60 年代以来,大气颗粒物的化学成分一直是学术界研究的热点。大气颗粒物的化学成分包括无机物、有机物和有生命物质。大量研究表明,以下六种主要成分几乎占城市 PM_{10} 的全部质量:①地壳物质,包括 Al、Si、Ca、Ti 和 Fe 的氧化物;②有机碳,包括数百种有机化合物;③元素碳;④硝酸盐;⑤硫酸盐;⑥铵盐。其组成十分复杂,其中与人类活动密切相关的成分主要包括离子成分(以硫酸及硫酸盐颗粒物和硝酸及硝酸盐颗粒物为代表)、痕量元素(包括重金属和稀有金属等)和有机成分。按照组成,可将大气颗粒物划分为两大类,只含有无机成分的颗粒物叫作无机颗粒物,含有有机成分的叫作有机颗粒物。组分分类见表 3-4。

表 3-4　组分分类

类别	名　　称	说　　明
分类	粗颗粒物	成分主要为无机物,与形成它的矿物、土壤、材料等的成分相近
	细颗粒物	由硫酸盐、硝酸盐、铵、氢离子、碳元素、重金属、有机物及微生物组成
成分	有机物	包括正构烷烃、多环芳烃、杂环化合物等
	重金属元素	包括 Cr、Cu、Ni、Pb、Zn、Mn 等
	水溶性无机离子	包括 SO_4^{2-}、NO_3^- 和 Cl^- 等

在表 3-4 中,大气颗粒物的化学成分包括有机物、重金属元素和水溶性无机离子。

1. 无机物

颗粒物成分与其来源有关,可以根据污染物组分与颗粒物组分对比,来判断颗粒的来源见表 3-5。

表 3-5 颗粒物来源举例

来　　　源	成　　　分
土壤	Si、Fe、Zn 等
海盐	Na、Cl、K
水泥、石灰等建材	Ca
冶金工业	Fe、Mn、S 等
汽车尾气	Pb、Br 和 Ba
燃料油	Ni、V、Pb 和 Na
煤和焦炭的灰粉	地壳元素及 As、Se 等
焚烧垃圾	Zn、Sb 和 Cd 等

大气颗粒物中的可溶性无机盐类可来自不同的排放源,海洋大气气溶胶颗粒在低层以 Na^+、ClO^- 为主,存在于粗粒子中;而高空则以 SO_4^{2-}、NH_4^+ 为主,存在于细粒子中。粗粒子主要由海水飞沫蒸发而悬浮在大气中,其中也有少量的 SO_4^{2-} 和 Ca^{2+}。而细粒子中的 SO_4^{2-} 和 Ca^{2+},则是由海洋释放的二甲基硫(DMS)经大气氧化成 SO_2 最后生成硫酸和硫酸盐,经气体粒子转化而生成的。

用荧光光谱对 $PM_{2.5}$～PM_{10} 气溶胶样品进行元素分析,目前已发现的化学元素主要有铝(Al)、硅(Si)、钙(Ca)、磷(P)、钾(K)、钒(V)、钛(Ti)、铁(Fe)、锰(Mn)、钡(Ba)、砷(As)、镉(Cd)、钪(Sc)、铜(Cu)、氟(F)、钴(Co)、镍(Ni)、铅(Pb)、锌(Zn)、锆(Zr)、硫(S)、氯(Cl)、溴(Br)、硒(Se)、镓(Ga)、锗(Ge)、铷(Rb)、锶(Sr)、钇(Y)、钼(Mo)、铑(Rh)、钯(Pd)、银(Ag)、锡(Sn)、锑(Sb)、碲(Te)、碘(I)、铯(Cs)、镧(La)、钨(W)、金(Au)、汞(Hg)、铬(Cr)、铀(U)、铪(Hf)、镱(Yb)、钍(Th)、铕(Eu)、铽(Tb)等。细颗粒物中还有各种化合物及离子、硫酸盐、硝酸盐等。

研究表明,颗粒物的元素成分与其粒径有关。对 Cl、Br、I 等卤族元素,来自海盐的 Cl 主要在粗粒子中,而城市颗粒物的 Br 主要存在于细粒子中。来自地壳的 Si、Al、Fe、Ca、Mg、Na、K、Ti 和 Sc 等元素主要在粗粒子中,而 Zn、Cd、Ni、Cu、Pb 和 S 等元素大部分在细粒子中。

2. 有机物及有生命物质成分

有机颗粒物是指大气中的有机物质凝聚而形成的颗粒物,或有机物质吸附在其他颗粒物上而形成的颗粒物,大气颗粒污染物主要是这些有毒有害的有机颗粒物。有机颗粒物种类繁多,结构极其复杂。含有机物的大气颗粒物粒径一般都比较小,且多数有机颗粒是在燃烧过程中产生的。颗粒物中的有机物种类很多,其中烃类是主要成分,如烷烃、烯烃、芳香烃和多环芳烃,此外还有亚硝胺、氮杂环、环酮、醌类、酚类和酸类等。大气中的多环芳烃主要集中在细粒子段,高环的多环芳烃主要在飘尘范围内。

有机颗粒物多数是由气态一次污染物通过凝聚过程转化而来,它们的粒径一般都比较小,属于爱根(Aitken)核膜或积聚模。大气颗粒物中还有元素碳、有机碳、有机化合物(尤其是挥发性有机物、多环芳烃和有毒物)、生物物质(细菌、病毒、霉菌等)。含有机物的大气颗粒物粒径一般都比较小,且多数有机颗粒是在燃烧过程中产生的。颗粒物中的有机物种类很多,其中烃类是主要成分,如烷烃、烯烃、芳香烃和多环芳烃,此外还有亚硝胺、氮杂环、环酮、醌类、酚类和酸类等。大气中的多环芳烃主要集中在细粒子段,高环的多环芳烃主要在飘尘范围内。

3.3.4 形成机理

1. 成核机理

大气颗粒物的成核是通过物理过程和化学过程完成的,其中化学反应是推动力。气体在大气中的化学反应提供了分子物质或自由基,它们在互相碰撞中结成分子团(属均相成核,即某物种的蒸气在气体中达到一定过饱和度时,由蒸气分子凝结成为分子团的过程)。如果大气中已存在大小适宜的颗粒物,则气体分子或自由基就优先在颗粒物的表面上成核(属非均相成核)。

2. 平衡机理

$PM_{2.5}$ 中的一次颗粒物主要包括有机碳、元素碳和矿物尘等,它们在源与受体之间经历的变化很小,其环境浓度在总体上与其排放量成正比;其来源包括燃烧源、机动车尾气、工业过程,以及砌或未铺砌路面的无组织排放等,而其他一些源如建筑、农田耕作、风蚀等地表尘的贡献则相对较小。$PM_{2.5}$ 中的可凝结颗粒物主要由可在环境温度条件下通过凝结而形成气溶胶的半挥发性有机物(SVOC)组成。$PM_{2.5}$ 中的二次颗粒物主要有硫酸盐、硝酸盐、铵盐和 SVOC 等;其前体物 SO_2、NO_x 和 VOC 主要来自于燃煤和机动车等的排放,二次硫酸盐颗粒物很稳定,而硝酸铵和由 SVOC 生成的二次有机气溶胶因具有挥发性而在气、粒之间转化以维持化学平衡。

3. 生长机理

汽化的元素在炉膛内发生一系列化学动力学过程,形态也随之发生变化。随着温度的降低,一部分气相组分会发生均相成核;同时另一部分凝结到周围已存在的颗粒上;颗粒之间的碰撞引起凝聚而生长成更大的颗粒,而处于粗颗粒模式的主要是矿物质,可以通过机械过程脱除,如图 3-11 所示。

从图 3-11 中可以看出,细颗粒物(如 PM_{10} 和 $PM_{2.5}$)很容易穿过除尘设备,对带有高效的静电除尘器(ESP)或布袋除尘器的除尘装置可达到 99.9% 的除尘效率,排放的颗粒大部分可达到 PM_{10},尽管大多数颗粒在更小的尺寸范围内。而湿式烟气脱硫装置(FGD)可以捕获更多的颗粒物(90%),最终排放颗粒物的直径可达到 2.5μm 以下,对大多数的电站,ESP 排出的细颗粒物为 $PM_{2.5}$ 左右,而 FGD 只是 PM_{10} 左右。所以燃煤电站与工业锅炉排放烟气中飞灰的直径主要分布在 1～10μm,对废弃物焚烧也是如此。因此对燃烧过程来说,采用 PM_{10} 和 $PM_{2.5}$ 来研究

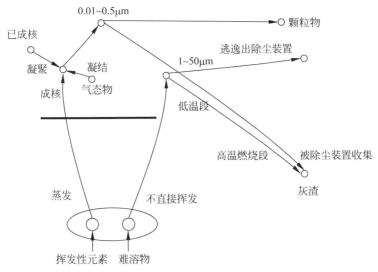

图 3-11　可吸入颗粒物的形成过程

细微颗粒物的分布危害性,要比过去的总悬浮颗粒物(TSP)更精确和更有意义。

3.3.5　监测方法

1. 基础方法

基础方法是指采样和样品分析分步进行的分析技术。其中,大气颗粒物的采样方法有过滤、惯性沉降、离心沉降、重力沉降和热表面捕集等。在离线分析中样品采集是由独立的大气采样器完成的。目前最常用的颗粒物采样方法是滤料阻留法,常用的滤料有滤纸、滤膜、滤筒。分析测试技术常用的仪器包括原子吸收光谱仪(AAS)、电感耦合等离子体质谱仪(ICP-MS)、X 射线离线荧光光谱仪(XRF)、离子色谱仪(IC)、热光碳分析仪(TOR/TOT)、气相色谱-质联联用仪(GC-MS)。根据不同测定方法和目的,需要对采集的样品进行预处理以实现被测组分的分离和浓缩。萃取是离线分析中最主要的预处理手段。

2. 微量振荡天平法

微量振荡天平法用于连续监测环境空气中的悬浮颗粒物浓度。微量振荡天平法是在质量传感器内使用一个振荡空心锥形管,在其振荡端安装可更换的滤膜,振荡频率取决于锥形管特征和质量。当采样气流通过滤膜时,其中的颗粒物沉积在滤膜上,滤膜的质量变化导致振荡频率的变化,通过振荡频率变化计算出沉积在滤膜上颗粒物的质量,再根据流量、现场环境温度和气压计算出该时段颗粒物标志的质量浓度。

微量振荡天平法颗粒物监测仪由 PM_{10} 采样头、$PM_{2.5}$ 切割器、滤膜动态测量系统、采样泵和仪器主机组成。流量为 $1m^3/h$ 的环境空气样品经过 PM_{10} 采样头和

$PM_{2.5}$ 切割器后,成为符合技术要求的颗粒物样品气体。

样品随后进入配置有滤膜动态测量系统(FDMS)的微量振荡天平法监测仪主机,在主机中测量样品质量的微量振荡天平,其传感器主要部件是一支一端固定,另一端装有滤膜的空心锥形管,样品气流通过滤膜,颗粒物被收集在滤膜上。在工作时空心锥形管处于往复振荡的状态,它的振荡频率会随着滤膜上收集的颗粒物的质量变化而变化,仪器通过准确测量频率的变化而得到采集到的颗粒物质量,然后根据收集这些颗粒物时采集的样品体积计算得出样品的浓度。

3. β射线法

β射线仪也可测量环境大气中的颗粒物浓度。其是利用β射线衰减的原理,环境空气由采样泵吸入采样管,经过滤膜后排出,颗粒物沉淀在滤膜上,当β射线通过沉积着颗粒物的滤膜时,β射线的能量衰减,通过对衰减量的测定便可计算出颗粒物的浓度。

β射线法颗粒物监测仪由 PM_{10} 采样头、$PM_{2.5}$ 切割器、样品动态加热系统、采样泵和仪器主机组成。流量为 $1m^3/h$ 的环境空气样品经过 PM_{10} 采样头和 $PM_{2.5}$ 切割器后成为符合技术要求的颗粒物样品气体。

在样品动态加热系统中,样品气体的相对湿度被调整到 35% 以下,样品进入仪器主机后颗粒物被收集在可以自动更换的滤膜上。在仪器中滤膜的两侧分别设置了β射线源和β射线检测器。随着样品采集的进行,在滤膜上收集的颗粒物越来越多,颗粒物质量也随之增加,此时β射线检测器检测到的β射线强度会相应地减弱。

由于β射线检测器的输出信号能直接反映颗粒物的质量变化,仪器通过分析β射线检测器的颗粒物质量,结合相同时段内采集的样品体积,最终得出采样时段的颗粒物浓度。配置有膜动态测量系统后,仪器能准确测量在这个过程中挥发掉的颗粒物,使最终的报告数据得到有效补偿,更接近于真实值。

4. 过滤膜仪器法

用来测量可吸入颗粒物的浓度。其原理是利用二段可吸入颗粒物采样器$(D_{50}=10\mu m, \delta_g=1.5)$,以 13L/min 的流量分别将粒径大于等于 $10\mu m$ 的颗粒采集在冲击板的玻璃纤维滤纸上,粒径小于等于 $10\mu m$ 的颗粒采集在预先恒重的玻璃纤维滤纸上,取下再称量其质量,以采样标准体积除以粒径 $10\mu m$ 颗粒物的量,即得出可吸入颗粒物的浓度。检测下限为 0.05mg,所采用的仪器见表 3-6。

表 3-6　仪器名称及备注

仪 器 名 称	备　注
可吸入颗粒物采样器	采样器要求 $D_{50} \leqslant (10\pm1)\mu m$,几何标准差 $\delta_g=1.5\pm0.1$
天平	1/10000 或 1/100000
流量计	皂膜流量计

续表

仪　器　名　称	备　　　注
秒表	无
玻璃纤维滤纸	直径 50mm；外围直径 53mm，内周直径 40mm 两种
干燥器	无
镊子	无

用皂膜流量计校准采样器的流量计，将流量计、皂膜计及抽气泵连接进行校准，记录皂膜计两刻度线间的体积(mL)及通过的时间，体积按式(3-1)换算成标准状况下的体积 V_s。

$$V_s = V_m \frac{(P_b - P_v) T_s}{P_s T_m} \qquad (3-1)$$

式中：V_s 为皂膜计两刻度线间的体积，mL；P_b 为大气压，kPa；P_v 为皂膜计内水蒸气的气压，kPa；P_s 为标准状态下的压力，kPa；T_s 为标准状态下温度，℃；T_m 为皂膜计温度，K。

将校准过流量的采样器入口取下，旋开采样头，将已恒重过的 $\phi50mm$ 的滤纸安放于冲击环下，同时于冲击环上放置环形滤纸，再将采样头旋紧，装上采样头入口，放于室内有代表性的位置，打开开关旋钮计时，将流量调至 13L/min，采样 24h，记录室内温度、压力及采样时间，注意随时调节流量，使其保持在 13L/min。流量计的校准连接如图 3-12 所示。

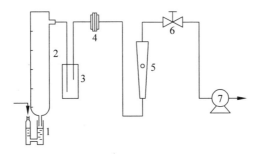

1—肥皂液；2—皂膜计；3—安全瓶；4—滤膜夹；5—转子流量计；6—针形阀；7—抽气泵。

图 3-12　流量计的校准连接

对于成分分析操作方法，可以遵循以下方法：取下采完样的滤纸，带回实验室，在与采样前相同的环境下放置 24h，称量至恒重(mg)，以此质量减去空白滤纸的质量得出可吸入颗粒的质量(mg)。将滤纸保存好，以备成分分析用。分析计算公式如式(3-2)和式(3-3)所示。

$$C = \frac{W}{V_0} \qquad (3-2)$$

$$V_s = 13 \times t \qquad (3-3)$$

式中：C 为可吸入颗粒物质量浓度，mg/m^3；W 为颗粒物的质量，mg；V_0 为 V_s 换算成标准状况下的体积，m^3；V_s 为采样体积，L；13 为流量，L/min；t 为采样时间，min。

注意事项：采样前，必须先将流量计进行校准。采样时准确保持 $13L/min$ 的流量；称量空白及采过样的滤纸时，环境及操作步骤必须相同；采样时必须将采样器部件旋紧，以免样品空气从旁侧进入采样器。

5. AAS 法

AAS 法操作简便、快速、抗干扰能力强，是测定金属元素的常用方法。李卉颖等利用 AAS 法分析了大气颗粒物 $PM_{2.5}$ 中 Cd 和 Pb 的含量。但 AAS 一次进样只能测试一种元素，不能适应大气颗粒物中多组分同时分析的需要。

6. ICP-MS 法

ICP-MS 的检测限低、线性范围宽、干扰少、分析精密度高、分析速度快、稳定性良好、基体影响小、自吸现象少，且可同时测试多种金属元素，特别适合痕量金属元素的分析。可进行定性、半定量、定量分析及同位素比值的准确测量，还能与其他技术如高效液相色谱（HPLC）、IC 等联用进行元素的形态、分布特性等的分析。塔马斯（Tamas）等采用 ICP-MS 法测出了土耳其空气中 $PM_{2.5}$ 有 Bi、Cd、Co、Cr、Cu、Fe、Ca、Li、Mn、Mo、Ni、Pb、Pt、Rb、Sb、Sn、Te、Tl、U、V、Zn 等痕量金属元素。

7. XRF 法

XRF 检测速度快，可实现无损分析，测试后的样品可继续使用，特别适合多种无机元素的同时测定，在环境监测中广泛应用。

8. IC 法

IC 法快速方便，灵敏度高，选择性好，一次进样可同时分析多种离子，在环境分析中广泛应用。刘庆阳等采用 IC 法分析了北京城郊冬季一次空气重污染过程颗粒物中的水溶性离子污染特征，发现 SO_4^{2-}、NO_3^- 的浓度高于正常水平，并且形成了二次气溶胶，进一步加重了北京冬季雾霾。

9. GC-MS 法

GC-MS 是 GC 与 MS 一体化的装置，可同时完成定性和定量测试，GC-MS 法广泛用于有机物的测试。

10. TOR/TOT 法

TOR/TOT 法用于含碳组分的分析，根据所利用的光学原理不同，可分为热光反射（TOR）法及热光透射（TOT）法。李杏茹等利用美国沙漠研究所的 TOR/TOT 装置，对北京奥运会期间大气颗粒物中元素碳和有机碳进行了分析，结果表明，北京市大气颗粒物中的主要成分是碳气溶胶，通过分析 OC 和 EC 的比值得出了北京大气颗粒物的源解析。

3.4　运动形式

3.4.1　扩散

1. 定义分类

包括颗粒物在内的大气污染物在进入大气环境后的常见方式为：通过风力扩散、气流扩散、沉降等因素作迁移运动；同时在适当条件下发生各种转化反应。这也是大气环境具有自净能力的一种表现。

2. 风力扩散

风力是水平气压梯度力、摩擦力、由地球自转产生的偏向力、空气的惯性离心力四种水平方向力的合力，如海陆风、山谷风等。描述风力的两个重要因素为风力大小（风速，m/s）和风向（风的来向）。

海陆风出现在沿海地区，是由于海陆接壤区域的地理差异产生的热力效应而形成的，以一天为周期循环变化的大气局部环流。在吸收相同热量的条件下，由于陆地的热容量小于海水的，所以地表温度的升降变化比海水快。海陆风的流动如图 3-13 所示。

山谷风是由山区地理差异产生的热力作用而引起的另外一种局地风，也是以一天为周期循环变化。山坡与山谷一天之中受光照等因素影响而存在不同的温度变化，形成空气的热力循环。山谷风的流动如图 3-14 所示。

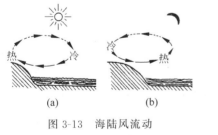

图 3-13　海陆风流动

（a）海风；（b）陆风

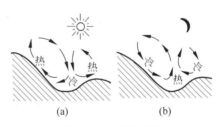

图 3-14　山谷风流动

（a）谷风；（b）山风

从图 3-14 中可以看出，风对污染物的扩散迁移作用：对污染物的冲淡稀释作用，稀释程度主要取决于风速；对污染物的整体输送作用，使污染物向下风向扩散。总之，风越大，污染物沿下风向扩散稀释得越快。

3. 气流扩散

气流指垂直方向流动的空气。它关系到污染物在垂直方向的扩散迁移，气流的发生和强弱与大气稳定度有关。稳定大气不产生对流；大气稳定度越差，对流越剧烈,则污染物在纵向的扩散稀释越快。

大气除了作整体水平运动,还存在着极不规则的三维小尺度的次生运动或旋涡运动,称作大气湍流,表现为气流的速度和方向随时间和空间位置的不同呈随机变化。当污染物由污染源排入大气时,高浓度部分污染物由于湍流混合,不断被清洁空气渗入,同时又无规则地分散到其他方向上去,使污染物不断被稀释冲淡。当大气处于稳定状态时,湍流受到限制,大气不易产生对流——大气对污染物的扩散能力很弱;逆温条件时就极难扩散;而大气处于不稳定状态时,空气对流很少受到阻碍,湍流可以充分发展。

4. 大气稳定度与污染物扩散的关系

大气稳定度是指叠加在大气背景场上的扰动能否随时间增强的量度,也指空中某大气团由于与周围空气存在密度、温度和流速等的强度差而产生的浮力使其产生加速度而上升或下降的程度。大气抑制空气垂直运动的能力,称为大气稳定度,表征大气在垂直方向上的对流运动强弱。大气的气流状况在很大程度上取决于近地层大气的垂直温度分布。描述大气的垂直温度分布的指标为气温垂直递减率(r):在垂直于地表方向上,大气环境温度随高度上升的递减率。一般情况下,对流层内气温垂直递减率的平均值约为 $0.65℃/100m$。由于近地层实际大气的情况非常复杂,各种气象条件都可影响到气温的垂直分布,所以实际大气与标准大气的气温垂直分布有很大不同,总括起来有三种情况,见表 3-7。

表 3-7 实际大气的气温垂直分布

气温垂直递减率/(℃/100m)	描　　　述
$r>0$	气温垂直分布与标准大气相同,属正常温度层结;这种情况一般出现在晴朗的白天,风速不大时
$r=0$	气温基本不随高度变化,叫作等温层;这种情况一般出现在多云天或阴天,风速比较大时
$r<0$	气温垂直分布与标准大气相反,叫作逆温层;这种情况一般出现在少云无风的夜晚

当空气团(污染气团)受到对流冲击力的作用时,产生向上或向下的运动。空气团在大气中的升降过程可看作绝热过程。描述气团在大气中作绝热上升或下降的温度变化情况的指标为干绝热垂直递减率(r_d):干空气团或未饱和的湿空气团作垂直绝热运动时温度的递减率,一般约为 $0.98℃/100m$。

3.4.2 沉积

沉积:大气颗粒物的主要消除过程,易溶于水的气体物质,主要通过湿沉积除去,难溶于水的气态物质主要通过对流扩散迁移至地表被树木或和建筑物阻留或迁至平流层。

（1）干沉积

干沉积是指大气污染物通过重力沉降或被地面建筑物、树木等阻留而沉积在地面的过程，或者是进入人或其他动物呼吸道并积留于此的过程。

（2）湿沉降

湿沉降是指大气中所含污染气体或微粒物质通过雨洗、洗脱作用而随降水降落并积留在地表的过程。这也是污染气体在大气中被消除的重要过程。

（3）沉积与大气中颗粒物的消除过程

大气中悬浮的颗粒物的密度和粒度越大，重力沉降速率越大，越易通过干沉积去除；颗粒越小，干沉积速率越小，必须借助湿沉积等过程消除。粒度较大的颗粒物可通过沉降、碰撞等干沉积过程，以及作云核及云下洗脱等湿沉积消除；粒度较小的颗粒物可通过凝结而合并成较大颗粒，作布朗运动和扩散漂移、热漂移等依附在水滴上被雨洗带下；粒度在 $0.1\mu m$ 左右的，干湿沉积都不易进行，消除十分缓慢，主要通过扩散转移或化学反应除去。

3.5　处理技术

3.5.1　技术基础

目前颗粒的脱除技术：一是粉尘凝聚技术；二是通过静电与其他技术结合的方式。凝聚是指微细粉尘通过物理或化学的途径互相接触而结合成较大颗粒的过程。微细粉尘凝聚成较大颗粒后，更容易被除尘器捕集。大量研究结果表明，凝聚技术是收集微细粉尘的一种有效方法。当前国内外研究的凝聚技术主要有电凝聚、声凝聚、蒸汽相变凝聚、热凝聚、湍流凝聚、化学凝聚和光凝聚等。另外，国内外应用较为广泛的一种方式是通过在常规除尘器之前的烟道上增加微细粉尘凝聚器，使较小的颗粒凝聚，以达到常规除尘器高效除尘的目的。

3.5.2　物理法

1. 热凝聚

热凝聚又称为热扩散凝聚，是指微粒在没有外力、温度较高的环境下产生明显的成核和凝聚的现象。由布朗运动（扩散）导致气溶胶粒子互相接触而凝聚的过程叫作热凝聚，也是最常见的一种凝聚方式。有研究表明：通常情况下，对于烟尘浓度高，粒径相差较大的微粒，热凝聚的效果比较明显。

2. 声凝聚

声凝聚是指在声场作用下，气固两相物中的固相和气相之间会发生复杂的相互作用。一般来讲各种相互作用是同时进行的,使得微粒相互靠近并且最终凝聚。而多分散系统的气溶胶本身是一种表面能不稳定的体系,有相互凝结成较大颗粒的趋势,声波能加速颗粒的运动速率,增加粒子的碰撞概率。从而使气体中的微粒聚集成较大的颗粒,易于被捕集。

声凝聚的机理有三种:第一种是同向凝聚作用。声波场中的粒子随气体介质的振荡而趋于前后运动,小颗粒随介质运动较快,而大颗粒较慢,导致不同粒径颗粒的相对运动加速颗粒碰撞而使颗粒凝聚。第二种是流体力学作用,在单分散体系中,颗粒之间的相对速度为零,但声波凝聚实验表明颗粒凝聚现象很明显。第三种是湍流扩散和湍流惯性。当声场强度超过某一数值(约 160dB)时,就会出现声致湍流。湍流中粒子间的碰撞有两种机理:一种是湍流扩散,是由于粒子空间不均性产生速度差异,从而产生碰撞;二是湍流惯性,即粒子运动跟不上区域湍流而产生相对运动。

3. 电凝聚

电凝聚主要是通过增加微粒的荷电能力,增加微粒以电泳方式到达飞灰颗粒表面的数量,从而增加颗粒间的凝聚效应。

在电场中,微粒内的正负电荷受到电场力的排斥吸引而作相对位移,相邻分子的积累效应就在微粒两侧表面分别聚集有正负束缚电荷,并在微粒内部产生沿电场方向的电偶极矩,电场对微粒的这种作用即电极化作用。微粒荷电成为一种电介质,在场强的作用下,其原子或者分子发生位移极化或取向极化,产生附加电场。

微粒在电场中被极化而产生极化电荷,粒子的偶极效应将使粒子沿着电力线移动,在短时间内就会使许多粒子沿电场方向凝结在一起,形成粒子集合体,形成空间凝聚。

4. 湍流与边界层凝聚

湍流凝聚是指超细颗粒物在湍流的射流中有明显的成核和凝聚现象,而且成核和凝聚的颗粒将进一步长大。边界层凝聚是由横向速度梯度引起的碰撞而导致的凝聚现象,又称为梯度凝聚。在湍流流动中,同时存在热凝聚、梯度凝聚和湍流凝聚,并且随着超细颗粒物的直径增大,这三种凝聚作用依次增强。湍流脉动速度会促使颗粒碰撞并发生凝聚,且在湍流流动的边界层内,对粒径较小的微粒,由横向速度梯度引起的凝聚效果也非常明显。湍流环形通道热泳脱除可吸入颗粒物技术已经得到了验证。

5. 蒸汽相变凝聚

蒸汽相变促进微细粉尘的脱除原理是:在过饱和水汽环境中,水汽在微细粉尘表面凝结,并同时产生热泳和扩散泳作用,促使微细粉尘作迁移运动,相互碰撞接触,使微细粉尘粒径增大、质量增加。利用蒸汽相变促进微细粉尘脱除的技术路线如图 3-15 所示。

从图 3-15 中可以看出,蒸汽相变促进微细粉尘脱除是具有应用前景的新技术,

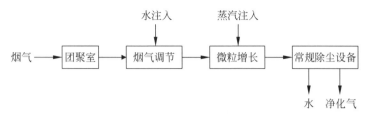

图 3-15　蒸汽相变促进微细粉尘脱除的技术路线

特别适用于高温、高湿烟气排放源及安装湿式除尘装置或湿法脱硫装置的情况。与其他凝聚技术相比,在上述场合应用蒸汽相变具有明显优势,可实现多种污染物同时脱除。

蒸汽相变促进微细粉尘脱除也存在一些问题,例如,过饱和蒸汽在微细粉尘表面异质核化过程复杂,影响因素多,核化机理不完全清楚,对成核机理的认识存在较多争议;蒸汽在微细粉尘表面凝结长大与微细粉尘脱除是一个复杂的传质、传热过程,凝聚时需较高的过饱和环境,通过添加蒸汽或降温的方法达到凝结所需的过饱和度耗能较高。因此,认识成核机理,以及如何降低能耗且能够实际应用于工业除尘,都需要进一步研究。

6. 磁凝聚

磁凝聚是指被磁化的粉尘、磁性粒子在磁偶极子力、磁场梯度力等作用下,发生相对运动而碰撞凝聚在一起,使其粒径增大,进而利于后续常规除尘设备脱除。杨瑞昌、鲁端峰等对燃煤微细粉尘在梯度磁场和均匀磁场中的凝聚特性进行了理论和实验的研究,表明对于含有铁磁性物质的微细粉尘,采用外加磁场的凝聚方法是确实可行的,通过添加强磁性的磁种颗粒,也可增强微细粉尘的凝聚效果。

磁凝聚技术为燃煤微细粉尘的排放控制提供了一种新的技术途径,但实验得到的结果不是很理想,目前存在的主要问题是如何高效收集弱磁性粉尘,以及如何清除和解磁附着在磁介质上的粉尘。

7. 光凝聚

光凝聚是指应用光辐射的原理促进颗粒物的凝聚。通过改变光的强度、激光传播的折射角等可促使微细粉尘凝聚。光凝聚尚处于研究阶段,这种方法成本相当高,目前工业应用价值相对较小。

8. 静电与旋风除尘器相结合

静电提高旋风除尘器除尘效率的基本思想是在旋风除尘器空腔主轴上加入电晕极,在其周围能产生较高的电子密度和较强的电场力。这种方法容易出现两种机理的冲突:如入口风速增大,则颗粒停留时间变短,静电作用降低,分级效率与旋风分离器的效率相似;如风速较低,旋风作用减弱;如果风速太低,那么还会出现类似静电作用下的某段粒径分级效率"低谷"。

静电除尘技术与其他除尘方式组合成的复合式静电除尘器,克服其中的单一除尘器运行时的不利因素,是一项可行的技术。旋风静电除尘器是具有旋风除尘器和线管式静电除尘器两方面特征的复合式除尘器,结构如图 3-16 所示。

从图 3-16 中可以看出,颗粒在其中受到离心力和静电力的复合作用而分离,因此它的除尘效率比单一旋风除尘器高,并且能够捕集粒径更小的尘粒,而由于入口风速较高,其能够处理的烟气量比线管式静电除尘器大得多。

9. 静电与布袋除尘器结合

静电和布袋除尘是目前电厂利用最多的两种除尘方法。20 世纪 90 年代开始,美国电力研究所就开发出紧凑型混合颗粒收集器,即在原有静电除尘器后加一个脉冲布袋除尘器,而且在这种方法中还可以在静电除尘器和布袋除尘器之间注入吸附剂,能协同脱除二氧化硫、汞等污染物,提高吸附剂利用率,减少静电除尘器捕获粉尘的毒物含量,提高其经济价值。结构如图 3-17 所示。

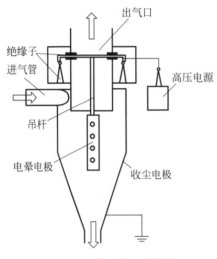

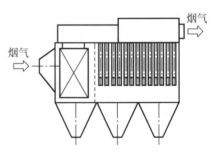

图 3-16　旋风静电除尘器　　　　图 3-17　布袋静电复合除尘器示意图

从图 3-17 中可以看出,布袋静电混合除尘是将电除尘与布袋除尘有机结合的新型高效除尘器。它充分发挥了电除尘器和布袋除尘器各自的除尘优势,而且,两者相结合产生新的性能优点,弥补了电除尘器和布袋除尘器的除尘缺点。该复合型除尘器具有除尘效率稳定高效、滤袋阻力低寿命长、运行维护费用低、占地面积小等优点。

美国能源环境研究中心又开发了一种结合更为紧凑的系统"先进混合除尘器"。其将静电除尘和布袋除尘集于一个腔内,把滤袋置于静电极板和极线之间,实现了真正的混合。这种系统体积更小,极板和滤袋材料的使用成倍减少。但是此技术的难点之一是滤袋的保护。

10. 微通道脱除

关于微通道,往往没有严格的统一定义,一般可以见到研究中最小有小于 $10\mu m$ 的,也有大至 3mm 的。已有的研究表明,微通道的大小、形状等对流体的传热和流动特性有很大影响。理论和实验都说明,微通道的种种情况会造成换热的强化。而热泳力作为一种短程力,在普通大通道时其作用范围只能限于边界层范围内,因而其效应受到一定局限。一方面,微通道的尺寸效应及其所造成的换热增强,使热的"搬运"功能增大,也就是热泳力作用功效的增大;另一方面,小的尺度空间必定增加微通道粒子的碰撞概率。大概率碰撞、聚合效应加之湍流效应,不断把粒子抛向壁面,使热泳效应得到明显强化,在壁面粒子的聚集就会不断生长起来。所以,从这两个方面就很容易理解微通道中热泳沉积效率较大的原因。当通道壁温不变时,混合气流进口温度的增大,更强化了微通道热泳效应,由此热泳沉积效率会明显增大。微通道颗粒捕尘器结构如图 3-18 所示。

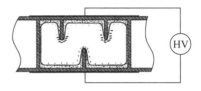

图 3-18　微通道颗粒捕尘器示意图

3.5.3　化学法

化学凝聚是添加化学凝聚剂(吸附剂、黏结剂)促进微细粉尘长大的预处理方法,主要是通过物理吸附和化学反应相结合的机理来实现的。Zhuang 等对烟煤燃烧产生的微细粉尘形成机理及其化学凝聚技术进行了实验研究。Linak 等研究了吸附剂对有害金属的凝聚作用。赵永椿等对燃烧后区添加化学凝聚剂,促使微细粉尘凝聚长大并加以脱除进行了研究,结果表明化学凝聚对微细粉尘脱除具有显著作用。

3.5.4　生物法

生物法的实质是利用有孔的、潮湿的介质上聚集的活性微生物的生命活动,将废气中的有害物质转变为简单的无机物(如 CO_2 和 H_2O)或组成自身细胞。一般认为生物法净化有机废气需经历三个步骤:①有机废气成分首先同水接触并溶于水中(即由气相扩散进入液相);②溶解于液相中的有机成分在浓度差的推动下,进一步扩散至介质周围的生物膜,进而被其中的微生物捕捉并吸收;③进入微生物体内的有机污染物在其自身的代谢过程中作为能源和营养物质被分解,经生物化学反应最终转化为无害的化合物,如 CO_2 和 H_2O。

1. 生物纳膜法

生物纳膜是层间距达到纳米级的双电离层膜,能最大限度增加水分子的延展性,并具有强电荷吸附性;将生物纳膜喷附在物料表面,能吸引和团聚小颗粒粉尘,使其聚合成大颗粒状尘粒,自重增加而沉降。

2. 生物过滤法

生物过滤技术作为一种有效的、实用的大气污染物过滤技术,其低的运行成本和环境友好,使该技术具有经济方面的优势。其环境友好主要表现在低能耗和不产生二次污染。生物过滤技术的特点是利用具有较大孔隙的土壤或木片等材料作为填料,微生物不但生活在生物膜中,还能深入填料内部,具有更高的细胞密度,用于吸附颗粒物。

3. 植物园林法

城市建设通过加大绿化投入、扩大绿化面积来减少空气中悬浮颗粒物含量。由于受气候限制,城市绿化系统对悬浮颗粒物的吸附和固定能力随季节变化显著;另外,大型绿色植物更倾向于吸附颗粒相对较大的悬浮物,同时干燥大风季节吸附的颗粒物会发生二次悬浮。

4. 土壤蓝藻法

大型绿色植物对颗粒较小的颗粒物吸附和固定能力较弱;遭遇干燥大风季节,固定的颗粒物会发生二次悬浮,这些也成为悬浮颗粒物治理的主要难题。大多空气净化器主要使用物理吸附法去除空气颗粒悬浮物,但吸附材料多为一次性使用,不仅使用成本较高,可能还涉及一些化学材料,存在难以降解和二次污染等问题。未来,科研人员将设计一大批不同规模尺度的合理实用的小装置,例如做一个密封的圆柱形装置,将具鞘微鞘藻固定在圆柱形表面,然后给这个装置施负压,以实现更好的吸附效果。王伟波所在团队研究藻类固沙固土十余年。王伟波说,土壤藻类吸附颗粒悬浮物后,就变成了土块,类似于成土作用,没有任何污染,是非常高效的绿肥。

5. 生物滤池系统

生物滤池的最初形式是通过挖掘沟渠,在沟中放置空气布水系统,再用渗透性土壤填埋沟渠建成的。但是土粒之间的小孔尺寸会带来堵塞问题,只有少量这样的系统存在着。现在大多数的生物滤池用木片或肥料填充。废气通过配水系统进入滤池底部,然后穿过有孔的嵌在砾石中的塑料管排出。放置在砾石层上的填料通常为一层,大约为1m厚,如果再厚的话,将要使填料受到压挤而变形。采用喷淋系统来保持填料潮湿,当下雨和喷淋量大的时候,用排放系统来排出多余的水。这种生物滤池在运行之前,要求对填料进行筛滤来控制孔隙尺寸,这样可以保证填料具有较大的孔隙并减少水头损失。用肥料作填料时,填料上的活性环境使多种微生物立即开始起作用,降解的过程中填料提供营养物质。较低的水头损失和理想的活性环境意味着生物滤池可以做得小一些。

然而,肥料作填料也有缺陷。当肥料软化时容易产生水平和垂直压缩作用。水平压缩使滤床内部产生裂缝,也有可能使滤床离开容器壁;而垂直压缩使填料孔隙堵塞,从而增大了水头损失。当废气经过填料到达裂缝和开口处,处理过程就失败了。如果增湿和喷淋系统运行不好,由于干化作用也可能使填料发生收缩。此外,干肥料通常是疏水性的,这将使填料再次湿化很困难。

为了解决肥料软化时的问题,人们开始采用混合无机填料。Monsanto 使用获得专利的聚苯乙烯水珠和有机材料作为填料。也有人采用火山岩、砾石等具有较大孔隙的材料作为填料,还有些生物滤池用大孔的聚氨酯泡沫塑料作填料。用均一的无机填料不仅可以解决填料压缩问题,而且可以降低水头损失。无机填料提供的是无营养物或接种的环境,其所需的较低的水力负荷使干燥更加容易。采用无机混合填料的生物滤池必须小心地对其进行管理,提供适当的填料接种环境,小心地控制水的流量,营养物的添加要有规律性。总之,如果这些问题能够解决,无机填料可以提供最大的降解率,也可以使生物滤池做得更小。实际运行中,采用可编程的逻辑编辑器对生物滤池的运行进行监控,以便调整运行参数,反常条件下可以关掉系统。

用木片或肥料作填料的生物滤池同无机混合填料生物滤池相比,其运行和管理费用较低,但是处理效果比后者差,因此,可以根据当地实际情况作出选择。

6. 生物滴滤池系统

生物滴滤池不同于生物滤池,它要求水流连续地通过有孔的填料,这样可以有效地防止填料干燥,精确地控制营养物浓度与 pH。另外,由于生物滴滤池底部需要建有水池来实现水的循环运行,所以总体积比生物滤池大。这就意味着,将有大量的污染物质溶解于液相中,从而提高了比去除率。因此,生物滴滤池的反应器的尺寸可以比生物滤池的小。但是,生物滴滤池的机械复杂性高,从而使投资和运行费用增加。因此,生物滴滤池最适于那些污染物质浓度高导致生物滤池堵塞、有必要控制 pH 和使用空间有限的地方。

参考文献

[1] HINDS W C. Aerosol technology: properties,behavior,and measurement of airborne particles [M]. New York: Wiley,1999.

[2] BARON P A,WILLEKE K. Aerosol measurement: principles, techniques, and applications (2nd Edition)[M]. New York: John Wiley&Sons,2003.

[3] 徐小峰,郦建国,郭峰. 可吸入颗粒物脱除技术及应用前景[C]. 中国硅酸盐学会环保学术年会论文集,2009.

[4] 王跃思. 雾霾形成的气象机理分析.《雾霾天气成因分析与预报技术研讨会》专题报告[R]. 2013/02/22. 北京: 中国科学院大气物理研究所,2013.

[5] 朱先磊,张远航,曾立民,等. 北京市大气细颗粒物 PM2.5 的来源研究[J]. 环境科学研究. 2005,18(5): 1-5.

[6] 宋宇,唐孝炎,张远航,等. 北京市大气细粒子的来源分析[J]. 环境科学,2002,23(6): 11-16.

[7] 邹长武,印红玲,刘盛余,等. 大气颗粒物混合尘溯源解析方法[J]. 中国环境科学,2011,

31(6)：881-885.

[8] 周涛,杨瑞昌,赵磊.湍流环形通道热泳脱除可吸入颗粒物技术研究[J].环境工程学报,2006,7(3)：134-137.

[9] 李定美,姚廷伸.大气总悬浮颗粒物中十种元素原子吸收光谱测定法的研究[J].中国环境监测,1994(6)：16-17.

[10] 周玖萍,田忠昌,郑莉.大气中不同粒径颗粒物浓度及5种金属元素含量的分析[J].现代预防医学,2003(6)：152.

[11] 邹海峰,苏克,姜桂兰,等.大气颗粒物样品中主量和痕量元素的直接测定[J].环境化学,1998(5)：80-85.

[12] MCMURRY R H,MARPLE V A. Measurement of sub 3. 0-ram size-resolved aerosol chemical composition with microorifice uniform deposit impactors(MOUDI)[C]. Proceedings of APCA Annual Meeting,1986.

[13] MARK D,YIN J,HARRISON R M,et al. Measurements of PM10,PM2. 5 particles at four outdoor sites in the UK[J]. Aerosol Science,1998,29：95-96.

[14] TIITTA P,TISSARI J,LESKINEN A,et,al. Testing of PM2.5 and PM10 samplers in a 143m^3 outdoor environmental chamber[J]. Aerosol Science,1999,30：S47-S48.

[15] XI C. Heat and momentum transfer between a thermal plasma and suspended particles for different Knudsen numbers[J]. Thin Solid Films,1999,345：140-145.

[16] 李丹勋,王兴奎,王殿常.流速梯度对悬浮颗粒脉动强度的影响[J].泥沙研究,2000,3：6.

[17] 王磊.应用 PDA 测量多重旋转气固两相流流场[J].流体机械.1999,9(6)：25-36.

[18] KLEEMAN M J. Source contributions to the size and composition distribution of urban particulate air pollution[D]. Pasadena：California Institute of Technology,1998.

[19] ANDREAE M O,CCRUTZEN P J. Atmospheric aerosols：biogeochemical sources and role in atmospheric chemistry[J]. Science,1997,276：1052.

[20] KLEEMAN M J,CASS G R. Effect of emissions control strategies on the size and composition distribution of urban particulate air pollution[J]. Environmental Science and Technology,1999,33(1)：177-189.

[21] CLARK N N,JARRETT R P,ATKINSON C M. Field measurement of particulate matter emissions,carbon monoxide,and exhaust opacity from heavy-duty diesel vehicles[J]. JAWMA,1999,49(9)：76-84.

[22] 唐孝炎.大气环境化学[M].北京：高等教育出版社,1990.

第 **4** 章

环境水体颗粒物

在自然环境水体中,存在着各式各样的颗粒物质。本章对环境水体中的颗粒物质的来源和组成分类情况进行了相关的阐述;并指出了主要的环境水体受到各种颗粒物质污染的情况,以及环境水体的污染现状和对周围生物的影响情况;然后说明了各种环境水体中各种颗粒物的运动迁移规律特征;最后说明了各种受污染水体的修复及净化处理工艺技术等。

4.1 基本概念

在自然界的天然水体和水处理流程中的工艺水体内,都含有形形色色的颗粒物。水中分散的粒子可以是单个大分子,也可以是许多分子的聚集体,然后以水作为分散介质的溶胶称为水溶胶。一般说来,它是指比溶解的低分子更大的各种多分子或高分子的实体,不同学科根据其研究目的赋予不同的含义内容。在现代环境水质科学范畴内,颗粒物的概念相当广泛,并不仅限于一般所说的以 $0.45\mu m$ 滤膜截留以上的悬浮物范围。

环境水体颗粒物主要包括矿物质、黏土、有机颗粒物、生物残骸和包裹有机物的无机颗粒物等固体颗粒。环境水体中的悬浮颗粒物易于形成胶体,对有机氮和氨氮有很强的吸附作用。微生物易于附着在水-颗粒物界面,颗粒物的存在促进了微生物的生长,使得含沙水体中的微生物增长高于不含沙水体。微粒由于具有较大的比表面积,因而能够吸附金属水合氧化物,并与水中存在的一些有机高分子通过架桥作用而发生团聚。这种聚集体还可以吸附水中的重金属和离子、化学品等微污染物。悬浮颗粒物上有机物和表面生物膜的组成成分,以及对污染物的吸附交换作用机理,一直以来都是环境水体中颗粒物等相关研究的热点,在悬浮颗粒物中,虽然有机物质的含量很小,但由于有机物通常包裹在矿物颗粒的表面,所以有机质的组成和性质对悬浮颗粒与重金属离子的交换吸附和解析起着重要作用。

4.2　危害及影响

4.2.1　环境水体污染事件

1. 日本水俣事件

1953 年到 1956 年期间,在日本南部九州岛的水俣镇,发生了著名的水俣事件。位于此地的日本氮肥公司的合成醋酸厂 1949 年开始生产氯乙烯,工厂的生产废水一直排放入水俣湾。据日本环境厅统计,水俣镇共有水俣病患者 180 人,死亡 50 多人,在新潟县阿贺野川亦发现 100 多名水俣病患者,8 人死亡。实际受害人数远不止此,仅水俣镇的受害居民,即达万余人。由于该氮肥公司在生产氯乙烯和醋酸乙烯时,使用了含汞的催化剂,使废水中含有大量的汞。这种汞在水体中,被水中的鱼食用,在鱼体内转化成有毒的甲基汞。人食用鱼后,汞在人体内聚集从而产生一种怪病:患者开始时只是口齿不清、步履蹒跚,继而面部痴呆、全身麻木、耳聋眼瞎,最后变成精神失常,直至躬身狂叫而死。

2. 美国漏油事件

1978 年 3 月 16 日,美国 22 万吨的超级油轮"亚莫克卡迪兹号",满载伊朗原油向荷兰鹿特丹驶去,航行至法国布列塔尼海岸触礁沉没,漏出原油 22.4 万吨,污染了 350 千米的海岸带。仅牡蛎就死掉 9000 多吨,海鸟死亡 2 万多吨。海事本身损失 1 亿多美元,污染的损失及治理费用达 5 亿多美元,给被污染区域的海洋生态环境造成的损失更是难以估量。

3. 莱茵河水污染事件

莱茵河发源于瑞士东南部的阿尔卑斯山麓,全长 1320 千米,是欧洲西部第一长河。莱茵河流经列支敦士登、奥地利、法国、德国、荷兰等地,在鹿特丹附近注入北海。莱茵河流域面积 17.3 万平方千米,流经欧洲 9 个国家,均为发达国家,流域范围内人口数量约 5400 万。20 世纪后期,由于工业化进程加速,莱茵河重金属含量严重超标,致使大量水生物种面临威胁。1986 年 11 月 1 日深夜,在瑞士巴塞尔的桑多斯化工厂仓库发生了失火事件,装有 1250 吨剧毒农药的钢罐爆炸,硫、磷、汞等毒物随着百余吨灭火剂进入下水道排入莱茵河,构成了 70 千米的微红色污染带,以每小时 4 千米的速度向下游流去。污染带流经河段的鱼类死亡,沿河自来水厂全部关闭,改用汽车向居民送水。近海口的荷兰将所有与莱茵河相通的河闸统统关闭。这次事故带来的污染使莱茵河的生态受到了严重破坏。大量的硫化物、磷化物、汞、灭火剂溶液随水注入河中,造成大批鳗鱼等水生生物死亡。翌日,化工厂用塑料堵塞下水道。8 天后,塞子在水的压力下脱落,几十吨有毒物质又流入莱茵河,再一次造成污染。

1986 年 11 月 21 日,德国巴登市的苯胺和苏打化学公司冷却系统故障,又使 2 吨农药流入莱茵河,使河水含毒量超标准 200 倍。这次污染使莱茵河的生态环境再一次受到了严重的破坏。在莱茵河污染事故发生后,保护莱茵河国际委员会于 1987 年承担起了恢复莱茵河生态环境的工作。为此次污染事故发起的"莱茵河行动计划"标志着人类在国际水管理方面迈出了重要的一步。人们首次作出明确承诺:要拓宽合作范围,而不仅仅限于水质方面的合作。生态系统目标的确立,为莱茵河综合水管理打下了基础。所以,不仅要防治莱茵河污染,而且要恢复整个莱茵河生态系统。自 1990 年开始有鲑鱼和鳟鱼从大西洋返回莱茵河及其水系的支流中,自 1992 年有记录表明,鲑鱼和鳟鱼能够自然繁殖。1995 年,在法国斯特拉斯堡附近大坝的德国境内下捕到 9 尾鲑鱼,这说明鲑鱼实际上从大西洋向莱茵河溯游 700 多千米。莱茵河保护国际公约于 1999 年 4 月 12 日在波兰由德国、法国、卢森堡、荷兰、瑞士以及欧盟联合签署,意在加强国际理解与合作,实施全面治理及修复措施,使莱茵河生态恢复其可持续发展的水平。

4. 多瑙河污染事件

2000 年 1 月 30 日,罗马尼亚西北部连降几场大雨,该地区的大小河流和水库水位暴涨。西北部城市奥拉迪亚市附近,一座由罗马尼亚和澳大利亚联合经营的巴亚马雷金矿的污水处理池出现一个大裂口,1 万多立方米含剧毒的氰化物及铅、汞等重金属的污水流入附近的索莫什河,而后又冲入匈牙利境内的多瑙河支流蒂萨河。污水进入匈牙利境内时,多瑙河支流蒂萨河中氰化物含量最高超标 700~800 倍,从索莫什河到蒂萨河,再到多瑙河,污水流经之处,几乎所有水生生物迅速死亡,河流两岸的鸟类、野猪、狐狸等陆地动物也纷纷死亡,植物渐渐枯萎,一些特有的生物物种或将灭绝。本次事故还导致匈牙利和南斯拉夫等国深受其害,给多瑙河沿岸居民带来了沉重的心理打击,国民经济和人民生活都受到一定程度的影响。蒂萨河沿岸世代靠打鱼为生的渔民丧失了生计。本次污染事故,还导致匈牙利与罗马尼亚两国之间的政治纠纷。对罗马尼亚来说,多瑙河支流蒂萨河污染事故是一起严重的环境灾难,不仅使政府可能面临巨额的国际赔偿,还意味着国际形象的严重受损。联合国环境规划署与开发计划署及世界银行制定了一个多瑙河流域环境计划,包括建立突发污染事故警报系统、加强公众意识以及支持湿地恢复等,以减少多瑙河流域及黑海的污染。多瑙河流经 9 个国家,是世界上干流流经国家最多的河流。支流延伸至瑞士、波兰、意大利、波斯尼亚-黑塞哥维那、捷克以及斯洛文尼亚等 6 国,最后在罗马尼亚东部的苏利纳注入黑海,全长 2850km,流域面积 81.7 万平方千米,河口年平均流量 6430m^3/s,多年平均径流量 2030 亿立方米。

5. 沱江污染事件

2004 年 2 月底至 3 月初,沱江两岸的居民发现江水变黄变臭,许多地方泛着白色的泡沫,江面上还漂浮着大量死鱼。紧接着,居民又发现自来水也变成了褐色并带有氨水的味道。川化股份有限公司第二化肥厂就是这起污染事故的责任者,他们将大量高浓度工业废水排进沱江,导致沿江简阳、资中、内江三地百万群众饮水被迫中断,50 万千克网箱鱼死亡,直接经济损失在 3 亿元左右,被破坏的生态需要 5 年时间来恢复。

6. 吉林化工爆炸事件

2005 年 11 月 13 日,中石油吉林石化公司双苯厂苯胺车间发生爆炸事故。事故产生的约 100 吨苯、苯胺和硝基苯等有机污染物流入松花江。由于苯类污染物是对人体健康有危害的有机物,导致松花江发生重大水污染事件。哈尔滨市政府随即决定,于 11 月 23 日零时起关闭松花江哈尔滨段取水口,停止向市区供水,哈尔滨市的各大超市无一例外地出现了抢购饮用水的场面。

7. 者桑河污染事件

2008 年 6 月 7 日,云南省文山州富宁县境内发生交通事故,一辆装载 33.6 吨危险化学品粗酚溶液的槽车从高速公路上侧翻,车上粗酚溶液全部泄漏流入者桑河(右江支流那马河的支流),造成者桑河以及入流后的那马河和百色水库库尾水体(云南省境内)受严重污染。直接影响云南省富宁县剥隘镇居民饮用水,并可能危及百色水库下游广西壮族自治区百色市约 20 万人的饮用水安全。本次事件引起党中央、国务院高度重视,经过各级政府和水利、环保等多个部门的共同努力,事件很快得到控制。

8. 盐城市特大水污染事件

2009 年 2 月 20 日上午,江苏省盐城市由于城西水厂原水受酚类化合物污染,盐都区、亭湖区、新区、开发区等部分地区发生断水,居民生活、工业生产受不同程度影响。清晨 6 时,该地城西水厂出水出现异味。晨间 7 时 20 分,盐城市紧急采取停水措施,全力排放城西水厂生产的管网水。由于生活不便,很多市民在超市排队购买矿泉水、纯净水以备暂时之用。经初步检验,城西水厂原水受酚类化合物污染,所产自来水暂不适宜饮用。酚类化合物是一种对水体污染危害较大的化合物,主要有四个类别:化工物质、致癌化合物、使水体细菌含量增加的化合物、沉淀化合物。农药、染料、工厂含重金属废水等化工物质均含有酚类化合物。正常情况下,水体所含酚类化合物超过千分之零点一,水体便不能达到饮用水标准,对人体有害。环保部门调派四个工作组在沿河巡察,水利部门开闸放水、尽快排清污水,海事部门派出海巡艇加大巡察力度。2009 年 8 月,盐城市盐都区人民法院对盐城"2·20"特大水污染事件主犯、原盐城市标新化工有限公司董事长胡某作出一审判决:被告人胡某犯投放毒害性物质罪,判处有期徒刑 10 年;同时撤销 2005 年因虚开增值税专用发票被判刑 2 年、缓刑 3 年的决定,决定执行有期徒刑 11 年。法院审理查明,2007 年 11 月底至 2009 年 2 月 16 日期间,原盐城市标新化工有限公司董事长胡某、生产厂长兼车间主任丁某,在明知标新化工有限公司为环保部门规定的废水不外排企业,明知在生产氯代醚酮过程中所产生的钾盐废水含有有毒有害物质的情况下,仍然将大量钾盐废水排入公司北侧的五支河内,任其流进盐城市区水源蟒蛇河,污染市区城西、越河两个自来水厂取水口。2009年2月20日,因水源污染导致市区20多万居民饮用水停止达66h40min,造成了巨大损失。其行为均触犯了《刑法》第115条之规定,构成投放毒害性物质罪。

9. 日本福岛核泄漏事件

2011年3月12日,由于地震引发海啸,日本福岛核电站发生了爆炸。核泄漏使得周围的海洋环境水体遭受了持续的污染。甚至于对太平洋海域均产生了持续而深远的影响。虽然污染不太可能直接造成海洋生物的死亡,但一些半衰期较长的放射性同位素会在食物链中积聚起来,有可能导致鱼类和海洋哺乳动物群体死亡率上升的问题。尽管目前对福岛核事故海洋生态环境影响还很难作出全面评估,但至少从一般意义上而言,福岛核事故已经对国际海洋生态的安全造成了直接的威胁。2021年,日本政府又作出2年后向海洋排放福岛核污水的决定,更是可能对海洋环境造成严重影响。

4.2.2　环境水体污染现状

1. 全球水污染情况

进入21世纪以来,全球每天有多达6000名少年儿童因饮用水卫生状况恶劣而死亡。水污染问题已经成为目前世界上最为紧迫的卫生危机之一。水污染问题在那些人口急剧增长的发展中国家尤为严重。世界卫生组织(WHO)指出,全球每天有近20亿人的饮用水源受污染,各国必须大力改善这一情况,确保人们拥有干净水源与基础卫生设施。受污染的饮用水每年预计导致超50万人因腹泻死亡,此外也是其他几种易被忽视的热带病的重要诱因,如肠道蠕虫、血吸虫病以及沙眼。世界各国在年度预算中拨给水源和卫生设施的经费平均增加了4.9%,但是仍然有八成的国家承认拨款仍不足以达到最初所定下的目标。由联合国制定的《2030年可持续发展议程》已于2016年正式启动,清洁水源也是目标之一。

2. 中国水污染概况

近年我国水体治理取得一定成绩,但有些地方水污染还是十分严重,而且某些地方还呈现加重趋势。主要表现为废水排放量逐渐增加,江河污染普遍,湖泊富营养化问题突出,近海水域的污染加重,赤潮频繁发生等。同时,由于气状污染物或粒状污染物,随着雨、雪、雾或雹等降水形态落到地面,形成酸雨,可能会对环境水体造成一定的污染。

1997年,《中国环境状况公报》表明:我国七大水系、湖泊、水库、部分地区地下水和近岸海域受到了不同程度的污染,水资源匮乏和水域污染已经成为我国经济与社会发展的制约因素。

1997 年,我国城市及其附近河流以有机污染为主,主要污染指标是石油类、高锰酸盐指数和氨氮。从污染区域分布看,污染较重的城市河段主要分布在淮河流域、黄河的部分支流、辽河流域和京杭运河,以及南方的一些经济发达城市。近几年间在黄浦江水中共检出有机物 218 种,其中属环保局指定的优先控制污染物有 39 种,包括三卤甲烷、多氯联苯、氯酚、多环芳烃、邻苯二甲酸酯、萘等。由于水质污染严重,一些水厂取水口不断向黄浦江上游迁移,同时开始向长江取水。

从总体上看,城市供水管网监控点处各项水质平均值符合《生活饮用水卫生标准》(GB 5749—1985)的规定。平均总合格率为 98.52%,较出厂水下降 0.88 个百分点;浊度、余氯、细菌、大肠杆菌 4 项主要指标全年综合合格率为 95.68%,较出厂水下降了 3 个百分点;其中浊度平均合格率为 97.20%,细菌总数为 97.10%,大肠杆菌为 90.20%,余氯为 98.20%,较出厂水下降最大的是大肠杆菌,合格率平均减了 7.3%,水质总平均下降率为 22.19%。由此表明,尽管总平均水质是合格的,但管网水也受到了不同程度的二次污染,致使水质有所下降。

2015 年,全国地表水总体为轻度污染,部分城市河段污染较重。全国废水排放总量 695.4 亿吨,其中工业废水排放量 209.8 亿吨、城镇生活污水排放量 485.1 亿吨。全国十大水系水质一半污染;国控重点湖泊水质四成污染;31 个大型淡水湖泊水质 17 个污染。我国十大水系中,Ⅰ~Ⅲ类、Ⅳ~Ⅴ类和劣Ⅴ类(丧失使用功能的水)水质断面比例分别为 71.7%、19.3% 和 9.0%。这些流域面临的严重问题是水体污染和水资源短缺,主要河流有机污染普遍,主要湖泊富营养化严重。其中,辽河、淮河、黄河、海河等流域都有 70% 以上的河段受到污染。我国力争在 2020 年,长江、黄河、珠江、松花江、淮河、海河、辽河等七大重点流域水质优良(达到或优于Ⅲ类)比例总体要达到 70% 以上。

3. 长江水系

长江全长 6397 千米。长江干流宜昌以上为上游,长 4504 千米,流域面积 100 万平方千米,其中直门达至宜宾称为金沙江流,长 3481 千米。宜宾至宜昌河段均称为川江,长 1040 千米。宜昌至湖口为中游,长 955 千米,流域面积 68 万平方千米。湖口至长江入海口为下游,长 938 千米,流域面积 12 万平方千米。长江是中国和亚洲的第一大河,世界第三大河。发源于青海省唐古拉山,最终于上海市崇明岛附近汇入东海。大小湖泊与干支流众多,可谓"远似银藤挂果瓜",长江的干流,自西而东横贯中国中部,经青海、西藏、四川、云南、重庆、湖北、湖南、江西、安徽、江苏、上海 11 个省、自治区、直辖市,数百条支流延伸至贵州、甘肃、陕西、河南、广西、广东、浙江、福建 8 个省、自治区的部分地区,总计 19 个省级行政区。流域面积达 180 万平方千米,约占中国陆地总面积的 1/5。水资源总量 9755 亿立方米,约占全国河流径流总量的 36%,为黄河的 20 倍。在世界上仅次于赤道雨林地带的亚马孙河和刚果河(扎伊尔河),居第三位。淮河大部分水量也通过京杭大运河汇入长江。长江流域属于轻度污染。Ⅰ~Ⅲ类、Ⅳ~Ⅴ类和劣Ⅴ类水质断面比例分别为 89.4%、7.5% 和 3.1%。该流域的城市河段中,螳螂川云南昆明段、府河四川成都段和釜溪河四川自贡段为重度污染。据 2015 年统计,长江干流取水口有近 500 个都不同程度受到岸边污染带的影响。南京以下江段盛产的鲥鱼、刀鱼跟 20 世纪 70 年代相比已减少 80% 以上。干流四大家鱼的产卵场和渔场规模缩小,一些严重污染的流域甚至鱼虾绝迹。此外,珍稀保护野生动物中华鲟等也因长江水质污染濒临灭绝。

4. 黄河水系

黄河流域发源于中国青海省巴颜喀拉山脉,流经青海、四川、甘肃、宁夏、内蒙古、陕西、山西、河南、山东 9 个省(区),最后于山东省东营市垦利县注入渤海。黄河全长 5464 千米,仅次于长江,是中国第二长河,也是世界第六长河流。在中国历史上,黄河及沿岸流域给人类文明带来了巨大的影响,是中华民族最主要的发源地。黄河主要支流有白河、黑河、湟水、祖厉河、清水河、大黑河、窟野河、无定河、汾河、渭河、洛河、沁河、大汶河等。主要湖泊有扎陵湖、鄂陵湖、乌梁素海、东平湖。黄河流域属于中度污染。Ⅰ~Ⅲ类、Ⅳ~Ⅴ类和劣Ⅴ类水质断面比例分别为 58.1%、25.8% 和 16.1%。该流域的城市河段中,总排干内蒙古巴彦淖尔段,三川河山西吕梁段,汾河山西太原段、临汾段、运城段,涑水河山西运城段和渭河陕西西安段为重度污染。20 世纪 80 年代以来,黄河两岸污染源不断增多。据统计,80 年代初期,全流域污水年排放量为 21.7 亿吨,到 2007 年超过 44 亿吨;每年排入黄河的化学需氧量超过 140 万吨,氨氮近 15 万吨,分别超过黄河水环境容量的 1/3 和 2.5 倍。黄河水量只占全国水资源的 2%,化学需氧量排放量却占全国排放总量水污染的 13.3%,污染量占全国水污染的 8%。

5. 珠江水系

珠江是我国第二大河流,年径流量 3492 多亿立方米,仅次于长江,是黄河年径流量的 6 倍。全长 2320 千米,流域面积约 44 万平方千米,是中国境内第三长河流。珠江包括西江、北江和东江三大支流,其中西江最长,通常被称为珠江的主干。珠江是我国南方的大河,流域覆盖滇、黔、桂、粤、湘、赣等省(区)及越南的东北部,流域面积 453690 平方千米,其中我国境内面积 442100 平方千米。珠江流域地处亚热带,北回归线横贯流域的中部,气候温和多雨,多年平均温度在 14~22℃,多年平均降雨量 1200~2200mm,降雨量分布明显呈由东向西逐步减少,降雨年内分配不均,地区分布差异和年际变化大。珠江年均河川径流总量为 5697 亿立方米,其中西江 2380 亿立方米,北江 1394 亿立方米,东江 1238 亿立方米,三角洲 785 亿立方米。径流年内分配极不均匀,汛期 4~9 月约占年径流总量的 80%,6~8 三个月则占年径流量的 50% 以上。珠江水资源丰富,全流域人均水资源量为 4700 立方米。珠江属少沙河流,多年平均含沙量为 0.249kg/m³,年平均含沙量 8872 万吨。每年约有 20% 的泥沙淤积于珠江三角洲河网区,其余 80% 的泥沙分由八大口门输出到南海。珠江流域水质整体上属于良好。Ⅰ～Ⅲ类和劣Ⅴ类水质断面比例分别为 94.4％和 5.6％。该流域的城市河段中,珠江广州段为中度污染,深圳河广东深圳段为重度污染。

6. 松花江水系

松花江流域位于中国东北地区的北部,东西长 920 千米,南北宽 1070 千米,流域面积 55.68 万平方千米。松花江南源西流松花江源于长白山天池,全长 958 千米,流域面积 78180 平方千米,占松花江流域总面积的 14.33％,它供给松花江干流 39％的水量。北源嫩江也是松花江第一大支流,发源于大兴安岭伊勒呼里山,全长 1379 千米,流域面积 28.3 万平方千米,占松花江总流域面积的 51.9％,它供给松花江干流 31％的水量。南源长白山天池和北源嫩江在吉林省三岔河镇汇合后形成东流松花江,流至同江市注入黑龙江。东流松花江长 939 千米,流域面积 18.64 万平方千米。水系发育,支流众多,流域面积大于 1000 平方千米的河流有 86 条。在松花江上游,面积大于 1 万平方千米的支流有 3 条;在嫩江,面积大于 1 万平方千米的支流有 8 条;在松花江干流,面积大于 1 万平方千米的支流有 6 条。松花江流域范围内山岭重叠,满布原始森林,蓄积在长白山、大兴安岭、小兴安岭等山脉上的木材,总计十亿立方米,是中国面积最大的森林区。松花江流域水系总体上属于轻度污染。Ⅰ～Ⅲ类、Ⅳ～Ⅴ类和劣Ⅴ类水质断面比例分别为 55.7％、38.6％和 5.7％。该流域的城市河段中,阿什河黑龙江哈尔滨段为重度污染。

7. 淮河水系

淮河水系位于黄河与长江之间,包括众多汇入淮河的支流。淮河干流发源于河南省桐柏山太白顶北麓,其显著特点是支流南北很不对称。北岸支流多而长,流经黄淮平原;南岸支流少而短,流经山地、丘陵。淮河水系以废黄河为界,分淮河及沂沭泗河两大水系,二水系通过京杭大运河、淮沭新河和徐洪河贯通。淮河是中国东部的主要河流之一。淮河流域西起南阳桐柏山和伏牛山,南以大别山和江淮丘陵与长江流域分界,北以黄河南堤和沂蒙山与黄河流域分界。流域东西长约 700 千米,南北平均宽约 400 千米,面积 27 万平方千米,其中淮河水系为 19 万平方千米,泗、沂、沭河水系为 8 万平方千米。泗、沂、沭河水系发源于山东沂蒙山区。泗河源于新泰市南部太平顶西麓,流经南四湖,汇湖东西诸水后,经韩庄运河、中运河,又汇邳苍地区来水,经骆马湖由新沂河入海。沂河源于沂源县徐家庄龙子峪村,南流经临沂至江苏境内入骆马湖,流域面积 1.16 万平方千米。沭河源于沂山南麓,南流至临沭县大官庄分为新、老沭河,老沭河南流经江苏新沂市入新沂河,新沭河东流穿马陵山经江苏石梁河水库和沙河故道,至临洪口入海,流域面积为 5700 平方千米。淮河流域还包括洪泽湖、南四湖、骆马湖、高邮湖等多座较大的湖泊,其中洪泽湖的库容达 130 亿立方米,是淮河流域最大的淡水湖,也是中国第四大淡水湖。淮河流域总体上属于中度污染。Ⅰ～Ⅲ类、Ⅳ～Ⅴ类和劣Ⅴ类水质断面比例分别为 59.6％、28.7％和 11.7％。主要污染指标为化学需氧量、五日生化需氧量和高锰酸盐指数。该流域的城市河段中,小清河山东济南段为重度污染。

8. 海河水系

海河流域即海河水系的流域,是中华文明的发祥地之一,东临渤海,西倚太行,南界黄河,北接蒙古高原。流域总面积 32.06 万平方千米,占全国总面积的 3.3%。海河水系包括五大支流(潮白河、永定河、大清河、子牙河、南运河)和一个小支流(北运河)。海河水系是渤海湾西部水系的主体,海河流域是渤海湾西部流域的主体,渤海湾水系包括海河(为主)、滦河和徒骇-马颊河 3 大河,以及一批小河;小河为海河北方的蓟运河、潮白新河,以及海河南方的南河、子牙新河、北排河、南排河等。全流域总的地势是西北高东南低,大致分高原、山地及平原三种地貌类型。西部为黄土高原和太行山区,北部为蒙古高原和燕山山区,面积 18.94 万平方千米,占 60%;东部和东南部为平原,面积 12.84 万平方千米,占 40%。各河系分为两种类型:一种是发源于太行山、燕山背风坡,源远流长,山区汇水面积大,水流集中,泥沙相对较多的河流;另一种是发源于太行山、燕山迎风坡,支流分散,源短流急,洪峰高、历时短、突发性强的河流。海河流域总体上属于重度污染。Ⅰ～Ⅲ类、Ⅳ～Ⅴ类和劣Ⅴ类水质断面比例分别为 39.1%、21.8% 和 39.1%。主要污染指标为化学需氧量、五日生化需氧量和总磷。该流域的城市河段中,滏阳河邢台段、岔河德州段和府河保定段为严重污染。

4.2.3　环境水体污染影响

1. 流动与循环影响

海洋、河流、湖泊和水库中存在着各种各样的生物。一般来说,水生生物大致分为脊椎动物、两栖生物、浮游生物和水生高等植物等。它们是组成水生生态系统中十分重要的生命单元,形成错综复杂的相互依存且相互制约的食物链关系,发挥着能量流动和物质循环的生态功能作用。

2. 结构与平衡影响

当水体受到严重污染之后,不但直接危害人体的健康,首当其冲的受害者是水生生物。因为在正常的水生生态系统中,各种生物之间组成高度复杂且相互依赖的统一整体,各种物种之间保持着一种动态的平衡关系,即所谓的生态平衡。如果这种关系受到水体污染的影响,那么这种平衡就会遭到破坏,使得生物种类发生变化。许多敏感的物种可能由此而消失,而一些忍耐型种类的个体就会大量繁殖起来。如果污染程度继续发展加剧,则不仅会导致水生生物的多样性持续地衰减,最终还会使得水生生态系统的结构与功能遭到无可挽回的破坏,产生十分深远的影响。

3. 有机物与生物影响

城镇生活污水中含氮、硫、磷成分较高,在厌氧细菌的作用下,容易产生有恶臭的物质,如硫化氢等。这种气体的毒性很大,可以直接杀死许多种类的生物。有机物在水中的矿化或细菌的分解,需要消耗大量的氧气,使得水中的溶解氧很快下降,严重时溶解氧会降低到零。在这种条件下,大部分水生生物就会窒息而导致死亡。当河流受到有机污染的时候,随着污染物浓度在河流中的变化,生物也相应地发生一系列的规律性变化。在污染严重的河段,几乎所有的生物物种消失,甚至连细菌的数量也受到影响。随着污染物浓度的降低,最耐污的生物,例如污水丝状菌首先出现。此后,耐污的藻类和原生生物,以及蚊虫的幼虫相继形成数量高峰。

4.3 源项分析

4.3.1 常规源项

1. 分类

水体颗粒物污染源可分为点源和非点源两大类型。环境水体中的悬浮胶体颗粒物,按照其来源分类,通常可以分为琐屑来源和来自生物体的悬浮胶体。

2. 点源

点源是指通过排放口或管道排放污染物的污染源,主要包括工业排放的有机物废水、重金属及放射性污染废水、施用农药废水、城镇生活污水、固体废弃物处置场废水等。

3. 非点源

非点源污染是指降雨(尤其是暴雨)产生的径流,冲刷地表的污染物,通过地表漫流等水文循环过程进入各种水体。当河流水体的理化条件、动力学条件、污染物浓度梯度发生变化时,沉积在河流底泥中的污染物可能在河流水体的冲刷下,随同悬浮物质的再悬浮而重新释放至河流水体中,并对河流水质造成一定影响。这些未经过净化处理的废水进入海洋、河流和湖泊之后,会使得水体发生一系列的物理、化学和生物成分的变化,导致水质变化。普遍的表现特征为河水变黑发臭,湖泊营养化程度加剧,海水赤潮频繁发生等。

4. 琐屑来源

碎屑性胶体悬浮胶体颗粒物通常包括由河流或风力输送到海洋水体中的陆源性颗粒物,再悬浮物质以及由水下熔岩喷发而产生的颗粒物。大部分的碎屑性悬浮胶体从物质组成上来说是无机的,但是陆源性的有机颗粒物在近海岸环境中也可以发现。

5. 自生物体来源

自生性的悬浮胶体颗粒物是海洋中由生物或无机化学过程所产生的有机物和无

机物颗粒,包括细菌、活体微型浮游生物、粪类以及来自海洋有机聚合体和无机颗粒物。海底的热水活动区以及附近水体环境中所形成的金属水合氧化物也属于这一类物质。

4.3.2 事故源项

1. 等级分类

参考《国家突发环境事件应急预案》中的环境污染事件分级标准,将环境污染事件分级。按照突发事件性质、社会危害程度、可控性和影响范围,突发环境事件分为一般(Ⅲ级)、较大(Ⅱ级)、重大(Ⅰ级)。

2. 重大事故源

重大事故包括:因火灾、爆炸、危险化学品泄漏产生事故废水,大量事故废水离开厂区,进入厂外水体或土壤,造成污染,企业已无法对事件进行控制,需请求外部救援的;因火灾、爆炸、危险化学品泄漏产生的二次污染气体,对周边敏感点造成影响且需要进行人员疏散的;有毒有害气体发生泄漏,影响范围出厂界,需要进行人员疏散的;突发环境事件,引起周边人群的感观不适,遭到群体性抗议的;废气持续超标排放,导致企业附近的空气质量超过《环境空气质量标准》(GB 3095—2012)二级标准的;化学品发生泄漏、火灾爆炸事件,造成环境污染,对当地的社会活动造成影响,造成社会恐慌的;危险废物发生泄漏,造成厂界外环境影响的;因环境污染,造成1人以上中毒或死亡的。

3. 较大事故源

较大事故包括:因火灾、爆炸、危险化学品泄漏产生事故废水,事故废水未离开厂区,可通过厂区水体防体系进行控制的;因火灾、爆炸、危险化学品泄漏产生的二次污染气体,对周边敏感点造成影响,但无须进行人员疏散的;有毒有害气体发生泄漏,已扩散出厂界,但未对周围敏感点内人群的生活造成影响的;由于突发环境事件引发群众投诉10起/天以上,或引起周边人群的不适,且原因未查明或得不到有效处理的;废气持续4小时超标排放,但企业附近的空气质量未超过《环境空气质量标准》(GB3095—2012)二级标准;化学品发生泄漏,但及时发现与控制,其影响范围超出装置车间或风险单元,控制在厂区范围内,其影响未出厂界的;危险废物发生泄漏,其影响已出装置、车间或风险单元范围内,但未出厂界的。

4. 一般事故源

一般事故包括:因火灾、爆炸、危险化学品泄漏产生事故废水,事故废水可控制在事故现场区域内,未进入其他水体防控体系内的;因火灾、爆炸、危险化学品泄漏产生的二次污染气体未对周边敏感点造成影响的;有毒有害气体直接发生泄漏,但其影响未出厂界的;由于突发环境事件引发群众投诉每天5起的,且原因未查明或得不到有效处理的；废气排放瞬间波动超标，超标废气未对外环境造成污染；化学品发生泄漏，但影响范围较小，控制在装置车间或风险单元的；危险废物发生泄漏，但其影响可控在装置区、车间或风险单元内。

4.3.3　组分特征

1. 通常组分

水体颗粒物包括天然水体、各类用水和废水中所包含的黏土矿物、腐殖质及铁铝水合氧化物、藻类、细菌、病毒、纤维、油滴、表面活性炭、活性污泥，以及其他无机、有机胶体和高分子物质，即颗粒粒径处于 1nm 至 $100\mu m$ 的胶体分散系与粗分散系的非水杂质。这些物质不但本身是主要的环境污染物，而且常作为载体把水中微量、痕量污染物，如重金属、类金属、农药、有毒化学品等物质的 $60\%\sim90\%$ 直接吸附或黏附在表面上，一同在环境中迁移，以及发生各种界面化学反应和生态环境效应。

2. 海洋表层组分

一般来说，在大洋表层水的悬浮颗粒物中，生物质颗粒物占了主要的部分。在小于 100m 的表层海洋水体中，有机物占颗粒物总量的 $30\%\sim70\%$，而且其中 90% 的有机物在处于上层 400m 的海洋水体中得到了再循环。海洋生物的硬组织碳酸钙和二氧化硅占总数的 $20\%\sim50\%$，矿物相晶格（主要是大气输入的铝硅酸盐）占 $0.3\%\sim9\%$。在太平洋海域表层水体中的悬浮颗粒物总量跟大西洋海洋表层中的相比，大西洋的比太平洋的高 $2\sim3$ 倍。在 1972—1973 年实施的"海洋断面地球化学研究计划"的大西洋断面调查研究结果表明，大西洋表层水中的悬浮颗粒物的含量范围在 $10\sim600mg/kg$。其分布规律呈纬度对称性。含量较高值主要分布在纬度为 $40°\sim60°$ 的区域内，这跟在这一区域内具有较高的生物生产力有关，含量较低值主要分布在赤道附近的区域。在西大西洋 $75°N\sim55°S$ 的经向断面中总悬浮物的浓度分布，在生物生产力较高的高纬度地区，表层水中总悬浮物的浓度高于 $100\mu g/kg$，局部地区高于 $200\mu g/kg$。

3. 海洋深层组分

在丹麦海峡和南极底层的水域中也发现了高浓度的悬浮物分布。这些海水团的快速运动明显维持着再悬浮沉积物的高浓度分布。浓度总体小于 $20\mu g/kg$ 的低浓度区域，主要出现在马尾藻海海域和南大西洋亚热带海域的中层。在北纬 $10°$ 到南纬 $10°$ 海域观测到的总悬浮物的最大值大约为 $25\mu g/kg$，其深度与赤道氧含量最小的深度相同，通常在海洋 $500\sim1000m$ 的深度范围之内。这些总悬浮物的最大值与有机颗粒物的存在是有关系的。在海洋中局部地区的气旋式深水涡流会造成总悬浮物浓度偏高。一般来说，在大洋上层水体中的悬浮颗粒物的浓度随着海水深度的增加是成倍减少的。在接近海洋底部通常存在着一层厚度从 100m 至 1000m 不等的雾状悬浮层。

4. 海洋悬浮物特征

海洋中悬浮物的影响因素有悬浮物数量、种类、分配系数、沉积速率、水深和时间等。海洋环境复杂多变,关于悬浮物对海洋中核素浓度的影响尚没有精确的测量参数。因此,根据相关机构的实测数据进行计算和分析,作者团队归纳了渤海、黄海等悬浮物的浓度、粒径、沉积通量等信息,悬浮物数据见表 4-1。

表 4-1　悬浮物数据

分析区域	浓度范围 /(mg/L)	沉积速率 /(mm/a)	沉积通量 /(g/(cm² · a))	粒径范围 /μm
渤海湾	33～70.3	—	—	10～100
渤海湾	3.3～18.5	—	—	—
渤海湾	—	1.8～44.2	0.17～5.2	—
北黄海	0～10	—	—	0～400
北黄海	0.4～2.8	—	0.06～1.18	5.9～7.92
北黄海	0.5～10.5	—	—	—
北黄海	30～150	1～12	—	—
东黄海	8.1～14.3	—	—	—
东黄海	27～77	—	—	—
南黄海	3～15	1～8.6	—	—
胶州湾	—	5.4～7.7	0.77～0.81	—
南黄海	—	0.26～6.7	0.033～0.76	—
青岛近海	8～43	—	—	—
南黄海	0～26.5	—	—	3.67～122.4

根据悬浮物数据和分配系数的研究,设定各参数的范围,见表 4-2。

表 4-2　悬浮物主要参数

参　　量	数　　值	单　　位
分配系数	0～1000	L/kg
水深	0～10000	m
沉积通量	0～5	g/(cm² · a)
时间	0～30	a
间隔时间	0.01	a

4.3.4　形成机理

1. 悬浮物形成机理

水中悬浮物指悬浮在水中的固体物质,包括不溶于水的无机物、有机物及泥砂、黏土、微生物等。水中悬浮物含量是衡量水污染程度的指标之一。水中悬浮物是水浑浊的主要原因。水体中的有机悬浮物沉积后易厌氧发酵,使水质恶化。中国污水综合排放标准分 3 级,规定了污水和废水中悬浮物的最高允许排放浓度。中国地下水质量标准和生活饮用水卫生标准对水中悬浮物以浑浊度为指标作了规定。水中的悬浮物质是颗粒直径在 $0.1 \sim 10 \mu m$ 的微粒,肉眼可见。这些微粒主要是由泥沙、黏土、原生动物、藻类、细菌、病毒,以及高分子有机物等组成,常悬浮在水流之中。水产生的浑浊现象,也都是由此类物质所造成。能在海水中悬浮相当长时间的固体颗粒,有时也称为悬浮固体或悬浮胶体。

2. 吸附转化机理

水体悬浮颗粒物对有机氮转化的影响机理主要包括:微生物易于附着在颗粒物表面,颗粒物含量高的水体中微生物数量也较多;颗粒物的存在促进了微生物的生长,使得含沙水体中的微生物增长高于不含沙水体的,而且微生物也主要分布于颗粒相;河水体悬浮颗粒物对有机氮有较强的吸附能力,使有机氮多存在于颗粒物表面,水-颗粒物界面增加了有机氮和微生物的接触机会,促进了有机氮的转化。

3. 絮凝沉降机理

藻细胞表面性质、大小、体积以及颗粒物性质、大小、浓度等均会影响颗粒物与藻细胞的絮凝效果。藻细胞表面会大量分泌胞外多糖。胞外多糖是一种黏性物质,具有固沙及黏附作用。藻细胞由于表面胞外多糖的疏水性能而依附于沉积物表面,与水体中的悬浮颗粒物结合发生共沉淀。颗粒物浓度的增加,有利于藻类的絮凝沉降。单位体积中颗粒物数目的提高,会使小粒径颗粒物数量增多,颗粒物与藻细胞之间发生碰撞的概率增加,还会使藻细胞黏附颗粒物数量增多,从而提高絮凝沉降效率。pH 增加导致藻类与颗粒物的电动电位降低,使得越来越多的 OH^- 吸附到藻细胞及颗粒物表面,使二者的负电荷逐渐变大,排斥力也逐渐增大,降低了颗粒物与藻细胞的絮凝沉降效果。

4. 海洋再悬浮机理

一般来说,大洋上层水体中的悬浮颗粒物的浓度随着海水深度的增加是成倍减少的,在海水深度 500m 以下,悬浮颗粒物的含量通常只有 $10 \sim 20 mg/kg$。在接近海洋底部通常存在着一层厚度从 100m 到 1000m 不等的雾状悬浮层,其悬浮体的含量可以达到 $25 \mu g/kg$ 以上。通常这是海洋作用条件下沉积物再悬浮的结果。

4.3.5 监测方法

1. 基础方法

水体中不仅颗粒含量低、种类多,而且颗粒粒径小,部分处于微米级甚至亚微米级。因此水体中颗粒浓度的检测难度大,测量的误差也相对较高。目前,用于测量悬浮液中固体颗粒质量浓度的方法有重量法、原子吸收法、电镜法以及浊度法等。

2. 液体颗粒计数器

液体颗粒计数器主要是用于检测液体中固体颗粒的数量和颗粒分布情况,还可以用于监测过滤器的过滤效果。目前市场上的液体颗粒计数器有三种。

第一种是dpn-2012a台式液体颗粒计数器,放在实验室中,体积较大,精度高,价格非常贵;缺点是:只能取样检测,不能在线测试,不能随意移动,适合对精度要求非常高的地方,市场销量很少。

第二种是gykld-b便携式液体颗粒计数器,采用德国进口油液传感器,可以在实验室使用,也可以带到现场使用,即可在线测量,也可以取样测量,交直流两用,操作简单,精度非常高,价格也适中,是市场上的主流产品。占整个市场销量的90%以上。

第三种是gykld-z在线液体颗粒计数器,体积非常小巧,配有液晶屏,当然也非常小,安装在主机上,精度较差,价格最便宜,适用于如大型挖掘机等特殊场合,市场需求量非常小。

3. 浊度仪

浊度仪,又称浊度计,可供水厂、电厂、工矿企业、实验室及野外实地对水样浑浊度的测试。该仪器常作为饮用水厂办理质量安全(quality safety,QS)认证时所需的必备检验设备。浊度是表征水中悬浮物对光线透过时所起的阻碍程度。水中含有泥土、粉尘、微细有机物、浮游动物和其他微生物等悬浮物和胶体物时,都可使水中呈现浊度。由光源发出的平行光束通过溶液时,一部分被吸收和散射,另一部分透过溶液。与入射光成$90°$方向的散射光强度符合雷莱公式(4-1)。

$$I_s = ((2KNV)/\lambda) \times I_0 \tag{4-1}$$

其中:I_0为入射光强度;I_s为散射光强度;N为单位溶液微粒数;V为微粒体积;λ为入射光波长;K为系数。

在入射光恒定的条件下,在一定浊度范围内,散射光强度与溶液的混浊度成正比。式(4-1)可表示为

$$I_s/I_0 = K'N(K' \text{为常数}) \tag{4-2}$$

根据这一公式,可以通过测量水样中微粒的散射光强度来测量水样的浊度。

4.4 运动形式

4.4.1 扩散

扩散现象是指物质分子从高浓度区域向低浓度区域转移直到均匀分布的现象,速率与物质的浓度梯度成正比。颗粒在环境水体中的扩散运动主要是由密度差引起

的。分子热运动被认为在热力学零度下不会发生。扩散现象等大量事实表明,一切物质的分子都在不停地作无规则的运动。

4.4.2 沉降

1. 沉降过程

由事故泄漏产生的大量沉降型憎水有机物排入水体后,由于其密度大于水,会在有效重力(不考虑浮力)作用下发生沉降。在水体中的沉降时间、沉降位置以及沉到水底时的分布面积,与有机物本身的物化性质、水动力条件、水深、环境水体中悬浮颗粒物的特性等因素密切相关。影响污染物沉降过程的重要因素是化学品的初始容积重量和粒径。一般初始容积重量较小,在环境水体中容易发生大量的掺混,形成所谓的云团。由于云团的沉降速度较凝聚块的沉降速度要慢,所以环境水体的深度对云团的沉降过程影响较大。在颗粒物下沉的过程中,部分有机物会被环境水体中的悬浮颗粒所吸附,然后与较大的悬浮颗粒一起沉降,并且在下沉的过程中同时发生溶解,下沉速度主要取决于其密度的大小。同时在沉降的过程中,会受到湍流作用的影响,类似油团的物质会逐渐分散碎裂,随着水体流动的过程下沉的同时会产生漂移。在水体颗粒物沉降迁移的过程中,水动力的作用是影响水体沉积物中释放的重要因素。水流和风浪能够在沉积界面产生剪切力作用。大于临界值时剪切力将导致沉积物发生再次悬浮。

2. 海洋沉降类型

通常在大洋中的颗粒物,按照沉降速率的大小可以分为四种主要的情况,即直接沉降、矿化沉降、逐渐消失和再悬浮消失。当颗粒物较大,沉降速率较快时,悬浮颗粒在基本没有变化的情况下直接到达海洋底部。一部分颗粒物在沉降的过程中会发生矿化作用,其颗粒物的粒径会逐渐变小,但是最终还是会沉降到海洋底部。某些较小的颗粒物,在未到达海洋底部之前就会完全被海水溶解直至消失。一些粒径较小的颗粒物,在沉降和矿化的过程中已经达到了某一个较小的粒径水平,此后在海洋中上升流动的作用下,颗粒物会朝着相反的方向向上移动进而逐渐完全消失。

3. 海洋沉降因素

海水中的悬浮颗粒物在沉降的过程中受到多种因素的影响,如盐度、温度和湍流强度等,这些都与海水本身相关。海水中的悬浮颗粒物从水体中逐渐迁移至海底沉积物的过程中,其沉降速度的大小跟颗粒物的种类密度、大小和颗粒形状等因素有着密切的关系。一般粒径越大的物质,其沉降速度就会越快,颗粒比较小的物质其沉降速度就会比较慢。例如粪便颗粒的半径在 $68\sim222\mu m$,其沉降速度为 $15\sim860m/d$。由此可以看出,虽然颗粒半径最大和最小之间仅仅相差几倍,但是其沉降速度则相差十几倍之上。体积相同而形状不同的各种颗粒物,其沉降速度由大到小的顺序依次为:圆柱体＞椭圆球体(圆球体)＞圆片状体。例如,两个体积相当且颗粒密度相同的半径为 $0.3\mu m$ 的圆片体和椭圆柱体,圆片体的沉降速度为 $0.026m/d$,而椭圆柱体的沉降速度则为 $1.7m/d$。如果这两种颗粒要穿越大洋的平均海水深度(3800m)的水柱而沉降到海洋底部,则分别需要 400 年和 6 年的时间。同时较大颗粒的重力沉降也会由于被滤食性生物吸食在消化道中而减缓沉降。

4.4.3 漂移

1. 全球海洋漂移

在没有径流的情况下,风应力可以看作是水体循环流动的主要驱动力。在不同季节风向的驱动下,水体表层的流动方向与风的方向一致,风应力控制着流动的主导方向。但是在次表面,即水深在 $0.5\sim1.0m$ 的深度时,水平流动则非常复杂,在开阔的水域,有明显的双涡结构存在,且双涡的方向因季节的不同而不同。在垂直向上的截面上,同时有上升流和下降流的存在,且区域性因季节的不同而相反。在垂直的方向上也有双涡的存在,但是与水平方向次表面的双涡所不同的是,靠近水体表层的为主涡,靠近水底部的为附属涡。

而对于开阔的海洋流动来说,洋流主要分为密度流、补偿流和风海流三种。密度流是由于海水温度、盐度的不同而引起海水密度上的差异,从而导致海水运动形成的洋流。影响海水盐度分布的主要因素有蒸发量和降水量之差,以及洋流、河川径流、海区地形等。其分布规律为从南北半球的副热带海区分别向两侧的高纬度和低纬度递减。表层洋流包括副热带环流(中低纬度环流)和副极地环流(中高纬度环流)等。副热带环流的中心区域是南北纬度 $25°\sim30°$ 的地区,北半球为顺时针、南半球为逆时针方向运动。副极地环流以 $60°$ 局部海域为中心,呈现逆时针方向流动。补偿流是由风力和密度形成的洋流。而风海流主要是由盛行风推动海水运动而形成的洋流。

在北太平洋,表层有一个顺时针环流,包括北赤道暖流、北太平洋暖流、加利福尼亚寒流等;在南太平洋,表层有一个逆时针环流,由南赤道流、东澳大利亚流、西风漂流和秘鲁海流组成。在大西洋,其南部和北部各有一个环流,模样大体与太平洋相仿。北大西洋环流由北赤道流、墨西哥湾流、北大西洋流和加那利海流组成;南大西洋环流由南赤道流、巴西海流、西风漂流和本格拉寒流组成。印度洋相对其他大洋来说有些特殊,只在赤道以南有个环流,位于印度洋中部赤道以北,洋域太小,又受陆地影响,形不成长年稳定的环流。由于季节不同,印度洋北部的海流方向,随着季风改变,夏季是自东向西流,并在孟加拉湾和阿拉伯海形成两个顺时针的小环流;冬季则相反,海流由西向东流。北冰洋由于地理位置特殊,又受大西洋海流的支配,因此只形成一个顺时针的环流。

海洋会发出红外辐射和微波,而这些波长的振幅会随海洋的温度变化,所以可以用来测量海洋的温度。人们利用卫星监测全球海洋气候变化和全球生态系统,可以通过海洋温度的变化来直观反映海洋洋流的运动变化特征。

2. 厄加勒斯暖流

厄加勒斯暖流(Agulhas warm)以非洲最南端的厄加勒斯角命名,是莫桑比克暖流流至非洲大陆最南端折向西去的一股洋流,沿非洲大陆以南海域流动。出现频率为 25%~75%,洋流流速为 0.9~2.8km/h。靠近陆地的沿岸流受陆地风的影响,而海洋表层洋流则发生在开阔的海洋上,受复杂的全球风系统影响。

3. 黑潮暖流

黑潮是自我国台湾东面的菲律宾海流向日本的暖流,类似于北大西洋的墨西哥湾暖流。该暖流位于北太平洋亚热带总环流系统中的西部边界流,是世界海洋第二大暖流,因其水色深蓝,远看似黑色而得名。黑潮暖流主干流的平均宽度不足 100 海里(1 海里=1.852 千米),其中主流宽度约 20 海里。黑潮的流量可达 $(40~50) \times 10^6 \text{m}^3/\text{s}$。由于黑潮将太平洋高温、高盐度海水带到近海广大海区,从而对上述海区的海洋、气象、水文产生巨大影响,如渔场的移动、海雾的消长、渤海与黄海的冰情,乃至中国东部洪涝状况都与之有关。地球自转偏向力,又叫作地转偏向力,是科里奥利效应。它指的是由于地球沿着其倾斜的主轴自西向东旋转而产生的偏向力,使得在北半球所有移动的物体包括气团等向右偏斜,而南半球的所有移动物体向左偏斜的现象。如果地球没有旋转、保持静止,那么两极的高压和赤道低压之间的大气就会以简单的方式循环。

4. 洪保德洋流

洪保德洋流(秘鲁寒流)是低盐度的寒流,是一支补偿流,是寒流中最强大的一支。流动方向为由南极方向向赤道方向流动,在北端可延伸至离岸 1000km,其影响甚至可达加拉帕戈斯群岛(科隆群岛)。秘鲁寒流始于南纬 45°左右的西风流,贴近南美西海岸,经智利、秘鲁、厄瓜多尔等国北流直到赤道海域的加拉帕戈斯群岛附近,洋流长 3700~5500km,宽 370km 以上,流速平均每小时 0.9km。在向北流动的过程中,由于受地转偏向力影响,加以沿岸盛行南风和东南风,表层海水向西偏离海岸,使平均每秒 100m 的中层冷水上泛到海面,海水温度很低。年平均水温一般为 14~16℃,比周围气温低 7~10℃。秘鲁寒流是世界上一个重要的上升流系统,支持了大量海洋生物。由于海水上泛带来了大量的硝酸盐、磷酸盐等营养物质,促使浮游生物大量繁殖,为鱼类提供了丰富饵料,所以秘鲁沿岸成为世界著名渔场之一——秘鲁渔场。其盛产冷水性鱼类,有鳀鱼(沙丁鱼)、鲣、鳕等,其中鳀鱼产量居世界前列。仅秘鲁每年捕鱼量可达 1000 多万吨。

5. 北大西洋暖流

北大西洋暖流又名北大西洋西风漂流,是大洋北部势力最强的暖流,是墨西哥湾暖流的延续。北大西洋暖流的流量随墨西哥湾暖流的强度变化而变化。源于纽芬兰浅滩外缘,在50°N、20°W附近分成三支:干支经挪威海进入北冰洋,南支沿比斯开湾、伊比利亚半岛外缘南下,北支向西北流到冰岛以南。北大西洋暖流在爱尔兰的西部一分为二:一支(即加那利洋流(Canary current))向南流动,另一支则继续沿欧洲的西北流向北方,并带给当地气候可观的暖化效应。其他分支包括伊尔明厄洋流(Irminger current)及挪威海流(Norwegian current)。北大西洋暖流由温盐环流(THC)推动,但其亦同时被认为是由风力所推动的墨西哥湾暖流流向北美沿岸的东方及西方伸延,穿越大西洋到达北冰洋。北大西洋暖流对西欧与北欧气候有明显的增温增湿作用。每年向西欧与北欧每千米海岸输送相当于燃烧6000万吨煤释放的热量。使沿岸形成了典型的海洋性气候,并且一直延续到极圈内。1月份平均气温要比同纬度亚洲与北美洲的东海岸高出15～20℃,从而使北欧盛长混交林及针叶林,巴伦支海西南部终年不封冻。在北大西洋暖流与东格陵兰寒流的共同影响下形成西欧北海渔场,在墨西哥湾暖流与拉布拉多寒流的共同影响下形成加拿大纽芬兰渔场。全球变暖导致北极附近冰川融化,导致大量淡水融入北大西洋,淡水密度小于海水,很难沉入下部水底。北大西洋暖流的补偿流减弱,进而导致洋流循环体系变慢,因此暖流势力减弱,暖流的减弱势将导致欧洲和北美东部气候变冷。北大西洋暖流是风海流,全球变暖使副极地与副热带地区的温度差变小,副高与副极地低气压间气压差减少,气压梯度力因此减小,西风势力变小,引起北大西洋暖流减弱。

4.5　海洋、湖泊、河流及饮用水颗粒物

4.5.1　海洋颗粒物迁移及其影响

1. 迁移过程

在海洋环境中污染物通过参与物理、化学或生物过程而产生空间位置的移动,或由一种地球化学相(如海水、沉积物、大气、生物体)向另一种地球化学相转移的现象称为污染物的迁移;污染物由一种存在形态向另一种存在形态转变则称为污染物的转化。迁移与转化是两个不同的概念,但迁移过程往往同时伴随发生形态转变,反之亦然。例如工业废水中的六价铬在迁移入海过程中可以被还原为三价铬,三价铬在河口水域由于介质酸碱度的改变而形成氢氧化铬胶体,后者在海水电解质作用下发生絮凝,沉降在河口沉积物中。可能的污染颗粒物迁移有海洋溢油、核电严重事故核素迁移等。六价铬的例子说明:由于化学反应和水流搬运,铬在迁移中价态和形态均发生了变化,并由水相转入沉积相。海洋环境是一个复杂的系统,包括海洋本身及其邻近相关的大气、陆地、河流等区域,且可按其地理和生态特征分为若干亚系统。污染物向海洋环境和在海洋环境中的迁移转化过程主要有三种:物理过程、化学过程、生物过程。污染物在海洋环境系统中的物理、化学和生物迁移转化过程可以按

不同区域和不同界面分类。

2. 物理影响

污染物被河流、大气输送入海,在海气界面间的蒸发、沉降;入海后在海水中的扩散和海流搬运;以及颗粒态污染物在海洋水体中的重力沉降等,都属于物理迁移影响。

3. 化学影响

由于环境因素的变化,污染物与环境中的其他物质发生化学作用,如氧化、还原、水解、络合、分解等,使污染物在单一介质中迁移或由一相转入另一相,都属于化学迁移影响。它常伴随有污染物形态的转变。

4. 生物影响

污染物经海洋生物的吸收、代谢、排泄和尸体的分解,碎屑沉降作用以及生物在运动过程中对污染物的搬运,使污染物在水体和生物体之间迁移,或从一个海区或水层转到另一海区或水层,以及在海洋食物链中的传递,都属于生物转运过程。微生物对石油等有机物的降解作用和对金属的烷基化作用则是重要的生物转化影响。

4.5.2 湖泊颗粒物迁移及其影响

1. 迁移过程

颗粒物一旦进入湖泊环境,不易被生物降解,主要通过沉淀—溶解、氧化—还原、配合作用、胶体形成、吸附—解吸等一系列物理化学作用进行迁移转化,参与和干扰各种环境化学过程和物质循环过程,最终以一种或多种形式长期存留在环境中,造成永久性的潜在危害。湖泊中的颗粒物吸附作用大体可分为表面吸附、离子交换吸附和专属吸附等。其中表面吸附属于物理吸附;离子交换吸附属于物理化学吸附;专属吸附作用除了化学键的作用,范德瓦耳斯力和氢键也起作用,不但可以使表面电荷改变符号,而且可使离子化合物吸附在同号电荷的表面上。湖泊中颗粒物在相互接近时会产生多种作用力,如多分子范德瓦耳斯力、双电层静电斥力和水化膜阻力等,其综合效应使颗粒物发生聚集。湖泊中胶体颗粒是处于分散状态,还是相互凝聚结合成更粗的粒子,决定着胶体的粒度,也影响其迁移输送和沉降归宿的距离和去向。

2. 类别影响

人们对湖泊中的颗粒物进行了分类。矿物微粒主要指硅酸盐矿物,黏土矿物主要是铝镁的硅酸盐,其具有晶体层状结构、有黏性、具有胶体性质,可以生成稳定的聚集体。金属水合氧化物指的是铝、铁、锰、硅等金属的水合氧化物,在水体中以无机高分子及溶胶等形式存在,表现出重要的胶体化学性质。腐殖质是一种带负电的高分子弱电解质,含有—COOH、—OH等,在高 pH、低离子强度条件下,羟基易离解,形成负电荷相互排斥,构型伸展,亲水性强。在低 pH、高离子强度下,各官能团难以离解,高分子区域卷缩,亲水性弱,因而发生区域沉淀或者凝聚。湖泊中悬浮沉积物是各种环境胶体物质的聚集体,组成不固定,可沉降进入湖泊底部,也可以再悬浮进入湖泊中,其他还包括藻类、细菌、油滴等。

4.5.3 河流颗粒物迁移及其影响

1. 迁移过程

当河流的流速快、流量大的时候,流水的冲刷力较强,河道会不断地被流水侵蚀,这通常发生在河流的上游。由于河道不断被侵蚀,深度不断加深,常形成"V"形河谷,在这样的河流中很少有流水的沉积作用,除非是粒径巨大的石块。此时河流中的流水将会携带大量的大小不同的沉积物流向河流中下游地区,随着河流流速的不断下降,流水中携带的物质也将会逐渐沉积。通常来说,河流的流速从上游到中游再到下游地区,地形坡度会逐渐降低,携带的大小颗粒物会分批沉积。河道结构如图 4-1 所示。

图 4-1　河道结构

2. 上游影响

一般来说,颗粒最大的砾石会最先沉积下来,比如在山区河流通常会看到大量砾石堆积的河滩,这些砾石不断地被流水冲击,相互摩擦,逐渐失去棱角,形成鹅卵石。由大量的砾石逐渐沉积而最终形成的沉积岩称为砾岩。继续往中下游地区前进,河流的流速和流量继续下降,颗粒居中的砂石就会沉积下来,由大量砂粒沉积最终固结成岩而形成的沉积岩称为砂岩。

3. 下游影响

到了河流的下游地区,地势低平,河流流速十分缓慢,河流中的携带物只能是颗粒十分细小的淤泥类物质,最终这些细小的颗粒也会沉积下来,沉积的位置通常是在河流的下游地区和入海口附近。这些细小颗粒的沉积会形成冲积平原和三角洲,并带来肥沃的土壤,十分适宜农业耕作。由这些淤泥固结成岩而形成的沉积岩称为页岩,页岩是质地十分细腻的沉积岩。

4. 区域影响

有些特定条件下的河流,会把所携带的砾石、砂石和淤泥在很小的范围内沉积下来,这主要需要地形条件的配合。比如某些山区的河流,上游在山区流淌,落差大、流速很快,携带的物质不易沉积,但是当河流突然流出山区的山口进入地势低平的区域(高原、平原等)时,河流流速迅速下降,从而在山口形成扇形的堆积,我们称为"冲积扇",通常来说山口附近的沉积物颗粒最大,往扇形的外围区域,沉积物的颗粒不断变小。所以我国西北地区的人们,通常生活在冲积扇的外围地势低平、土壤细腻肥沃、水源充足的地区。

4.5.4　饮用水颗粒物迁移及其影响

1. 迁移过程

我国农药使用量大、使用面广,尤其是北方,农药类内分泌干扰物已经给水域造成了严重的污染。有关部门应出台相关的政策规范,限制农药、化肥的使用量,加强农牧业生产导致的面源污染控制措施,大力倡导生态农业,实现无公害化生产;同时还应加强工业生产活动中废水排放带来的点源污染管理和监督,严格要求达标排放。内分泌干扰物不仅存在于地表水体,对地下水体的潜在污染也是一个不容忽视的问题。城市生活废水和工业废水未经处理就直接污灌农田是导致地下水内分泌干扰物污染的主要原因。我国应尽快开展系统的地下水内分泌干扰物污染情况调查工作,建立地下水饮用水安全评价指标体系,为地下水污染防治提供基础资料。目前我国关注比较多的是内分泌干扰物的来源、分布及危害,而对内分泌干扰物的毒性作用机理、环境容量、致病浓度、暴露途径及效应关系方面的研究却很少,不利于对内分泌干扰物风险进行科学评价及科学防治,今后应当加强这方面的深入研究,建立合理的内分泌干扰物名录,制定完善的相关标准。

2. 健康影响

影响人类健康的化学物质颗粒有 200 多种,确定对动物和人类内分泌系统造成干扰效应的化学物质大约有 70 种。按其性质主要分为有机类化合物和重金属两大类,其中有机类内分泌干扰物包括农药类等 44 种,工业类化合物 23 种;重金属类主要包括汞、镉、铅三种。汞、铅、镉是目前已经筛选出的内分泌干扰物的重要组成部分,广泛分布于自然环境中,由于其具有相当高的稳定性、难降解性、可蓄积性和毒性等,所以是危害最大的饮用水源污染问题之一。

3. 重金属类影响

近年来,随着我国经济的发展和人类生产生活活动的加剧,其产生的大量污染物排放已经使得各类水体中重金属类内分泌干扰物污染日趋严重。统计资料表明,我国七大水系及部分河流、湖泊等天然水体均存在着不同程度的重金属污染,污染现状见表4-3。

表 4-3　我国主要饮用水水源重金属类内分泌干扰物污染现状

类别	水体类型	污染区域	污染现状
地表类	七大水系	长江	近岸水域已受到不同程度的污染,Pb、Cd 污染较严重
		黄河	Pb、Cd 和 Hg 具有相对较高的生态风险指数
		淮河	重金属污染程度的次序为 Cd>Hg>Pb
		海河	沉积物中重金属对生物潜在危害顺序为 Cd>Hg>Pb
		珠江	珠江口水系的主要重金属污染物为 Cd、Hg
		松花江	所有江段均受到一定程度的 Pb 污染
		辽河	Pb 轻度污染,Cd 和 Hg 中度污染,污染程度排序为:Cd>Hg>Pb
	河流	西南地区、黔西北地区河流	Pb 严重污染
	湖泊	山东省南四湖	湖沉积物均受 Hg 污染较严重,其中独山湖沉积物 Pb 有超标现象
	饮用水水源地及供水	上海市黄浦江饮用水源地	干流水样 Hg 含量超过国家 II 类地表水标准(0.05μg/L)1.40 倍
		江苏长江干流23个水源地	检出含 Hg、Pb 的水源地占 91.3%;Cd 的水源地占 73.9%;个别水源地还出现 Hg、Pb 超标现象
		吉林松花湖水源地	底泥中 Hg 富集系数较20世纪80年代上升1～5倍,Cd,Pb 含量分别为背景值的 3.9 和 2.6 倍
		北京城区 8 个区和郊区 10 个区饮用水	由饮水途径引起的非致癌健康风险中,Hg 的风险最大
地下类	地下水	佛山市盐步镇某地地下水	研究区内地下水受到较严重的 Pb 污染,超标率为 71.4%,污染最厉害的地下水中 Pb 含量是 2006 年国家生活饮用水卫生标准限值的 22.5 倍
		徐州市浅层地下饮用水源	Cd 元素达到或超过饮用水水质标准上限,Pb 元素污染严重

4. 有机类影响

我国水源中已检测出来的有机类内分泌干扰物种类最多,污染区域也最广,包括农药类和有机工业类化合物两大类,其中农药类常见于杀虫剂、杀菌剂以及除草剂;

有机工业类则主要存在于防腐剂、增塑剂、洗涤剂、工业类副产品以及其他化合物中。我国虽然对饮用水水源水体中环境内分泌干扰物（EDCs）的调查研究起步较晚，但根据现阶段已开展调查的资料数据显示，我国饮用水水源中内分泌干扰物检出浓度较高，污染现象严重，检出结果不容乐观。我国饮用水水源中有机类内分泌干扰物的污染情况见表 4-4。

表 4-4　我国饮用水水源有机类内分泌干扰物污染现状

类别	水体类型	污染区域	污染现状
地表类	天然水体	七大水系	长江、黄河支流、淮河、松花江、辽河和海河均有 EDCs 污染
		海河与渤海湾水体	海河中多氯联苯（PCBs）和有机氯农药（OCPs）污染情况较为严重，而渤海湾则处于中等水平，PCBs、六六六和滴滴涕分别为 $0.06\sim3.11\mu g/L$、$0.05\sim1.07\mu g/L$ 和 $0.01\sim0.15\mu g/L$
		北京官厅水库—永定河水系	六六六和 DDTs 分别为 $0.1\sim53.5ng/L$ 和 $0\sim46.8ng/L$，阿特拉津质量浓度为 $0.7\sim3.9\mu g/L$
		嘉陵江、长江重庆段	水中壬基苯酚（NP）4 月份最高值为 $1.12\mu g/L$，7 月份最高值为 $6.85\mu g/L$，烷基酚聚环氧乙烷醚质量浓度为 $3.5\sim100.0\mu g/L$
		武汉地区 6 个湖泊与 2 条河流	检测出 9 种 EDCs，它们是雌酮（E1）、17a-乙炔雌酮（EE2）、雌二醇（E2）、己烯雌酚（DES）、壬基酚（NP）、辛基酚（OP）、双酚 A（BPA）、酞酸二正丁酯（DBP）、酞酸二(2-乙基己基)酯（DEHP）
	饮用水水源	江苏典型饮用水水源地	PCBs 污染物主要为二氯联苯，其次为一氯联苯和三氯联苯。其中二氯联苯最高为 $80.8ng/L$，一氯联苯最高为 $2.86\mu g/L$
		江苏部分饮用水水源地	检出 PCBs、卤代烃和呋喃类，且污染情况非常严重
		长江南京段及东部河流	长江南京段 PCBs 在沉积物中质量浓度为 $0.14\sim4ng/g$，东部河流中 PCBs 质量浓度为 $10\sim26ng/g$
		佛山市、南海区饮用水水源地	有苯并[a]芘、酞酸二(2-乙基己基)酯等检出
		海盐县饮用水水源保护区	石油烃类检出率在 $69\%\sim73\%$
		浙江省 10 家城镇水厂的水源水	检测发现有邻苯二甲酸二丁酯（DBP）和邻苯二甲酸二(3-乙基己基)酯（DOP）残留，最大值分别为 $76.0\mu g/L$ 和 $17.0\mu g/L$
地下类	地下水	武汉市地下水	检出邻苯二甲酸酯
		吉林松江平原地下水	检测了林丹，最高含量达到 $17.0ng/L$
		华北地区的洋河水系及地下水	阿特拉津的有毒代谢物 DEA 含量高达 $7.2\mu g/L$，地下水中 DEA 和 DIA 的浓度高出母体阿特拉津浓度 $6\sim10$ 倍

4.6　处理技术

4.6.1　技术基础

水体颗粒物与难降解有机污染物是水质污染与水质处理中最主要的两类污染物,是环境科学和环境工程学领域中备受关注的研究对象,它们在天然水体中的形态结构特征、迁移转化过程、生态效应,在水质处理流程中的净化降解机理、高效技术、强化工艺等,都是当前我国与国际环境科学与工程研究的重点和难点。水体颗粒物既对环境有污染作用,又是痕量有毒物质的载体。天然环境中绝大多数化学反应均发生在水与颗粒物界面上,这些反映决定了各种污染物在天然水环境中的迁移转化规律和水质平衡。颗粒物对水处理工程各种构筑物中的物理、化学及生物等过程也具有重要影响,直接影响最终分离效果和处理出水的水质。目前先进的水处理技术包括循环用水、反渗透海水淡化和臭氧氧化等。

传统的水处理工艺中,主要以混凝过滤、离子交换、磷酸盐处理为主要特征。如今,水处理技术出现了多元化的特点。随着化工材料技术的不断进步,膜处理技术开始广泛应用于水质处理中,常用的膜处理技术包括微滤(MF)、超滤(UF)、纳滤(NF)、反渗透(RO)、电渗析(ED 或 EDR)、连续电解除盐(EDI)技术等。膜分离技术原理如图 4-2 所示。

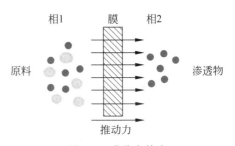

图 4-2　膜分离技术

以选择性分离膜为中心的膜科学研究自 20 世纪 50 年代形成一个学科以来,取得了飞速的发展,相继对离子交换膜(含电渗析过程、双极性膜等)、反渗透、超滤、微滤、气体分离、渗透汽化等膜的种类、结构与性能关系、传质机理等开展了深入的研究,促进了分离膜产业的形成与发展。由于膜的种类和功能繁多,分类方法有多种。已有的膜分离脱除方法的比较见表 4-5。

表 4-5　膜分离脱除方法

过程	分离目的	截留组分	透过组分	推动力	过滤介质	进料物态
微滤	细小颗粒物分离、气体脱粒子	$0.02 \sim 10\mu m$	大量溶剂及少量溶质	压力差	多孔膜和非对称膜	液体/气体
超滤	溶液脱大粒子、大分子溶液脱小分子、大分子分级	$1 \sim 20nm$ 大分子溶质	大量溶剂和少量小分子溶质	压力差	非对称膜	液体
反渗透	溶剂脱溶质、含小分子溶质溶液浓缩	$0.1 \sim 1nm$ 小分子溶质	大量溶质	压力差	非对称膜和复合膜	液体

4.6.2 物理法

1. 微滤法

微滤又称为微孔过滤,属于精密过滤。微滤能够过滤掉溶液中微米级或纳米级的微粒和细菌。微滤法广泛应用于微电子行业超纯水的终端过滤,各种工业给水的预处理和饮用水的处理等,也是在生物医学、尖端科技中检测微细杂质、进行科学实验的一个重要工具。

2. 超滤法

超滤法是以压力为推动力的膜分离技术之一。超滤法采用中空纤维过滤新技术,配合三级预处理过滤清除自来水中的杂质,超滤微孔小于 $0.01\mu m$,能彻底滤除水中的细菌、铁锈、胶体等有害物质,保留水中原有的微量元素和矿物质。超滤是一种利用压力活性膜,在外界推动力(压力)作用下截留水中胶体、颗粒和分子量相对较高的物质,而水和小的溶质颗粒透过膜的分离过程。超滤系统是反渗透单元的前处理设备,超滤装置可去除水中大部分的悬浮物、胶体、病毒、细菌及有机物。超滤产水先进入超滤水箱,由反渗透低压泵送到保安过滤器,对反渗透进水再次过滤,然后向反渗透进水中加入还原剂和阻垢剂,以去除游离氯和降低反渗透膜堵塞概率。

3. 反渗透法

有一种膜,它只允许水分子通过,溶液中的其他物质则不能通过膜表面,这种膜叫作半透膜。反渗透是利用半透膜的选择性通过特性,达到去除水中盐分的目的。在反渗透膜的原水侧加压,使原水中的一部分纯水沿与膜垂直的方向透过膜,水中的盐类和胶体物质在膜表面浓缩成为浓水流走。纯水则透过半渗透膜仅残余少量盐分,达到脱盐的目的。反渗透可除去水中98%的无机盐和相对分子量大于200的有机物以及胶体,这是当代公认的最先进的脱盐技术。反渗透技术是一种先进节能的膜分离技术,其原理是在高于溶液渗透压的作用下,利用离子、细菌等杂质不能透过半透膜而将这些物质和水分离开来。由于反渗透膜的膜孔径非常小(仅为 1nm 左右),所以能有效地去除水中的溶解盐、胶体、微生物、有机物等,去除率高达 $97\% \sim 98\%$。预处理产水进入反渗透系统,在压力作用下,大部分水分子和微量其他离子透过反渗透膜,经收集后成为产品水,通过产水管道进入后续设备;水中的大部分盐分和胶体、有机物等不能透过反渗透膜,残留在少量浓水中,由浓水管排出。该技术具有出水水质好、能耗低、无污染、工艺简单、操作简便等优点。

4. 重力沉降

沉降方法是最经济的固液分离方法,沉降过程及所用的机械设备比较简单。特别在处理大量、连续悬浮液的情况下,重力沉降往往是首选。悬浮液中固体颗粒受重力作用下沉,其最终结果是固液分离。分散于悬浮液的颗粒都受到两种相反的作用力:一种是重力;另一种是由布朗运动引起的扩散力。根据对颗粒的扩散位移以及沉降位移的计算,可以得出两种位移随粒度变化的交叉点在 1.2pm。粒径小于 1.2pm 的颗粒,布朗运动占主要作用;粒径大于 1.2pm 的颗粒,颗粒的重力沉降占主要作用。在较高浓度的悬浮液中颗粒的沉降还存在着干涉沉降作用。通常随着浓度增大,沉降行为会发生变化:迅速经过一个产生颗粒群并以混浊团形式沉降的过渡区,然后是颗粒一起沉积的干涉沉降。其原因,一是由于松散的颗粒团下降过程中产生的回流将单个颗粒向上携带;二是随固体浓度的增加,由于被沉降颗粒取代的回流体体积较大,使每个颗粒受到的阻力加大,围绕每个颗粒流体的流动,由于相邻物的存在受到扰乱。重力沉降脱除如图 4-3 所示。

5. 微旋流脱除

微旋流分离器的工作原理是利用不同介质在旋流管内高速旋转产生大小不同的离心力,将催化剂从水中分离出来,如图 4-4 所示。

图 4-3　重力沉降　　　　　　　　　　图 4-4　微旋流工作原理

作为微旋流分离器核心部件的旋流管,主要由分离锥、尾管和溢流口等部分组成。物料在一定的压力作用下,从进水口沿切线或渐开线方向进入旋流器的内部进行高速旋转,经分离锥后因流道截面改变,液流增速并形成螺旋流态,当流体进入尾锥后因流道截面的进一步缩小,旋流速度继续增加,在分离器内部形成一个稳定的离心力场。水相在旋流管中心汇聚,从溢流口溢出,固相沿器壁向底流口运动,从而实现溢流口急冷水的澄清和催化剂相的增浓回收。

4.6.3　化学法

1. 混凝法

混凝是水处理工艺过程中的一个基本单元,传统意义上,在混凝阶段去除的污染物主要是颗粒物,主要的评价指标是浊度。混凝是混凝剂、水体颗粒物和其他污染物及水体基质在一定水力条件下快速反应的过程,其中包括混凝剂水解、聚合,与污染物电中和、黏结架桥形成絮体,污染物的包裹、吸附、沉降等过程,对几乎所有的污染物都有一定的去除作用。正因为如此,混凝成为传统工艺和现代工艺中几乎不可替代的一个环节,在全面降低水体污染物水平、控制水污染、实现水质净化、再生等方面发挥着重要的作用。向水中投加药剂,使胶体失去稳定性而形成微小颗粒,而后这些均匀分散的微小颗粒再进一步形成较大的颗粒,从液体中沉淀下来,这个过程称为凝聚。凝聚有以下几方面的作用。①压缩双电层与电荷的中和作用。加入电解质,使固体微粒表面形成的双电层有效厚度减小,从而范德瓦耳斯力占优势而达到彼此吸引形成凝聚;或者加入不同电荷的固体微粒,使不同电荷的粒子由于静电而彼此吸引,最后达到凝聚。②高分子絮凝剂的吸附架桥作用。高分子絮凝剂的碳碳单键一般情况下是可以旋转的,再加上聚合度较大,即主链较长,在水介质中主链是弯曲的。在主链的各个部位吸附了很多固体颗粒,就像是为固体颗粒架了许多桥梁,让这些固体颗粒相对地聚集起来形成大的颗粒。传统混凝常规工艺对环境内分泌干扰物去除效果不佳,平均去除率低于20%。

2. 氧化法

氧化法多采用高锰酸盐复合药剂(PPC)预氧化和臭氧预氧化,但其只对个别种类环境内分泌干扰物有效。有研究比较了PPC预氧化与高锰酸钾、臭氧联合预氧化处理南方某水厂微污染原水的效果。生产性实验结果表明:PPC处理的出水水质与高锰酸钾、臭氧联合处理的出水水质相近,且PPC处理后对总有机碳(TOC)的处理效果更好。经计算,用PPC替代高锰酸钾和臭氧进行预氧化可节省制水费用约0.016元每立方米。因此,用PPC预氧化替代高锰酸钾和臭氧联合预氧化是可行的。

3. 连续电解除盐法

连续电解除盐(EDI)技术是在电渗析设备的基础上,在其中心淡水室内填充阴、阳离子交换树脂而成,它集电渗析预脱盐和阴、阳离子交换全除盐于一体,进一步使水溶液得到净化,制备出高纯水。它巧妙地将电渗析和离子交换技术相结合,利用两端电极高压使水中带电离子移动,并配合离子交换树脂及选择性树脂膜以加速离子移动去除,从而达到水纯化的目的。在EDI除盐过程中,离子在电场作用下通过离子交换膜被清除,同时水分子在电场作用下产生氢离子和氢氧根离子,这些离子对离子交换树脂进行连续再生,以使离子交换树脂保持最佳状态。EDI设施的除盐率可以高达99%以上,如果在EDI之前使用反渗透设备对水进行初步除盐,再经EDI除盐,就可以生产出电阻率为15MΩ·cm以上的超纯水。

4.6.4 生物法

1. 总体分类

生物预处理技术可以有效去除原水中的氨氮及部分降解有机物。常见生物法有接触氧化法、生物滤池法、膜生物反应器法(MBR)等。

2. 膜生物反应器法

膜生物反应器技术是 20 世纪末发展起来的高新技术,是膜分离技术与生物技术有机结合的新型废水处理技术。它利用膜分离设备将生化反应池中的活性污泥和大分子物质截留,活性污泥浓度因此大大提高,水力停留时间(HRT)和污泥停留时间(SRT)可以分别控制,而难降解的物质在反应器中不断反应、降解,将净水与杂质彻底分离,出水中悬浮物质(suspended solid,SS)趋于零。绝大部分的细菌、微生物、热源、病毒随同它的载体一起被截留在污水中,后续消毒手段可作为杀菌的双重保险,避免了传统工艺可能会出现的水质不合格的问题,出水水质完全得到保证。因此,膜生物反应器工艺通过膜分离技术强化了生物反应器的功能。

3. 水生植物法

一些水生植物能吸收某些环境激素。水鳖科植物在 3h 后能吸收溶液中大约 80% 的双酚 A;金鱼藻科植物可在 24h 内全部吸收溶液中的双酚 A;该项技术可用于治理水源水的环境激素污染,技术成熟,但不适用于水厂内饮用水处理。典型的生态水循环净化系统流程如图 4-5 所示。

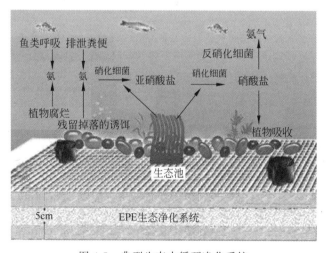

图 4-5 典型生态水循环净化系统

参考文献

[1] 张琴,包丽颖,刘伟江,等.我国饮用水水源内分泌干扰物的污染现状分析[J].环境科学与技术,2011,34(2):91-96.

[2] 郑和辉,卞战强,田向红,等.中国饮用水标准的现状[J].卫生研究,2014,43(1):166-169.

[3] 于惠芳,马峥.饮用水处理技术进展[J].环境保护,1999(5):13-17.

[4] 韦兵兵,李江涛,张利,等.^{234}Th/^{238}U不平衡法及其在海洋颗粒物循环研究中的应用[J].海洋地质前沿,2015,31(11):1-9.

[5] 汪守东,沈永明,郑永红.海上溢油迁移转化的双层数学模型[J].力学学报,2006,38(4):452-461.

[6] 钟琳伟,王燕兵,李共国,等.溢油对东海浮游生物垂直迁移活动的影响[J].海洋环境科学,2009,28(3):305-308.

[7] 纪灵,葛仁英,梁源高.溢油在海洋中的迁移变化以及对生态环境的影响[J].海洋信息,1995(12):17-17.

[8] 刘丹彤.福岛核事故后典型放射性核素在中国近海环境中分布和迁移特征分析[D].上海:华东师范大学,2016.

[9] 王海军,王震涛,张凯,等.放射性核素在海洋中的迁移[J].核电子学与探测技术,2012,32(10):1224-1227.

[10] 戴威,徐莹.放射性核素迁移研究展望[J].科技广场,2012(3):135-137.

[11] 杨复沫,马永亮,贺克斌.细微大气颗粒物PM2.5及其研究概况[J].世界环境,2000(4):32-34.

[12] 孟庆功,唐晓津,吕庐峰,等.浊度法用于测量悬浮液中微量固体颗粒浓度[J].工业水处理,2008,28(7):74-77.

[13] 郑博,唐晓津,李学锋,等.浊度法测定悬浮液中固体颗粒浓度的研究[J].石油炼制与化工,2011,10:78-81.

[14] 陈海洋.河流水体污染源解析技术及方法研究[D].北京:北京师范大学,2012.

[15] 胡利民,邓声贵,郭志刚,等.夏季渤海湾及邻近海域颗粒有机碳的分布与物源分析[J].环境科学,2009,30(1):39-46.

[16] 陈治安,刘涌,尹华升,等.超滤在饮用水处理中的应用和研究进展[J].工业用水与废水,2006,37(3):7-10.

[17] 张家泉,胡天鹏,邢新丽,等.大冶湖表层沉积物-水中多环芳烃的分布、来源及风险评价[J].环境科学,2017,38(1):170-179.

[18] 黄强盛,李清光,卢玮琦,等.滇池流域地下水、河水硝酸盐污染及来源[J].地球与环境,2014,42(5):589-596.

[19] 杨明太.放射性核素迁移研究的现状[C].全国核电子学与核探测技术学术年会,2004:878-880.

[20] 刘期凤,刘宁,廖家莉,等.放射性核素迁移研究的现状与进展[J].化学研究与应用,2006,18(5):465-471.

[21] 佚名.各国标准对饮用水pH值的规定[J].轻工标准与质量,2017(1):4-4.

[22] 李大成.国家饮用水标准与砷、镉去除技术[J].污染防治技术,2009(2):74-76.

[23]　高娟,李贵宝,刘晓茹,等.国内外生活饮用水水质标准的现状与比对[J].水利技术监督,
　　　 2005,13(3):61-64.

[24]　陈新波,李聪.国内外饮用水标准中部分指标的比较[J].科技创新导报,2015(27):
　　　 218-220.

[25]　唐兴玥.海洋水的运动——世界洋流教学设计[J].青海教育,2017(9):43-44.

[26]　宫厚军,杨星团,姜胜耀,等.海洋运动对自然循环流动影响的理论分析[J].核动力工程,
　　　 2010,31(4):52-56.

第 **5** 章

工业生产颗粒物

本章从工业生产颗粒物的基本概念出发,介绍了其来源、组分及形成机理,分析了工业生产颗粒物对设备腐蚀、堵塞以及换热方面的影响。以工业颗粒物粒径为重点,介绍了影响粒径分布的主要特性及其物理与化学特性。对颗粒物的分析方法主要有源分析、组分分析和浓度测定三种方法。在此分析方法的基础上,重点介绍了颗粒物在不同受力、不同设备和不同介质中的运动规律以及相应的颗粒物脱除方法,并以颗粒物运动规律为核心,分别对不同的工业生产场所的颗粒物危害、运动及脱除进行了说明。

5.1 基本概念

在工业生产过程中,会用到不同状态的流体作为能量转化的载体,例如,核动力装置及反应堆中用的水,新型反应堆中用的液态金属,制冷装置中的氨,石油工业中的原油以及二氧化碳、氮气、氦气等惰性气体。这要求工质具有良好的膨胀性、流动性,较大的热容量,较高的稳定性及安全性,对环境友好等特点。

火电行业中,煤的燃烧放热过程会产生大量的粉尘,对环境造成很大的危害,不利于火电站的节能减排。同时燃烧产生的粉尘在炉膛壁面上的沉积将会影响锅炉的效益。同样,汽水侧的细颗粒则可能威胁汽轮机等部件的安全。核反应堆在正常运行时,冷却剂中存在细颗粒会加速管道的老化。在事故时,放射性颗粒排放到大气中,形成放射性气溶胶,放射性气溶胶对人体和环境都有巨大的危害。特别是对于水冷堆,在发生冷却剂泄漏时,冷却剂将经历从液态到气态的转变过程,而气体和液体中沉积规律的差异性可能影响事故的进程,加重事故后果。就能量转化而言,细颗粒掺杂在工质中,将影响工质的流动性、膨胀性,从而降低工质的能量转化能力。就质量转换而言,水等工质在运行工况范围内可能存在相变,相变前后流体相态的不同必将导致细颗粒沉积性能方面的不同。就安全而言,细颗粒随工质流动过程中对管道和相关设备的冲刷,会造成设备的加速老化和磨损,危及设备和系统的安全性。就环境友好而言,事故状态下,反应堆冷却剂中的颗粒物如果与其一起排放到环境中,将会危害环境。例如,加剧大气雾霾,更有甚者使之具有放射性。

对流体工质性能的准确认识,需要考虑各种具体情况,随着系统的运行和细颗粒的产生并混入流体中,工质的各种性能都在发生改变。因此对工质性能的认识不应该只考虑参数变化,还要考虑颗粒物的影响,这需要从一个宏观时间维度上考量。这样的考量能够更加准确地认识工质的性能,从而设计出更加精确、更加安全的系统。

5.2　危害及影响

5.2.1　生产颗粒物危害事件

1. 煤气厂腐蚀事件

2007 年 7 月 11 日,大连某煤气厂通向市内的 DN720mm 煤气主管在出厂 3km 的后盐立交桥附近发生泄漏,有关部门紧急疏散居民。这次泄漏导致大量煤气外泄,方圆十里气味难闻。现场挖掘发现,后盐立交桥下铁路南侧,长达 20 余米的煤气管线底部严重腐蚀穿孔,漏点呈蜂窝状。经分析,发生事故的原因是随着近年铁路电汽化改造,列车运行时在地下产生的杂散电流剧增;DN720mm 管线与电汽化铁路垂直距离较近,地下的杂散电流过强,超过当初的设计承受范围,致使管道下部形成强电化学腐蚀。

2. 化工厂爆炸事件

2010 年 7 月 22 日上午,贵州某化工厂车间工作人员发现变换工段管道有泄漏现象,随后组织公司安全检修人员到现场查看,并制定处理方案,之后不久,变换系统副线管道泄漏气体处突然发生空间爆炸,造成现场 5 人死亡、6 人受伤,预计经济损失约 500 万元。爆炸现场如图 5-1 所示。

图 5-1　爆炸现场

3. 核电站腐蚀事件

2006 年 3 月,某核电站土建处执行设备腐蚀状态检查时发现,除盐水分配系统除盐水箱的地脚螺栓出现严重的腐蚀,锈蚀接近 1/3,地脚螺栓腐蚀与地面接触腐蚀若进一步加剧,将会影响设备的稳定性和抗震性,带来严重的安全隐患,影响电站的安全运行。

4. 贵溪发电厂液氨管路堵塞事件

江西贵溪发电厂"上大压小"2×600MW级机组扩建工程的烟气脱硝装置由中国电力投资(集团)公司投资建设,哈尔滨锅炉厂有限公司承建。该工程的脱硝装置采用选择性催化还原烟气脱硝技术(SCR),包括SCR系统和氨制备系统。脱硝装置反应器布置于锅炉省煤器出口与空预器之间,为高粉尘布置。脱硝装置采用氨作为还原剂,其制备和供应采用液氨供应系统。2012年11月,氨站开始出现缓冲罐压力低问题,主要是由液氨管路堵塞导致。自2013年1月起,氨站及脱硝岛设备管路堵塞频繁发生,氨站堵塞情况最严重时,隔天就需对系统管路进行一次氮气吹扫并配合人工清堵,对脱硝系统正常投运造成严重影响。

5.2.2 生产颗粒物污染现状

工业污染源是指工业生产过程向环境排放有害物质或对环境产生有害影响的场所、设备和装置。各种工业生产排放的废物污染物不同,例如,煤燃烧排出的烟气中包含CO、CO_2、粉尘等;化工生产废气中包含NO_x等;火力发电厂排出的废气包含粉尘、碳氧化合物等。工业上和运输业上用的锅炉和各种发动机里未燃尽的烟,采矿、采石场磨材和粮食加工时所形成的固体粉尘,人造的掩蔽烟幕和毒烟等都是气溶胶。气溶胶的消除,主要靠大气的降水,小粒子间的碰并、凝聚、聚合和沉降过程。中国城市化水平处于高速发展阶段,其城市化的内在质量表现为基础设施和社会服务设施水平与完善程度相对较差,工业生产产生的固体颗粒物污染严重,也对其自身生产运行效能产生一定影响。虽然工厂等对排放到大气及水环境中的三废(废气、废水、废渣)都采取了一定的处理措施,但是工业污染源产生的颗粒物仍然是环境颗粒物的主要来源。对于工业生产中产生的细颗粒物污染,可以将火电、冶金、建材、石油化工等排放细颗粒物量较大的行业作为工业污染源治理的重点。

细颗粒在各种相态的工质中的行为不尽相同,细颗粒的运动、沉积与所处工质的物性参数和边界条件有密切的关系。目前,对细颗粒的研究都放在气溶胶中,包括对其机理、沉积效率等方面的计算,对液体中细颗粒的研究非常少。至于颗粒物在气体和液体中的沉积存在的差异,各个输入参数对沉积效率的影响能力,需要进一步加强研究并且予以处理。特别是在工程安全方面:一方面,如果设计过程中没有考虑细颗粒对工质参数的影响,那么对工质能量转换能力的计算、系统预留安全阈值的计算都将是不合理的,从而增大了安全隐患;另一方面,工质中颗粒物对管道设备的冲刷,加剧了设备的腐蚀老化,如果老化时间上没有考虑这一因素,则对老化时间的估计有误,进而增大事故概率。

5.2.3 生产颗粒物污染影响

1. 影响分类

在工业生产过程中,所用的流体工质一般经过杂质去除,然后才能进入工厂设备进行工作。例如,电厂中水的除盐、除氧,工业生产中的颗粒物会造成由流动加速腐蚀(FAC)、冲刷腐蚀等引起的管道材料加速损坏,从而缩短工业设备使用寿命。所以颗粒物对工业生产的危害非常严重,生产颗粒物影响包括腐蚀、堵塞和传热恶化,工业颗粒物的分类及其影响见表5-1。

表 5-1 工业颗粒物的分类及其影响

分 类	影 响
腐蚀	积累形成破坏性突发事故,并造成严重的经济损失
堵塞	影响流体流动和管道设备压力
传热恶化	颗粒物的存在会强化管道设备的传热

2. 腐蚀影响

颗粒物腐蚀带来的危害是多方面的,而大部分腐蚀是从渐变到突变,是"慢性病",不易引起人们的重视,等积累到一定程度,成为破坏性突发事故,才引起人们的关注。对待腐蚀问题,最重要的就是要防患于未然。颗粒物在腐蚀材料的同时,其腐蚀产物不可控制地要流失到水、土壤等自然环境中,给自然环境带来严重的影响。一些金属离子(如六价铬离子)、重金属元素对人类健康、生态环境有极大威胁,但是这些材料腐蚀对环境的污染一直被忽视。由于材料及其制品的提前失效具有一定的隐蔽性,所以易在人们没有觉察的时候造成严重的环境污染。例如,输油管线的开裂导致大量原油泄漏,造成土壤污染;核电站因材料及其制品的提前失效造成设备损坏而导致环境污染等。2003年出版的《中国腐蚀调查报告》中指出:中国的腐蚀损失占GDP的5%(加上间接损失,2001年约为5000亿元人民币),2012年我国GDP为519322亿元人民币,以此计算腐蚀造成的损失25966亿元人民币。据世界腐蚀组织(WCO)在《对于材料破坏和腐蚀控制世界必须进行知识传播与研究发展》白皮书中指出:"在全世界,腐蚀对经济和环境的破坏方面,包括公路、桥梁、油气设施、建筑、水系统等领域,目前,世界年腐蚀损失可达1.8万亿美元",约合11万亿元人民币。每年因颗粒物堵塞和传热恶化造成的维修、停机和泄漏事故则不计其数。

3. 堵塞影响

工业管道、发生器等工业设备和系统由于颗粒物的堆积,造成介质流动缓慢,甚至堵塞;造成系统升压升温,导致设备系统故障;严重时会造成环境危害和人身健康问题。

4. 传热恶化影响

工业生产中的颗粒物会导致换热恶化,随着颗粒浓度的增加,恶化效果更加明显。施明恒等对纳米颗粒悬浮液池内泡状沸腾进行了研究,得到了传热恶化随纳米颗粒浓度变化的规律。刘中良将石英砂引入水平圆柱外表面沸腾的水中,系统地研究了不规则固体颗粒粒度、初始埋深及热地弯曲表面对沸腾换热的影响。实验结果表明,在充分流化的条件下,在水平圆柱外表面沸腾的水中引入非均匀粒度的固体颗粒可以明显地强化换热。工业生产中颗粒物严重影响工业生产的正常进行,影响工业生产经济性并且会影响工业设备的使用寿命。在核电厂一回路中,由于颗粒物的容积比热比液体大几百倍,含颗粒物流体的热流密度显著增加,与液体核心温度相同的固体粒子,通过流动被带到壁面附近成为无数的热源,在其与壁面大量换热后就迅速离开壁面让位于新来的热源,并被液体带回核心区。由于颗粒物表面积大,故它又能很快与核心液体大量换热并达到热平衡。这样,流体中的颗粒物就成为含颗粒物流体与壁面换热的主要媒介,大量换热在壁面附近进行并形成较大的温度梯度,颗粒物在壁面处停留时间越短,循环速度越大,传热的强度也就越大。由于粒子与粒子、粒子与液体、粒子与壁面间的相互作用及碰撞,使液体截面温度分布平坦,减小了层流底层厚度,导致层流底层温度梯度加大,也使传热增强。所以,核电站一回路中高温高压的颗粒流体与常规流体相比,换热显著增强、对流换热系数显著增大,这将对一回路的传热性能产生影响,可能出现局部传热恶化的现象。结果轻者,会降低一回路管路的性能,缩短其使用寿命;重者,有可能发生破口事故,破坏一回路的完整性。

5.3 源项分析

5.3.1 常规源项

工业生产中的颗粒物不是一种特定的化学实体,而是由不同大小、不同成分以及不同特性的颗粒组成的混合物。其中有些颗粒是液体状的,有些是固体状的,还有些是液体包裹固体内核形成的颗粒。最小的颗粒是由气相向固相转变时产生的,形成核态,或称"纳米颗粒"。核态通过凝并和表面增大而形成"积聚态"。较大一些的颗粒物是由燃料中固相或液相残留下的无机物所产生的。飞灰来源于燃料中的不可燃组分(主要是矿物颗粒),以及燃料中有机组分的杂原子。

5.3.2 事故源项

1. 腐蚀产物

无论是火电厂、核电站还是其他工厂中,想要控制颗粒物的生成,必须从源头上进行分析。分析颗粒物来源的方法分为物理来源分析法和原理分析方法。腐蚀产物是指腐蚀过程中发生化学作用时,在金属表面直接生成的产物,以及随着腐蚀过程的进行,由靠近金属表面的液层组分变化引起的次生反应产生并黏附在金属表面的产物。

在火电厂或者核电站中,蒸汽管道内壁在运行后形成氧化膜,氧化膜分为两层。外层称为外延膜,是由铁离子向外扩散和水中的氧离子向里扩散而形成的。内层的原生膜是水的氧离子对铁直接氧化的结果。在某些不利的运行条件下,如超温、超压条件下,金属表面双层膜就会变成多层膜的结构,然后便会发生剥离。剥离是由氧化膜与基体之间膨胀系数不同,产生的应力不同导致的。在负荷、温度和压力变化较大时,氧化层剥离特别容易发生。由于热膨胀系数的差异,当垢层达到一定厚度后,温度发生变化,尤其是发生反复的或剧烈的变化时,氧化层很容易从金属本体剥离。

2. 光化学反应

由燃烧源排放出的气态前驱体在大气中与羟基、臭氧和光等作用,发生一系列的化学反应,形成气溶胶粒子。SO_2、NO_x、NH_3 和挥发性的有机化合物(VOC)是主要的气态前驱体,燃烧过程会排放出大量的 SO_2 和 NO_x。SO_2 在大气中由于羟基的氧化和大气中水分的存在,会转化生成硫酸,硫酸是大气中粒子的主要来源。硫酸气态物与水蒸气混合后,蒸汽压减小,形成核态粒子。当硫酸的浓度超过与大气温度和相对湿度对应的临界值时,就会以很快的速度形成大量的核态粒子。低温和较高的相对湿度能够提高硫酸的成核速率。成核形成颗粒物后,会通过凝结、碰撞使得颗粒物增大。凝结速率取决于已存在的颗粒的大小、单位体积内的粒子数、气态前驱体的浓度等;颗粒间也会互相碰撞凝并,形成更大的粒子。但凝并的过程比凝结造成的粒子增大过程要缓慢。

NO_x 排放到大气中,一方面在光以及臭氧的作用下,生成 OH、O_3 和 NO_3 等大气中的强氧化剂;另一方面,通过化学气相反应,生成硝酸盐颗粒。OH、O_3 和 NO_3 随着 NO_x 的量的增大而增大,它们能够与大气中的痕量元素发生反应,形成大量的气溶胶。NO_x 的无机产物就是 HNO_3。HNO_3 能够与大气中的 NH_3 以及阳离子反应,形成颗粒物。

5.3.3 组分特征

工业生产颗粒物包括管壁材料腐蚀产物和流体介质中的杂质,还有空气中的颗粒物。钢管里液体介质中颗粒的主要成分是四氧化三铁颗粒,空气介质中的主要成分是各种工业粉尘和可吸入颗粒物,可吸入颗粒物对人的健康危害很大。以水泥厂为例,水泥是非常重要的工业材料,但是水泥的生产会产生大量的颗粒物,这些颗粒物不仅影响生产工人的身体健康,严重的还会扩散到厂外的环境中,造成大气污染,对周围居民健康造成严重威胁。

5.3.4　形成机理

1. 流动加速腐蚀

流动加速腐蚀(flow accelerated corrosion,FAC),也称为流动助长腐蚀(flow assised corrosion),这是一种受液体流动影响而产生的腐蚀。由于流动加速腐蚀常发生于局部区域,也称为流动加速局部腐蚀(flow induced localized corrosion),是一种受流体影响而加速腐蚀的现象,包括浸蚀和流速差腐蚀。

浸蚀是指由液体流动而产生的剪切力或由扰流而引起的振动,使金属表面的保护膜遭到破坏,从而加速金属的溶解;此处作为阳极而形成微电池,流速高的部位产生浸蚀。

流速差腐蚀则是当液体流速不同时,流速低处为阳极,流速高处为阴极而形成微电池,流速低处的管壁便显著减薄。影响流动加速腐蚀的主要因素见表 5-2。

表 5-2　流动加速腐蚀影响因素分类

分　　类
流体形态(液态水的单相流与夹杂有蒸汽的双相流腐蚀机理不同)
流速
配管形状、材质
环境因素(温度、pH、溶解氧)等

2004 年 8 月 9 日,日本关西电力公司美滨原子能发电站 3 号机组的大口径管道中的 140℃ 高温蒸汽突然冲破管壁喷发而出,酿成 4 人死亡的大事故。据报道,这一事故造成了超过 100 亿日元(约合 7.2 亿元人民币)的经济损失。经日本经济产业省事故调查委员会调查,认定是典型的流动加速腐蚀所致。

2. 冲刷腐蚀

冲刷腐蚀是金属表面与腐蚀性流体之间由高速相对运动引起的金属损坏现象,是机械性冲刷和电化学腐蚀交互作用的结果。当液流中混入固相颗粒时,即构成所谓的液/固双相流冲刷腐蚀。这是引起石油、化工、水利电力、矿山和湿法冶金等行业中各种泵、阀门、管道等过流部件大量损坏的重要原因。冲刷腐蚀是一个很复杂的过程,影响因素众多,概括起来主要包括材料(冶金)、环境和流体三个方面。过去,人们通过失重实验以及随后引入的各种流动条件下的电化学测量技术,对前两方面因素的影响规律有了较为深入的研究,并开展了冲刷和腐蚀交互作用的研究,以期揭示冲刷腐蚀的本质。相对而言,流体力学因素的影响规律研究仍较为肤浅。无论是对冲刷腐蚀实验结果的预测,还是对冲刷腐蚀机理的深入阐述,都受到限制;对重复实验产生的较大误差也较难解释和控制。

3. 自带颗粒物

大部分工业用水虽然带有净化装置，但是总会有杂质进入工业系统中。水中自带的颗粒物主要组成见表 5-3。

表 5-3　自带颗粒物分类

分　类	基　本　特　征
悬浮物	指不溶于水，在通过过滤层时可能分离出来的水中悬浮状固形物，如泥沙、碎石粒、铁锈等有机物。能与锅炉水中的沉淀物混合，生成坚硬的水垢
胶状物质	在水中呈微粒状态，是许多分子集合成的个体，即所谓的胶体；通常比较稳定，在水中不能自行沉淀，可以滤过滤纸；主要的组成成分为铁、铝、硅、铅的化合物及有机物
溶解杂质	指溶解于水中的极稳定的化合物，主要成分为钙盐，包括重质碳酸钙、硫酸钙、硅酸钙和氯化钙等，是形成水垢的主要成分
镁盐	一般是重质碳酸镁、硫酸镁、硅酸镁和氯化镁等，也是形成水垢的主要成分
钠（钾）盐	一般以碳酸盐和氯化物形式存在，在锅炉中易形成泥渣及水垢
其他杂质	其他溶解于水中的杂质还有酸、碱和有机物；酸、碱、盐类都是电解质，溶于水中后发生离解，故多以阴离子和阳离子存在于水中

5.3.5　监测方法

1. 基础方法

具体有沉降法、激光法、筛分法、电阻法、显微图像法、刮板法、透气法、超声波法、动态光散射法。

2. 管道式空气质量（$PM_{2.5}/PM_{10}$）变送器

山东仁科测控技术有限公司管道式空气质量（$PM_{2.5}/PM_{10}$）变送器是基于激光散射测量原理设计，借检测散射光强度、频移及其角度依赖，加之独有的数据双频采集技术进行筛分，得出单位体积内等效粒径的颗粒物粒子个数，并以科学独特的算法计算出单位体积内等效粒径的颗粒物质量浓度，是一款工业级通用颗粒物浓度测量仪器。具体系统如图 5-2 所示。

该管道式空气质量变送器的功能特点：同时采集颗粒物 $PM_{2.5}$ 和 PM_{10}，测量范围为 $0\sim1000\mu g/m^3$，分辨率为 $1\mu g/m^3$。采用独有的双频数据采集及自动标定技术，$PM_{2.5}$ 和 PM_{10} 浓度的输出一致性可达 $\pm10\%$。

3. 放射性气溶胶/^{131}I/PM_{10}（可吸入颗粒物）全自动监测系统

XFC-2000 放射性气溶胶/碘 131（^{131}I）/PM_{10}（可吸入颗粒物）全自动监测系统的基本组成及工作原理：仪器为机电一体化产品，由总 $\alpha\beta$ 检测、^{131}I 检测和 PM_{10} 检测三部分构成。微处理器及其外围电路为控制中心，负责对执行机构的控制、数据处

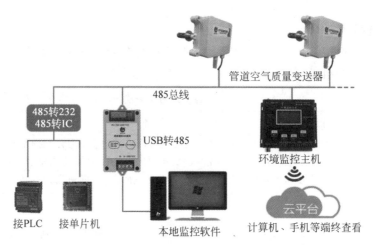

图 5-2   管道式空气质量（$PM_{2.5}$/PM_{10}）变送器监测系统

理、存储、显示及和中心站的通信；采样泵、气路管道、滤带仓等为采样部分；铅室、传感器、闪烁探测器、电荷放大器及相关的前放、反符合电路、脉冲分析电路等为本仪器的检测部分。整个系统采用大流量空气采样和滤带过滤式的取样方式，可根据需要调整取样时间以富集足够的样品。总 $\alpha\beta$ 检测的方法原理为"衰变甄别法"和"α/β比值法"；^{131}I 检测方法的原理为活性炭吸收和 γ 能谱法；PM_{10} 检测方法的原理为 β 吸收法。

当空气中的氡、钍子体基本处于平衡状态时，取样过程中氡、钍子体气溶胶浓度保持不变，在累积取样一段时间后，样品上的氡、钍子体总 α、总 β 放射性比值为一常数，当大气中发生人工 α 或 β 污染时，总 α、总 β 放射性比值发生变化。据此，可对大气中的放射性气溶胶 α、β 及其子体进行监测，这即是"α/β 比值法"。同样，亦可根据各类核素的半衰期不同采用"衰变甄别法"对样品进行检测，以确定是否存在人工放射性核素的沾染。

4. 时间序列沉积物捕获器

海洋颗粒物质在其形成、变化和沉降过程中记录了许多生物活动以及物理、化学作用的信息，因此它对颗粒物质通量研究、海洋沉积学研究、全球变化研究及海洋环境检测研究都具有重要意义。最早的沉积物捕获器只能采样单一时间内的沉降颗粒，若想获得具有时间分辨率的样品，需要多次投放，耗时耗力。而时间序列沉积物捕获器是一种沉放在水中一定深度，按照预先设置的工作程序自动定时收集水中沉降颗粒物质的采样设备，其收集到的样品既有准确的时间，又有准确的数量，还有很高的时间分辨率，所以成为海洋沉降颗粒收集的重要手段。捕获器控制系统结构如图 5-3 所示。

系统设计要求如下：捕获器可以在水下采样数天到数周，最长工作时间为一年；设备运行稳定，收集瓶按照预设时间自动切换，工作状态信息记录完整。上位机通过

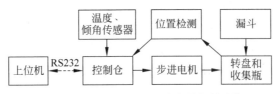

图 5-3　时间序列沉积物捕获器控制系统

RS232 串口与控制仓通信,设定工作周期、投放位置(经纬度)、投放时间、工作站位
号。入水后设备自动工作,收集瓶保存漏斗收集到的海底沉降颗粒物质,经过预设的
工作周期后,控制仓通过步进电机控制转盘转动一定角度,完成收集瓶的切换,磁性
开关检测收集瓶位置是否旋转到位。假如旋转到位,控制仓控制温度、倾角传感器工
作并保存接收到的检测信息,之后进入休眠模式。反之,控制仓控制步进电机继续转
动。设备工作结束回收后,上位机再次和控制仓通信,导出存储的工作状态信息。通
过收集瓶切换这个过程,使不同的收集瓶保存着不同时间段内收集到的海底沉降颗
粒,这种具有时间分辨率的样品对海洋各领域的研究都有重大价值。

5.4　不同管道及容器中的运动

5.4.1　管道中的运动

　　管道中的颗粒物运动是工业中最常见的一种运动形式。作者团队将不同学者对
管道中湍流温度场内细颗粒物热泳沉积的研究结果进行比较,如图 5-4 所示。

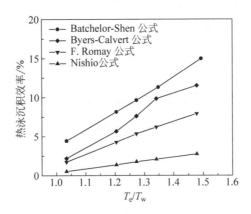

图 5-4　$PM_{2.5}$ 颗粒热泳沉积效率理论结果的比较

　　图 5-4 中,横坐标表示实验段入口气体温度与水冷壁面温度之比,这一比值也反
映了主流气体与水冷壁之间的温度差。所选取的计算工况为初始流量 $8m^3/h$。从
计算结果可以得出,所有理论计算方法都表明,随着温度比的提高,颗粒物的热泳沉

积效率也会相应增加,证明增大温度梯度可以增强热泳作用,可以促进颗粒物在冷壁面上的沉积。但是,由于已有的研究者在提出计算热泳沉积的公式时,没有很好掌握流道内颗粒的运动特性,如颗粒在流场内的浓度分布等对颗粒热泳沉积的影响,因而各自采用不同的公式计算流场内颗粒物的流动以及传热特性,所以不同理论公式得到的计算结果差异较大。

5.4.2　容器中的运动

容器空间的温度、压力增大,会使得内部流体与冷壁面之间的自然循环换热及流动加剧,由于温差增大及压力增大,导致热泳及湍流沉积增大,而湿度越大,流体的黏度越大,气溶胶的速度极大值越小,浓度沉积量越大。对于不同粒径气溶胶,粒径不同,会影响 Kn 的变化,粒径越大,Kn 越小,最终导致浓度沉积效率越小。不同材料的气溶胶,其热导率越大,越有利于内部导热,旋涡弯曲度越小;气溶胶的密度越大,气溶胶在相同竖直平面和水平面内的浓度沉积越大。对核电站来说,发生严重事故后高温燃料与冷却剂相互作用(FCI),在安全壳中产生大量的气溶胶,气溶胶会携带放射性物质并可能释放到环境中,研究气溶胶在安全壳中的运动沉积特性具有非常重要的作用。作者团队对 AP1000 严重事故下安全壳内气溶胶运动沉积进行了模拟分析。0.4MPa、140℃工况下,粒径为 $3\mu m$ 的碘、不锈钢、氧化铀气溶胶的竖直平面内的浓度分布如图 5-5 所示。

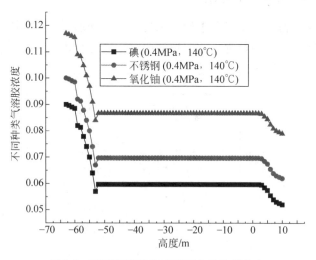

图 5-5　不同气溶胶竖直平面内的浓度分布

从图 5-5 可以看出,0.4MPa、140℃工况下不同种类气溶胶在竖直平面内的浓度分布总体上是一致的,都呈现下封头浓度较高、上封头浓度较低、中间圆柱体浓度基本不变的趋势,这是由于气溶胶的运动沉积受重力沉积、湍流沉积、热泳沉积等综合作用,在竖直平面内重力沉积占主要作用,导致了下面浓度高,上面浓度低。但是对不同种类的气溶胶来说,其他条件相同时,碘气溶胶浓度沉积最大,氧化铀气溶胶浓度沉积最小,这是由于热泳和湍流沉积对气溶胶的作用基本一样,而碘的密度最小,氧化铀的密度最大,密度越大的气溶胶,其质量越大,因而惯性越大,所以更有利于氧化铀气溶胶的沉积,总体呈现出在相同工况、相同水平面内,氧化铀的浓度最大,不锈钢次之,碘的浓度最小。

5.4.3 微通道中的运动

微通道内的细颗粒运动对电子器件及现代电子设备有重要影响。作者团队利用有别于一般通道的具有强换热特性的微通道公式,计算并分析其中的换热特性和传热特性,得到微通道内的热泳沉积效率,如图5-6所示。

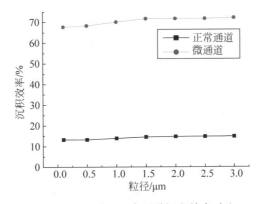

图5-6 微通道和正常通道沉积效率对比

从图5-6可以看出,在相同条件下,微通道中的沉积效率明显高于正常通道中的。研究表明,在正常通道和微通道中沉积效率有很大不同,在微通道中热泳作用力的影响变大。

5.5 不同介质中颗粒物的运动

5.5.1 气体中的运动

1. 运动实况

为了研究气溶胶的运动特性,作者带领的核热工安全与标准化研究所团队对气溶胶排放源进行了实验模拟。气溶胶在实验段出口处的流动如图5-7所示。

从图5-7可以看出,两相流在出口处由于受到微弱的气流影响,处于自由扩散的状态,但是在出口处出现轻微的偏斜。这主要是由于气固两相流的密度高于周围空气的,但其本身具有一定的出口速度,所以气溶胶会爬升至一定高度后再扩散开来。

图 5-7　气溶胶在实验段出口处的流动

同时,实验段放置于实验室中央,虽然门窗已经关闭,但还是会受到门窗的细微空气对流的影响,恰好偏向窗户一侧。

2. 温场和流场分布

计算矩形通道出口空气温场和流场分布,如图 5-8 所示。

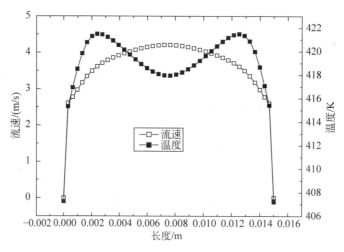

图 5-8　出口温场和流场分布

从图 5-8 可以看出,矩形通道出口流速中心处最大,边界流速最小,壁面速度边界层内速度梯度较大,主流流速大于边界层流速。出口中部区域的平均温度大于壁面附近的,壁面受到冷却作用温度最低,边界温度梯度变化较快。

3. 浓度分布

选择矩形通道中心截面、入口端截面和出口端截面,分别计算颗粒浓度分布,如图 5-9 所示。

从图 5-9 可以看出,矩形通道中心截面、入口端截面和出口端截面颗粒浓度边界处较高,中间较低,边界受到二次流作用颗粒沉积浓度较高,入口端截面颗粒浓度和出口端截面颗粒浓度均高于中心截面颗粒浓度,入口端截面和出口端截面沉积面积

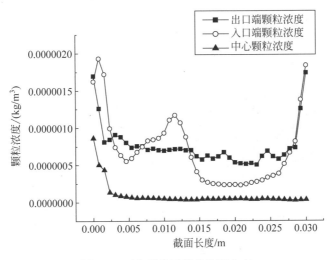

图 5-9　正方形截面颗粒浓度分布

比中心截面大。入口端截面中间区域颗粒分布出现波动现象,由于入口流速较大,流体扰动性较强,颗粒随机分布。

5.5.2　亚临界水中的运动

1. 温度场分布

为了研究亚临界水中颗粒物的运动沉积特性,作者团队对亚临界水中颗粒物运动沉积规律进行了模拟计算。在矩形窄通道内,不同截面位置上液态水介质的温度场分布如图 5-10 所示。

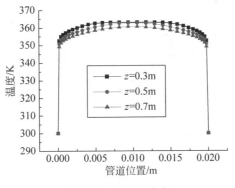

图 5-10　温度场分布

由图 5-10 可以看出,在管道不同截面处,液态水的温度分布整体上呈倒 U 形分布。管壁处温度的冷却,使得管壁附近温度降低,存在着较大的温度梯度。

2. 流场分布

在矩形窄通道内,不同截面位置上液态水介质的流场变化如图 5-11 所示。

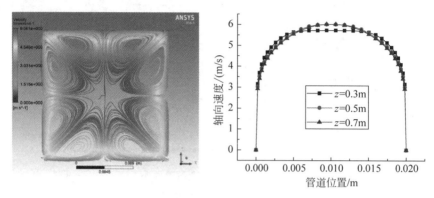

图 5-11 流场分布

从图 5-11 中可以看出,在矩形窄通道内,存在着二次流的现象,区别于圆形通道,矩形窄通道会形成二次流,二次流促进了管道中间与管壁处的流体交换,对其中的颗粒运动沉积产生影响。在管道不同截面上,液态水的轴向速度呈倒 U 形分布,这是因为管壁的阻力使得管壁附近流体速度降低。不同界面上液态水的轴向流速相差不大,可以得出在管道内液态水已经进入湍流充分发展段。

3. 浓度分布

在矩形窄通道内,不同截面上 $1\mu m$ 粒径颗粒的浓度分布如图 5-12 所示。

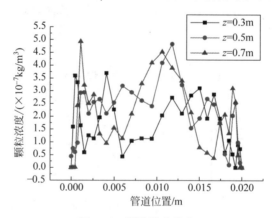

图 5-12 颗粒浓度分布

从图 5-12 中可以看出,在不同截面上,颗粒的浓度存在着三个极大值,分别在管道中心处和靠近管壁的位置。颗粒从管道中心位置处流入管道,由于受到扩散作用、湍流作用和热泳效应等作用,使得颗粒在管道内扩散。随着轴向位置 z 的增加,颗粒不断向管壁聚集,又不断沉积在管壁中。

4. 颗粒轴向速度

在矩形窄通道内,不同截面上 $1\mu m$ 粒径颗粒的轴向速度分布如图 5-13 所示。

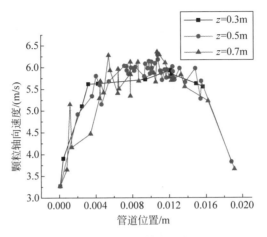

图 5-13　颗粒轴向速度

从图 5-13 中可以看出,在矩形窄通道不同截面内,颗粒的轴向速度相差不大,都是呈倒 U 形分布。颗粒在轴向上主要受到流体的夹带,使得颗粒的轴向速度与液态水的轴向速度分布类似。随着轴向距离 z 的增大,颗粒的轴向速度越来越离散,不同颗粒之间的速度差越来越大,颗粒轴向速度的方差越来越大,说明随着轴向距离 z 的增大,流体对颗粒的夹带能力越来越弱。

5. 颗粒径向速度

在矩形窄通道中,不同截面位置处 $1\mu m$ 粒径颗粒的径向速度分布如图 5-14 所示。

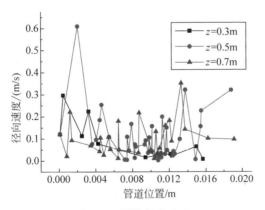

图 5-14　颗粒径向速度

从图 5-14 可以看出,颗粒的径向速度在管道内很离散,但是总体上呈现类似 M 形分布,即在管壁附近径向速度达到极值。在靠近管壁处,流体的湍流作用最强。而热泳力是短程力,只在靠近管壁附近才会起作用,颗粒受到热泳力的加速,向管壁沉积。同时,颗粒在管壁附近受到流体的阻力,当热泳力与阻力相等时,颗粒的径向速度达到极值。除了在靠近管壁处,管道中间部分也存在颗粒的径向速度的极值,这是颗粒受到湍流作用以及颗粒浓度差导致的径向迁移结果。颗粒扩散、湍流和热泳效应等的综合作用,使得颗粒向管壁运动。

5.5.3　超临界水中的运动

1. 温场和流场分布

作者团队计算了超临界水在矩形通道中的运动,温场和流场分布如图 5-15 所示。

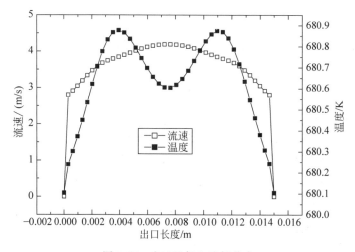

图 5-15　出口温场和流场分布

从图 5-15 可以看出,矩形通道出口最大流速在出口截面中心处,出口截面边界处流速最小,流速分布呈倒 U 形分布,越靠近壁面,流动阻力越大,流速越小。出口截面温度呈 M 形分布,出口截面边界处由于管道壁面冷却作用,温度最低,由于超临界水热传导效率较小,回流流体温度对出口中心区域作用较大,所以中心区域流体温度低于中心到边界之间流体温度。

2. 浓度分布

作者团队选择矩形通道中心轴向位置和边界轴向位置计算颗粒浓度分布,如图 5-16 所示。

从图 5-16 可以看出,轴向中心平均浓度低于边界平均浓度,边界温度较低,流体流速较慢,颗粒平均沉积效率高,中心受到湍流扩散作用,颗粒平均沉积效率较低。入口附近平均浓度低于出口附近平均浓度,入口流体流速较大,且入口流体不带颗粒,而出口流速较慢,来流流体带有颗粒,故而浓度较高。

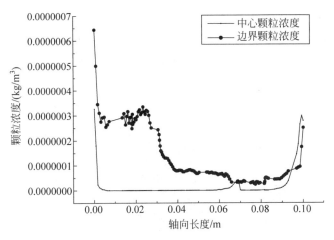

图 5-16　轴向颗粒浓度分布

5.5.4　超临界二氧化碳中的运动

1. 温场分布

作者团队将管壁设置为恒壁温条件,温度为 293K,管内流体即超临界二氧化碳温度设置为 333K,使管内流体与管壁进行流动换热,得到出口温度分布如图 5-17 所示。

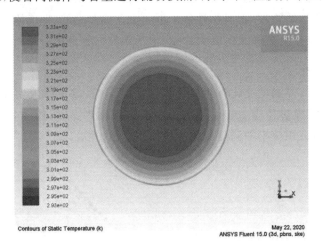

图 5-17　出口温度分布

根据图 5-17 中的温度分布可以看出,管壁对流体进行冷却,流体中心温度高、边缘温度低,呈圆环状分布。壁面附近存在温度边界层,在此区域内,温度梯度大,流体温度迅速从壁面温度提升至主流温度。由于存在很大的温度梯度,粒子所受热泳力也远大于在其他区域所受的热泳力,从而促进粒子从中心泳动到壁面附近并热泳沉积。

2. 速度场分布

作者团队同样将管壁设置为恒壁温条件,温度为293K,管内流体即超临界二氧化碳温度设置为333K,使管内流体与管壁进行流动换热,得到出口截面速度分布,如图5-18所示。

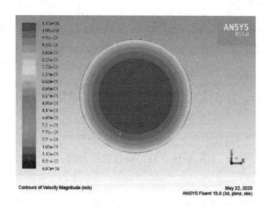

图 5-18　出口流速分布

根据图5-18中的速度分布可以看出,管道中心处速度大、边缘处速度低,且存在速度边界层,在边界层内,速度梯度很大,流体速度在薄层内从壁面处的零速迅速增长至接近主流速度。中心处的流速高,湍流脉动强烈,颗粒也就更容易与流体分子发生碰撞从而改变运动轨迹,湍流扩散效果更明显。除此之外,壁面附近轴向速度梯度很大,颗粒在此处会受到较大的升力作用,促动颗粒向管道中心进行径向运动。

3. 浓度分布

作者团队为研究温度变化对热泳沉积效率的影响,设定来流速度为1m/s,管径为50mm,纳米颗粒直径为10nm,控制单一变量为流体温度,从40℃变化至108℃,得到颗粒的热泳沉积效率随温度变化曲线如图5-19所示。

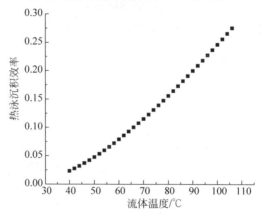

图 5-19　热泳沉积效率随流体温度变化

从图 5-19 可以看出,随着流体温度上升,纳米颗粒的沉积效率呈现上升态势。在流体温度为 40℃,即流体与壁面温差为 20℃时,热泳沉积效率仅有 2% 左右,当温差增大至 45℃时,热泳沉积效率接近 10%,继续增大温差至 85%,有近 30% 颗粒发生热泳沉积。颗粒受到热泳力的作用,主要会产生径向运动,对于本模型中的流体被管壁冷却的情形,温度梯度指向管壁,因而颗粒会向管壁移动,流体温度越高,温度梯度越大,纳米颗粒受到的热泳力越大,使得无量纲热泳沉积速度升高,从而增大热泳沉积效率。除了热泳力的变化之外,由于流体温度升高导致流体黏度降低,颗粒运动所受的黏滞阻力减小,也在一定程度上促进了颗粒的运动,使其沉积效率升高。

5.5.5　液态铅铋中的运动

1. 温度场分布

作者团队将入口温度为 443K,壁面温度为 403K 时,流速为 3m/s 时,不同管道高度的截面上温度的分布如图 5-20 所示。

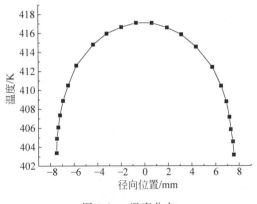

图 5-20　温度分布

从图 5-20 中可以看出,流体温度在管道中心最高,向着壁面逐渐降低,整体近似符合二次曲线分布。在近壁面区域时形成高温度梯度的区域,也是热泳效应最明显的区域。

2. 浓度分布

作者团队设置入口温度为 443K,壁面温度为 403K 时,流速为 3m/s 时。流场收敛后,加入颗粒相继续进行计算,壁面设置捕获壁面,在颗粒沉积后不再进行跟踪。流体中细颗粒在壁面上沉积的分布如图 5-21 所示。

从图 5-21 中可以看出,细颗粒在壁面上的沉积通量在入口附近最大,沿着流动方向逐渐减小。入口附近浓度大,其沉积通量较大,充分发展后较小。在出口附近,流体加速使得沉积通量减小。

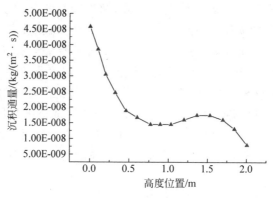

图 5-21　沉积分布

3. 颗粒轴向速度

作者团队设置入口温度为 443K,壁面温度为 403K 时,流速为 3m/s 时,截面上的轴向速度如图 5-22 所示。

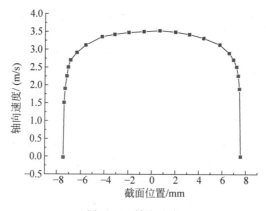

图 5-22　轴向速度

从图 5-22 中可以看出,液态铅铋合金中心轴上,轴向速度呈现先增大、后减小,之后保持一个值基本不变。截面轴向速度均为中心高,靠近壁面附近低,速度呈 1/7 次方分布。在入口端,截面的等速分布在壁面剪切力的作用下,速度开始重新分布。壁面流体静止,在剪切力的作用下,近壁面的流体速度都跟着降低,而同时由质量守恒定律可知,中心轴上的轴向速度增大,以弥补近壁面轴向速度损失导致的质量输送能力不足。与此同时,近壁面的速度梯度减小,剪切力减小。速度逐渐增加,中心处的流体反补壁面。最终二者平衡,达到一个值后不再改变。

4. 颗粒径向速度

作者团队设置入口温度为 443K,壁面温度为 403K 时,流速为 3m/s 时,截面的径向速度如图 5-23 所示。

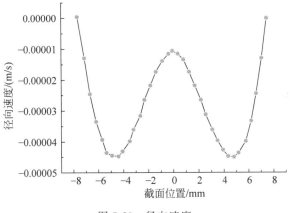

图 5-23 径向速度

从图 5-23 中可以看出,中心轴线径向速度先减小后增大,最后再次减小之后不再改变。在入口的重新分布中,壁面附近流体先向中心流动,所以出现负值。并且由于壁面速度的减小,导致近壁面速度梯度减小,剪切力相应减小。之后中心流体反补壁面,径向速度出现正值。之后逐渐充分发展,径向速度减小,并且之后基本不再改变。水和液态铅铋合金中截面的径向速度呈 W 形分布,而水的截面径向速度分布呈现翅形分布。壁面受到摩擦,压力损失较大,中心压力高,出现从中心向壁面的流动,从中心经加速后与壁面碰撞速度减小为零。

5.5.6 液态钠中的运动

1. 温场和流场分布

作者团队设计得出的矩形通道出口液态钠温场和流场分布如图 5-24 所示。

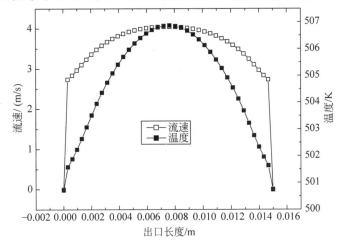

图 5-24 出口温场和流场分布

从图 5-24 可以看出,矩形通道出口中心处流速最大,壁面流速最小,且壁面附近速度梯度较大。中心温度高于壁面温度,壁面受到流体冷却作用,壁面温度梯度较小,液态钠热传导系数较大。

2. 浓度分布

作者团队设计得出的矩形通道出口颗粒浓度分布如图 5-25 所示。

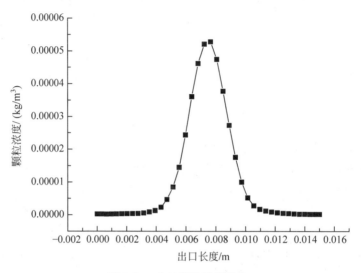

图 5-25 出口颗粒浓度分布

从图 5-25 可以看出,出口中心颗粒浓度高于边界颗粒浓度,浓度分布呈倒 U 形,壁面附近颗粒浓度降至最低,颗粒与流体流量成正比。

5.6 电站颗粒物

5.6.1 电站颗粒物种类

1. 火电站

尘粒越小,比表面积越大,物理、化学活性越高。此外,作为载体的细尘粒表面还吸附着汞等多种有害物质,加剧了对人体的有害生理效应的发生与发展。当下燃煤电厂排放的可吸入颗粒物已成为主要的空气污染物之一,而燃煤电厂在燃煤工业中占据了举足轻重的地位。据相关权威资料介绍,在中国各行业中,燃煤电厂排放的烟尘所占比例是最高的,占全国工业烟尘排放量的 35%。

我国对燃煤电厂的污染物控制主要集中在 SO_2、NO_x 和烟尘,据统计燃煤产生的 SO_2 和烟尘量占其总排放量的 80% 以上。煤燃烧时会产生大量的 SO_2、NO_x 气体,同时还会排放出大量烟尘和有毒的有机污染物,亚微米、微米级颗粒表面容易吸附某些痕量重金属元素,这些微细颗粒会严重污染大气环境。例如,细颗粒物 $PM_{2.5}$,也称为可入肺颗粒物,尽管大气中含量相对较少,但它直接影响空气质量的好坏。南京市环境监测站通过对 2007—2009 年大气污染物的研究发现,$PM_{2.5}$ 的含量占到霾总量的 2/3,而在非浮尘霾天时,比例更高达 $80\%\sim90\%$。

2. 核电站

核电站中的颗粒物主要包括冷却剂中的杂质、腐蚀产物和发生严重事故时形成的气溶胶。常见的冷却剂是水,在核电站中的冷却剂还有轻水、重水和金属冷却剂(如钠)等。一回路系统结构材料和冷却剂原子吸收中子后可以形成活化核素,以溶解或悬浮态存在于主冷却剂中的腐蚀产物经过堆芯时也会被活化。活化产物的种类很多,性质差异很大。都是比较轻的核,不产生衰变子核,辐射危险也比裂变产物轻些。

细颗粒物有一回路活化腐蚀产物钴、银、锑;二回路管道内的腐蚀产物如 Fe_2O_3、Fe_3O_4、$FeCr_2O_4$ 等;裂变产物如碘、碱金属、碱土金属等;反应堆燃料的氧化物如 UO_2,PuO_2 和 Na_2O 等;钠冷快堆中的钠颗粒;高温气冷堆中的石墨粉尘。核电站各种颗粒物种类见表 5-4。

表 5-4　核电站颗粒物种类

工　况	分　类
正常运行工况	一回路活化腐蚀产物钴、银、锑
	二回路管道内的腐蚀产物如 Fe_2O_3、Fe_3O_4、$FeCr_2O_4$ 等
严重事故工况	反应堆燃料的氧化物如 UO_2、PuO_2 和 Na_2O 等
	裂变产物如碘、碱金属、碱土金属等
	钠冷快堆中的钠颗粒、高温气冷堆中的石墨粉尘

压水堆结构材料具有良好的耐腐蚀性能,但由于冷却剂对材料的浸润表面非常大,即使腐蚀速率很小,腐蚀产物的总量仍然相当可观。这些腐蚀产物的长期累积将降低传热效率,增加堆芯流阻,甚至可能导致流道局部阻塞,引起严重事故。腐蚀产物经过堆芯或在堆芯沉积还可以被中子活化,活化腐蚀产物是反应堆系统维护和检修的主要辐射威胁。基体金属腐蚀产物大部分构成了表面的氧化层或沉积层,仅有少量溶解或悬浮在水中。当冷却剂中腐蚀产物浓度还未达到平衡溶解度时,将不断溶解,并随冷却剂流到堆芯和回路各处。一旦温度或溶液的 pH 发生变化,使腐蚀产物浓度超过平衡值,它就会很快变成悬浮粒子,或沉积在金属表面,或继续随冷却剂流动。而沉积的腐蚀产物又可溶解或剥落下来,重新进入冷却剂。这种连续的溶解—沉积过程将使堆芯和回路的腐蚀产物互相传输混匀。因此,经过一定时间后,沉积于各处的腐蚀产物的组成几乎相同。

铁、镍、锰是一回路结构材料的主要成分,也是腐蚀产物的主要成分。腐蚀产物中铁等的溶解度先随温度上升而降低,但达到某一最小值后又急剧上升。当温度由

300℃降至室温时,溶解度可增加上千倍。可见,当反应堆降温或停堆换料时,会有相当一部分腐蚀产物从器壁溶解下来,使水中腐蚀产物浓度大为增加。这一现象早已为反应堆的运行实践所证实。此时是去除去回路腐蚀产物的好机会,若加强净化措施,可以取得很好的效果。

快堆选用的冷却剂为钠,在钠回路运行过程中,如发生管道破裂事故,极易发生钠火事故。钠颗粒具有强碱性,燃烧产生白色浓烟。如果一回路工艺车间发生钠火事故,其产生的颗粒物中带有放射性物质,将对环境产生严重危害。为减少对环境的污染,必须经过严格处理,才能排入空气中。

另外,还有钚金属的氧化或挥发,辐照后的 U 或 UO_2 的氧化或挥发,钚悬浮液或水溶液的飞沫分散,被钚污染后的土壤或粉尘的再悬浮等。目前国际研究结果形成的基本共识为,钚颗粒的形成有两种途径:前期的气—粒转变或气相成核,包括均相成核与非均相成核;后期的凝结与凝聚,包括单分散凝聚、多分散凝聚与动力学凝聚。

核电站一旦发生严重核泄漏事故,分析事故后果时首先需要确定核素种类。核素种类需要综合考虑释放核素总量、各种核素相对比例、核素形态的比例及事故时间等多种因素。国际原子能机构(IAEA)的国际辐射评价系统 InterRAS(International Radiological Assessment System)、美国原子能委员会 1975 年发表的反应堆安全研究报告 RSS(Reactor Safety Study)中的 WASH-1400 和 1983 年 Sandia 国家实验室开发的严重事故风险评价系统 MELCOR 均给出了事故后需要考虑的核素,给定的核素基本一致,见表 5-5。

表 5-5　需考虑的核素种类

序号	核素	半衰期	序号	核素	半衰期
1	^{85}Kr	10.73a	17	^{132}I	2.3h
2	^{85m}Kr	4.48h	18	^{133}I	20.8h
3	^{87}Kr	76.3min	19	^{134}I	52.6min
4	^{88}Kr	2.84h	20	^{135}I	6.6h
5	^{89}Sr	50.5d	21	^{131m}Xe	—
6	^{90}Sr	28.6a	22	^{133}Xe	5.25d
7	^{91}Sr	9.5h	23	^{133m}Xe	2.19d
8	^{91}Y	58.5d	24	^{135}Xe	9.09h
9	^{99}Mo	66.02h	25	^{138}Xe	—
10	^{103}Ru	39.35d	26	^{134}Cs	2.06a
11	^{127}Sb	—	27	^{136}Cs	13.16d
12	^{129}Sb	—	28	^{137}Cs	30.17a
13	^{129m}Te	—	29	^{140}Ba	12.75d
14	^{131m}Te	—	30	^{140}La	40.27h
15	^{132}Te	78.2h	31	^{144}Ce	284.4d
16	^{131}I	8.04d	32	^{239}Np	2.35d

从表 5-5 可以看出,这些核素基本都容易释放或对早期的剂量有重要贡献,在事故应急响应中需要重点考虑。但并不是每一种核素都可以造成严重后果,可以选择代表性核素来评估事故后果。

3. 其他电站

水电站颗粒物常见的有水中杂质颗粒物如细小泥沙、动植物碎片等;风电站和太阳能电站有空气中含颗粒物如沙尘等。

5.6.2 电站颗粒危害物及影响

1. 火电站颗粒物危害影响

火电厂产生大量的粉尘。长期接触生产性粉尘的作业人员,如长期吸入粉尘,肺内粉尘会逐渐积累增多,当达到一定数量时即可引发尘肺病。尘肺是生产性粉尘对人体最主要的危害之一,长期吸入游离二氧化硅粉尘可引发矽肺,长期吸入金属性粉尘如锰尘、铍尘等,可引发锰肺、铍肺等各种金属肺;长期吸入煤尘可引发煤肺等。众所周知的大气污染的主力应该就是火电站污染。

2. 核电站颗粒物危害影响

核电厂的安全壳内放射性核素源主要包括裂变产物、活化产物等。在反应堆燃料包壳完好以及一回路压力边界完整的情况下,核电厂厂房空气中几乎不含有这些核素(实际情况是绝对密封难以保证,安全壳大厅允许有少量的放射性核素存在)。但在事故情况下,特别是包容放射性物质的四重屏障(第一重是燃料芯块本身;第二重是燃料元件包壳;第三重是反应堆压力容器,以及一回路设备与管道组成的压力边界;第四重是安全壳)部分或全部破坏的情况下,放射性核素泄漏到环境中,造成区域空气放射性污染,甚至是放射性灾难。大部分核素迅速通过大气泄漏到环境中,进而随着大气扩散并沉降,还有部分核素直接流入海洋。核安全关心的是产额较高、中等半衰期和辐射生物学效应比较明显的核素。碘的同位素发射高能 β 和 γ 射线,累积在甲状腺内造成器官内照射,其同位素 ^{131}I 的泄漏量一直被当作核事故严重程度的标准。同时,铯的化学性质与钾类似,易与碘化合,决定了其释放形态和数量,又因其半衰期较长,对环境影响长久。RSS 报告中的结果显示,碘和碲的同位素在事故早期影响最大,铯的同位素在事故后期影响最大。

以钚颗粒为例,人体吸入钚颗粒导致的内照射损伤效应,不仅取决于放射性烟云传播时在周围空气中形成的颗粒浓度,也取决于污染区域气溶胶再悬浮的程度。钚颗粒吸入人体后在呼吸道中的沉积、吸收和转移是一个相当复杂的过程,涉及巨噬细胞的吞噬作用,气管及支气管的纤毛运动,钚粒子的溶解和吸收以及通过淋巴系统的转移等。整个过程中,很大程度上取决于钚颗粒的大小、溶解度、价态、核素组成等特征参数。

3. 其他电站颗粒物危害影响

其他电站所存在的颗粒物,如水电站中的杂质颗粒,风电站和光伏电站的灰尘颗粒等,可能造成水电站、风电站、太阳能电站的运转效率降低乃至停机,影响环境及人身安全。

5.6.3　电站颗粒物监测

1. 火电站颗粒物监测

火电厂的颗粒物监测主要是烟气污染物连续监测,系统主要监测燃煤、燃油释放的颗粒物、二氧化硫、氮氧化物等污染物,为环境管理、环境监测、排污收费、污染物治理、改善空气质量以及实施污染物总量排放控制提供可靠的依据。电厂烟尘的连续监测方法主要有浊度法和光散射法。浊度法的原理是通过含有烟尘的烟气时,光强因烟尘的吸收和散射作用而减弱,通过测定光束通过烟气前后的光强比值来定量烟尘浓度。光散射法的原理是经过调制的激光或红外平行光束射向烟气时,烟气中的烟尘对光向所有方向散射,经烟尘散射的光强在一定范围内与烟尘浓度成比例,通过测量散射光强来定量烟尘浓度。

2. 核电站颗粒物监测

核反应堆是核电站产生核能的装置,它既是一个发热源,又是一个高强度的放射性辐射源。为了防止反应堆正常运行或事故状态下的放射性物质泄漏外逸,核电站在设计时采用了多重屏障,对压水堆核电站有四重屏障。核电辐射监测系统通过对这些泄漏外逸的放射性物质进行连续监测,以确保核电运行安全,防止核污染对工作人员及公众产生核辐射照射。压水堆核电厂辐射监测系统一般可以按功能及监测对象划分为两个子系统,区域辐射监测系统(area radiation monitoring system,又称辐射安全监测)和工艺辐射监测系统(process radiation monitoring system)。区域辐射监测主要是对空气放射性污染进行监测,对 γ 和中子辐射场的监测,对表面污染和对个人受照剂量的监测等,例如液态流出物和气态流出物 γ 辐射监测、中子辐射监测、放射性气体监测、放射性气溶胶监测、[131]I 监测等子系统。区域辐射监测的目的和作用是通过取样式连续监测区域 γ、中子辐射强度,空气中放射性惰性气体、气溶胶和[131]I 的活性浓度及其变化情况,当超出阈值时给出现场和主控室报警信号,确保工作人员的辐射安全,并反映出核动力装置的运行情况。工艺辐射监测是对某些工艺过程和设备进行监测,以便从核辐射水平发现设备是否运行正常,确保核电站安全运行。系统包括燃料元件包壳破损监测、蒸汽发生器泄漏监测、堆本底及控制棒驱动机构泄漏监测、设备冷却水放射性污染监测、放射性废液排放取样监测等子系统。前三个子系统用于放射性屏障完整性的监测。通过测量放射性敏感核素的变化情况,当测量结果超出限值时给出报警信号,为分析判断燃料包壳是否破损、蒸汽发生器承压边界是否泄漏、设备冷却水是否污染等提供证据。放射性废液排放取样检测子系统用于放射性废液排放期间测量其活度浓度，以便控制排放的放射性废液总量。通过对海洋中颗粒物进行监测，以海洋监测数据为依据，同时使用详实可靠的环境管理统计数据和社会调查资料进行分析，根据海洋监测平均值、范围值、超标率等统计指标，按环境要素和时空质量变化进行全面、系统分析和定量描述。

3. 其他电站颗粒物监测

对水电站、风电站、太阳能电站的颗粒物进行监测，保障电站运行安全。例如，通过对悬浮颗粒物粒度及浓度的检测进行实验分析，研究梯级水电站开发对河流悬浮颗粒物的影响。

5.6.4 电站颗粒物脱除

1. 火电站颗粒物脱除

燃煤电厂的除尘技术主要有两种，即电除尘和袋式除尘。目前，电除尘仍是我国电力主流除尘工艺。烟气中灰尘尘粒通过高压静电场时，与电极间的正负离子和电子发生碰撞而荷电（或在离子扩散运动中荷电），带上电子和离子的尘粒在电场力的作用下向异性电极运动并积附在异性电极上，通过振打等方式使电极上的灰尘落入收集灰斗中，使通过电除尘器的烟气得到净化，达到保护大气、保护环境的目的。当前大多数燃煤电厂煤种复杂、混烧劣质煤情况突出，烟尘工况条件较为恶劣，而电除尘器对烟尘特性较为敏感，燃煤变化等原因均会降低除尘效率。针对电除尘器应用中出现的问题，国内电除尘相关厂家或单位开始对常规电除尘器进行技术改造，其中最具代表性的是高频电源技术，通过采用新型大功率高频高压电源技术，可大幅度提高除尘效率。燃煤电厂经高效除尘器后排放的烟尘基本为空气动力学直径小于 $10\mu m$ 的飘尘，且大部分属于 $PM_{2.5}$。而袋式除尘技术的最大优点就是除尘效率高，电除尘器和布袋除尘器对细颗粒捕集效率都能达到 95% 以上。因此，随着我国环保要求的提高和排放标准的不断趋严，烟尘治理逐步向袋式除尘和电袋除尘技术发展，特别在近几年电袋除尘器开始大规模应用于燃煤电厂。

2. 核电站颗粒物脱除

核电站在一回路破口事故（LOCA）下，大量放射性物质首先进入安全壳，然后可能会泄漏到环境。除惰性气体，进入安全壳的放射性物质主要以气溶胶形式存在，初始阶段这些气溶胶大部分悬浮在安全壳内的空气中。气溶胶形态的放射性物质在安全壳内的去除分为两种情况：安全壳喷淋系统运行时的喷淋去除和喷淋系统不运行时的自然去除。人们对气溶胶在安全壳内的去除机制进行了大量的研究。安全壳喷淋系统运行时，喷淋液滴下落过程中主要有3种机制对气溶胶有去除作用：喷淋液滴与气溶胶的碰撞、液滴对气溶胶的截断，以及气溶胶向液滴表面的扩散。这3种去除机制的去除效果与气溶胶的尺寸密切相关,此外液滴对气溶胶的捕获过程还与液滴尺寸等因素有关。若安全壳喷淋系统不运行,热泳、电泳、气溶胶的扩散运动以及重力引起的气溶胶沉降等现象可能会使大量气溶胶附着在安全壳壁面或沉降在安全壳地坑中。在海洋中以颗粒物形式存在的核素对环境产生重大污染,可通过活性炭、生物吸附等方法脱除。活性炭被人类广泛用作吸附剂,尤其是用活性炭吸附装修后房间内的甲醛等有毒有害的气体,其吸附颗粒物的原理主要依靠高空隙和比表面积大等造成高强度吸附力。生物吸附主要是通过人工养殖海带等作物对海洋中的核素进行吸收,降低海洋中核素颗粒物的浓度。

3. 其他电站颗粒物脱除

通过对水电站、风电站、太阳能电站的颗粒物进行脱除,保障电站运行安全。比如水电站更多采用过滤的方法脱除水中颗粒物杂质。风电站和太阳能电站中也采用了过滤或吹灰的方法。

5.7　其他行业颗粒物

5.7.1　钢铁行业

钢厂中纯水被用于各种锅炉给水,特大型高炉、大型连铸机闭路循环冷却水,高质量钢材表面处理用水。水中的颗粒物不仅会对工业设备造成腐蚀,而且会严重影响生产的钢材质量。钢铁冶炼粉尘的性质与其发生源有关。原料粉尘一般为物料的破碎、筛分、输送过程散发到空气中的粉尘,其化学成分、真密度等物理性质与原物料近似,颗粒较粗,大颗粒可达数百微米。炉窑烟尘是在金属冶炼或加热过程中,因物理化学过程产生的升华物或蒸气,在空气中凝结或氧化而形成的固体颗粒物,如氧气转炉烟尘、吹氧平炉烟尘、电炉烟尘等,主要是金属氧化物,颗粒很细,大都是随高温烟气经烟囱排放的。

5.7.2　建筑行业

水泥生产的工艺方法从生料的制备过程来说,分为干法和湿法两种。湿法生产是在生料磨内加水,将原料粉磨成浆状再送入窑内煅烧。而干法生产是在生料磨内通热风将烘干的原料磨成粉状加适量的水制成球状,然后入窑煅烧。目前我国水泥生产的总产量,干法生产占 65%,干法生产的最大缺陷是扬尘大、粉尘污染严重。随着科学技术的发展,干法生产采取了一系列的防尘设施,如脉冲除尘、布袋式除尘、水除尘和旋风除尘等,但这些设施始终没有解决生产性粉尘污染和职业病的根源。由于工人长期接尘作业吸进了大量的含尘气体如 SiO_2 而得了矽肺病。而矽肺病每年死亡的人数居职业病死亡人数之首。

5.7.3 医药行业

药厂的生产工艺流程主要为：从其他公司购入原粉—配药—粉碎—制粒—填充—灯检打蜡—铝塑—包装。在生产岗位会检测到游离的 SiO_2。直径小于 $5\mu m$ 的药尘通过鼻咽、口腔及喉，到达气管、支气管、肺泡区。一些对青霉素类药物过敏的职工，因反复少量吸入阿莫西林，可引起过敏性肺泡炎。据文献报道，有 50% 的过敏性肺泡炎病例呈隐匿进展直到肺纤维化，而结节状影是由上皮细胞、巨噬细胞和不同程度胶原纤维化组成。接触药尘工人呼吸系统的主要症状为咳嗽、咳痰、胸闷、气短，但听诊无异常。据报道，慢性型过敏性肺泡炎早期临床症状不明显。

5.7.4 生物行业

微粒对人体健康危害性很大，有些微粒还具有直接的物理破坏人体作用，比如由细菌、动物呼出的病毒，科学上把其界定为有机微粒。病毒的尺度大小根据《韦伯斯特大学辞典》(*Webster's College Dictionary*)"virus"辞条的介绍是在 $20\sim300nm$。但从病毒的物理本质而言，它是一种与其他类型颗粒有一定共性的超细颗粒，对生物体发挥毒理作用之前，都必须首先通过一定的物理传播途径到达目标。病毒的传播途径之一可能是气溶胶传播：病毒在空气中温湿度合适的情况下，与空气中的微尘颗粒形成可传播的病毒粒子，或者是病毒和花粉等结合成传染性微粒，或单独传播，由此影响人类及其群体。

5.8 处理技术

5.8.1 技术基础

细颗粒物在流体介质中受到热泳力、阻力和曳力、惯性力等的作用，因此工厂管道中的颗粒物脱除主要靠热泳沉积、湍流沉积、重力沉降和弯管中的离心力沉积，还可以通过化学、生物作用促使颗粒物沉积。

5.8.2 物理法

1. 方法特点

颗粒物排放物理控制技术包括静电除尘技术和布袋除尘技术等，其对粗颗粒物的脱除效率达到 99% 以上，但对细颗粒物脱除效果不理想。因此，提高除尘器对细颗粒物的脱除效率至关重要。如今细颗粒物脱除方法包括湿式静电除尘器和低低温静电除尘器，以及声、光、电、磁、相变等多种预处理方法等，存在成本较高、结构复杂、效率低下、不适合大规模工业应用等问题。

2. 应用事例

燃煤产生的颗粒物是大气颗粒物的主要来源之一。电厂尾气主要流经选择性催化还原脱硝装置、除尘器、湿法烟气脱硫等设施,各个设施对粉尘脱除都有一定的影响。随着国家排放标准的日益严格,各项装置都进行了一定的改进或提升。湿式电除尘、团聚技术、超净电袋等一系列的新技术相继被运用在实际电厂中,并取得了一定的功效。随着技术的发展,各种技术的相互协调和并存,有助于各种类型的燃煤电厂达到超低排放的标准。

5.8.3 化学法

1. 方法特点

化学凝聚还可吸附有害的痕量金属元素,实现多种污染物的同时脱除。但廉价实用的高效多功能化学凝聚剂难以得到,对于处理烟气量大的情况须添加大量的吸附剂,增加运行费用。此外,喷入凝聚剂还会影响锅炉的热效率及运行,还可能造成二次污染。因此研究高效多功能无污染的化学凝聚剂是化学凝聚研究的关键。

2. 应用事例

人们将化学团聚方法应用到湿式电除尘器中,通过改变化学团聚剂种类、浓度、团聚液 pH 等因素,考察化学团聚剂对细颗粒物的凝并效果及除尘效率的影响。研究结果表明:添加化学团聚剂能够促进细颗粒物的凝并,其中羧甲基纤维素钠和黄原胶的凝并效果最佳,粒径在 $100\mu m$ 的大颗粒物的增长率分别为 8.54% 和 2.31%;降低团聚液 pH 会增强细颗粒物的凝并效果,大颗粒物分别增长了 9.66% 和 3.21%;添加化学团聚剂可提高除尘效率,最佳除尘效率可达到 99.76%。

5.8.4 生物法

1. 方法特点

生物处理方法适宜处理多种挥发性有机物和许多工业废气中的无机蒸气物质。这些物质中含有氮、氯或可产生少量酸的硫化合物。例如,H_2S 通常是恶臭问题的来源,用生物滤池可以得到很好的处理,仅产生少量的酸。在处理低浓度易降解的污染物质方面,生物滤池和生物滴滤池是最成功的。相对于其他的处理方法,生物法更加适用于处理低浓度的有害空气污染物质(HAP),且具有投资运行费用省、维护管理简单、不产生二次污染等特点。在欧洲,燃料费用较高,关于处理恶臭的规范也很严格,所以广泛采用生物法去除恶臭气体。

生物处理方法也有不适宜的地方。例如,携带油或油脂的灰尘和空气因为可能会阻塞滤床,从而应用生物法得不到很好的处理。另外,由于生物滤床的尺寸有限,降解缓慢的化合物(如特定的氯代烃)也不适于进行生物处理。低浓度的化合物很难得到降解,原因是少量的水对空气的分隔作用使水中污染物的浓度降低,从而降低降解速率。然而,这些情况对那些较难溶的化合物而言,例如苯和甲苯,虽然溶解度较低,但相对其他处理方法,用生物处理方法可以得到稳定的处理。一般情况下,生物处理系统较其他的处理系统体积较大,不能安装在空间有限的地方。

2. 应用事例

位于加利福尼亚州的圣地亚哥市的海空基地的污水处理厂,采用滴滤池处理挥发性有机物、有害空气污染物质和海边污水处理厂的恶臭排放物。处理流程是:污染气体向上流,同循环的液体一起运行,经过两个生物滴滤池(填料是 455kg 的活性炭)处理后再排放。系统的设计参数是:空气进气流速 3000m^3/h;反应器面积为 3.1m×9.1m,完全由玻璃纤维合成树脂制成,滤床体积为 31m^3;气体停留时间为 36s;平均有机负荷率大约是 2g/($m^3 \cdot h$)。对于污染物质,包括酚、亚甲基氯化物、丁酮、苯、甲苯、乙苯、二甲苯和硫化氢,总的去除率达到 85%。

水厂的气体污染物在采用生物滴滤池处理之前,通过 4 个独立的 250kg 的活性炭吸附柱进行处理。活性炭的更新和再生需要一个月的时间,每年需花费 36000 美元,而生物滴滤池的每年费用为 5000 美元。

5.8.5　综合方法

进入 21 世纪,全膜脱盐水处理技术(即超滤+反渗透+EDI 电除离子技术)得到大力推广和使用,为电力生产提供了高质量的生产用水。超滤与传统的预处理技术相比,其产水水质更好,可以为下游反渗透膜提供最佳的保护,使得污水或者废水进入反渗透脱盐成为可能;而反渗透则是这个工艺中脱盐的核心,它可以去除 98% 以上的各种离子;EDI 技术近两年来在我国锅炉补给水系统中得到应用,它取代传统的混床,无需消耗酸碱就可连续制取高纯水,是一项环保的新技术。上述工艺中,超滤、反渗透、EDI 三种膜分离的技术分别作为预处理、预脱盐和精脱盐,把原水制备成满足各种锅炉补给水要求的高纯水。

参考文献

[1]　孙志刚,胡黎明.气相法合成纳米颗粒的制备技术进展[J].化工进展,1997(2):21-24.

[2]　杨晓媛,肖立春,张萌,等.化学团聚对燃煤细颗粒物的脱除[J].环境工程,2018(11):13-16.

[3]　尹洧.大气颗粒物及其组成研究进展(上)[J].现代仪器与医疗,2012,18(3):1-5.

[4]　郝吉明,马广大.大气污染控制工程[M].北京:高等教育出版社,2002.

[5]　杨书申,邵龙义,龚铁强,等.大气颗粒物浓度检测技术及其发展[J].北京工业职业技术学院

学报,2005,4(1):36-39.

[6] 彭浩,王远玲.大气细颗粒物检测技术及研究进展[J].现代医药卫生,2017,33(16):2490-2492.

[7] 张磊.水中颗粒物的检测技术研究[D].北京:北京工业大学,2009.

[8] 于彬.透过率起伏相关频谱法水中污染物颗粒检测技术[D].上海:上海理工大学,2011.

[9] 杨艳玲,李星,李圭白.水中颗粒物的检测及应用[M].北京:化学工业出版社,2007.

[10] 梁华炎.水体中颗粒物主要检测方法综述[J].广东化工,2010,37(5):296-298.

[11] 华敏,徐大用,潘旭海,等.超细微粒灭火剂运动特性的数值模拟[J].安全与环境学报,2013,13(16):181-185.

[12] 付海雁.基于杯式燃烧器的超细干粉灭火剂灭火性能研究[D].南京:南京理工大学,2015.

[13] 孙智勇.利用北京地区细颗粒铁尾矿制备多孔陶瓷工艺及性能研究[D].北京:北京交通大学,2017.

[14] 刘世昌.极细颗粒钼尾矿制备高强混凝土的研究[D].邯郸:河北工程大学,2017.

[15] 范琪.浅谈纳米技术及其在畜牧业中的应用[J].饲料工业,2005,26(17):55-57.

[16] 张劲松,高学云,张立德,等.蛋白质分散的纳米红色元素硒的延缓衰老作用[J].营养学报,2000,22(3):219-222.

[17] 孙一文,赵晋华.纳米颗粒在医学领域的应用现状和毒性问题[J].世界临床药物,2011,32(5):312-315.

[18] 韩宗捷.流化床气固两相流中超细颗粒聚团行为研究[D].哈尔滨:哈尔滨工业大学,2013.

[19] 燕林.流动加速腐蚀[J].石油化工腐蚀与防护,2005(3):17.

[20] 郑玉贵,姚治铭.流体力学因素对冲刷腐蚀的影响机制[J].腐蚀科学与防护技术,2000,12(1):36-40.

[21] 陈玉铎,高智威.锅炉水中杂质及水质指标的探讨[J].黑龙江科技信息,2015(32):88-88.

[22] 翁俊震,毛荣军,王钢.火电厂脱硝系统氨站输氨管道堵塞原因分析及处理[J].清洗世界,2014,30(3):42-45.

[23] 施明恒,帅美琴,赖彦锷.纳米颗粒悬浮液池内泡状沸腾的实验研究[C].中国工程热物理学会年会,2005:298-300.

[24] 刘中良,崔玉峰,胡兴胜,等.用石英砂强化水平圆柱池沸腾换热的实验研究[J].中国石油大学学报(自然科学版),2000,24(3):81-84.

[25] 汝小龙,周涛,郭淼淼,等.核电站一回路中颗粒物对管路延寿影响的研究[J].中国电业(技术版),2012(8):67-71.

[26] 杨艳玲.水中颗粒物的检测及应用[M].北京:化学工业出版社,2007.

[27] LIU B Y H,JUGAL K A. Experimental observation aerosol deposition turbulent flow[J]. Aerosol Sci. ,1974,5(2):145-155.

[28] MUYSHONDT A,ANAND N K,ANDREW R,et al. Turbulent deposition of aerosol particles in large transport tubes[J]. Aerosol Science and Techonology,1996,24(2):107-116.

[29] WOOD N B. A simple method for the calculation of turbulent deposition to smooth and rough surfaces[J]. Journal of Aersol Science,1981,12(3):275-290.

[30] MAXWELL J C. On stresses in rarefied gases arising from inequalities of temperature[J]. The Royal Society,1879,2:681-712.

[31] WALKER K L,HOMSY G M,GEYLING R T. Thermophretic deposition of small particles

in laminar tube flow[J]. Journal of Colloid and Interface Science,1979,69(1)：138-147.

[32] LEE B U,KIM S S. Thermophoresis in the cryogenic temperature range[J]. Journal of Aerosol Science,2001,32：107-119.

[33] 袁竹林.气固两相流动与数值模拟[M].南京：东南大学出版社,2013.

[34] 贺启滨,高乃平,朱彤,等.人体呼出气溶胶在通风房间中运动的受力分析[J].安全与环境学报,2011,11(1)：242-245.

[35] 周涛,杨瑞昌.应用微通道热泳脱除可吸入颗粒物的可行性研究[J].环境科学学报,2004, 24(6)：1079-1083.

[36] 林达平.不同相水介质中细颗粒运动特性研究[D].北京：华北电力大学(北京),2015.

[37] 刘亮,周涛,杨旭,等.防液态铅铋合金中颗粒物沉积管道性能研究[J].华电技术,2014, 36(5)：14-16.

[38] 王尧新.不同流体介质中颗粒物运动沉积研究[D].北京：华北电力大学(北京),2018.

[39] 袁竹林.气固两相流动与数值模拟[M].南京：东南大学出版社,2013.

[40] 周涛,杨瑞昌.应用微通道热泳脱除可吸入颗粒物的可行性研究[J].环境科学学报,2004, 24(6)：1079-1083.

[41] 孙保全,夏季,吕文杰,等.液-固微旋流分离技术脱除水中催化剂颗粒[J].化工进展,2011 (10)：2173-2177.

[42] 王晶.反渗透在电厂水处理中的应用[J].中国高新技术企业,2011(17)：55-56.

第**6**章

颗粒物的制备及应用

国外对颗粒较早地进行了广泛研究。从颗粒制药到颗粒化技术应用与农业等，已经建立了较为成熟的相关产业体系。国内细颗粒研究起步较晚，但在颗粒物工业应用领域却发展迅速。国内颗粒工业体系主要从西方引入，随着颗粒物研究与国民生活体系的关联越来越紧密，颗粒物的应用前景得到更多关注，细颗粒物理论研究得到长足发展。本章首先从物理、化学和生物三方面说明颗粒物的制备技术；然后明确颗粒物在工业、农业、医学、生物、环境及军事六个方面的广泛应用；最后重点介绍颗粒流态化技术及其在工业方面的应用。

6.1 制备技术

6.1.1 物理制备

1. 方法分类

一般人们所讲的物理制备指的是利用常规的物理方法将材料加工处理，得到纳米级别的材料。制备过程是一个纯物理过程，在制得的材料中不会引入其他杂质物质，常用的有蒸发冷凝法、高压气体雾化法、溅射法等。

2. 蒸发冷凝法

蒸发-凝结技术又称为惰性气体冷凝技术（或惰性气体蒸发技术）。作为纳米颗粒的制备方法，惰性气体冷凝(inert gas condensation,IGC)技术是最先发展起来的。具体技术是将所要制备的材料置于一个低压氛围，并在惰性气体保护下，适当加热使可凝性物质蒸发汽化，蒸汽又会在一个超净而又密闭的环境中骤冷而凝结，最终形成超微粒或者纳米颗粒，如图 6-1 所示。

从各种实验研究成果中可以得知：利用该方法可以有效地制备出纯度相对较高的颗粒，并且制备的晶体颗粒的表面非常干净，实验过程中可以通过控制制备过程中的气体种类和蒸发温度等实验参数，调节和控制最终合成颗粒的尺寸。由于颗粒的形成是在很高的温度梯度下完成的，所以得到的颗粒很细（可小于10nm），而且颗粒的团聚、凝聚等形态特征可以得到良好的控制。

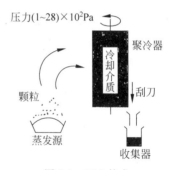

图6-1　IGC技术

该方法最早是在1963年由Oyeda及其研究团队共同研发的。在之后的1987年，Siegel及其成员也共同采用此方法合成了具有纳米级别的 TiO_2。1963年，廖齐·维达（Ryozi Vyeda）与其合作者率先用蒸气冷凝法获得了较干净的纳米金属颗粒。至20世纪70年代，该方法得到很大发展，并成为制备纳米颗粒的主要手段。

该方法的装置与普通的真空镀膜相似，不仅可用来制备纳米颗粒，还可以在这个真空装置里采用原位加压法制备具有清洁界面的纳米材料。1954年，Gleiter等正是采用惰性气体蒸发和就地原位加压的方法制备了Pd、Cu和Fe等纳米晶体，从而标志着纳米结构材料（nanostructured materials）的诞生。可是这种方法也有一定的局限性，它较适合于合成像金属这样熔点低、成分单一物质的纳米颗粒，在合成金属氧化物、氮化物等高熔点物质的纳米颗粒时存在很大的局限性。

3. 高压气体雾化法

高压气体雾化法是用高压气体雾化器将温度范围在−20～−40℃的惰性气体以超声速或者是几倍于声速的速度快速地注入熔融状态的材料中。在这种情况下熔融材料会以一种瞬间爆炸的形式而破碎成具有射流状的且极其细小的颗粒，之后随惰性气体气流被带至一个极其窄的专用通道，并急剧冷却，最终会得到纳米级别的颗粒，具体方法如图6-2所示。

实验制备方法最大的流量甚至可以达到 10^{18} 原子团每秒，其优点是可以实现各种纳米材料的快速制备。由于采用此方法可以制备粒度分布狭窄的纳米材料，使其曾经在20世纪70年代成为人们青睐和重视的技术之一。由于目前的加热温度有很大的局限性，再加上实验制备过程对材料的特性是有选择性和限制性的，所以此方法的推广受到很大的限制。

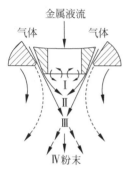

图6-2　高压气体雾化法

4. 溅射法

溅射法是利用电场的功能，制备过程中电场的阴极与蒸发材料相连，在氩气的参与下进行的，氩气被电离，以等离子的状态参与实验制备。该制备过程会产生一种辉光放电现象,此现象非常漂亮,放电的同时产生氩离子,由于均匀电场的存在,其吸引氩离子撞击所需制备材料靶材的表面而撞击出靶材粒子。氩离子在撞击靶材材料的时候,会发生能量的交换过程。具体是,其与靶材材料的表面原子进行动量的交换,靶材原子获得能量从表面发射出来,发射出来的物质形态一般是以原子或团簇的形式。

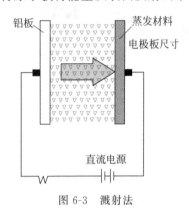

图 6-3　溅射法

初始动量使靶材原子运动至衬底并沉积下来。最后沉积于衬底上的粒子的尺寸和形貌及其密度分布,与电场强度、惰性气体的气流量等参数有着很大的关系。一般来讲,要想提高物质的蒸发速率,可以通过增大物质的表面积来实现,最终提供粒子的获得量,溅射法如图 6-3 所示。

溅射法的优点在于:在纳米粒子的制备过程中,可控制制备气体以提高最终的粒子纯度,同时也可以制备多种组分的物质,还可以通入氧气制备氧化物颗粒。

6.1.2　化学制备

1. 方法分类

化学方法是从小到大,就是通过操控反应过程中溶液中的分子或者原子的手段来控制粒子的生长过程,最终合成制备出所需尺寸和形貌的纳米颗粒。目前人们常用的化学方法有化学还原法、电化学法和光化学还原法等。

2. 化学还原法

利用人们所熟知、经常使用的一些化学还原反应来制备一些纳米材料,在具体的反应过程中,通过控制各种反应试剂和添加剂的比例和加入时间来制备出不同结构形貌和不同粒径的所需纳米材料。在实验中一般采用金属盐类物质作为反应过程中的前驱体,在最终合成的物质中添加明确的保护剂,从而达到实验制备的目的。在具体实验制备过程中,贵金属纳米颗粒是由试剂中的金属盐而来的,所需制备的贵金属材料以离子的状态存于反应溶液中,溶液中的还原剂会将贵金属离子还原。在还原的过程中,可能最初形成的原子簇之间会彼此碰撞,最终形成更大的原子簇。金属纳米颗粒彼此之间在溶液中相互碰撞,溶液中保护剂的存在将会阻止纳米颗粒的进一步聚集,由此我们可以获得悬浮分散的纳米颗粒胶体。通过现在非常成熟的工艺,制备得到需要的纳米颗粒。中北大学重点实验室通过控制反应制备过程中金盐和还原剂的比例成功地控制了金纳米颗粒的粒径和各种形貌。实验中用 $NaBH_4$ 作还原剂,用柠檬酸三钠作为稳定剂。在制备的过程中,柠檬酸根离子附着在颗粒表面,保持在液相中制备的金纳米颗粒的稳定性。调节金盐、反应过程中必需的弱还原剂和 $AgNO_3$ 的混合比例可以制备出不同形貌的金纳米粒子,如图 6-4 所示。

图 6-4 不同形貌金纳米颗粒的透射电子显微镜(TEM)测试

(a) 球形金纳米颗粒测试;(b) 梭形金纳米颗粒测试;(c) 星形金纳米颗粒测试;(d) 棒状金纳米颗粒测试

3. 电化学法

在水相环境中加入适当的还原反应试剂加上工艺比较成熟的二电极体系法,通过此方法就可以轻易地合成制备出贵金属纳米颗粒。廖学红等在使用配位剂 N-羟乙基乙二胺-N 的条件下成功地制备出树枝状纳米银。研究结果表明,溶液中添加剂的存在对银纳米颗粒的形成具有至关重要的作用。同时可以得知:采用此方法可以成功地制备银纳米颗粒材料,该制备过程具有设备操作方便、反应进程易于控制等优点。相对于一些化学反应过程来说,此类制备过程对环境污染较少。

4. 光化学还原法

在光存在的条件下,光照使得溶液中有机物产生水化电子和还原性自由基基团,溶液中的银离子会被产生的水化电子 eaq 或自由基基团还原,如 Ag＋eaq ＝Ag。银粒子可以进一步继续形成大些的纳米颗粒。光还原法是利用紫外线(UV)照射的方式产生水化电子,具有很多优良的特点,如常温操作和重现性好。采用光化学方法还可以制备不同粒径、颜色和稳定性好的银胶溶液。赵翔等利用紫外线的方法通过照射硝酸银-明胶-$(CH_3)_2CHOH$ 的混合水溶液合成制备出了银纳米颗粒。

5. 化学气相沉积

化学气相沉积(chemical vapor deposition,CVD)技术可广泛应用于特殊复合材料、原子反应堆材料、刀具和半导体微电子材料等多个领域。自 20 世纪 80 年代起,CVD 技术又逐渐用于粉状、块状材料和纤维等的合成,并成功制备出 SiC、Si_3O_4 和 AlN 等多种超细颗粒。

CVD 是指利用气体原料在气相中通过化学反应形成基本粒子并经过成核、生长两个阶段合成薄膜、粒子、晶须或晶体等固体材料的工艺过程。它作为超细颗粒的合成方法具有多功能性、产品高纯性、工艺可控性和过程连续性等优点。由于 CVD 可以在远低于材料熔点的温度下进行纳米材料的合成,所以在非金属粒子和高熔点无机化合物合成方面几乎取代了 IGC 方法。最初的 CVD 反应器是由炉加热,这种热 CVD 技术虽可合成一些材料的超细颗粒,但由于反应器内温度梯度小,合成的粒子不但粒度大,而且易团聚和烧结,这也是热 CVD 合成纳米颗粒的最大局限。在此基础上人们又开发了多种制备技术,其中较普遍的是等离子体 CVD 技术。它利用等离子体产生的超高温激发气体发生反应,同时利用等离子体高温区与周围环境形成巨大的温度梯度,通过急冷作用得到纳米颗粒。由于该方法气氛容易控制,可以得到很高纯度的纳米颗粒,它也特别适合制备多组分、高熔点的化合物(如 Si_3N_4、SiC 等)。

另外激光 CVD 技术合成纳米颗粒也是近年来研究相当活跃的方法,该方法避免了污染,具有迅速均匀的加热速率、粒子大小可精确控制无黏结、粒度分布均匀等优点。使用上述两种热源时反应器内温度梯度很大,很适合纳米颗粒的合成,但这些方法成本高、放大困难,同样不适合工业化大规模的生产。

6.1.3　生物制备

1. ELISA 法

酶联免疫吸附测定法(ELISA 法)是指利用抗原与抗体的特异反应,将待测物与酶连接,然后通过酶与底物产生颜色反应,用于抗原与抗体结合状况的定量测定。

具体操作步骤如下:

(1)预处理:取 1/8 采集颗粒物的滤膜,用 6mL 的磷酸缓冲盐溶液(PBS)浸泡 6h;将所得溶液在 4℃、5000r/min 条件下离心 20min,然后经 $0.45\mu m$ 过滤器过滤;再用真空浓缩仪浓缩滤液到 2mL,−20℃保存备用。

(2)包被:取 96 微孔板,每个反应孔中加 $100\mu L$ 待测样品浓缩液(重复 3 个孔),4℃避光孵育 16h,以空白膜提取液为空白对照。孵育结束后用加入聚山梨醇酯-20 的 PBS(PBST)洗涤液(即加入 0.5% Tween-20 的 PBS 溶液)冲洗 3 次,每次 5min。

(3)封闭:每孔加 5%的脱脂奶粉溶液,注满后 37℃静置 1.5h 后洗涤,洗涤条件同步骤(2)。

(4)孵育一抗:加 $100\mu L$ 大鼠血清(1∶50),37℃避光孵育 1.5h 后洗涤,洗涤条件同步骤(2)。

(5)孵育酶标二抗:加 $100\mu L$ 过氧化物酶标记的 IgE 二抗(1∶10000),37℃避光孵育 1h 后洗涤,洗涤条件同步骤(2)。

(6)加底物显色液:加入 TMB 底物显色液 $200\mu L$,37℃避光孵育 20min。

(7)终止反应:加 2mol/L H_2SO_4 $50\mu L$ 终止反应。利用酶标仪检测 OD_{450} 吸收值,通过比对标准曲线估算被测样品中变应原蛋白的质量浓度。

2. 抗体制备法

克隆悬铃木花粉变应原蛋白 Pla a3 的编码序列(coding sequence,CDS),构建到原核表达载体 Pet.32a 中,并转化大肠杆菌 Rosetta 菌株。

在 28℃条件下经异丙基-β-D-硫代吡喃半乳糖苷(isopropyl β-D-thiogalactoside,IPTG)诱导表达蛋白,并进行纯化。

利用纯化后的 Pla a3 重组蛋白免疫注射 SD 大鼠,然后利用悬铃木花粉浸取液混合 Pla a3 重组蛋白对大鼠进行雾化处理。

最后获取致敏大鼠血清并对其中所含抗体的特异性及其效价进行鉴定。

鉴定结果显示,此工作获得了特异性良好、高效价的 IgE 抗体,可用于后续检测分析上海市大气颗粒物中悬铃木花粉致敏蛋白 Pla a3 的分布特征。

6.2 技术应用

6.2.1 工业应用

1. 气溶胶颗粒物灭火技术

长期以来,国内外普遍使用的灭火剂主要有清水灭火剂、干粉灭火剂、惰性气体灭火剂、泡沫灭火剂和哈龙灭火剂等。就其总体灭火性能而言,哈龙系列灭火剂以其灭火效率高、安全清洁、低毒无残留、腐蚀性小、易储存、适用性广等特点而被广泛使用。但是 20 世纪 80 年代的研究表明,哈龙灭火剂对大气中的臭氧有很大的破坏作用,现已基本停止生产和使用。所以人们一直在寻找一种新型的高效能灭火剂来代替它。

气溶胶灭火剂是一种新型的灭火剂,具有环保、灭火快、效果持久、价格便宜、灭火范围广等优点,尤其是它的臭氧消耗潜在值(ODP)和温室效应潜能值(GWP)均很低,可常压贮存,工程造价低,近几年发展迅速。由于其设备结构简单、占地面积小、安装方便,特别适于小防护区、电缆沟、地下通道、吊顶夹层等场所,越来越受到人们的青睐。气溶胶灭火剂与其他灭火剂的性能比较见表 6-1。

表 6-1 灭火剂性能比较

项 目	组 分	物质状态	灭火浓度	能见度	毒性	ODP	GWP	大气停留时间
EBM	气溶胶	$<1\mu m$	$70\sim100g/m^3$	较低	无毒	—	—	—
H1301	CF_3Br	液-气	$5\sim7(V/V)$	良	低毒	10	5800	40a
FM200	CF_3CHCF_3	液-气	$7\sim9(V/V)$	良	较低	0	2050	100a
triodide	CF_3I	液-气	$3.2(V/V)$	良	低于FM200	0	<5	1d
细水雾	雾状水	液	—	良	无毒	—	—	—
CO_2	CO_2	气	$34(V/V)$	良	窒息	0	1	120a

作为哈龙灭火剂的替代产品,超细微粒灭火剂对受限空间表现出良好的灭火效能。超细微粒灭火剂在制备过程中经过了超细化和表面处理工艺,使灭火剂颗粒具

有较小数量级的粒径和较大的比表面积。较小数量级的灭火剂微粒不仅在化学机理上可以提高灭火效率,在动力学特性上也能很快达到全淹没状态。超细微粒灭火剂在扑灭遮挡火、顶棚火、角落火等方面比普通干粉灭火剂的效果好。研究表明,微米级别的灭火剂颗粒在动力学机制上提高了灭火效率。就工艺技术而言,目前超细微粒灭火剂的微粒直径可以达到纳米级别,但是考虑到制作成本和沉降问题,往往不被选择。在物理机制中灭火剂微粒的流动特性发挥了重要作用,但是没有对其进行定量分析,一方面是由于其流动特性难以进行定量表征;另一方面,对离散相固体颗粒浓度的精准测量难度较大。

物理抑制作用。气溶胶进入火焰后,由于胶体粒子非常小,比表面积非常大,所以极易从火焰中吸收热量而使温度升高,达到一定温度后固体微粒发生熔化、汽化直至分解而吸收大量热量,液体微滴也同时吸热升温或汽化。由于灭火气溶胶中固体微粒大多为 $1\mu m$ 左右,因而具有良好的悬浮能力和绕障能力,扩散迅速,易于进入火焰区并渗透到火焰出现的各种地方(深部火灾),且有效保留时间长。任何火灾在较短时间内放出的热量都是有限的,而气溶胶中的固体颗粒能在较短的时间内吸收火源所放出的一部分热量,使火焰的温度降低。

化学抑制作用。气溶胶的化学抑制作用可以归纳为两个方面。①均相化学抑制作用,在热的作用下,气溶胶中的固体颗粒离解,以蒸气或阳离子的形式存在,在瞬间可能与燃烧中的活性基团 H、OH 和 O 发生多次链反应,消耗抑制其之间的放热反应,从而对燃烧反应起到抑制作用;②非均相化学抑制作用,微米级气溶胶离子有表面能量很高的大比表面积,能够吸附链式反应传播者 H、OH 和 O,并催化它们重新组成稳定的分子,从而使火源中燃烧过程的分支链式反应中断,其反应快速且反复进行,从而产生瞬时灭火并能有效防止再次着火的发生。

2. 纳米颗粒矿物回收及废物处理技术

近年来随着富矿资源的减少,要实现这类矿物的单体解离,需要将其磨到 $5\mu m$ 以下,而这一粒度小于常规浮选的回收粒度下限,最终导致有用矿物的流失。微细粒矿物是指直径介于 $0.1\sim5\mu m$ 的矿物,它的主要特点是粒度小、质量轻、比表面积大、表面能高。粒度小、质量轻使得矿粒在矿浆中动量小,难以克服矿粒与气泡之间的能量,因而无法与气泡发生碰撞和黏附。但是,一旦矿物黏附于气泡表面上,又很难脱落,并且细粒脉石矿物受水介质黏滞作用较大,易夹到精矿中随水流上升进入泡沫层,降低了精矿品位。比表面积大、表面能高造成了矿粒的不稳定,它必须与目的矿物、脉石矿物、药剂发生吸附来降低自身的表面能。这样,一方面自发絮团过程中会夹杂大量脉石矿物,恶化精矿质量;另一方面会大大增加浮选药剂用量,增加选矿成本。矿物粒度过小还会造成矿浆黏度大幅度上升,出现跑槽现象,不利于浮选的进行。矿山每年生成的大量尾矿不仅造成了资源的浪费,而且造成了严重的环境污染。对于我国这样一个矿产资源消费大国,找到一种可以有效回收微细粒级矿物的方法十分重要。

孙智勇利用北京密云地区泥状细颗粒(颗粒直径为微米级)铁尾矿为主要原料,采用搅拌发泡-凝胶注模成形、常压烧结工艺制备铁尾矿多孔陶瓷,主要将其应用在工业废气除尘领域。这样既能够实现铁尾矿的综合利用,使废弃资源获得再生,同时又能够减少工业废气中有害物的排放,有利于生态环境的保护。采用细颗粒铁尾矿制备多孔陶瓷材料工艺简单,成本低廉,可规模化生产,所制备多孔陶瓷满足工业废气除尘的要求,在该领域具有广阔的应用前景。

刘世昌对钼尾矿及粉磨钼尾矿的特性进行了研究,得知钼尾矿基本性质相对稳定,主要以 SiO_2 矿物形式存在,硅含量高达 73%,颗粒粒径(0.30mm)占到 93%,属极细颗粒尾矿。通过机械力化学效应使尾矿的矿物成分由晶态转变为非晶态,改善原钼尾矿的活性。研究表明,0.16mm 细颗粒钼尾矿作为复合胶凝材料使用时,最佳粉磨时间为 80min,比表面积为 500m^2/kg。该研究以钼尾矿为主要原料,在标准条件下制备出大掺量高强度的复合胶砂材料,最终制备的胶砂材料,其 28d 抗压强度为 83.6MPa,抗折强度为 14.4MPa,钼尾矿综合利用率可以达 71%。其中钼尾矿胶砂制备最优配比(质量分数)为粉磨钼尾矿∶水泥熟料∶矿渣粉∶脱硫石膏∶钼尾矿砂= 21∶8.5∶16.5∶4∶50,水胶比为 0.22,PC 型高效减水剂掺量占复合胶凝材料的 0.4%(质量分数)。将钼尾矿替代河砂制备高强混凝土,在标准养护条件下按照复合胶凝材料∶钼尾矿砂∶卵石=24.5∶27∶48.5(质量分数)配制的混凝土,其 28d 抗压强度已达 70MPa,材料其余各项性能符合商品高强混凝土要求。利用钼尾矿来生产高强混凝土结构材料能够消耗掉大量堆存的尾矿,使固体废弃物得到资源化利用,与传统工艺相比有着节能、降耗的优点。该研究技术的应用目标主要是利用钼尾矿制备成高强度、工作性优良、价格低廉的高强结构材料制品,且固体废弃物利用率可以达 70%。同时就近利用堆存量巨大的钼尾矿,可以从源头上减轻大量尾矿堆存对环境、生命安全、经济制约的严重影响。

3. 纳米颗粒涂层技术

纳米复合锻层中由于 SiC、金刚石等纳米硬质点的存在,能有效改善镀层的内应力分布,减小镀层的微观切削和微观脆性剥落,因此这类纳米复合镶层具有良好的耐磨性能。与不含纳米粉的普通镀镍层相比,含 SiC 及纳米金刚石的复合镀层耐磨性能增加两倍以上,如用于汽车和摩托车缸体(套)的镍-金刚石纳米晶复合镀层,可使气缸体寿命提高数倍。俄罗斯已制成含纳米粉复合镀层的工具,并已投入小批量生产。将含纳米金刚石的 Ni-P 复合化学镀层用于磁盘基板表面,摩擦力下降了 50%;在 Co-P 化学镀液中加纳米金刚石后形成复合镀层,其耐磨性提高了 2~3 倍;用于模具镀铬层的金刚石纳米复合镀层,使模具寿命提高,精密度持久不变,并且长时间使用后镀层光滑无裂纹。

由于纳米复合镀层具有耐高温性和耐磨性,且 Al_2O_3、ZrO_2 纳米微粉化学稳定性好,弥散分布在镀层表面可以减少基质镀层与氧化介质接触的有效面积,降低镀层高温下的氧化速度。研究发现,$Ni-P/ZrO_2$ 复合镀层的工作强度及抗高温氧化性能明显提高,而 $Ni-W-B/ZrO_2$ 复合镀层的高温耐磨性是 Ni-W-B 镀层的 4～5 倍。因此,这类镀层可以广泛应用于高温下工作的航空航天和燃气轮机的工作部件,如发动机间的密封圈、汽车缸体等。

4. 纳米颗粒材料催化技术

纳米粒子作为一种高活性和高选择性的新型催化剂材料,已引起了研究者们的普遍关注。到目前为止,纳米粒子催化剂已在催化氧化、还原、裂解反应以及光催化方面得到了广泛的应用。

在高分子聚合物氧化、还原以及合成反应中可直接用纳米态铂黑、银等作催化剂,极大地提高了反应效率;利用纳米镍作为火箭固体燃料反应催化剂,燃烧效率可提高 100 倍;纳米硼粉、高铬酸铵粉可以作为炸药的有效催化剂;纳米铂粉、碳化钨粉等是高效的氢化催化剂;纳米银粉可以作为乙烯氧化的催化剂;纳米镍粉、银粉的轻烧结体作为化学电池、燃料电池和光化学电池中的电极,可以增大与液相或气体之间的接触面积,增加电池效率,有利于小型化;纳米铁粉可以在苯气相热分解中(1000～1100℃)起成核作用而生成碳纤维。常用的贵金属纳米材料催化剂主要有 Au、Pd、Pt 等及它们的复合材料,已被广泛应用于对丙三醇、甲醇、乙醇等电化学催化氧化以及与燃料电池相关的反应。

6.2.2 农业应用

1. 纳米颗粒农田种植技术

纳米物质,由于性能独特而成为当今知识创新的重要源泉,在现代农业技术领域也是如此。纳米矿物颗粒是能被植物根酸溶解并吸收的矿物质营养,植物根部吸收养分的一个重要机理是,通过植物根系分泌出的有机酸(根酸,相当于柠檬酸的弱酸)来溶解并吸收根区环境的物质。纳米矿物颗粒由于比表面积巨大、表面断键和电荷多、化学活性高,容易被这种弱酸溶解吸收,这就是植物吸收利用纳米级的非水溶性矿物颗粒的机理。通常的硅酸盐矿物颗粒不但不能被柠檬酸等有机酸溶解,就连浓硝酸和王水都不能溶解,在氢氟酸中才能溶解。通过模拟自然界的风化成土过程和热水蚀变过程,在水热化学反应原理的基础上,人们自主研发了"半湿静态加压蒸养法",把富钾硅酸盐岩石中的钾长石、石英、云母等原生矿物转变为雪硅钙石、钙铝榴石等新生矿物,并保持新生矿物颗粒为纳米、亚微米粒度(保持其初生晶芽状态,不让其长大),而且还具有特殊的微孔结构(如图 6-5 中的扫描电镜照片所示,标尺为2000nm)。当植物根酸沿微孔进入后就能够整体溶解这些纳微米颗粒,进而吸收其中的矿物质元素,从而把富钾硅酸盐岩石转化成一种含有全部矿物质元素的矿物肥料/微孔土壤调理剂。自 2006 年始,由原农业部(现农业农村部)全国农业技术推广中心和中国科学院农业项目办公室统一部署安排,在全国范围开展了广泛的农田肥效实验和应用示范。全国先后有 27 个省、市、自治区的 100 多个县市的土肥工作站和农业企业,以及中国科学院、中国农业科学院、中国农业大学等 10 多个科研院所和高校承担或参与。实验示范效果良好,证明其既具有良好的土壤调理效果,又具有肥料的功能(向植物生长提供数十种矿物质养分元素)。自 2012 年获得原农业部的肥料登记证,已经陆续在河北、河南、山东、北京、天津、江苏、四川、辽宁、内蒙古、湖南、湖北等十多个省、市、自治区销售推广。纳米颗粒如图 6-5 所示。

图 6-5　纳米颗粒

植物矿物质营养学说认为,土壤中的矿物质是一切绿色植物唯一的养料。岩石中的矿物质元素是惰性的,不能被植物吸收利用。而岩石风化成为土壤的过程中有少量矿物质元素被活化,成为能够被植物吸收的有效营养形态,这就构成了土壤的"自然肥力",是土壤支持植物生长的矿物质养分基础。目前植物体内已发现的化学元素有 70 多种,除氢、氧、碳、氮,都是从土壤矿物质中来的,所以又经常被称作矿物质元素养分。正如美国参议院第 264 号文件指出,天然土壤可提供多达 80 种以上的矿物质营养元素,使植物能正常生长代谢,还帮助植物增强抗性。但化学农业滥用氮、磷、钾化肥,过度高产,致使土壤中的矿物质营养元素消耗殆尽。如何全面有效地、按适当的比例去补充这些矿物质营养元素,以提高土壤肥力水平、促进营养平衡,一直是现代农业的一个难题。纳米硅酸盐矿物可能是最可行的解决方案之一。

(1)纳米黏土矿物

许多天然非金属矿物,包括沸石、膨润土、凹凸棒石、硅藻土、海泡石、伊利石等,向土壤加入有效营养成分的能力并不强,但却能起到显著的增强土壤系统缓冲能力、调理改善土壤理化性状的作用(包括土壤阳离子交换容量、pH、盐度、容重、板结程度、保水保肥能力、透气性等),还能有效钝化土壤体系中的活动态重金属离子,从而修复土壤的缓冲调控功能。

这些非金属矿物在晶体结构和颗粒结构上都具有颗粒微小、比表面积巨大的共同特征,因而显现出很强的吸附和离子交换能力。这就是它们能够大幅度提高土壤系统缓冲能力、吸附钝化重金属离子的原因。核心技术问题是如何提高黏土矿物颗粒的比表面积和表面活性。实际上,前述的多元素微孔矿物肥料由于其特殊的微孔结构和纳米、亚微米颗粒结构,也具有与黏土矿物相似的特征。

土壤阳离子交换量是评价土壤肥力水平和环境容量的一个重要指标,是指在土壤 pH 为 7 时,每千克土壤中所含有的全部交换性阳离子(包括钾、钙、铵等养分离子和镉、铅等重金属离子)的总量。从农业生产的角度看,土壤阳离子交换量是影响土壤缓冲能力高低,也是评价土壤保肥能力、改良土壤和合理施肥的重要依据。而从环境调控和净化的角度来看,土壤阳离子交换量越大,其缓冲容纳并净化外部环境重金属离子的量也越大。而土壤缓冲能力主要是由土壤中的黏土矿物胶体粒子的数量和性质决定的。

例如,天然沸石独特的开放性晶体结构,使其具有良好的吸附性能和离子交换性能,可以有效地提高土壤阳离子交换容量,起到保肥、供肥、保水的作用;还可以调整土壤 pH,使其向中性靠近,故对南方土壤的酸化、北方土壤的盐碱化,以及土壤板结都具有改良调理作用。我国自 1974 年就开始在浙江、北京、河北、山东、宁夏等地的水稻、小麦、玉米、油菜、棉花、枸杞等作物生产中开展应用天然沸石的农田实验,取得了良好效果。相关产品已经在全国各地有十多年的销售推广历史。这些黏土矿物在我国具有非常丰富的资源量,尤其是沸石和膨润土的地质资源量估计大于 100 亿吨,可以成为低成本、纯天然、优良的土壤修复改良剂。

(2) 黏土矿物填料

农用地膜具有保温/提高地温、抗旱/减少水分蒸发、降低盐分表聚、压草等优势功能,成为现代农业不可或缺的重要技术。但残留的地膜对土壤的污染和破坏也是致命的。因此,必须生产使用可降解的地膜。然而,可降解地膜必须保持一定的力学性能(如机械化铺膜),还必须具备低成本、降解产物无害、无污染的优势。否则,不可能被用户接受。最可行的解决方案之一,就是把伊利石、蒙脱石、凹凸棒石等片状、棒状的黏土矿物作为无机填料,加入聚乙烯树脂。这样既可以提高地膜的可降解性,还可大大降低成本(聚乙烯树脂 10000 多元每吨,而黏土矿物填料则 1000~3000 元每吨)。而且,黏土微粒的降解产物不仅不会污染破坏土壤,还具有良好的土壤改良调理作用,包括提高土壤缓冲能力等。尤其是伊利石等含缓效钾高的黏土矿物更值得推荐。显然,纳米、微米级片状、棒状的黏土矿物填料能够更好地与聚乙烯等有机高分子聚合物相互结合,从而在尽可能保持地膜力学性能的同时提高矿物填料的添加量。目前的生产技术已经可以把地膜中黏土矿物的添加量提高到 60% 以上。

2. 纳米颗粒畜牧业养殖技术

目前,在畜牧业中有关颗粒技术的报道还很少,但是纳米技术作为一项新兴技术势必将给畜牧业尤其是饲料行业带来新的起点。一般来说,利用超细粉碎高科技手段将食品、饲料原料粉碎到粒径在 $30\mu m$ 以下的超细产品,称为超细保健产品。它具有较大的比表面积和空隙率,因而具有很强的吸附性和很高的活性。对饲料原料进行纳米处理后,原料中那些动物不可缺少而又较难采食的营养成分可充分地被动物吸收,最大限度地提高饲料原料的生物利用率和保健功能。

可利用资源的短缺始终是动物饲养业可持续发展的瓶颈,提高营养物质利用率及转化效率和开辟新的饲料资源势在必行。饲料制造采用纳米技术,可将饲料原料颗粒粉碎到纳米水平后再加工成颗粒料。这样,饲料被摄食后与消化液的接触面积比现在的饲料大数万倍,可以提高畜禽肠胃的吸收能力、吸收速度和吸收率,大大降低了料肉比和料蛋比。如果料肉比正常情况下是 3∶1,则通过采用纳米技术,料肉比可降为 2∶1,从而降低生产成本。同时饲料中抗营养因子在纳米水平下将发生质的变化,必将要求重新测定饲料成分和营养标准,重新计算饲料配方,从而带来一场饲料生产革命。在微量元素添加剂方面,第一代是无机,第二代是有机,第三代是氨基酸螯合物,第四代微量元素添加剂将会是纳米微量元素。无机微量元素的利用率较低,在 30% 左右;有机微量元素的利用率约为 49%;氨基酸螯合物的利用率约为 65%;纳米微量元素的利用率可以达到 80% 以上。因为纳米微量元素可以不通过离子交换而直接渗透被吸收,从而大大提高吸收的速度和利用率。

物质在消化道中的吸收率与其在吸收部位的溶出速度和接触面积的大小有关。纳米营养物由于其半径极小,所以暴露在介质中的表面积增大,能提高溶解速度,有利于吸收。采用纳米技术制备的微量元素超微粉,与水有更强的亲和力,在水中有更强的化学活性,有利于在体内的消化吸收。大量的研究表明,粒径小于 5nm 的微粒可通过肺,粒径小于 300nm 的可进入血液循环,小于 100nm 的能进入骨髓,纳米微粒更能通过胃肠道黏膜,使其透皮吸收的生物利用度得以提高。

尤其在饲料原料加工上,纳米级的饲料颗粒可以提高动物对其的有效吸收率、利用率,节约饲料原料的用量;同时,减少饲料中各种成分用量,间接减轻粪便中污染物的排放量。下面介绍几种用纳米材料加工的饲料原料。

矿物中药:研究表明,矿物中药制成纳米粉末后,药效大幅度提高,并且有吸收率高、剂量小的特点。将药物进行纳米化处理,由于纳米药物的吸收利用率很高,可以减少药物的使用量,从而减少畜产品的药物残留。

抗菌剂:纳米氧化锌是面向 21 世纪的新产品,是饲料行业中优秀的氧化锌产品,具备一般氧化锌无法比拟的性能,因为纳米氧化锌有极强的化学性,能与多种有机物发生氧化反应(包括细菌内部的有机物),从而把大部分病菌和病毒杀死。有关的定量实验表明:在 5min 内纳米氧化锌的浓度为 1% 时,金黄色葡萄球菌的杀菌率为 98.86%,大肠杆菌的杀菌率为 99.93%。研究表明,饲料中添加纳米氧化锌,比一般氧化锌的药效大幅提高可利用纳米氧化锌的强渗透性,避开胃肠吸收时体液环境与药物反应引起的不良反应或造成的吸收不稳定,提高吸收率。由此推之,其他抑菌剂也可以做成纳米粒子,将更充分地发挥抑菌效果,减少原有抑菌剂的用量。

纳米矿物质:硒是动物必需的微量元素,是谷胱甘肽过氧化物酶的活性中心成分。硒的一个显著特征是,它的营养剂量与毒性剂量之间范围较窄,因此,开发利用低毒高效硒制品,倍受世界各国的重视。与无机硒相比,有机硒的吸收利用价值较高,急性毒性较小,被认为是较好的硒制品,有机硒已经逐步取代无机硒得到普及使用,但有机硒的低毒高效特征并不比无机硒具有非常强的优势,甚至两者亚慢性毒性剂量是接近的。研究结果表明,与其他形态硒相比,纳米硒有较强的低毒高效优势。在急性毒性方面,无机硒为 15mg/kg,有机硒为 $30\sim40$mg/kg,纳米硒则为 113mg/kg。在亚慢毒性方面,饲料中无机硒或有机硒的含量在 $4\sim5$mg/kg 时,即可导致大鼠体重下降和肝硬化;如果是纳米硒,硒含量在 6mg/kg 时,也不会发生上述现象。由此说明,纳米硒与有机硒或无机硒相比,毒性明显下降。在生物功效方面,纳米硒体外清除羟自由基效率为无机硒的 5 倍,为有机硒的 2.5 倍。研究结果表明,红色纳米硒能显著降低鼠全血丙二醛含量和提高小鼠全血谷胱甘肽过氧化物酶活性,显著延长黑腹果蝇生存时间。该研究还揭示,此功效可能与红色纳米硒在动物体内发挥抗氧化作用与直接清除自由基活性有一定联系。用昆明小鼠做实验,验证了红色纳米硒有护肝、抑瘤和免疫调节作用,是已发现的急性毒性最低的补硒制剂。

6.2.3 医学应用

1. 纳米颗粒早期诊断技术

如何提高早期诊断的灵敏度是医疗领域的重要工作。纳米颗粒具有独特的电、热、光、磁和力学性能,可以显著增强检测的灵敏度与特异性,从而提高早期诊断的可靠性。癌症作为不治之症,如果能够实现早期诊断,对医生、患者来说都极其关键。纳米颗粒在癌症的早期诊断方面可大显身手,这方面主要包括早期肿瘤标志物检测技术、活体动态多模式影像诊断技术,将能够识别肿瘤细胞表面受体的特异性配体与纳米粒子结合,然后利用测试传感器中的磁信号、光信号等物理方法进行成像系统显影,对体内是否存在恶性肿瘤作早期诊断。半导体纳米颗粒,又称量子点,具有表面效应、体积效应和量子尺寸效应等纳米颗粒一般的特性,在激发光的诱导下会产生荧光,激发光谱宽而发射光谱窄,并且发射波长可精确调节,荧光特性非常优越。在应用于光学分子影像方面,可以同时使用多种颜色的探针而不会发生波谱重叠现象,成像效果极佳,在医学和生物化学领域得到广泛应用,尤其是用于细胞标记的荧光探针。具有独特的表面等离子共振效应的金纳米粒子,目前在医疗器械方面被广泛用作光学造影剂和传感器。

2. 有机纳米颗粒导向技术

目前研究较多的有机纳米颗粒有脂质体(liposomes)、聚合物纳米颗粒(polymer nanoparticles)、树突(dendrimers)以及纳米胶束(micellar nanoparticles)等。这些纳米颗粒具有类似的疏水内核结构,可用于装载药物以及控制药物的释放;颗粒的体内分布和循环半衰期主要决定于亲水性外层(冠)的特性;在冠的表面结合某些靶向配体,有助于纳米颗粒的靶向分布或细胞对纳米颗粒的摄取。以上有机纳米颗粒广泛用于肿瘤靶向治疗的研究。靶向的目标可以是肿瘤微环境,如细胞外基质或肿瘤血管内皮细胞的表面受体;也可以是肿瘤细胞表面跨膜受体的胞外部分,通过受体介导的胞吞作用将药物传递到肿瘤细胞内发挥细胞毒作用。大鼠异种移植模型实验显示,靶向整联蛋白(integrin)纳米颗粒可成功将多柔比星传递到原发灶和转移灶的肾癌和胰腺癌细胞中,靶向纳米颗粒能有效聚集于肿瘤组织,减低原发灶和转移灶内肿瘤负荷。另外,新型有机纳米颗粒——病毒纳米颗粒正引起越来越多的关注,其是基于病毒的纳米材料,生物相容性和生物降解性好,可通过遗传学或化学方法与各种显像剂(有机染料、Gd、量子点等)、靶向配体以及治疗用分子等功能基团结合。

3. 无机纳米颗粒靶向技术

无机纳米颗粒是现代纳米医学产品的基石,具有以下作用:靶向分布于病变组织;对治疗性药物进行持续性控释;通过各种给药途径进入体内。故无机纳米颗粒可应用于诸多方面,如药物转运、疾病诊断和探索生物标记等。用于医学的纳米颗粒至少应具有以下特性:在水溶液中的高分散性,良好的生物相容性和靶向能力,便于生产。目前较常见的无机纳米颗粒有量子点、磁纳米颗粒和金属纳米颗粒等,各自具有特性和功能,同时还能相互杂交,从而获得更多功能的纳米颗粒。

量子点:量子点是一种半导体纳米晶体,其物理尺寸小于自身的激子玻尔半径,半径通常为 $2\sim8nm$。量子点通常由元素周期表中 $II\sim IV$ 族或 $III\sim V$ 族原子构成,如 CdSe、CdTe 和 InAs 等。量子点的可视性来自于受限的电子和空穴之间的相互作用:当激发能超过带隙时,量子点就会吸收光子,在这个过程中,电子从价电子带跃迁到导带,在载荷子重组过程中,量子点发射光线。相对于目前常用的染料,量子点具有亮度高、抗光漂白及彩色荧光发射的特点。量子点可以与生物识别分子(肽链、抗体、核酸及小分子配体等)相结合,用于细胞标记、活体成像、双模式磁、光显像以及诊断等领域。量子点还可用于荧光共振能量转移分析、细胞追踪技术,以及病原体和毒物探测。生物相容性较好的量子点螯合物已成功用于前哨淋巴结的测绘、肿瘤的靶向分布、肿瘤新生血管成像和转移肿瘤细胞的追踪。

在纳米医学领域,目前所获得成果最多的可视性对比剂即量子点,其可用于细胞信号传导、肿瘤标志物和动物活体内的肿瘤等多种显像。目前最重要的一项应用即分子病理学。量子点具有广泛的吸收光谱,因此不同的量子点可被同时激发。同时,通过调节粒子大小和化学成分,量子点能够发出连续波长的光,使其呈现出不同颜色。该特性使其可以与生物标记特异性的探针相结合,在单个组织切片上同时测定多种标记物的表达水平。报道显示,将量子点分别与 IgG 及抗生蛋白链菌素结合,可以在同一激发波长下同时探测乳腺癌细胞表面的 Her_2 和其他细胞标记。量子点具有成为体内多模式显像平台的潜力。同时有望成为一种术前显像,用以区分手术区域。量子点还可作为光敏剂在光疗中同时进行显像和治疗。但其应用也存在一定限制:①量子点是重金属化合物,对器官有潜在的毒性作用,例如 Cd 对肝脏和肾脏有毒性;②量子点的荧光成像必须与形态学成像相互关联才能确定目标细胞。目前基于量子点纳米颗粒的体内应用还仅限于动物研究阶段,还存在许多亟待解决的问题,例如,光学信号穿透深度浅、量子点运输效率低、毒性和缺乏定量制备等。

磁纳米颗粒:最经典的磁纳米颗粒为氧化铁纳米颗粒。1993 年,美国食品药品管理局(FDA)批准 feridex(一种氧化铁纳米颗粒)可通过静脉注射用于肝脏肿瘤和转移瘤临床检测,这种超顺磁性的纳米颗粒有利于对胃肠道、肝、脾、淋巴结及粥样斑块的显影,而且其最终可被血红蛋白代谢,因此无长期毒性,在磁共振分子影像中具有相当大的应用价值。在诊断方面,磁纳米颗粒用于探测恶性组织及致病生物的螯合物;在治疗方面,可用于引导药物和基因的转运、磁流体人工高热疗法(MFH)等。这些功能的实现有赖于通过与脱氧核糖核酸(DNA)链、蛋白质、肽链和抗体等结合,从而实现其表面功能化。目前磁纳米颗粒的一个应用热点是心血管系统成像,可用于动脉粥样硬化斑块成像、心肌梗死后巨噬细胞的浸润成像、移植排斥反应成像、心肌细胞凋亡及坏死成像、心肌炎时心肌内巨噬细胞浸润成像和干细胞疗法的分子示踪成像等。磁纳米颗粒还可用于肿瘤的磁流体人工高热疗法。肿瘤细胞吸收磁纳米颗粒的速度比正常细胞快得多,这就造成磁纳米颗粒在肿瘤细胞中的聚集。应用交流电磁场,粒子能够使肿瘤局部温度由 43℃ 升高至 70℃,从而破坏肿瘤细胞,而正常细胞不会受到损害。另外,磁纳米颗粒还可与其他纳米颗粒进行杂交,例如,磁纳米颗粒和量子点杂交。颜荣华等研制了一种 $Fe_3O_4@CdTc@SiO_2$ 纳米颗粒,这种双功能纳米粒子不仅表现出良好的磁响应性,而且在紫外光激发下可发出肉眼可见的红色荧光终产物,在常温下存放 1 个月,仍能观察到其磁性和荧光。

金属纳米颗粒:金属纳米颗粒主要包括金纳米颗粒及银纳米颗粒,前者应用较广泛。金纳米颗粒表面的等离子共振能够转化到近红外范围,因而能在体内进行显像和治疗。将金纳米颗粒用聚二乙醇(PEG)包被可以合成生物相容性好、无毒的纳米颗粒,用于体内肿瘤探测。金纳米颗粒还可使光动力疗法作用于体内的深部组织,这是通过合适波长的聚焦激光脉冲照射靶向分布的金纳米颗粒实现的。

4. 纳米药物技术

纳米药物是一种颗粒药物(particulate medicine),可分为纳米药物和纳米药物载体两种类型。纳米药物能够在细胞和亚细胞尺度上进行药物的靶向传递和智能控制释放,可以有效降低药物的毒副作用,显著提高药物的治疗效果。纳米药物载体即纳米药物输送给药系统(NPDDS),是纳米医学领域的一个关键技术,是以纳米颗粒为载体介质,将药物制剂以特定的速率和在特定的位点释放的过程。纳米颗粒药物输送系统由于粒径小、热力学稳定性良好,可以增加药物的溶解度,可以静脉注射或以其他的方式给药,在体内具有更强的穿透力,能穿透组织间隙,可以在组织和细胞上停留释药。其次,纳米尺寸的颗粒也可以降低注射部位的刺激性,静注后可实现靶向释药,改变药物的药动学性质,从而使药物的吸收和利用度得到提高。与纳米载体介质不同,纳米药物是直接以纳米颗粒为药物,现在已经开始应用的纳米抗菌药物具有广谱、亲水、环保的优点,遇水后杀菌力增强,且不会产生细菌耐药性。目前在市场上销量较大的创伤贴、溃疡贴等纳米药类产品就是以纳米抗菌颗粒为原料制造的。此外,还有一种抗癌药物是用无机纳米颗粒制造的,其作用机理与上述药物不同,不是通过纳米颗粒直接与肿瘤作用,而是通过激活机体免疫,从而抑制肿瘤的扩展。可控药物传输系统可以实现药物在病灶部位的靶向释放,有利于提高药效,降低药物的毒副作用,在疾病治疗和医疗保健等方面具有诱人的应用潜力和广阔的应用前景,已成为药剂学、生命科学、医学、材料学等众多学科研究的热点。许多药物都具有较高的细胞毒性。在杀死病毒细胞的同时,也会严重损伤人体正常细胞。因此,理想的可控药物传输系统不仅应具有良好的生物相容性,较高的载药率和包封率,良好的细胞或组织特异性——靶向性,还应具有在达到目标病灶部位之前不释放药物分子,到达病灶部位后才以适当的速度释放出药物分子的特性。

介孔 SiO_2 纳米粒子(mesoporous silica nanoparticles,MSN)具有在 $2\sim50nm$ 范围内可连续调节的均一介孔孔径、规则的孔道、稳定的骨架结构、易于修饰的内外表面和无生理毒性等特点,非常适合用作药物分子的载体。同时,MSN 具有巨大的比表面积(大于 $900m^2/g$)和比孔容(小于 $0.9cm^3/g$),可以在孔道内负载各种药物,并可对药物起到缓释作用,提高药效的持久性。因此,近年来 MSN 在可控药物传输系统方面的应用日益得到重视。

5. 纳米医学机器人技术

纳米机器人(nanorobot)是一种可对纳米空间进行操作的"功能分子器件",其发展历经几个阶段。纳米机器人的雏形是用机械系统和生物系统进行有机结合的功能器件,这种小尺度器件可注入人体血管内,对病灶进行检查和治疗,也可以被用来进行人体器官的修复、整容工作,也就是从基因中除去有害的 DNA,或把正常的 DNA 安装在基因中,使机体正常运行。后来的科研人员直接用特定的纳米颗粒装配成具有特定功能的纳米机器人。目前的纳米机器人已经包含有纳米计算机,是一种可以进行人机对话的装置,纳米医用机器人就属于此类。由美国哥伦比亚大学、亚利桑那州立大学等多所大学组成的一支科学家研究小组在 2010 年就研制出了 DNA"纳米蜘蛛机器人"。这种由 DNA 构成的机器人,能够跟随 DNA 轨迹自如地启动、转移、转向和停止,甚至可以自由地行走在二维物体的表面。据路透社报道,韩国未来创造科学部日前宣布,韩国全南大学细菌机器人研究所研发出了一种由生物体细菌和药物微型结构构成的可治疗癌症的纳米机器人,在找到癌症发病处后,它的微型结构就会破裂,并在病原体表面撒出抗癌剂,对高发性癌症进行诊断和治疗。

6. 纳米生物医学材料技术

纳米生物材料(NBM)在纳米医学领域所占比例较大,在肿瘤治疗、创伤后组织再生与修复,以及干细胞分化等方面具有重要的应用。具有独特的小尺寸效应和表面效应的纳米颗粒在与细胞或组织的接触过程中,可以使纳米生物材料与细胞或组织有更大的接触面积和接触概率,纳米生物材料更容易进入细胞内或滞留于细胞间,起到调控生物信号的作用,创伤组织内不同类型细胞的信号经调控后产生不同的生物学效应或表现形态学改变,并促进创伤组织的再生与修复。目前,替代人工组织器官的纳米材料(纳米人工齿、纳米人工眼球、纳米人工鼻、纳米人工骨等)已经研制成功,纳米颗粒的独特效应使得它们具有更强的生物活性,例如,与骨骼主要成分性能一致的纳米羟基磷灰石生物材料,其生物相容性与细胞毒性比传统的合金材料小很多,可以很好地模拟骨骼结构,取代目前骨科医疗中的合金材料,目前被广泛应用于研制人工骨,在正畸医疗方面具有优势。细胞生长支架是医学界的一种新器械,它结合了纳米技术与组织工程技术,具有纳米拓扑结构,相对于微米尺度,这种纳米尺度的拓扑结构与机体内细胞生长的自然环境更为相似,让医学工作者可以从分子和细胞水平上控制生物材料与细胞间的相互作用,引发特异性细胞反应。细胞生长支架对于组织再生与修复具有光明的应用前景。

6.2.4 生物应用

1. 抗过敏性哮喘病的诊治技术

随着城市绿化面积的增加和植物种类的增多,人群中花粉过敏的就诊率也在逐年递增。花粉症的发病率升高,已成为全球性的问题。在国内,花粉症患者在人群中的发病率为 $0.5\% \sim 1.0\%$,最高的发病地区可达 5%。研究表明,花粉是诱发季节性过敏性鼻炎和哮喘的主要原因。在外部因素的作用下,花粉内部的细颗粒物(subpollen particles,SPP)被释放出来,长期悬浮在环境中,成为 $PM_{2.5}$ 的一部分,对人群健康产生影响。资料显示,悬铃木属植物花粉是我国主要的致敏花粉,其致敏蛋白主要包括 Pla a1、Pla a2 和 Pla a3,其中 Pla a3 属于非特异性的糖蛋白脂质转移蛋白。赵慧等选择大气颗粒物中致敏悬铃木花粉蛋白 Pla a3 为研究对象,利用生物工程手段表达 Pla a3 蛋白,并使用该致敏蛋白免疫大鼠,获取单一致敏原的抗体,利用酶联免疫吸附测定法(enzyme linked immunosorbent assay,ELISA)检测分析上海市大气颗粒物中 Pla a3 蛋白的分布特征。这一研究工作不仅为今后进一步制备单抗及基因工程生产花粉变应原奠定基础,提高过敏性哮喘病的诊治水平,还可以为城镇绿化植物的合理选择和配置提供重要的参考依据。

2. 生物质黏结剂改性技术

生物质作为一种清洁的可再生能源,其成型燃料具有能量密度高、便于运输储存、可以替代块煤等突出的优点,因此有着广泛的应用前景。但是,当前的成型燃料存在物理性能较差、成型能耗高、较高碱金属含量导致燃烧锅炉结渣、沾污及颗粒物释放等问题。油泥作为一种石油开采的副产物,难于有效利用。因其具有黏结性和较高的热值,可作为生物质成型燃料的黏结剂使用。但由于其黏性很大,不易与粉碎生物质原料混合均匀,所以需要降黏处理,降黏时又需要用到分散剂,此举又会对环境造成二次污染,增加油泥废物利用的成本。高岭土作为一种黏土,主要成分为高岭石,其理论化学组成为 46.54% 的 SiO_2,39.5% 的 Al_2O_3,13.96% 的 H_2O。高岭土可以在成型燃料燃烧过程中捕集灰分中的 Na、K 等易挥发碱金属,生成 $NaAlSi_2O_6$ 和 $KAlSi_2O_6$ 等高熔点化合物。但是单纯添加高岭土会降低成型燃料的热值,不利于成型燃料的推广和应用。一种生物质成型燃料黏结剂及其制备方法和添加方式,克服了上述现有技术之不足,能有效解决黏结剂现有的灰熔点低、锅炉的结渣、沾污严重和颗粒物释放过多的问题。

3. 生物质燃料烧结技术

生物质能是可再生的清洁能源,其来源广泛、储量巨大,而且可以再生。应用生物质能替代煤炭类化石燃料进行烧结,其燃烧产生的 CO_2 参与大气碳循环,加之生物质燃料低硫、低氮的特点,因而可从源头降低烧结 CO_2、SO_2、NO_x 的产生。通过研究生物质燃料的热化学反应行为及热重曲线(TG)特征,揭示生物质燃料与焦粉在燃烧性、反应性等方面的差异,并通过生物质燃料炭化处理和生物质燃料成型处理,可以改善生物质燃料性能,使生物质燃料能够应用于铁矿石烧结生产,实现钢铁工业的清洁生产和可持续发展。

6.2.5 环境应用

1. 废水过滤处理技术

过滤是废水处理过程中的主要手段。滤池的使用距今已有上百年历史,随着过滤技术的提升,滤网中所使用的材料也在不断发展。至今已经形成了多层结构、多种滤料大小、更为均匀的主要特征。在现阶段主要的滤料组合包括:①双层、多层石英砂滤料组合;②活性炭、焦炭、麦饭石滤料组合;③均质石英砂与彗星式纤维滤料组合。在工业应用领域,因为对水质的要求没有类似于饮用水的高标准,主要考虑滤料来源的广泛性以及使用中的经济效益,常见的石英砂、活性炭等材料便成为主要的选择对象。

2. 颗粒污泥膜技术

颗粒污泥是一种在污水处理中发现的微生物自凝聚现象的特殊生物膜。颗粒污泥具有以下特点。①一般情况下,普通活性污泥法中絮体污泥质量浓度约为 $3kg/m^3$,而微生物颗粒污泥的质量浓度可达 $30kg/m^3$ 以上。后者是前者的 10 倍。这就大大提高了反应器的容积负荷和微生物浓度,有利于小型一体化生物反应器的开发与利用。②颗粒污泥具有很好的沉降性能。其沉速为 $50\sim90m/h$,而絮状污泥则在 $10m/h$ 以下。污泥沉降性能的提高,将大大减小沉淀池体积。③颗粒污泥内部存在很大的基质浓度梯度,也就给微生物提供了更多样的微环境,可以更好地发挥种群协同代谢作用,提高对难降解物质的降解能力。而对好氧颗粒污泥来说,由于溶氧浓度梯度的存在,在颗粒内部为缺氧或厌氧区,而外部为好氧区,从而形成厌氧和好氧紧密连接的微反应区,能够以最高的效率完成需要好氧和厌氧条件下协作完成的降解,如同步硝化反硝化(SND)。颗粒污泥处理技术如图 6-6 所示。

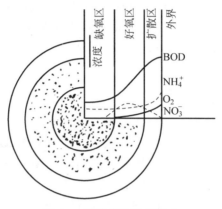

图 6-6　颗粒污泥处理技术

6.2.6　军事应用

1. 膨胀石墨烟雾技术

膨胀石墨能同时对红外和毫米波产生衰减,是一种具有潜在军事应用价值的红外、毫米波无源干扰一体化材料。膨胀石墨用作宽波段烟幕剂最早始于 1995 年德国 Nico 公司发明的一种命名为"NG19"的多波段发烟剂中,它能有效遮蔽可见光、红外和毫米波雷达,遮蔽时间达 1min 以上,是一种较好的多波段干扰材料。目前膨胀石墨应用于无源干扰的方法较多,常见的有以下三种。

1)机械喷洒法

采用燃气、燃油或电加热的方法使可膨胀石墨在高温度下连续加热十几秒或更长时间进行膨胀,获得膨胀石墨,实际应用中通过机械喷洒法对毫米波进行干扰,但由于膨胀石墨体积大,极易变形,不便于贮存和运输,在实战应用中受到限制。

2)爆炸分散法

将可膨胀石墨和炸药、可燃剂、氧化剂混合装药,可膨胀石墨在爆炸产生的高温高压下实现膨胀及分散。可燃剂在体系中产生所需的热量,氧化剂提供所需的氧。另外,需要加入一些黏合剂,以便增强烟火制晶的机械强度,降低药剂的机械感度,并起到改善烟火药安定性的作用。北京防化研究院的吴昱等研究了可膨胀石墨在爆炸分散型发烟剂中的应用,对 8mm 波的衰减可达 10dB,在实验中为了保证膨胀石墨在大气中的飘浮时间,添加了一些形成烟幕的组分,取得了较好的效果。

3）燃烧型发烟剂法

将可膨胀石墨和发烟剂按一定比例混合,利用烟火药燃烧时瞬间释放出大量的热和气体,使可膨胀石墨一边燃烧一边膨胀,同时向外飘散形成烟幕。相对于爆炸分散法,该方式比较简单,但存在明显的缺点,膨胀石墨蠕虫粒子难以聚集在一起,瞬时成烟速度慢,难以产生大面积干扰烟幕。另有报道称,可以在膨胀石墨发烟剂中加入红外活性物质,在产生膨胀石墨的同时生成炭黑,增强对红外波段的衰减。而且,国外研究机构通过多种材料比较,发现炭黑在干扰红外波段时比常用的铜粉有优势。

2. 石墨炸弹技术

石墨炸弹最早被美军运用于海湾战争。在以美国为首的北约对南联盟的空袭中,美国空军又使用型号为 BLU-114/B 的石墨炸弹,由 F-117A 隐身战斗机于 1999 年 5 月 2 日首次对南联盟电网进行攻击,造成南联盟全国 70% 的地区断电。2002 年,伊拉克战争伊始,美军便向伊拉克首都巴格达发射了多发以碳纤维为战斗部装料的导弹。顿时,大量碳纤维丝团像蜘蛛网一样密密麻麻地飘向电厂和电站,造成巴格达全市停电,不少电器被烧毁。石墨炸弹又名软炸弹、断电炸弹,俗称"电力杀手",因其不以杀伤敌方兵员为目的而得名。石墨炸弹是选用经过特殊处理的纯碳纤维丝制成,每根石墨纤维丝的直径相当小,仅有几千分之一厘米。主要攻击对象是城市的电力输配系统,并使其瘫痪。

如何完全避免部分没来得及固化和绝缘包覆的高导电石墨纤维对电力设施的破坏是后续防护工作的一个重要部分。可以在两个阶段采用激光武器的烧蚀作用和激波效应来切断和粉碎石墨纤维团絮。激光武器是利用高亮度强激光束携带的巨大能量摧毁或杀伤敌方飞机、导弹、卫星和人员等目标的高技术新概念武器。强激光束从发射到击中目标所用的时间极短,延时完全可以忽略,也没有弯曲的弹道,因此也就不需要提前量。高能量的激光束对飘浮中的石墨纤维有烧蚀和激波破碎的作用,具体作用原理如下:一是高能量密度的激光束扫射到目标上以后瞬间产生数千摄氏度以上的高温,部分能量被目标吸收后足以使石墨燃烧汽化而断裂;二是由于目标表面汽化,蒸气高速向外膨胀,在极短的时间内给目标以强大的反冲作用,从而在目标中形成激波,其激波又可引起石墨纤维的断裂和损坏,而且,由于目标表面的汽化,在其周围会形成等离子体云,等离子体云将大大加速石墨纤维的破损过程。因此,高能激光武器可以作为一种理想的石墨纤维破碎和烧蚀的有效手段。

6.3　流态化技术及其应用

6.3.1　流态化现象与流化床

流体流过堆积或运动的固体物质,使其具有流体的性质,这个过程就叫作流态化。流态化过程应用在人类社会生产生活的很多环节中。流态化现象也因为流体与固体的不同性质,如密度,体积,流体速度,固体形状,流体黏度,容器的形状、大小等因素的不同,而产生巨大的差异。进行流态化过程的容器叫作流化床。流化床可以根据操作气体速度的依次增大,简单划分为固定床、散式床、鼓泡床、湍动床、快速床;气力输送几类,也可以根据流体流向不同划分为横向床、多层床;或者根据不同的化学反应划分为双循环流化床等。典型流化床类型如图 6-7 所示。

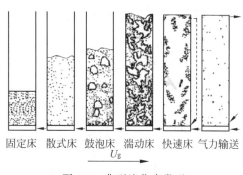

图 6-7　典型流化床类型

6.3.2　流态化颗粒分类

1. 颗粒类型

根据盖尔达特(Geldart)的分类,被气体流化的颗粒可以有四种明显的分类,分别以密度($\rho_s - \rho_f$)和平均颗粒粒径为特征。这四种分类分别是:会出现在临界流化速度后相区膨胀的 A 类颗粒;在临界流化速度时产生气泡的 B 类颗粒;难以进行流态化的 C 类颗粒和能形成喷动床的 D 类颗粒。

气固流化床技术因其具有连续的颗粒处理、较好的混合、较大的气固接触面积、较高的传热传质效率而在工业中有广泛的应用,在气固流态化领域已经有了很广泛的研究。同样,对于很多典型颗粒的流化现象,A 类和 B 类颗粒也有了很全面的认识。但是对于一些超细 C 类颗粒,包括纳米颗粒的流化行为还没有很好的认识和分析。

2. A 类颗粒

A 类颗粒是一种细颗粒,一般具有较小的平均粒径($20\sim100\mu m$),或者较低的颗粒密度(小于 $1.4g/cm^3$),一些分馏催化剂是这类颗粒的典型。A 类颗粒流化床在气泡出现之前就会有相当的膨胀量。当气流速度突然切断时,床层缓慢塌落,典型的在 $0.3\sim0.6cm/s$,这个速度与密相中的表观气体速度相近。当少量气泡开始出现时,床内粉体会有明显的循环流动,以产生较快的混合。二维流化床中,气泡趋于频繁的分裂和再聚合。所有气泡上升速度比乳化相气流速度要快。有证据证明,能够降低平均气泡大小的方式有两种,一种是较宽的粒径分布,另一种是较小的颗粒平均粒径。

3. B类颗粒

B类颗粒一般指平均粒径在 $100\sim700\mu m$，密度在 $1.4\sim4g/cm^3$ 的粉体材料，砂子是最为典型的B类颗粒材料。与A类颗粒相比，B类颗粒流化最大的特点是在发生或稍高于临界流化速度时即开始出现气泡。床层膨胀很小，在流化气体突然切断时床高快速下落。即使在气泡存在的时候，床内很少有颗粒物料循环，气泡在床层表面以离散的方式溢出。大部分气泡上升速度大于乳化相速度，气泡大小沿床层高度和过量气体速度呈线性上升关系，气泡的合并是最主要的现象。

4. C类颗粒

C类颗粒属于一种黏性颗粒，这种粉体材料很难形成一种"正常"流态化。在小直径管道内，这种粉体易于形成节涌、沟流等不良流化现象，也就是说气体穿过从布风板到粉体表面的所有空隙。之所以艰难地穿过是因为颗粒间的作用力远大于流体作用在分体上的力，而这些力可能来自于较小颗粒间的静电力，或者床料是湿的或者黏结的。C类颗粒流化床内的物料混合和传质传热都比A类和B类颗粒要差很多。对于C类颗粒，借助于机械振动或者搅拌等方式，破坏既成的沟流，可以形成流化。这时会因为颗粒间力的作用，床内有聚团产生。

5. D类颗粒

D类颗粒是一种粒径较大、较为密实的颗粒。确定地说，几乎所有大气泡的上升速度都小于乳化相速度，所以气体从气泡的根部进入气泡，又从气泡的顶部溢出，这样就形成了一种气泡气体的交换和穿过，这与A类、B类颗粒流化现象中观测到的不同。密相中气体速度较快，固体颗粒混合相对较弱，以至于密相气体的回流也较小。

6.3.3　超细颗粒聚团流态化

1. 流态化途径

超细颗粒的具体粒径范围还未能明确确定，在不同领域具有不同的界定方法。一般认为粒径在小于 $10\mu m$ 或者 $0.1\mu m$ 的颗粒都称为超细颗粒。而超细颗粒是一种C类颗粒，被定义为难以进行正常流态化。此类颗粒由于颗粒粒径极小，因此颗粒间具有较强的颗粒间力，进行流态化时常出现节涌、沟流等不良流化现象。直到1985年，Chaouki等学者在研究 Cu/Al_2O_3 气凝胶体系时发现，超细颗粒能以一种团聚物的形式形成气体-团聚物流态化。超细颗粒流态化的研究也就是对超细颗粒团聚物流态化的研究。可以通过声场、磁场、振动力场流化床以及离心流化床等途径，利用外加力场对超细颗粒流态化行为进行改变，获得更优化的流化状态，提高超细颗粒的流化质量。

2. 声场途径

Chao 等研究声场流态化对主要颗粒粒径为 12nm 的颗粒流化特性的影响,研究发现,在低频声场下,声场会降低超细颗粒的临界流化速度(由 0.14cm/s 降低到 0.054cm/s),聚团大小有所降低。添加声场后,沟流、节涌等不良流化现象迅速消失,床层均匀膨胀。在特定频率(200～600Hz)下,流化床中出现气泡流化,声场频率高于 2000Hz 时,对流化特性的影响就变得非常微不足道了。所以声场对超细颗粒流态化的影响存在最佳频率区间。

3. 磁场途径

磁场流化床是通过磁力振荡向流化床内部传递能量,用外加磁力场改善流态化的一种流化床类型。磁场流态化要求床料具有磁性,或者往床内添加磁性颗粒,这就从一定程度上限制了磁场流化床的应用。Yu 等研究了在磁场协助下的纳米颗粒聚团流态化特性。实验中,粒径在 1～3mm 的永磁颗粒与纳米颗粒进行混合,通过谐波(AC)磁力振荡激发永磁颗粒产生床内的振荡。实验证明,在低频率磁力振荡场的协助下,纳米颗粒聚团物可以形成平稳的流态化,临界流化速度显著降低,沟流、节涌等不良流化现象消失,床层无泡均匀膨胀,并且扬析量近乎为零。流化床内加入的磁性颗粒的量及磁振荡场强度、频率都会对床层膨胀高度及最小流化速度造成很大影响。

4. 振动场途径

振动场流化床是通过在流化床外置振动发生器,用振动能影响流化特性的方法。研究证明,外加机械振动可以有效降低聚团尺度,获得的平稳流态化。获得平稳流态化的机械振动频率在 30～200Hz,振动加速度是重力加速度的 0～5 倍,振动加速度的变化对达到平稳流化的最小流化速度数值的影响很小,表现出相对的无关性。在刚通入气体时,振动床床高就会开始膨胀,此时的表观气体速度小于临界流化速度,表现出一种类似液态的流化特性。振动流化的过程中也会得到稳定多孔的颗粒团聚物。Xu 等对微米级的细颗粒(4.8～216μm)进行振动流态化实验研究,发现振动参数对流化特性的影响也非常大。在低振动强度区段时,最小流化速会随振动强度的增大而减小,振动强度达到较高值时这种影响就会消失。而且,在低振动强度时,振动效果的大小受振动角度影响很大,水平振动时振动对流化的影响最强,而垂直振动时的影响效果最差。这说明,外加振动力场应该是破坏颗粒间黏性力的力场。

5. 离心床途径

离心流化床(centrifugal fluidied bed,CenFB)是利用旋转产生几倍于重力加速度的离心加速度条件的流化床。Matsuda 等研究了离心流化床内的超细颗粒流化特性。测量了超细颗粒聚团物尺度随离心加速度和时间的变化情况,发现高离线加速度可以降低聚团物尺度。他们建立了能量模型来解释超细颗粒聚团物尺度随离心加速度的增大而降低的现象。纵观研究者们使用特殊流化床对超细颗粒聚团流态化的研究,不难发现特殊流化床都是通过外加磁场、振动、声场、高重力场等手段,把外加力场/能量场添加到流化过程中,这种外加力场/能量场可以抵消一部分颗粒间黏性力,破坏颗粒间的相互黏附,是一种破坏聚团的能量,许多学者也以此为基础提出了相应的力学/能量模型。在这种外加力场/能量场的协助下,超细颗粒可以更快地达到平稳流态化(表现为临界流化速度降低,沟流、节涌消失等)。这种外加力场/能量场的作用效果也相应地存在一些最佳区间(频率、振幅、加速度等参数),超出或达不到这些区间,外加立场/能量场的加入也就变得没有意义。

6.3.4　流态化技术优势

流态化系统是流体和固体物料相互混合形成的系统,在这个系统里,固体颗粒被赋予了流体的特性,其物理化学特性得到了明显的改善和强化,因此,流态化技术与固定床相比有明显特性。

主要优点是:①处于流态化的颗粒尺寸小、比表面积大,大大提高了两相间的接触程度与传递过程的强化,反应速率快,使化学反应过程更充分,大大提高了生产装置的生产效率;②流态化处于强烈的湍动状态,两相间接触面不断增大,便于控制温度并使温度分布均匀;③两相间的速度差大,强化两相间的热传递,适于强放热(或暖热)过程;④流态化的流动特性便于加工过程中物料的输送和转移,便于连续化进行处理大量固体粒子操作,实现生产过程自动化和大型化连续生产规模。

流态化技术的缺点是:①返混较剧烈,使反应后的物料与新进料相混,从而降低反应速率和影响反应的选择性;②反应器内难以保持适合某些反应所需的温度梯度;③固体颗粒的磨损和带出较严重,需要细粉回收设备。

另外,在微纳粉体的制备技术中,应用流化床技术可以更加节能、高效地制备碳纳米管等微纳粉体,并且流化床相对于太阳能方法、电弧放电方法、激光烧蚀方法等制备方法,从技术上更容易实现。

6.3.5　流化态技术应用

1. 历史应用

流态化技术是一门极为古老而又崭新的技术,凝聚了世界劳动人民的智慧。据记载,我国宋朝就出现了农民用风力分离扬起的谷粒和谷壳的方法,其实是气固流态化技术的一种应用。再如有淘金者在河水中分离沙子和金沙,是液固两相流的一种应用。固体颗粒在流体的作用下呈现出与流体相似的流动性能的现象。自然界的大风扬尘、沙漠迁移、河流夹带泥沙,都是流态化现象。风选、水簸以分离固体粒子,是人们对流态化现象的应用。近代大工业首先使用流态化技术的是20世纪20年代的粉煤汽化。1922年,Winkler发明了流化床煤汽化炉,开启了流化床技术在工业中大规模应用的大门。而最重要的里程碑当推第二次世界大战期间通过石油的催化裂化来大量生产汽油。这两项应用打开了流态化技术在工程工业中应用的大门。20世纪50年代,南非建造了首台费托反应器——CFB反应器,60年代英国煤炭利用研究协会和煤炭局开发了首台流化床燃煤锅炉,1982年第一台CFB锅炉在德国的吕能的一个铅厂建成。1996年4月,法国普罗旺斯电厂配250MW机组的700t/h CFB循环流化床锅炉投运。

2. 传统应用

目前,流态化技术已被广泛应用于炼油、化工、冶金、轻工、动力等工业部门,包括输送、混合、分级、干燥、吸附等物理过程以及燃烧、煅烧和许多催化反应过程。

流态化技术用于重质烃类的催化裂化或热裂化时,往往导致催化剂或固体载热体表面积碳。为了使催化剂再生并实现连续生产和有效利用热能,常采用流化床反应器和再生器相结合的循环系统。两器的下端分别用两根U形管连接。每根U形管的一侧是一个固体往下走的移动床,称为立管,另一侧是靠吹入气流使固体颗粒提升的提升管。固体颗粒在两器间经过U形管的循环流动是靠不同的床密度来驱动的。近来由于催化剂的改进,已有用一根气流输送管代替流化床反应器的。

3. 新领域应用

由于尺寸小,超细颗粒具有极为特异的小尺寸效应。超细颗粒具有表面与界面效应,尺度小、表面大,位于表面的原子占相当大的比例。超细颗粒尺度下降到一定值时,就会导致材料微粒磁、光、声、热、电以及超导电性与宏观特性的显著不同,这种现象为量子尺寸效应。特别是纳米材料,应用广泛,已经开创性地产生了纳米物理学、纳米电子学、纳米科技与医学、微型纳米机器制造等领域。这种具有微纳结构的材料现已在制药、化妆品、催化剂、食品、塑料、生物材料、电子、航空航天、核技术等领域呈现出极为广泛的应用前景,使得超细颗粒流态化技术成为国内外研究人员的研究热点。

参考文献

[1] BOYLAN J W,RUSSELL A G. PM and light extinction model performance metrics,goals, and criteria for three-dimensional air quality models[J]. Atmospheric Environment,2006, 40(26): 4946-4959.

[2] TAO M,CHEN L,XIONG X, et al. Formation process of the widespread extreme haze pollution over northern China in January 2013: Implications for regional air quality and climate[J]. Atmospheric Environment,2014,98: 417-425.

[3] 但德忠. 环境空气 PM(2.5)监测技术及其可比性研究进展[J].中国测试,2013,39(2):1-5.

[4] 宋远明. 流化床燃煤固硫灰渣水化研究[D].重庆:重庆大学,2007.

[5] 季晓媛.基于荧光硅纳米颗粒药物载体的构建及其在癌症治疗中的应用基础研究[D].苏州: 苏州大学,2015.

[6] 鲍久圣,阴妍,刘同冈,等.蒸发冷凝法制备纳米粉体的研究进展[J].机械工程材料,2008, 32(2):4-7.

[7] 孙志刚,胡黎明.气相法合成纳米颗粒的制备技术进展[J].化工进展,1997(2):21-24.

[8] 晓敏.用高压气体雾化法制取非晶合金基复合材料[J].金属功能材料,2001,8(2):18-18.

[9] 毛丰.纳米石墨、镍的电解制备及其磁学性能[D].杭州:浙江大学,2008.

[10] 贾嘉.溅射法制备纳米薄膜材料及进展[J].半导体技术,2004,29(7):70-73.

[11] 王慧娟.金纳米颗粒制备及其在光纤表面的修饰[D].太原:中北大学,2011.

[12] 廖学红,李鑫.电化学制备纳米银[J].黄冈师范学院学报,2001,21(5):58-59.

[13] 廖学红,朱俊杰,邱晓峰,等.类球形和树枝状纳米银的超声电化学制备[J].南京大学学报 (自然科学),2002,38(1):119-123.

[14] 赵翔,崔卫东,彭必先.明胶水溶液中银离子的光还原[J].中国科学院大学学报,1999(2): 114-120.

[15] 罗驹华,张振忠,张少明.气相法制备纳米铁颗粒新进展[J].材料导报,2007,21(Z1): 130-133.

[16] 崔琳.环境空气有机污染物的分析及来源解析方法研究[D].济南:山东大学,2005.

[17] 李显芳,王英华,刘锋,等.大气颗粒物中铅的序列提取与分析表征[J].岩矿测试,2005, 24(1):13-18.

[18] 尹洧.大气颗粒物及其组成研究进展(下)[J].现代仪器,2012,18(2):1-5.

[19] 郝吉明,马广大.大气污染控制工程[M].北京:高等教育出版社,2002.

[20] 杨书申,邵龙义,龚铁强,等.大气颗粒物浓度检测技术及其发展[J].北京工业职业技术学 院学报,2005,4(1):36-39.

[21] 彭浩,王远玲.大气细颗粒物检测技术及研究进展[J].现代医药卫生,2017,33(16): 2490-2492.

[22] 胡敏,唐倩,彭剑飞,等.我国大气颗粒物来源及特征分析[J].环境与可持续发展,2011(5): 15-19.

[23] 刘巍,张文阁,夏春,等.基于重量法测定PM2.5浓度的测量不确定度分析[J].工业计量, 2016,26(3):51-53.

[24] 曹志刚,王德发,吴海.重量法配气的称量数学模型及其不确定度评定[J].化学分析计量, 2010,19(1):11-14.

[25] 赵雪美,黄银芝.β射线法与微量振荡天平法的环境空气PM2.5在线监测设备应用比较 [J].广东科技,2013(24):223-223.

[26] 周向阳,张雅琴,刘丽.基于光散射法的PM2.5全自动检测仪的实现[J].光电技术应用, 2015,30(4):55-57.

[27] 叶金晶,周健,乔颖硕,等.基于Arduino的PM2.5和温湿度实时检测器设计[J].传感器与 微系统,2016,35(8):67-69.

[28] 常君瑞,李娜,徐春雨,等.索氏与超声法提取PM2.5中多环芳烃的比较[J].环境卫生学杂 志,2015(2):160-164.

[29] 王茜,郑国颖,刘英莉,等.大气PM2.5中18种多环芳烃的高效液相色谱分析方法[J].环境 与职业医学,2016,33(3):278-282.

[30] 王肖红,胡小键,张海婧,等.大气PM2.5中15种邻苯二甲酸酯的超声提取-超高效液相色 谱串联质谱测定法[J].环境与健康杂志,2015,32(1):49-53.

[31] 王秦,陈曦,何公理,等.北京市城区冬季雾霾天气PM2.5中元素特征研究[J].光谱学与光

谱分析,2013,33(6):1441-1445.

[32] 陈曦,杜鹏,关清,等.ICP-MS 和 ICP-AES 用于北京雾霾天气 PM2.5 来源解析研究[J].光谱学与光谱分析,2015(6):1724-1729.

[33] 刘合凡,葛良全,任茂强,等.波长色散 X 荧光光谱法检测室内 PM2.5 无机元素组分[J].核电子学与探测技术,2015(6):538-542.

[34] 刘合凡,葛良全,罗耀耀,等.室内可吸入肺颗粒物 PM2.5 采集实验与 SEM 观察[J].分析实验室,2015(6):650-653.

[35] 赵岩.离子色谱法检测 PM2.5 中水溶性离子[J].电大理工,2016(3):5-6.

[36] 朱凤芝,任明忠,张漫雯,等.广州市夏季室内 PM2.5 中金属元素的污染水平与来源分析[J].上海环境科学,2016(1):26-30.

[37] 朱凤芝.广州市典型室内环境空气中细颗粒物污染特征研究与人群暴露风险评估[D].兰州:兰州交通大学,2015.

[38] 韩晓鸥,平小红,张媛媛,等.离子色谱法测定雾霾天气 PM2.5 中 5 种阳离子[J].中国卫生检验杂志,2015(22):3825-3827.

[39] 申铠君,张向云,刘頔,等.华北典型城市 PM2.5 中碳质气溶胶的季节变化与组成特征[J].生态环境学报,2016,25(3):458-463.

[40] 张磊.水中颗粒物的检测技术研究[D].北京:北京工业大学,2009.

[41] 于彬.透过率起伏相关频谱法水中污染物颗粒检测技术[D].上海:上海理工大学,2011.

[42] 杨艳玲,李星,李圭白.水中颗粒物的检测及应用[M].北京:化学工业出版社,2007.

[43] 梁华炎.水体中颗粒物主要检测方法综述[J].广东化工,2010,37(5):296-298.

[44] 华敏,徐大用,潘旭海,等.超细微粒灭火剂运动特性的数值模拟[J].安全与环境学报,2013,13(6):181-185.

[45] 付海雁.基于杯式燃烧器的超细干粉灭火剂灭火性能研究[D].南京:南京理工大学,2015.

[46] 孙智勇.利用北京地区细颗粒铁尾矿制备多孔陶瓷工艺及性能研究[D].北京:北京交通大学,2017.

[47] 刘世昌.极细颗粒钼尾矿制备高强混凝土的研究[D].邯郸:河北工程大学,2017.

[48] 范琪.浅谈纳米技术及其在畜牧业中的应用[J].饲料工业,2005,26(17):55-57.

[49] 张劲松,高学云,张立德,等.蛋白质分散的纳米红色元素硒的延缓衰老作用[J].营养学报,2000,22(3):219-222.

[50] 孙一文,赵晋华.纳米颗粒在医学领域的应用现状和毒性问题[J].世界临床药物,2011,32(5):312-315.

[51] 仲海涛,胡勇有,张宪宁,等.颗粒污泥技术在污水处理中的应用研究进展[J].环境科技,2006,19(4):35-38.

[52] 王峰.好氧颗粒污泥在污水处理中的研究进展[J].应用化工,2016,45(6):1129-1133.

[53] 赵纪金,李晓霞,豆正伟.红外/毫米波干扰一体化材料——膨胀石墨的研究动态[J].红外技术,2010,32(7):399-402.

[54] 潘永生.提高航空电机用电刷寿命的实验研究——灰分对电机电刷磨损的影响[J].炭素,2016(4):33-36.

[55] 韩雅静,赵乃勤,刘永长.石墨炸弹破坏机理及相关防护对策[J].兵器材料科学与工程,2005,28(3):57-60.

[56] 孙琼.浅议黑色航空电刷[J].炭素,2001(3):43-45.

[57] 韩宗捷.流化床气固两相流中超细颗粒聚团行为研究[D].哈尔滨:哈尔滨工业大学,2013.

第 **7** 章

环境保护标准与文化

 1993 年,中国借鉴欧美发达国家的生态标签运动,开始开展环境标志计划,标准种类涵盖了人们日常生活和工作最多接触的各类产品和工程服务。环境保护是当今社会人们最关注的话题,已经属于一种文化范畴。科技进步、社会发展、工业现代化给人们带来了日益丰富的物质财富,然而人们也为此付出了惨痛的代价,工业废物严重影响着人们的生活及生存,破坏着自然环境和地球生态平衡。生态环境的严重恶化已经成为人们不可忽视的首要问题。早在 1976 年 6 月,联合国在瑞典首都斯德哥尔摩召开会议,正式提出"只有一个地球"的口号,并通过了划时代的历史文献《人类环境宣言》,以此为标志,环境保护由局部走向世界。习近平总书记在党的十九大报告中指出:坚持人与自然和谐共生、必须树立和践行绿水青山就是金山银山的理念,坚持节约资源和保护环境的基本国策。加强环保必须建立标准,标准执行必须内化行为,形成自觉环境保护文化。因此,正确可执行的环保标准与环保文化,也是减少有害颗粒物工作的重要一环。

7.1 国外标准

7.1.1 世界卫生组织空气质量颗粒物准则

1. 准则依据

 不论是发达国家还是发展中国家,空气颗粒物及其对公众健康影响的证据都是一致的,即目前城市人群所暴露的颗粒物浓度水平会对健康产生有害效应。颗粒物对健康的影响是多方面的,但主要影响呼吸系统和心血管系统;所有人群都可受到颗粒物的影响,其易感性视健康状况或年龄而异。随着颗粒物暴露水平的增加,各种健康效应的风险也会随之增大,但很少有证据提供颗粒物的阈值,即低于该浓度的暴露不会出现预期的健康危害效应。事实上低浓度范围颗粒物的暴露虽然会产生健康危害效应,但其浓度值并没有显著高于环境背景值。例如,在美国和西欧国家,产生健康危害效应的细颗粒物(粒径小于 $2.5\mu g/m^3$ 的颗粒物,$PM_{2.5}$)浓度估计只比环境背景高 $3\sim5\mu g/m^3$。流行病学研究表明,颗粒物的短期或长期暴露都会对人体产生不利的健康效应。

由于尚未确定颗粒物的阈值,而且个体的暴露水平和在特定暴露水平下产生的健康效应存在差异,因此任何标准或准则值都不可能完全保护每个个体的健康不受颗粒物危害。制定标准的过程需要考虑当地条件的限制、能力和公共卫生的优先重点问题,并且以实现最低的颗粒物浓度为目标。定量危险度评价可以比较不同的颗粒物控制措施,并预测与特定准则值相关的残余危险度。近来,美国环境保护署和欧盟委员会都采用这种方法修订了各自的颗粒物空气质量标准。世界卫生组织(WHO)鼓励各国采用一系列日益严格的颗粒物标准,通过监测排放的减少来追踪相关进展,实现颗粒物浓度的下降。为了帮助实现这一过程,以近期的科学发现为基础,提出了数字化的准则值和过渡时期的目标值,以反映在某一浓度水平人群死亡率的增加与颗粒物空气污染之间的关系。

选择指示性颗粒物也是需要考虑的。目前,大多数常规空气质量监测系统的数据均基于对 PM_{10} 的监测,其他粒径的颗粒物则没有被监测。因此,许多流行病学研究采用 PM_{10} 作为人群暴露的指示性颗粒物。PM_{10} 代表了可进入人体呼吸道的颗粒物,包括两种粒径,即粗颗粒物(粒径在 $2.5\sim10\mu g/m^3$)和细颗粒物(粒径小于 $2.5\mu g/m^3$,$PM_{2.5}$),这些颗粒物被认为与城市中观察到的人群健康效应有关。前者主要产生于机械过程,如建筑活动、道路扬尘和风;后者主要来源于燃料燃烧。在大多数的城市环境中,粗颗粒物和细颗粒物同时存在,但这两种颗粒物的构成比例在世界不同城市间因当地的地理条件、气象因素以及存在特殊颗粒物污染源而有明显差异。在一些地区,木材和其他生物质燃料的燃烧可能是颗粒物的重要来源,其产生的颗粒物主要是细颗粒物($PM_{2.5}$)。尽管对矿物燃料和生物质燃料燃烧产物的相对毒性几乎没有开展流行病学比较研究,但在发展中国家和发达国家的许多城市发现其健康效应是相似的。因而,有理由假设两种不同来源的 $PM_{2.5}$ 所具有的健康效应是大致相同的。由于同样的原因,WHO 制定的颗粒物的空气质量准则(AQG)也可以用于室内环境,特别是发展中国家,因为那里有大量人群暴露于室内炉灶和明火产生的高浓度颗粒物。

虽然 PM_{10} 是被广泛报道的监测颗粒物,并且在大多数流行病学研究中也是指示性颗粒物,但 WHO 关于颗粒物的空气质量准则所依据的是以 $PM_{2.5}$ 作为指示性颗粒物的研究。根据 PM_{10} 的准则值及 $PM_{2.5}/PM_{10}$ 的比值为 0.5,修订了 $PM_{2.5}$ 的准则值。对于发展中国家的城市而言,$PM_{2.5}/PM_{10}$ 的比值为 0.5 是有代表性的,同时这也是发达国家城市中比值变化范围(0.5~0.8)的最小值。在制定当地标准并假定相关数据是可用的情况下,这个比值会有所不同,也就是说,可采用能较好反映当地具体情况的比值。基于已知的健康效应,需要制定这两种指示性颗粒物(PM_{10} 和

$PM_{2.5}$)的短期暴露(24h 平均)和长期暴露(年平均)的准则值。

2. 准则值

世界卫生组织空气质量准则中 $PM_{2.5}$ 的年平均浓度为 $10\mu g/m^3$,24h 平均浓度为 $25\mu g/m^3$;PM_{10} 的年平均浓度 $20\mu g/m^3$,24h 平均浓度 $50\mu g/m^3$。

3. 长期暴露准则值

将年平均暴露浓度 $10\mu g/m^3$ 作为 $PM_{2.5}$ 长期暴露的准则值。这一浓度是美国癌症协会(ACS)开展的研究中所观察到对生存率产生显著影响的浓度范围的下限。长期暴露研究使用了 ACS 和哈佛六城市研究的数据,这对采用该准则值起了很大的作用。所有这些研究都显示 $PM_{2.5}$ 的长期暴露与死亡率之间有很强的相关性。在哈佛六城市研究和 ACS 研究中,$PM_{2.5}$ 历年的平均浓度分别为 $18\mu g/m^3$(浓度范围 $11.0\sim29.6\mu g/m^3$)和 $20\mu g/m^3$(浓度范围 $9.0\sim33.5\mu g/m^3$)。在这些研究中没有观察到明显的阈值,尽管精确的暴露时间和相关的暴露方式可以被确定。在 ACS 研究中,颗粒物浓度约为 $13\mu g/m^3$ 时,在危险度评价中统计学的不确定性表现得较为明显,当低于该浓度时由于颗粒物的浓度远离平均浓度,使可信区间范围明显变宽。根据 Dockery 等的研究结果,长期暴露于最低浓度(即 $11\mu g/m^3$ 和 $12.5\mu g/m^3$)$PM_{2.5}$ 的不同城市具有相似的人群暴露危险性。在次最低浓度(均值为 $14.9\mu g/m^3$)$PM_{2.5}$ 长期暴露的城市中人群暴露危险性显著增加,提示年均浓度在 $11\sim15\mu g/m^3$ 的范围内会出现预期的健康效应。因而,根据可获得的科学文献,年均浓度 $10\mu g/m^3$ 可以被认为低于最有可能产生健康效应的平均浓度。观察 $PM_{2.5}$ 暴露和急性健康效应关系的日暴露时间序列研究结果在确定 $10\mu g/m^3$ 作为 $PM_{2.5}$ 长期暴露的平均浓度中起了重要的作用。在这些研究中,报道的长期暴露(如 3 年或 4 年)平均浓度在 $13\sim18\mu g/m^3$ 范围内。低于这个浓度虽然不能完全消除不利的健康效应,但是 WHO 空气质量准则提出的 $PM_{2.5}$ 年平均浓度限值不仅在高度发达国家较大的城市地区是可以实现的,而且当达到这个水平时,预期可以显著降低健康风险。

除了准则值,该文件还确定了 $PM_{2.5}$ 的 3 个过渡时期目标值(interim targets,IT)。通过采取连续、持久的污染控制措施,这些目标值是可以实现的。这些过渡时期目标值有助于各国评价在逐步减少人群颗粒物暴露的艰难过程中所取得的进展。

$PM_{2.5}$ 年平均浓度 $35\mu g/m^3$ 被作为过渡时期目标值-1(IT-1)浓度水平。该浓度对应于长期健康效应研究中最高的浓度均值,也可能反映了历史上较高但未知的浓度,而且可能造成已经观察到的健康危害效应。在发达国家,这一浓度与死亡率有显著的相关性。

过渡时期目标值-2(IT-2)为 $25\mu g/m^3$,该浓度制定的依据是针对长期暴露和死亡率之间关系的研究。该浓度明显高于在这些研究中能观察到健康效应的平均浓度,并且很可能与 $PM_{2.5}$ 的长期暴露和日暴露产生的健康效应有显著的相关性。要达到 IT-2 规定的过渡时期目标值,相对于 IT-1 浓度而言,将使长期暴露产生的健康风险降低约 6%(95% 可信区间,2%～11%)。推荐的过渡时期目标值-3(IT-3)浓度是 $15\mu g/m^3$,研究颗粒物长期暴露的显著健康效应对确定 IT-3 浓度起了重要的作用。这个浓度接近于长期暴露研究中报道的平均浓度,相对于 IT-2 浓度,可以降低大约 6% 的死亡率风险。

单一的 $PM_{2.5}$ 准则值不能保护粗颗粒物(粒径在 $2.5\sim10\mu g/m^3$ 的颗粒物)导致的健康危害,因此推荐了相应的 PM_{10} 空气质量准则和过渡时期目标浓度。然而,粗颗粒物的定量证据还不足以制定单独的准则值。相比较而言,有许多 PM_{10} 短期暴露的文献,其是制定 WHO 空气质量准则和过渡时期目标的 24h 颗粒物浓度的基础,空气质量准则值和过渡时期目标见表 7-1。

表 7-1　WHO 对于颗粒物的空气质量准则值和过渡时期目标:年平均浓度[1]

	PM_{10} /$(\mu g/m^3)$	$PM_{2.5}$ /$(\mu g/m^3)$	选择浓度的依据
过渡时期目标-1 (IT-1)	70	35	相对于空气质量准则水平而言,在这些水平的长期暴露会增加大约 15% 的死亡风险
过渡时期目标-2 (IT-2)	50	25	除了其他健康利益,与过渡时期目标-1 相比,在这个水平的暴露会降低大约 6%(2%～11%)的死亡风险
过渡时期目标-3 (IT-3)	30	15	除了其他健康利益外,与过渡时期目标-2 相比,在这个水平的暴露会降低大约 6%(2%～11%)的死亡风险
空气质量准则值(AQG)	20	10	对于 $PM_{2.5}$ 的长期暴露,这是一个最低水平,在这个水平,总死亡率、心肺疾病死亡率和肺癌的死亡率会增加(95% 以上可信度)

① 应优先选择 $PM_{2.5}$ 准则值。

4. 短期暴露准则值

空气质量准则无论是采用 24h 均值还是采用年平均值都趋于更为严格,但情况在各国不尽相同,主要取决于污染源特征及其位置。评价 WHO 空气质量准则值和过渡时期目标值时,与 24h 平均浓度相比,通常优先推荐年平均浓度,因为在低浓度暴露时,很少有人关注短期暴露产生的健康效应。然而如果达到 24h 平均浓度准则值,则可以避免短期的污染高峰产生的超额发病和死亡。若有未达到 24h 准则值地区的国家,应迅速采取措施,在尽可能短的时间内达到准则值要求。

据在欧洲(29 个城市)和美国(20 个城市)进行的多城市研究报道,PM_{10} 的短期暴露浓度每增加 $10\mu g/m^3$(24h 均值),死亡率将分别增加 0.62% 和 0.46%。对来自西欧和北美之外的 29 个城市的资料进行 Meta 分析发现,PM_{10} 每增加 $10g/m^3$ 将导致死亡率增加 0.5%,事实上这些结果与亚洲城市的研究非常相似(PM_{10} 每增加

$10\mu g/m^3$ 死亡率增加 0.4%，HEI 国际监督委员会，2004）。这些发现表明，健康风险与 PM_{10} 的短期暴露有关，并且这种相关性在发达国家和发展中国家是相似的，即日平均浓度每升高 $10\mu g/m^3$ 就会使死亡率增加约 0.5%。因此，当 PM_{10} 浓度达到 $150\mu g/m^3$ 时预期日死亡率会增加 5%，这是值得特别关注的，并建议立即采取控制措施。$100\mu g/m^3$ 的 IT-2 浓度将会导致日死亡率增加大约 2.5%，而 IT-3 浓度会导致日死亡率增加 1.2%，见表 7-2。

表 7-2　WHO 对于颗粒物的空气质量准则值和过渡时期目标：24h 平均浓度[①]

	PM_{10} /($\mu g/m^3$)	$PM_{2.5}$ /($\mu g/m^3$)	选择浓度的依据
过渡时期目标-1 (IT-1)	150	75	以已发表的多中心研究和 Meta 分析中得出的危险度系数为基础（超过空气质量准则值的短期暴露会增加 5% 的死亡率）
过渡时期目标-2 (IT-2)	100	50	以已发表的多中心研究和 Meta 分析中得出的危险度系数为基础（超过空气质量准则值的短期暴露会增加 2.5% 的死亡率）
过渡时期目标-3 (IT-3)[②]	75	37.5	以已发表的多中心研究和 Meta 分析中得出的危险度系数为基础（超过空气质量准则值的短期暴露会增加 1.2% 的死亡率）
空气质量准则值	50	25	建立在 24h 和年均暴露的基础上

① 第 99 百分位数(3d/a)。
② 以卫生管理为目的。以年平均浓度准则值为基础；准确数的选择取决于当地日平均浓度频率分布；$PM_{2.5}$ 或 PM_{10} 日平均浓度的分布频率通常接近对数正态分布。

近年来超细颗粒物(ultrafine particles，UF)，即粒径小于 $0.1\mu m$ 的颗粒物的研究引起了科学界和医学界的广泛关注，这些颗粒物通常以数浓度来测量。有相当多的毒理学证据表明：超细颗粒物对人体有潜在的健康危害，但现有的流行病学研究证据还不足以推定超细颗粒物的暴露-反应关系。因此，目前没有推荐超细颗粒物的浓度准则值。

7.1.2　欧洲大气颗粒物标准

1. 准则依据

欧洲现行的环境空气质量标准和监测体系基于 2008 年欧洲议会和欧盟理事会共同颁布的《欧洲环境空气质量及清洁空气指令》(2008/50/EC)（以下简称"2008/50/EC 指令"）。该指令在空气质量标准、监测点位布设、污染物监测方法、空气质量评价与管理、清洁空气计划、信息发布、空气质量报告等方面作出了原则性的技术规定，是欧洲各国开展空气质量监测、评价、管理的指导性文件。各国以该指令为基础，结合实际情况，制定适合本国环境空气质量达标管理的一系列法律法规，以赋予指令法律效力。大气颗粒物（PM，包括 PM_{10} 和 $PM_{2.5}$）是欧洲环境空气质量监测和达标管理的重点之一，2008/50/EC 指令中详细规定了大气颗粒物的浓度限值、布点原则、监测方法等一系列监测管理相关内容。研究将对欧洲较为成熟和完善的大气颗粒物标准及监测体系进行综合阐述，以期为中国大气颗粒物的监测管理提供先进思路和技术参考。

2. 大气颗粒物限值

2008/50/EC 指令中除规定大气颗粒物的标准极限值，还根据不同目的设定了一系列浓度限值对颗粒物污染进行全方位的综合控制，形成了一套较为复杂的大气颗粒物标准和限值体系。2008/50/EC 指令中对大气颗粒物浓度设定了极限值（limit value），是硬性的空气质量达标要求，其中 PM_{10} 日均值极限值与 WHO 指导值相同，未设定 $PM_{2.5}$ 日均值极限值，PM_{10}、$PM_{2.5}$ 与 WHO 指导值仍存在一定差距。与中国不同的是，欧洲空气质量标准中还同时规定 PM_{10} 日均浓度一年内超标天数不得超过 35d，因此从浓度和超标天数两个方面综合控制大气颗粒物污染。同样，允许的超标天数也使空气质量达标评价具备一定的弹性空间。欧洲和 WHO 大气颗粒物标准的比较见表 7-3。

表 7-3　欧洲和 WHO 大气颗粒物标准比较

PM	欧洲极限值/ $(\mu g/m^3)$	WHO 指导值/ $(\mu g/m^3)$	平均时间	欧洲每年允许 超标天数/d
PM_{10}	50	50	24h	35
	40	20	1a	—
$PM_{2.5}$		25	24h	
	25	10	1a	—

注："—"表示无相关标准值。

3. 目标值

2008/50/EC 指令对 $PM_{2.5}$ 年均浓度设定了目标值，要求 $PM_{2.5}$ 年均值在 2020 年达到 $20\mu g/m^3$。在正式生效之前，目标值仅是改善空气质量的软性要求，即在一定时间内尽可能达到的目标性浓度限值。根据人体健康与环境影响之间进一步的研究成果以及成员国在目标值实现上的技术可行性和经验，欧盟理事会将适时对 $PM_{2.5}$ 年均浓度目标值进行审查，并视情况调整目标值。

4. 暴露浓度限值

为进一步降低 $PM_{2.5}$ 污染以减少因人体暴露导致的健康影响，2008/50/EC 指令对 $PM_{2.5}$ 设定了暴露浓度限值。该值基于平均暴露指示值（AEI）的计算，以所有城市监测站开展的 $PM_{2.5}$ 浓度监测为基础，计算连续 3 年 $PM_{2.5}$ 年均浓度的滑动平均值作为 AEI。欧盟以各成员国 2010 年的 AEI 为基准（2008—2010 年 $PM_{2.5}$ 年均浓度值),按照浓度范围设定了不同比例的 $PM_{2.5}$ 削减目标,以 2020 年 AEI 对各成员国的目标完成情况进行评估,见表 7-4。

表 7-4　基于 2010 年 AEI 的 $PM_{2.5}$ 削减目标

AEI 基准浓度范围/$(\mu g/m^3)$	目标削减比例
$\leqslant 8.5$	0
$8.5 \sim 13$	10%
$13 \sim 18$	15%
$18 \sim 22$	20%
$\geqslant 22$	采取可行措施达到 $18\mu g/m^3$

极限值在质量浓度上对 $PM_{2.5}$ 加以控制,而 AEI 侧重于 $PM_{2.5}$ 污染减排,以达到极限值要求。极限值和 AEI 之间类似"钳子"的协同作用将 $PM_{2.5}$ 污染控制在一定范围内。

5. 评价上限和下限

欧洲针对 $PM_{2.5}$ 浓度设定评价上限、下限的目的在于划分浓度区间以选择不同的数据获取方式。当 $PM_{2.5}$ 浓度高于评价上限(极限值的 70%,$17\mu g/m^3$)时,必须在固定点位开展实地监测以获得浓度数据;当浓度低于评价下限(极限值的 50%,$12\mu g/m^3$)时,允许单独使用模型模拟或客观评估获得浓度数据;当浓度在评价上限与下限之间($12 \sim 17\mu g/m^3$)时,可使用固定点位监测、模型模拟或指示测量的综合方式获取数据。根据评价上限、下限划分 3 种浓度区间,使 $PM_{2.5}$ 浓度数据获取方式多样化,具有较强的灵活性和实际操作性。

6. 大气颗粒物监测点位布设原则

欧洲空气质量监测点位设置的目的分为保护人体健康和保护植物及自然生态系统两个大类。2008/50/EC 指令从宏观角度规定了监测点位的选址原则,并从微观角度提出监测点位站房设计、采样条件、基础设施等具体要求,以保证不同点位监测数据的可比性。以保护人体健康为目的的监测点位选址的首要原则是将国家内部划分若干个区域和城市群作为"区",且对每种污染物单独划分"区",分别进行监测点位设置,形成各种污染物相对独立的监测网络。在设置点位时,要求在各"区"内容易出现高浓度(峰值)而直接或间接影响人体健康的地区,以及"区"内其他能代表总人口暴露水平的地区设置监测点。为了优化空气质量的管理,根据面积、人口、污染物来源、保护目标、减排策略等因素,各污染物划分的"区"的数量会有所不同。例如,2010 年欧盟 27 个成员国中,NO_2、PM_{10} 这 2 项容易超标的污染物"区"的数量(约 680 个)多于其他污染物(400~600 个);21 个国家中 PM_{10}、$PM_{2.5}$ 划分"区"几乎一致,而部分国家 PM_{10} 的"区"多于 $PM_{2.5}$,例如,德国分别划分了 85 个 PM_{10}"区"和 78 个 $PM_{2.5}$"区"。与国际惯例相同,欧洲规定不同类型监测点位需具有一定的区域范围代表性,例如,交通监测点至少代表100m长街段的空气质量,工业区监测点至少代表250m×250m范围的空气质量,城市监测点应设置在能反映上风向所有污染源综合贡献影响的位置,能代表几平方千米范围的空气质量,乡村背景监测点不应受到周围城市群或工业区的影响等。在保证监测点位代表性的前提下,各国可按照空间相关分析、等浓度线、聚类等不同方法自行设计污染物的监测网络。

7. 最少监测点位数要求

针对以固定点位监测(自动监测或手工监测)作为唯一污染物浓度获取方式的区域和城市群,2008/50/EC指令规定了该区域和城市群内的最少监测点位数,以保证能够全面反映污染物总体浓度水平。同时,根据面源和点源两种不同的监测对象,最少点位数要求又有所区别。在面源上监测大气颗粒物浓度时,各"区"内规定不同数量的最少监测点位,同时根据"区"内$PM_{2.5}$的最大浓度又分为"超过评价上限"和"介于评价上下限之间"两类。在同一人口数区间内,以上两类情况下要求的最少点位数不同,$PM_{2.5}$最大浓度超过评价上限的最少点位数多于最大浓度介于评价上下限之间的最少点位数,且随着区域和城市群内人口数的增加,两者之间的差距会越来越大。在同一个点位同时监测PM_{10}、$PM_{2.5}$时,该点位计为两个单独的点位,且一个国家中PM_{10}和$PM_{2.5}$监测点位数量差别不能超过两个。相对来说,$PM_{2.5}$监测点位的设置更加侧重于人体暴露影响评价。例如,2010年990个$PM_{2.5}$监测点中,52%是城市和郊区监测点,33%是用于交通和工业监测点;相反,2859个PM_{10}监测点位中,两者的比例分别为41%和46%。面源监测大气颗粒物的最少点位数要求见表7-5。

表7-5　面源监测PM的最少点位数要求

区域和城市群人口数 /$\times 10^3$	$PM_{2.5}$最大浓度超过评价上限的PM最少点位数/个	$PM_{2.5}$最大浓度介于评价上下限之间的PM最少点位数/个
0~249	2	1
250~499	3	2
500~749	3	2
750~999	4	2
1000~1499	6	3
1500~1999	7	3
2000~2749	8	4
2750~3749	10	4
3750~4749	11	6
4750~5999	13	6
≥6000	15	7

在进行大气颗粒物的点源监测时,监测点位数量的设置应同时考虑污染源密度、

空气污染扩散类型和对人体健康的潜在暴露影响等因素。

各成员国在选定大气颗粒物固定监测点位后上报欧盟理事会,由理事会进行统一监督并优化总体点位布设。在满足一定条件后,例如当辅助方法(模型模拟或指示测量)能够提供足够的信息用于评价环境空气质量时,可视情况减少监测点位数。

7.1.3　国外水土及其他环境颗粒物质量标准

1. 标准依据

除空气中存在颗粒物,水土及其他环境也存在大量颗粒物。水中悬浮颗粒物就是典型一类,也会造成人体健康及环境的危害。国际标准分类中,水中悬浮颗粒物涉及烟草、烟草制品和烟草工业设备、空气质量、辐射防护、防护设备、实验、流体流量的测量、环境保护、焊接、钎焊和低温焊、分析化学。依法立标是国际通行做法。例如,美国国会于1974年通过了《安全饮用水法》(SDWA),并在1977—1996年期间对该法进行多次了修订。《安全饮用水法》建立了地方、州、联邦进行合作的框架,要求所有饮用水标准、法规的建立必须以保证用户的饮用水安全为目标。

2. 具体标准

美国现行饮用水水质标准是在《1996年安全饮用水法修正案》的框架内制定的,该标准于2001年3月颁布,2002年1月1日起执行。此外还有英国标准协会的BS EN 1073-1—2016《含放射性污染的悬浮固体颗粒物防护服、压缩空气管路通风防护服,保护身体和呼吸道的要求和试验方法》;美国材料与实验协会的ASTM D5955—2002(2007)《基于粒子紫外线吸收法(UVPM)和粒子荧光吸收法(FPM)评估环境烟草烟雾对可吸入悬浮颗粒物影响的标准试验方法》;欧洲标准化委员会的EN 12341—1998《悬浮颗粒物PM_{10}系数的测定、标准方法和验证测量方法标准等效性的现场试验程序》。

7.2　国内标准

7.2.1　室内空气颗粒物质量标准

我国制定了不少室内空气相关质量标准。例如,原国家质量监督检验检疫局、原卫生部(现为国家卫生健康委员会)和原国家环境保护总局(现为生态环境部)于2002年联合发布了GB/T 18883—2002《室内空气质量标准》,对室内空气的主要污染因子制定了限制,该标准还规定了各污染因子的检验方法,适用于住宅和办公建筑。GB/T 18883—2002《室内空气质量标准》仅规定了可吸入颗粒物的日平均值为 $150\mu g/m^3$，对 $PM_{2.5}$ 的日平均浓度值没有规定。原卫生部于 20 世纪 90 年代末期颁布实施了一系列室内空气单因子污染物卫生标准，其中包括 GB/T 17095—1997《室内空气中可吸入颗粒物卫生标准》，该标准与 GB/T 18883—2002《室内空气质量标准》规定的 PM_{10} 限值相同，均为 $150\mu g/m^3$（日平均值），对 $PM_{2.5}$ 的日平均浓度值没有规定。原卫生部于 2006 年制定的 WS 394——2012《公共场所集中空调通风系统卫生规范》中规定送风气流中 PM_{10} 的浓度小于或等于 $80\mu g/m^3$。香港特别行政区 2003 年 9 月公布了《办公室及公共场所室内空气质素管理指引》和《办公室及公共场所室内空气质素检定计划指南》，就全面实行室内空气质量管理提供了详尽的指南。在室内空气质素检定计划中，采用两个级别的室内空气质素指标（"卓越级"及"良好级"），作为评估处所/楼宇室内空气质素的基准，其中对可吸入颗粒物（PMIO）的 8h 平均浓度进行了规定。该标准从 1995 年 12 月 1 日起实施。该标准的附录 A 是标准的附录。

7.2.2　环境空气颗粒物质量标准

1. 标准依据

我国制定了一系列环境空气相关质量标准。例如，我国 GB 3095—1982《环境空气质量标准》首次发布于 1982 年，分别于 1996 年、2000 年和 2011 年进行了 3 次修订，每次的修订完善都较好地适应了不同时期社会经济发展水平及环境管理要求，为引导大气环境质量发挥了重要作用。

2. 标准发展

2011 年 1 月 1 日开始，原环境保护部（以下简称"环保部"）发布的《环境空气 PM_{10} 和 $PM_{2.5}$ 的测定重量法》（HJ 618—2011）开始实施。首次对 $PM_{2.5}$ 的测定进行了规范。2011 年 12 月 21 日，在第七次全国环境保护工作大会上，环保部部长周生贤公布了 $PM_{2.5}$ 监测时间表，$PM_{2.5}$ 监测全国将分"四步走"。具体内容为：2012 年，在京津冀、长三角、珠三角等重点区域以及直辖市和省会城市开展 $PM_{2.5}$ 监测；2013 年，在 113 个环境保护重点城市和环境模范城市开展监测；2015 年，在所有地级以上城市开展监测；2016 年，则是新标准在全国实施的关门期限，届时全国各地都要按照该标准监测和评价环境空气质量状况，并向社会发布监测结果。2012 年 5 月 24 日环保部公布了《空气质量新标准第一阶段监测实施方案》，要求全国 74 个城市在 10 月底前完成 $PM_{2.5}$ "国控点"监测的试运行。2012 年 10 月 11 日，环保部副部长吴晓青表示，新的《环境空气质量标准》（GB 3095—2012）颁布后，环保部明确提出了新标准实施的"三步走"目标。按照计划，2012 年年底前，京津冀、长三角、珠三角等重点区域以及直辖市、计划单列市和省会城市要按新标准开展监测并发布数据。

截至 2016 年年底,全国已有 1436 个站点完成 $PM_{2.5}$ 仪器安装调试并开始正式 $PM_{2.5}$ 监测并发布数据。

3. 标准内涵

GB 3095—2012《环境空气质量标准》对人群、植物、动物和建筑物暴露的室外空气质量做出了新的要求,该标准于 2016 年 1 月 1 日正式实施。与原标准相比,新标准有三方面的突破:一是调整环境空气质量功能区分类方案,将原标准中的三类区并入二类区;二是完善污染物项目和检测规范,包括在基本监控项目中增设 $PM_{2.5}$ 年均、日均浓度限值等;三是提高了数据统计的有效性要求。基本监控项目中,新标准增设了 $PM_{2.5}$ 年均、日均浓度限值。该标准附录 B 为资料性附录,为各省级人民政府制定地方环境空气质量标准提供参考。

7.2.3　国内水土及其他环境颗粒物质量标准

1. 标准依据

2008 年 2 月 28 日,为了保护和改善环境,防治水污染,保护水生态,保障饮用水安全,维护公众健康,推进生态文明建设,促进经济社会可持续发展,全国人民代表大会常务委员会修订通过《中华人民共和国水污染防治法》。此法适用于中华人民共和国领域内的江河、湖泊、运河、渠道、水库等地表水体以及地下水体的污染防治。为保护和改善环境,防治污染和其他公害,保障公众健康,推进生态文明建设,促进经济社会可持续发展,《中华人民共和国环境保护法》自 2015 年 1 月 1 日起施行。海洋污染防治适用 2017 年 11 月 4 日第三次修订,11 月 5 日起施行的《中华人民共和国海洋环境保护法》。

2. 具体标准

国家对水土及其他环境中细颗粒污染也予以重视,制定了一些国家、地方及行业标准。在中国标准分类中,水中悬浮颗粒物涉及制烟综合,大气环境有毒害物质分析方法,劳动防护用品,实验室基础设备,烟草制品,其他物质成分分析仪器,流量与物位仪表,基础标准与通用方法,焊接与切割,大气、水、土壤环境质量标准,计量综合。例如,MHT 6068—2017《航空燃料中游离水、固体颗粒物和其他污染物现场检测方法》;2021 年 7 月 1 日实施的《电子工业水污染物排放标准》(GB 39731—2020);行业环保标准 HJ/T 374—2007《总悬浮颗粒物采样器技术要求及检测方法》;国家计量检定规程 JJG 943—2011《总悬浮颗粒物采样器检定规程》;河北省地方标准 DB 13/1578—2012《热镀锌工业颗粒物排放标准》;国家标准 GB 5749—2006《生活饮用水卫生标准》。

7.3 环境保护文化

7.3.1 文化理念

1. 理念起源

如果从发源于两河流域的苏美尔文明算起,人类社会从诞生之时延绵至今已逾7000 年。在这段漫长的时间里程中,我们创造出了地球自诞生以来最绮丽的智慧景观,这首用人类非凡意识和卓越实践所谱写的华彩诗章是我们长久以来最为骄傲和自豪的财产。在创造文明的同时,人们对所存在的周围环境有了不断深入的认识:从原始文明对自然现象的无法理解,从而敬畏崇拜;到农耕文明时"靠天吃饭",对自然气候的强烈依赖;再到现代文明,我们可以对天气变化作出相对准确的预测,甚至可以使用科学的方法手段,在一定范围内、一定程度上改善对人类不利的气候条件。现代人对气候的变化不再像原始人类那般诚惶诚恐,这在一个侧面上生动体现了我们对自然、对环境的态度在这 7000 年岁月长河中的巨大转变。于是似乎有理由相信,虽然人类来自自然界,但是自然界对我们的羁绊越来越小。那么是不是会有一天,当人类的文明极度发达时,我们可以轻易改造自然并改变自身,让我们的生存活动和自然环境的关联越来越小,甚至可以独立于地球的物质环境而存在?这是一种过度夸大人类力量的极端主义思想,虽然并不排除这样的可能性,但是在我们能够想见的将来,这只会是一场无厘头的异想天开,就好比古时帝王求药问丹以求永生,但终究逃不出人类物质消亡的基本规律。

2. 理念价值

当今世界的生态环境问题,用佛教的话来说,是工业文明出现后的几代人甚至十几代人的"共业"所致,引起了东西方有识之士的共同关注。

20 世纪初的西方,从传统的生态学派生出了"生态伦理学",开始了对人类生态环境问题的多角度剖析和反思,而由挪威哲学家阿伦·奈斯于 20 世纪 70 年代所开创的"深层生态学",则在总结客观环境破坏的表面原因上更进一步,归结出八项深层生态学基本原则,即:①地球生生不息的生命,包含人类及其他生物,都具有自身的价值,这些价值不能以人类实用的观点去衡量;②生命的丰富性和多样性,均有其自身存在的意义;③人类没有权力去抹杀大自然的丰富性和多样性,除非它威胁到人类本身的基本需要;④人类生命和文化的繁衍,必须配合人口压力的减少,其他生命的衍生也是如此;⑤目前人类对其他生命干扰过度,而且急剧恶化;⑥政策必须作必要修改,因为旧的政策一直影响目前的经济、科技以及其他的意识形态;⑦意识形态的改变,并非指物质生活水准的提高,而是生活品质的提升;⑧凡是接受上述说法的人,有责任不论直接或间接,去促进现状的进步和改善。

有论者指出,奈斯在上述深层生态学理论框架中曾深受佛教影响,其思想和理论与佛教思想也多有契合之处,主要体现在两个方面:首先是佛教的缘起说,从因缘和合的角度,对心、佛、众生与自然环境之间的相互依存和影响的关系,确认了人与其生存环境、各种生命体的联系和相互依存性;其次是佛教所提出的"一切众生悉有佛性",确认了人与一切生物之间的平等性。《墨子》中所主张的"兼爱、非攻"思想产生于战国时期,那时战争频仍,土地荒芜,死者遍野,民不聊生,广大人民群众渴望弥兵息战,休养生息。墨子在体察到民生的渴求之后,代表小生产者及广大百姓的利益,提出了"非攻"的主张。而"兼爱"就是兼相爱,交相利。就是爱人、爱百姓而达到互爱互助,而不是互怨互损。只有"兼爱"才能做到"非攻",也只有"非攻"才能做到"兼爱"。在强调人类与环境和谐共处的当今,重拾墨家文化的思想精髓是很有意义的一件事情。

3. 理念内涵

人类要更好地保全自己,更好地发展自己,就一定要把自己的行为活动控制在环境所能承受的限度范围以内,进一步也可理解为人类的活动要和物质环境相互协调、相互促进,这终归对人类自身的发展是大有裨益的。要和自然环境和谐相处,那么指导我们的行动准则是什么呢?从哪里可以找到支撑人类尊重自然、敬畏自然的精神力量呢?答案是明确的:应该在习近平新时代中国特色社会主义思想指导下,积极贯彻"两山"理论(绿水青山就是金山银山),可以在传统文化和现代科技发展的结合中找到这样的准则。

7.3.2　文化定位

1. 国际定位

1992年,里约热内卢联合国环境与发展大会通过的《21世纪议程》中,200多处提及包含环境友好含义的"无害环境"(environmentally sound)的概念,并正式提出了"环境友好"(environmentally friendly)的理念。随后,环境友好技术、环境友好产品得到大力提倡和开发。20世纪90年代中后期,国际社会又提出实行环境友好土地利用和环境友好流域管理,建设环境友好城市,发展环境友好农业、环境友好建筑业等。2002年,世界可持续发展首脑会议所通过的"约翰内斯堡实施计划"多次提及环境友好材料、产品与服务等概念。2004年,日本政府在其《环境保护白皮书》中提出,要建立环境友好型社会。

2. 中国定位

在经济持续高速增长,环境压力不断增大的背景下,党的十六届五中全会明确提出了建设"环境友好型社会",并首次把建设资源节约型和环境友好型社会确定为国民经济与社会发展中长期规划的一项战略任务。与此同时,《中共中央关于制定国民经济和社会发展第十一个五年规划的建议》中,也将"建设资源节约型、环境友好型社会"作为基本国策,提到前所未有的高度。

7.3.3　文化实践

1. 行政途径

行政途径主要指国家和地方各级行政管理机关,根据国家行政法规所赋予的组织和指挥权力,制定方针、制度,建立法规、颁布标准,进行监督协调,对环境资源保护工作实施行政决策和管理。它主要包括环境管理部门定期或不定期地向同级政府机关报告本地区的环境保护工作情况,对贯彻国家有关环境保护方针、制度提出具体意见和建议;组织制定国家和地方的环境保护制度、工作计划和环境规划,并把这些计划和规划报请政府审批,使之具有行政法规效力;运用行政权力对某些区域采取特定指示,例如,划分自然保护区、重点污染防治区、环境保护特区等;对一些污染严重的企业要求限期治理,甚至勒令其关、停、并、转、迁;对易产生污染的工程设施和项目,采取行政制约的方法,例如,审批开发建设项目的环境影响评价书,审批新建、扩建、改建项目的"三同时"设计方案,发放与环境保护有关的各种许可证,审批有毒有害化学品的生产、进口和使用;管理珍稀动植物物种及其产品的出口、贸易事宜;对重点城市、地区、水域的防治工作给予必要的资金或技术帮助等。

2. 法律途径

法律途径是环境管理的一种强制性手段。依法管理环境是控制并消除污染,保障自然资源合理利用,并维护生态平衡的重要措施。环境管理一方面要靠立法,把国家对环境保护的要求、做法,全部以法律形式固定下来,强制执行;另一方面还要靠执法。环境管理部门要协助和配合司法部门对违反环境保护法律的犯罪行为进行斗争,协助仲裁;按照环境法规、环境标准来处理环境污染和环境破坏问题,对严重污染和破坏环境的行为提起公诉,甚至追究法律责任;也可依据环境法规对危害人民健康、财产,污染和破坏环境的个人或单位给予批评、警告、罚款或责令赔偿损失等。我国自20世纪80年代开始,从中央到地方颁布了一系列环境保护法律法规。目前,已初步形成了由国家宪法、环境保护基本法、环境保护单行法规和其他部门法中关于环境保护的法律规范等所组成的环境保护法体系。

3. 经济途径

经济途径是指利用价值规律,运用价格、税收、信贷等经济杠杆,控制生产者在资源开发中的行为,以便根治损害环境的社会经济活动,奖励积极治理污染的单位,促进节约和合理利用资源,充分发挥价值规律在环境管理中的杠杆作用。此方法主要包括各级环境管理部门对积极防治环境污染而在经济上有困难的企业、事业单位发放环境保护补助资金;对排放污染物超过国家规定标准的单位,按照污染物的种类、数量和浓度征收排污费；对违反规定造成严重污染的单位和个人处以罚款；对排放污染物损害人群健康或造成财产损失的排污单位，责令对受害者赔偿损失；对积极开展"三废"综合利用、减少排污量的企业给予减免税和利润留成的奖励；推行开发、利用自然资源的征税制度等。

4．环境教育途径

环境教育途径是环境管理不可缺少的手段。环境宣传既是普及环境科学知识，又是一种思想动员。通过报纸、杂志、电影、电视、广播、展览、专题讲座、文艺演出等各种文化形式广泛宣传，使公众了解环境保护的重要意义和内容，提高全民族的环境意识，激发公民保护环境的热情和积极性，把保护环境、热爱大自然、保护大自然变成自觉行动，形成强大的社会舆论，从而制止浪费资源、破坏环境的行为。环境教育可以通过专业的环境教育培养各种环境保护的专门人才，提高环境保护人员的业务水平；还可以通过基础的和社会的环境教育提高社会公民的环境意识，来实现科学管理环境以及提倡社会监督的环境管理措施。例如，把环境教育纳入国家教育体系，从幼儿园、中小学抓起，加强基础教育，搞好成人教育以及对各高校非环境专业学生普及环境保护基础知识等。建立资源节约型、环境友好型的价值理念体系，引导公众从社会主义新文明的角度认识资源节约型、环境友好型社会的建设，培养公众的环境危机意识和环保参与意识，营造生态文明和环保文化理念。使资源节约、环境友好理念成为全社会奉行的价值观和主流社会舆论，进而形成浓厚的生态文化氛围。

5．技术途径

技术途径是指借助那些既能提高生产，又能把对环境污染和生态破坏控制到最小限度的技术，以及先进的污染治理技术等来达到保护环境目的的手段。运用技术手段，实现环境管理的科学化，包括：制定环境质量标准；通过环境监测、环境统计方法，根据环境监测资料以及有关的其他资料对本地区、本部门、本行业污染状况进行调查，编写环境报告书和环境公报；组织开展环境影响评价工作，交流推广无污染、少污染的清洁生产工艺及先进治理技术；组织环境科研成果和环境科技情报的交流等。许多环境制度、法律、法规的制定和实施都涉及许多科学技术问题，所以环境问题解决得好坏，在极大程度上取决于科学技术。没有先进的科学技术，就不能及时发现环境问题，而且即使发现了，也难以控制。例如，兴建大型工程、围湖造田、施用化肥和农药，常会产生负的环境效应，就说明人类没有掌握足够的知识，没有科学地预见到人类活动对环境的反作用。

6．绿色适度消费途径

建立资源节约型、环境友好型的可持续消费体系、消费行为和消费取向，对生产方式和内容有着决定性的影响。"两型社会"建设的重点是改变传统的"重生产、轻消费"现象，倡导绿色消费、适度消费、公平消费，通过对资源节约型、环境友好型产品的消费选择，向生产领域发出价格和需求的激励信号，刺激生产领域应用及生产资源节约和环境友好型的技术和产品,建立可持续消费体系。

7. 环境管理参与途径

环境管理的参与途径是指政府、企业与民众之间通过一种公开的、合法的、合理的、公平的参与渠道和参与方法,就环境管理工作中的环境政策、环境决策及环境问题的解决等进行交流、协调与监督。例如,采用听证会、座谈会等形式征求建设项目环境管理意见就属于环境管理的参与手段。参与手段是环境管理的全新手段,是伴随着公众参与意识的不断提高和民主政治制度的日益完善而发展起来的,是衡量一个国家、一个地区、一个城市环境保护成效的重要标志。

参考文献

[1]　Directive 2008/50 /EC. The European Parliament and of the Council of 21 May 2008 on ambient air qualityand cleaner air for Europe[S].

[2]　EEA. Air quality in Europe-2012 report[R]. Denmark:European Environment Agency,2012.

[3]　李礼,翟崇志,余家燕,等.国内外空气质量监测网络设计方法研究进展[J].中国环境监测, 2012,28(4):54-60.

[4]　JIMMINK B,LEEUW F,OSTATNICKÁ J,et al. Reporting on ambient air quality assessment in the European region,2010[R]. Netherlands:European Topic Centre on Air and Climate Change,2012.

[5]　UNE-EN 14907:2006. Ambient air quality-standard gravimetric measurement method for the determination of the PM2. 5 mass fraction of suspended particulate matter[S]. ES-UNE,2006.

[6]　BS 12/30268424 DC. Ambient air-standard gravimetric measurement method for the determination of the PM10 or PM2. 5 mass concentration of suspended particulate matter[S]. GB-BSI,2012.

[7]　Guide to the demonstration of equivalence of ambient air monitoring methods[S]. European Community,2010.

[8]　VIXSEBOXSE E,LEEUW F. Reporting on ambient air quality assessment 2007,Member States reporting[R]. Netherlands:European Topic Centre on Air and Climate Change,2009.

[9]　ALASTUEY A,MINGUILLÓN M C,PÉREZ N,et al. PM10 measurement methods and correction factors:2009 status report[R]. Netherlands:European Topic Centre on Air Pollution and Climate Change Mitigation,2011.

[10]　叶峻,李梁美.社会生态学与生态文明论[M].上海:上海三联书店,2016.

[11]　赵相林.国际环境污染案件法律问题研究[M].北京:中国政法大学出版社,2016.

[12]　陈吉宁,马建堂.国家环境保护政策读本[M].北京:国家行政学院出版社,2015.

[13]　香港中文大学人间佛教研究中心.生态环保与心灵环保 以佛教为中心[M].上海:上海古籍出版社,2014.

[14]　李世义.重金属污染项目环境监理[M].郑州:河南科学技术出版社,2015.

第 8 章

管控防治及展望

　　环境的治理与保护可以视为一个全球性问题。2012 年联合国环境规划署发表的《全球环境展望》中指出,每年有约 70 万人死于因环境破坏而引起的呼吸系统疾病,约 200 万的过早死亡与颗粒物污染有关。颗粒物对环境的影响已经威胁到了人类本身,颗粒物的控制管理显得尤为重要。2020 年 3 月 30 日,国家主席习近平前往浙江余村考察;4 月 1 日,在听取汇报后指出,要践行"绿水青山就是金山银山"的发展理念。2020 年 9 月,习主席在第七十五届联合国大会一般性辩论上的讲话中表示:"中国将提高国家自主贡献力度,采取更加有力的政策和措施,二氧化碳排放力争于 2030 年前达到峰值,努力争取 2060 年前实现碳中和。"只有在环境的治理与保护中,积极贯彻"两山"和"两碳"理论,未来中国才能有蓝天白云,人民健康才能得到最大保障。

8.1　国内外污染源控制管理

8.1.1　国外污染源控制管理

1. 美国的控制管理

　　美国针对颗粒物的重点源排放突出、二次颗粒物贡献大以及远距离传输等特性,以强化重点源减排、多污染物协同控制、区域联合治理为主要思路,在清洁空气法体系下制定了多项清洁空气专项条例,有针对性地对不同行业、不同区域的颗粒物以及颗粒物的前体物的排放进行了严格控制。同时,联邦政府针对企业制定了严厉的违规处罚机制,有力地保障了颗粒物污染防治政策的贯彻落实。

　　美国的人为颗粒物排放源主要包括道路和建筑扬尘、燃料燃烧、工业工艺、移动源等。自 20 世纪 70 年代至今,美国国家环境保护局(EPA)先后针对电厂锅炉、部分工业设施以及移动源的颗粒物及其前体物排放开展了严格的环境管制,有效控制了颗粒物重点源的一次和二次排放。自 20 世纪 70 年代至今,电厂减排一直是美国大气污染物控制的工作重点。根据相关统计数据显示,2002 年美国 SO_2 排放量中的 67% 来自于电力生产,NO_x 排放量中的 22% 来自于电力生产。为有效控制电厂的颗粒物排放,美国先后颁布实施了一系列专项条例,采用技术改造和总量控制作为主要的减排手段,对电厂的颗粒物及其前体物的污染控制技术与排放标准提出了明确严格的要求。针对全国范围内的大部分电厂锅炉和小部分工业设施,美国在《清洁空气能见度条例》(CAVR)中公布了相应的"最佳可用改造技术"(BART),强制要求各类电厂和工业设施实施技术改造。此外,美国对电力行业的 SO_2 和 NO_x 实行总量控制,将其作为有效削减颗粒物二次排放的重要手段。美国环保署先后在"国家酸雨计划"(ARP)和《清洁空气州际条例》(CAIR)中对电厂和部分工业设施的 SO_2 和 NO_x 排放作出了总量控制的明确要求,将受约束的设施类型逐步由燃煤类机组扩大到了所有化石燃料类型的机组。此外,在总量削减目标的划定问题上,考虑到颗粒物污染的地域差异性,在污染更为严重的东部地区,SO_2 和 NO_x 的总量排放上限相比其他地区更为严格。经过长期严格的环境管制,当前美国电厂"最佳可用技术改造"已基本全部完成,电厂锅炉的颗粒物排放已得到有效削减。根据美国环保署的相关测算,2011 年,全国范围内的电厂 PM_{10} 一次排放量相比 2000 年降低了 60% 左右,$PM_{2.5}$ 一次排放量相比 2000 年降低了 66% 左右;CAVR 和 ARP 控制范围内的电厂和工业设施的 $PM_{2.5}$ 前体物 SO_2 和 NO_x 排放量分别比 2005 年降低了 56% 和 46%。近几年来,随着电厂"最佳可用技术改造"的全面实现,电厂对颗粒物污染的影响逐渐减小,道路交通导致的颗粒物排放贡献则逐渐显现,美国对颗粒物排放源的控制重心开始逐渐转向了移动源。根据最新公布的美国颗粒物排放清单显示,一次排放源与 $PM_{2.5}$ 一次排放源均为道路扬尘,分别占据人为 PM_{10} 一次排放量(不包括计划林火)的 52% 左右,以及 $PM_{2.5}$ 一次排放量(不考虑计划林火)的 27% 左右。

自 20 世纪 90 年代初至今,美国联邦政府颁布实施了《汽车排放标准》和"汽油硫计划"《清洁空气非公路柴油设备条例》《清洁空气柴油卡车与柴油公交车条例》《机车发动机以及船舶柴油发动机排放标准》等一系列移动源相关的清洁空气下游条例,对设备制造商、燃油供应商以及使用者均提出了严格的技术与行为标准。针对设备制造商,美国联邦政府要求其采用"最佳可用改造技术"对汽油柴油发动机等设备进行替换更新,并逐步加严颗粒物及其前体物的设备排放标准。例如,为有效控制颗粒物二次排放,2004 年开始实施的《第二阶段汽车排放标准》对汽车尾气中的颗粒物前体物(NO_x、NMOG、HC 和 VOCs)浓度进行了严格控制,并为各类车型做出了分阶段的排放规定。针对燃油供应商,EPA 自 1993 年开始对柴油硫含量进行规定,并不断加严,目前 EPA 对汽油和柴油的硫含量均提出了严格的标准。2007 年出台的《清洁空气柴油卡车与柴油公交车条例》中,对柴油硫含量的要求从 500ppm 加严至 15ppm。针对机动车使用者,EPA 要求对汽车尾气排放进行定期检测,使用者需对检测不达标的车辆进行检修直至排放达标。

2. 日本的控制管理

在日本,颗粒物污染的主要来源为工厂与机动车。工厂的国家排污标准由环境省制定,但各县有权在自己的辖区内制定更为严格的排污标准。县政府与大城市的市政府有责任保障排污标准的执行。任何人新建工厂都需要向当地政府上报拟使用的设备。若当地政府认为其所用设备不能达到排污标准,将会通知工厂负责人并要求其修改计划。所有正在运行的工厂都有义务根据环境省的技术要求测量并记录污染物的排放量。若当地政府发现其排污量经常超标,将会要求工厂负责人采取措施改进生产工艺。对于工厂在环保科研、设备方面的投入,政府给以补贴作为鼓励,对于工厂的环境污染行为,政府通过提升能源价格等方式进行调控。同时,政府在市场上推出绿色环境标志制度,鼓励消费者购买环保产品。没有绿色环境保护标志的产品,在市场上就无法得到市民的认可。在日本,工业污染的有效解决依赖于政府与公众两方面的积极努力。

20世纪70年代爆发的两次石油危机促使日本把煤炭作为代替石油的能源放在重要的位置上,希望能够加大对其利用的力度。增加煤炭消费量的关键是控制燃煤污染。日本在1992年制定的第九次煤炭政策中规定,洁净煤技术是日本煤炭科研的重点。1995年日本在新能源综合开发机构(NEDO)内组建了一个"洁净煤技术中心",专门负责开发下个世纪的煤炭利用技术。2006年5月,日本在出台的新国家能源概要中明确提出,要促进煤炭汽化联合发电技术、煤炭强化燃料电池联合发电技术的开发和普及。日本的洁净煤技术开发从内容上分为两部分:①提高热效率,降低废气排放,如流化床燃烧、煤汽化联合循环发电及煤汽化燃料电池联合发电技术等;②进行煤炭燃烧前后净化,包括燃前处理、燃烧过程中及燃后烟道气的脱硫脱氮、煤炭的有效利用等。在日本煤炭开发利用战略的制定与实施过程中,日本政府、行业组织和煤炭消费企业都发挥了各自的重要作用。政府负责组织制定战略规划,设立专门机构实施政府决策,以及投入资金进行煤炭技术的研究开发;行业组织(指日本煤炭能源中心)对煤炭战略的实施起到了保障和促进作用;电力及钢铁等煤炭消费企业发挥了重要的主体支撑作用。经过多年的治理,日本空气质量有明显提升。

针对机动车尾气造成的颗粒物污染,日本环境省于2002年将颗粒物浓度限值加入机动车与其他类型发动机(如建筑用机械)的尾气排放标准中,并联合其他相关省厅来保障这些标准得以顺利执行。另外,为削减机动车氮氧化物与颗粒物排放总量,同时也出于对国家削减颗粒物污染速度的不满,东京、琦玉等机动车密集区于2003年出台了更为严苛的法令来控制柴油卡车与客车尾气造成的颗粒物污染。不能满足尾气排放标准的机动车必须安装特殊的过滤器,否则禁止上路。为减少机动车尾气造成的大气污染,除制定法律法规外,日本环境省还采取了一系列非强制性措施,例如,①积极促进新型低污染车辆的审核通过;②加速老型高污染车辆的淘汰与尽量减少这些车辆的使用;③向公众宣传并推广环保驾驶方法,例如,避免突然加速、匀速行驶、使用发动机制动、少使用空调、注意道路交通信息等；④向公众宣传车辆正确的维护保养方法，例如，注意尾气过滤器的清洗与更换，选择适当的发动机润滑油，保持适当的轮胎压力；⑤推广政府与企业、企业与企业之间的合作，以促进联合运输，减少运输车辆的使用以及尽量避免空车返回；⑥向企业宣传推广高效运输模式，减少运输频次，尽量避免选择拥堵路段作为行驶路线，标准化产品包装以便于装卸；⑦促进运输模式多样化，例如，推广铁路运输与航路运输，以减少对环境的污染；⑧推广并鼓励低污染出行方式，如公共交通、自行车、步行；⑨鼓励政府与企业通过第三方物流公司来运输货物，以提高运输效率。

3. 法国的控制管理

法国作为欧盟成员国之一，执行欧盟的环境空气质量标准，但是提出了更加严格的控制标准。在欧盟 1996 年 9 月提出的环境空气质量评价框架法案的基础上，法国于 1996 年 12 月 30 日提出了法国清洁空气法案及实施细则，并于 2000 年 4 月 18 日制定了应对重污染天气的相关预案。

以欧盟现行颗粒物大气环境质量标准为例，欧盟 PM_{10} 的 24h 均值为 $50\mu g/m^3$，每年超过限值的天数不能超过 35d，年均值为 $40\mu g/m^3$，法国制定了更为严格的年均值标准 $30\mu g/m^3$。欧盟关于 $PM_{2.5}$ 年均值标准（2015 年）为 $25\mu g/m^3$，2010 年的容忍值为 $29\mu g/m^3$，法国制定了更为严格的年均值标准 $20\mu g/m^3$。巴黎大区关于环境空气中污染物的浓度，有 3 种不同的浓度值，其中，限值是指不能超过的浓度值，即标准值；目标值是指在规定的时间范围内尽可能早实现的浓度值；警戒值是指重污染日警戒浓度值，达到或超过警戒值，将发布污染警报。

伴随着严格的标准，法国也建立了一套较为完整的监测网络系统，巴黎大区监测网络包括 51 个监测站，分为背景监测站（包括城市、近郊以及乡村）、专项监测站（包括交通源及工业源）以及综合观测站三类。

8.1.2　国内污染源控制管理

1. 生活污染源控制

环境空气中由人类活动产生的细颗粒物主要有两个方面：各种污染源向空气中直接释放的细颗粒物，包括烟尘、粉尘、扬尘、油烟等；部分具有化学活性的气态污染物（前体污染物）在空气中发生反应后生成的细颗粒物，这些前体污染物包括硫氧化物、氮氧化物、挥发性有机物和氨等。防治环境空气细颗粒物污染应针对其成因，全面而严格地控制各种细颗粒物及前体污染物的排放行为。环境空气中细颗粒物的生成与社会生产、流通和消费活动有密切关系，防治污染应以持续降低环境空气中的细颗粒物浓度为目标，采取"各级政府主导，排污单位负责，社会各界参与，区域联防联控，长期坚持不懈"的原则，通过优化能源结构、变革生产方式、改变生活方式，不断减少各种相关污染物的排放量。防治细颗粒物污染应将工业污染源、移动污染源、扬尘污染源、生活污染源、农业污染源作为重点,强化源头削减,实施分区分类控制。

生活污染来源复杂、分布广泛,治理工作应调动社会各界的积极性,鼓励公众参与。应在全社会倡导形成节俭、绿色生活方式,摒弃奢侈、浪费、炫耀的消费习惯。倡导绿色消费,通过消费者选择和市场竞争,促使企业生产环境友好型消费品。治理饮食业、干洗业、小型燃煤燃油锅炉等生活污染源,严格控制油烟、挥发性有机物、烟尘等污染物排放,推广使用具备溶剂回收功能的封闭式干洗机,应有效控制城市露天烧烤。生活垃圾和城市园林绿化废物应及时清运,进行无害化处理,防止露天焚烧。以涂料、黏合剂、油墨、气雾剂等在生产和使用过程中释放挥发性有机物的消费品为重点,开展环境标志产品认证工作,鼓励生产和使用水性涂料,逐渐减少用于船舶制造维修等领域油性涂料的生产和使用,减少挥发性有机物排放量。在城市郊区和农村地区,推广使用清洁能源和高效节能锅炉,有条件的地区宜发展集中供暖或地热等采暖方式,以替代小型燃煤、燃油取暖炉,减轻面源污染。开展环境文化建设,形成有益于环境保护的公序良俗,倡导良好生活习惯。倡导有益于健康的饮食习惯和低油烟、低污染、低能耗的烹调方式。提倡以无烟方式进行祭扫等礼仪活动,减少燃放烟花爆竹。

2. 燃料污染源控制

将能源合理开发利用作为防治细颗粒物污染的优先领域,实行煤炭消费总量控制,大力发展清洁能源。天然气等清洁能源应优先供应居民日常生活使用,在大型城市应不断减少煤炭在能源供应中的比重。限制高硫分或高灰分煤炭的开采、使用和进口,提高煤炭洗选比例,研究推广煤炭清洁化利用技术,减少燃烧煤炭造成的污染物排放。应将防治细颗粒物污染作为制定和实施城市建设规划的目的之一,优化城市功能布局,开展城市生态建设,不断提高环境承载力,适当控制城市规模,大力发展公共交通系统。应调整产业结构,强化规划环评和项目环评,严格实施准入制度,必要时对重点区域和重点行业采取限批措施;淘汰落后产能,形成合理的产业分布空间格局。环境空气中细颗粒物浓度超标的城市,应按照相关法律规定,制定达标规划,明确各年度或各阶段工作目标,并予以落实。应完善环境质量监测工作,开展污染来源解析,编制各地重点污染源清单,采取针对性的污染排放控制措施。应以环境质量变化趋势为依据,建立污染排放控制措施有效性评估和改善工作机制。

3. 工业污染源控制

将排放细颗粒物和前体污染物排放量较大的行业作为工业污染源治理的重点,包括火电、冶金、建材、石油化工、合成材料、制药、塑料加工、表面涂装、电子产品与设备制造、包装印刷等。工业污染源的污染防治,应参照燃煤二氧化硫、火电厂氮氧化物和冶金、建材、化工等污染防治技术政策的具体内容,开展相关工作。应加强对各类污染源的监管,确保污染治理设施稳定运行,切实落实企业环保责任。鼓励采用低能耗、低污染的生产工艺,提高各个行业的清洁生产水平,降低污染物产生量。应制定严格、完善的国家和地方工业污染物排放标准,明确各行业排放控制要求。在环境污染严重、污染物排放量大的地区,应制定实施严格的地方排放标准或国家排放标准特别排放限值。对于排放细颗粒物的工业污染源,应按照生产工艺、排放方式和烟(废)气组成的特点,选取适用的污染防治技术。工业污染源有组织排放的颗粒物,宜采取袋除尘、电除尘、电袋除尘等高效除尘技术,鼓励火电机组和大型燃煤锅炉采用湿式电除尘等新技术。对于排放前体污染物的工业污染源,应分别采用去除硫氧化物、氮氧化物、挥发性有机物和氨的治理技术。对于排放废气中的挥发性有机物应尽量进行回收处理,若无法回收,应采用焚烧等方式销毁(含卤素的有机物除外)。采用氨作为还原剂的氮氧化物净化装置,应在保证氮氧化物达标排放的前提下,合理设置氨的加注工艺参数,防止氨过量造成污染。鼓励在各类生产中采用挥发性有机物替代技术。产生大气颗粒物及其前体物污染物的生产活动应尽量采用密闭装置,避免无组织排放;无法完全密闭的,应安装集气装置收集逸散的污染物,经净化后排放。

4. 移动污染源控制

移动污染源包括各种道路车辆、机动船舶、非道路机械、火车、航空器等,应按照机动车、柴油车等污染防治技术政策的具体内容,开展相关工作。防治移动源污染应将尽快降低燃料中有害物质含量,加速淘汰高排放老旧机动车辆和机械,加强在用机动车船排放监管作为重点,并建立长效机制,不断提高移动污染源的排放控制水平。进一步提高全国车辆和机械用燃油的清洁化水平,降低硫等有害物质含量,为实施更加严格的移动污染源排放标准、降低在用车辆和机械排放水平创造必要条件。采取措施切实保障各地车用燃油的质量,防止车辆由于使用不符合要求的燃油造成故障或导致排放控制性能降低。加强对排放检验不合格在用车辆的治理,强制更换尾气净化装置。升级汽车氮氧化物排放净化技术,采用尿素等还原剂净化尾气中的氮氧化物,并建立车用尿素供应网络。新生产压燃式发动机汽车应安装尾气颗粒物捕集器,用于公用事业的压燃式发动机在用车辆,可按照规定进行改造,提高排放控制性能。积极发展新能源汽车和电动汽车,公共交通宜优先采用低排放的新能源汽车。交通拥堵严重的特大城市应推广使用具有启停功能的乘用车,大力发展地铁等大容量轨道交通设施,按期停产达不到轻型货车同等排放标准的三轮汽车和低速货车。制定实施新的机动车船大气污染物排放标准,收紧颗粒物、碳氢化合物、氮氧化物等污染物排放限值。开展适合我国机动车辆行驶状况的测试方法的研究。制定、完善并严格实施非道路移动机械大气污染物排放标准,明确颗粒物和氮氧化物排放控制要求。严格控制加油站、油罐车和储油库的油气污染物排放,按时实施国家排放标准。

5. 扬尘污染源控制

扬尘污染源应以道路扬尘、施工扬尘、粉状物料贮存场扬尘、城市裸土起尘等为防治重点。应参照《防治城市扬尘污染技术规范》(HJ/T 393—2007),开展城市扬尘综合整治,减少城市裸地面积,采取植树种草等措施提高绿化率,或适当采用地面硬化措施,遏止扬尘污染。对各种施工工地、各种粉状物料贮存场、各种港口装卸码头等,应采取设置围挡墙、防尘网和喷洒抑尘剂等有效的防尘、抑尘措施,防止颗粒物逸散;设置车辆清洗装置,保持上路行驶车辆的清洁;鼓励各类土建工程使用预搅拌的商品混凝土。实行粉状物料及渣土车辆密闭运输,加强监管,防止遗撒。及时进行道路清扫、冲洗、洒水作业,减少道路扬尘。规范园林绿化设计和施工管理,防止园林绿地土壤向道路流失。提倡采用"留茬免耕、秸秆覆盖"等保护性耕作措施,最大限度地减少翻耕对土壤的扰动,防治土壤侵蚀和起尘。及时、妥善收集处理农作物秸秆等农业废弃物,可采取粉碎后就地还田、收集制备生物质燃料等资源化利用措施,减少露天焚烧。加强对施用肥料的技术指导,合理施肥,鼓励采用长效缓释氮肥和有机肥,有效减少氨挥发。加强规模化畜禽养殖污染防治的监管,推广先进养殖和污染治理技术,减少氨的排放。

6. 污染源的综合控制

严格按照相关标准规定开展环境空气质量监测与评价工作,加快建设环境空气监测网络和环境质量预测预报和评估制度,加强环保、气象部门间的协作和信息共享,建立环境空气质量预警和发布平台。应根据各地气象条件、细颗粒物与前体污染物来源、污染源分布情况,制定环境空气重污染应急预案及预警响应程序,包括紧急限产和临时停产的排污企业和设施名单、车辆限行方案、扬尘管控措施等。建立部门间大气重污染事件应急联动机制,根据出现不利气象条件和重污染现象的预报,及时启动应急方案,采取分级响应措施。应定期评估应急预案实施效果,并适时修订应急预案。

国内颗粒物的控制管理流程如图 8-1 所示。

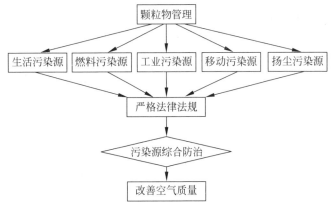

图 8-1　国内颗粒物的控制管理流程

8.2 大气污染防治

8.2.1 大气污染的防治问题

1. 环境问题

大气是人类赖以生存的基本条件之一,但是随着科学技术的不断发展和人类文明的不断进步,发现人类的活动与大气环境有着非常密切的关系。大气污染是一个全球性的环境问题,许多国家和政府都对大气污染的防治高度重视。世界卫生组织和联合国环境规划署发表的一份报告说:"大气污染已成为全世界城市居民生活中一个无法逃避的现实。"

2. 分类问题

空气中对人体危害最大的污染物主要包括可吸入颗粒物、二氧化硫、二氧化氮和一氧化碳,其中颗粒物被认为对人体健康威胁最大,尤其是可吸入的空气动力学直径小于 $10\mu m$ 的颗粒(PM_{10})和更小的直径小于 $2.5\mu m$ 的粒子($PM_{2.5}$),能够穿透肺泡参与血气交换,其本身伴有有毒重金属元素、多环芳烃类化合物,甚至病毒和细菌等有毒有害物质,可直接被血液和人体组织吸收,对人体健康和大气环境的危害最大。

3. 责任问题

当前,我国节能减排形势严峻,雾霾防治形势逼人。党中央、国务院和中央领导同志对节能减排和大气污染防治工作高度重视,作出了一系列重要指示和全面部署。国家发展和改革委员会作为经济综合部门,同时也是节能减排工作协调部门、节能主管部门,在加强节能减排、配合支持环保等部门促进大气污染防治中要采取积极措施,着力推进相关工作的落实。各地发展改革(经信)部门要在地方党委、政府领导下,尽职履责,强力推进节能减排工作,积极配合环保部门落实《大气污染防治行动计划》的各项政策措施,做好相关工作。在日常的工作当中,还应该加强相关的宣传工作,提高民众环境保护的意识,为环境保护、颗粒污染物治理工作打下坚实的群众基础。

8.2.2 国外对大气污染的防治

1. 美国大气污染防治

20 世纪 90 年代末至今,美国联邦政府先后出台了《清洁空气能见度条例》《清洁空气州际条例》以及机动车和其他移动源的相关清洁空气法体系下游条例。通过对电站锅炉、工业设施,以及机动车等移动源的颗粒物及其前体物排放实施严格控制,美国的颗粒物治理技术及应用水平得到了快速发展与改善,结合有力的能源结构调整措施,美国的颗粒物污染控制工作现已取得了显著成效。

2. 欧洲大气污染防治

欧洲对颗粒物防治是一个长期发展、逐渐成熟的过程,目前也取得了显著成果。欧洲对颗粒物的防治思路主要包括以下几个方面。①协同控制。由于$PM_{2.5}$成因复杂,与大气污染物排放和大汽化学过程相关,要控制$PM_{2.5}$的污染,必须协同控制包括二氧化硫、氢氮化物、PM_{10}等污染物在内的排放。除此之外,协同控制还体现在区域的协同上。②持续改善的思想。基于这种思想,从20世纪50—60年代出现大气污染以来,欧洲就没有停止过污染物的控制。

3. 日本大气污染防治

日本在第二次世界大战后专注发展经济,忽视了对环境的保护,所以环境污染也曾受到极为严重的破坏,但其通过采取一系列治理措施,将自身由"公害先进国家"转变为举世公认的环保先进国家。日本的颗粒物污染防治措施主要体现在四个方面:①强化环境监测;②工业污染防治;③机动车污染防治;④大力推行煤炭清洁利用技术。

8.2.3 国内对大气污染的防治

1. 政策、标准和监管防治措施

颗粒物污染防治在控制政策、标准和监管方面,美国、日本、欧盟环境委员会等国家和组织都制定了相关标准和控制值。我国政府也高度重视环境污染问题,出台了一系列的环境保护和治理的政策、法规。2013年9月10日,国务院发布了《大气污染防治行动计划》,根据该计划,到2017年,全国地级及以上城市可吸入颗粒物浓度比2012年下降10%以上,优良天数逐年提高;京津冀、长三角、珠三角等区域细颗粒物浓度分别下降25%、20%、15%左右。为贯彻落实《国务院关于印发大气污染防治行动计划的通知》,切实加强大气污染源监管,依法查处环境违法行为,改善环境空气质量,环保部于2013年10月至2014年3月在重点地区开展大气污染防治专项检查。2013年11月1日,环保部又发布了《关于做好2013年冬季大气污染防治工作的通知》,并提出要建立健全监测预警体系,构建城市站、背景站、区域站统一布局的环境空气质量监测网络,确保在2013年底前国家环保重点城市和环保模范城市全部建成$PM_{2.5}$监测点。2013年11月5日,国务院新闻办公室发布了《中国应对气候变化的政策与行动2013年度报告》,根据该报告,未来一个时期是我国全面建成小康社会的关键时期,我国将更加注重追求经济增长的质量和效益,大力推进生态文明建设,努力控制温室气体排放。2014年中国修订出台了史上最严厉的《中华人民共和国环境保护法》,将保护环境定位为"国家的基本国策";2016年,针对大气污染新形势,进一步修订完善了《中华人民共和国大气污染防治法》,以及修订了《环境空气质量标准》(GB 3095—2012)。至 2016 年 1 月 27 日,已经启幕的 30 个省区市两会上,所有省份的政府工作报告均涉及大气污染防治内容,多地对"天更蓝"作出承诺。河北、北京等地则明确提出 2016 年和"十三五"期间降低污染物排放的量化目标。对于大气污染防治,在监管方面,政府应统一思想,高度重视,根据国家和社会要求,结合技术和政策手段进行多方位的控制和监管,制定防治措施和防治标准,同时政府应起到监督、履行、实施防治措施的功能。

2. 科学研究防治措施

在科学研究方面,目前大气颗粒物研究已经由单一研究方法逐步转向多种方法综合使用,地理信息系统、环境气象卫星观测、大气颗粒物激光雷达、颗粒物组分在线监测、颗粒物源解析、大汽化学模拟舱和大数据模拟分析等技术和手段已在大气环境污染防治与治理领域不断更新和应用,同时在研究过程中引入了 XRF、XRD、SEM-EDX 等技术手段,辅助确定污染物形成的机理、作用过程。研究内容将更加注重小粒径颗粒物,尤其是纳米颗粒物对人体健康的作用过程和影响。

3. 污染治理防治措施

在污染治理措施方面,政府应结合当地实际情况,针对产业结构、气象条件、地形地貌等有针对性地制定治理措施,并通过建立一个有效的大气细颗粒物监测标准和监测体制来监控污染情况,治理思路应转向源头治理。例如,对沙尘暴易发区域进行重点治理,实施退耕还林还草,加强人工防护林的建设。同时,不同地区之间必须积极构建大气污染联防联控机制,形成区域合力治污,减少污染物跨地区传输。

8.3　水体污染防治

8.3.1　水污染的防治问题

1. 环境问题

水是人类从事社会生产活动必不可少的基本物质。随着国家经济的快速发展,工业水平和生活水平的提高,种植、畜牧、食品、化工等行业造成的废水和生活污水的大量排放,江河湖泊等水体污染日趋严重,直接影响到人类生活质量。尽管人类也在努力在改善环境状况,但问题却依然不断。近年来水污染事故频发,造成了大量的资源浪费和严重的环境污染,使人们的生活受到严重影响,更破坏了地方经济的可持续发展。这些令人触目惊心的事件让我们意识到,地球的水土污染治理已经达到刻不容缓的地步。

2. 分类问题

在我国,由水体污染物大概分为以下几类:①酸碱盐等无机物污染物,主要来源于工业废水以及矿山排出的水;②有毒的有机污染物,如工厂产生的氟化物、硫化物、砷化物等;③难降解有机污染物;④重金属污染物,该类污染物主要是矿山废水以及冶炼排放出的汞(Hg)、镉(Cd)、铬(Cr)、镍(Ni)、钴(Co)、铅(Pb)等重金属;⑤需氧物质污染,来自食品加工和造纸等工业产生的废水中;⑥植物营养物质污染,例如,藻类大量繁殖,消耗掉水中大量的溶解氧,使鱼类生存受到威胁;⑦放射性污染;⑧热污染。

3. 责任问题

水体污染的防治工作迫在眉睫,要加大防治工作力度,水体污染并非单方面问题,而是一个复杂的社会问题,政府、企业、个人都是保护水资源的责任人。面对目前我国水体污染现状,不能只着眼于水污染的表面现象,而要针对存在的问题采取有效措施,将水体污染问题彻底解决,从而促进社会的健康可持续发展。

8.3.2 国外水污染的防治

1. 美国水污染防治

美国的水污染治理法律体系具有明显的"政府瞄准性",也就是说该法律体系的规范对象是各个政府机关,而不是作为市场主体的企业。美国水污染治理以"命令控制"手段为主线进行架构。水污染防治的两部基础性法律是《清洁水法》和《安全饮用水法》。美国水体污染治理的主要着手点是对排污处理的管理。①惩罚措施。美国为了维护自身的环境利益,规定极为严苛的环境污染惩罚措施。因为美国政府相信,在环境保护过程中如果让企业因为自己的违法行为而获利的话,那么环境保护就只能是一句空话。②建设环境保护设施激励政策。主要利用的方法是环境保护"三重激励法"。可以说,政府在使用行政命令的同时利用市场力量来贯彻其环境保护政策,这是美国环境政策的最大亮点。③税收激励。在美国有专门"环境税"。美国的环境税收主要包括四类:对损害臭氧层的化学品征收的消费税,与汽车使用相关的税收,开采税和环境收入税。由于具有税收的强制性、无偿性和固定性的基本特征,这就使税收手段在美国环境经济政策体系中具有不可替代的优越性。有关资料显示,虽然美国汽车使用量大增,但其二氧化碳的排放量以及空气中悬浮颗粒物浓度都有了很大的减少。应该说,美国的环境税收政策成效显著。

2. 加拿大水污染防治

加拿大的淡水和海洋受到三个重要水污染问题困扰:有毒物、过量营养物、沉降。来自于工业、农业和生活的有毒物是加拿大水体中的主要污染物。加拿大政府通过不同的行动改善水质,包括重建和加强的《加拿大环境保护法》(简称 CEPA)和联邦淡水战略的发展。联邦、省和地方政府、工厂和公众也一起共同工作:对污水中的毒物和污染物采取行动;扩大"加速减少和消灭毒物计划"(简称 ARET)中加拿大商业的范围,以便进一步减少毒物的排放量;建立加拿大广泛的标准,如石油烃类、汞和呋喃等;重建和提高公众对建立跨加拿大生态系统的决心。

3. 荷兰水污染防治

荷兰的水污染主要经历了水污染、水污染处理、面源控制、水修复等4个阶段,也走了先污染后治理的路。荷兰的水污染措施主要包括以下几个方面:①建设了较为完善的水利工程系统,运行监控、监测系统;②制定了比较完备的法律,形成了较先进的水利管理体制;③实现了污水分散处理、分阶段处理的模式,其管理方式具有较强的民间自律性。

4. 日本水污染防治

20世纪六七十年代,日本经历了快速经济增长期,全日本各地出现了严重的环境污染事件,环境公害问题逐步跨区域化,并呈现出复杂化、长期化的特性。虽然日本于1970年颁布了《水质污浊防止法》,但至20世纪80年代后期,日本才开始大力治理水体污染,并取得了很好的成绩,主要实施的是"立法规、控总量、定标准、筹经费、强技术"的"治水五部曲"。日本的水质标准包括健康项目和生活环境项目两大类,采用浓度限值,允许地方根据当地水域特点制定地方排水限值标准。日本各级地方政府对于执行标准控制污染的主动性很强,大都根据地方环境需要,制定和实施严于国家标准的地方标准。

8.3.3 国内水污染的防治

1. 水污染源防治措施

对污染源的控制,通过有效控制和预防措施,使污染源排放的污染物量削减到最小量。对工业污染源,最有效的控制方法是推行清洁生产。清洁生产是指资源能源利用量最小、污染排放量也最少的先进的生产工艺。清洁生产采用的主要技术路线有:改革原料选择及产品设计,以无毒无害的原料和产品代替有毒有害的原料和产品;改革生产工艺,减少对原料、水及能源的消耗;采用循环用水系统,减少废水排放量;回收利用废水中的有用成分,使废水浓度降低等。清洁生产提倡对产品进行生命周期的分析及管理,而不是只强调末端处理。对生活污染源,可以通过有效措施减少其排放量。例如,推广使用节水用具,提高民众节水意识,降低用水量,从而减少生活污水排放量。对农业污染源,为了有效地控制面污染源,更必须从"防"做起。提倡农田的科学施肥和农药的合理使用,可以大大减少农田中残留的化肥和农药,进而减少农田径流中所含氮、磷和农药的量。通过各种措施治理污染源以及已被污染的水体,使污染源实现"达标排放",令水体环境达到相应的水质功能。污染源要实现"零排放"是很困难的,或者几乎是不可能的,因此,必须对污(废)水进行妥善的处理,确保在排入水体前达到国家或地方规定的排放标准。

2. 水体污染防治措施

水体污染防治措施主要有以下几个方面。①加强工业水污染治理进程,从源头上控制污染物的产生。全面落实工业集聚区内工业废水处理设施配套污水处理工程,同时对企业内部污水处理设施提质改造,从源头上控制污染源排放,从而减轻对河流的污染。②建立健全水质监测制度,加强监测力度水体污染的防治,政府要加强基础设施的建设,建立水质监测站,对于不合理的监测区域要进行实时性的改革,逐步建立一套完善、合理的监测制度,进而规范监测的行为。③通过生态修复技术和微生物净化水质的方式来提高污染水体的治理效果。主要方法有活性污泥处理法、厌氧微生物处理法、需氧微生物处理法等。④加大宣传力度,提高公民的保护意识。必须要严格贯彻落实《中华人民共和国水污染防治法》《中华人民共和国水法》等法律法规,将保护水环境的具体内容纳入乡规民约,引导群众关注水环境,参与保护水环境,提高公众爱水、惜水、护水、节水的环境意识,营造全民参与保护水环境的氛围。

3. 废水与污水综合处理措施

应十分注意工业废水处理与城市污水处理的关系。对于含有酸碱、有毒有害物质、重金属或其他特殊污染物的工业废水,一般应在厂内就地进行局部处理,使其能满足排放至水体的标准或排放至城市下水道的水质标准。那些在性质上与城市生活污水相近的工业污水,则可优先考虑排入城市下水道与城市污水共同处理,单独对其设置污水处理设施不仅没有必要,而且不经济。城市污水收集系统和处理厂的设计,不仅应考虑水污染防治的需要,同时应考虑到缓解水资源矛盾的需要。在水资源紧缺的地区,处理后的城市污水可以回用于农业、工业或市政,成为稳定的水资源。为了适应废水回用的需要,其收集系统和处理厂不宜过分集中,而应与回用目标相接近。另外,对于已经遭受污染的水体,应根据水体污染的特点积极采取物理、化学、生物工程等手段进行污染治理,使恶化的水生态系统逐步得到修复。加强对污染源、水体及水处理设施的监控管理,以管促治。"管"在水污染防治中也占据十分重要的地位。科学的管理包括对污染源、水体处理设施以及污水处理厂进行经常监测和检查,以及对水体环境质量进行定期的监测,为环境管理提供依据和信息。

8.4　环境治理展望

8.4.1　目标发展的展望

1. 全球治理目标

2012 年,联合国环境规划署发表的《全球环境展望》中指出,每年有约 70 万人死于由环境破坏引起的呼吸系统疾病,约 200 万人的过早死亡与颗粒物污染有关。

PM$_{2.5}$ 对大气环境的影响已经威胁到了人类本身,环境的治理与保护可以被视为一个全球性问题。而且这个问题事关全人类的发展与福祉,没有一个国家可以置身事外,只有依靠国际合作才有可能实现。

2. 中国治理目标

回顾改革开放以来环境治理的历程,可以大致分为两个阶段。40 年快速工业化的前 30 年左右的阶段,我国主要污染排放总体处在增长的态势,环境质量总体处于恶化的趋势。从"十一五""十二五"期间开始,我国主要污染物排放总量快速递增的态势得到遏制,主要污染物排放渐次达峰,或进入"平台期"。如果按照"环境库兹涅茨曲线"的分析框架,对比发达国家环境改善的历程,我国在改革开放 40 年的后期已经跨越了"环境拐点",环境质量总体上进入稳中向好的阶段。

近年来,正是由于在党的领导之下,我国环境治理工作取得了积极进展。在经济快速增长的前提下,全国的环境治理总体稳定。国家在近几年的环境报告中显示,全国 338 个地级及以上城市中,有 84 个城市环境空气质量达标,占全部城市数的 24.9%。338 个地级及以上城市平均优良天数比例为 78.8%。2020 年,PM$_{2.5}$ 未达标地级及以上城市浓度比 2015 年下降 18% 以上,地级及以上城市空气质量优良天数比率达到 80%,重度及以上污染天数比率比 2015 年下降 25% 以上。但仍然面临诸多问题与挑战。

2020 年 3 月 3 日,中共中央办公厅、国务院办公厅印发了《关于构建现代环境治理体系的指导意见》。明确到 2025 年,建立健全环境治理的领导责任体系、企业责任体系、全民行动体系、监管体系、市场体系、信用体系、法律法规政策体系,落实各类主体责任,提高市场主体和公众参与的积极性,形成导向清晰、决策科学、执行有力、激励有效、多元参与、良性互动的环境治理体系。

8.4.2　政策法规的展望

1. 存在问题

不能忽略我国环境治理过程中存在着的问题。①运动式环境治理缺乏可持续性。我国目前的环境治理主要依靠中央政府对地方的运动式治理,包括专项行动、专项整治等。这种方式在短期内虽然具有快速、显著的效果,但从长远看缺乏对地方的长效激励机制,具有很强的变动性。环境治理要逐渐从短期的政治任务走向长期制度化。②我国缺乏环境利益冲突时的化解机制。当前的理论研究通常将环境治理的任意一方看成一个整体,但其实不仅是不同主体之间会产生矛盾冲突,各主体内部也存在利益分异的现象。政府主体中,不同层级政府工作的主要目标差异;民众主体中,本地人与外地人对环境要求的分歧等,都不应该被忽视。面对诉求不一致的困境,要不断加强对矛盾协调机制的研究,促进各主体的目标统一性。③由于我国产业转型升级未全面展开,经济发展与环境治理之间仍被视为对立的关系。"制造业大国"、粗放式的经济发展模式都成为制约环境治理的瓶颈。需要提高绿色生产技术；引进绿色工业；淘汰一批落后产能，促进经济增长与环境治理协调发展。虽然近年来提出了"绿色GDP"的概念，即从GDP中扣除自然资源耗减价值与环境污染损失价值后的剩余国内生产总值，但"绿色GDP"中，资源成本和环境损失代价难以精确计算，且国际上还没有一套公认的核算方法。它的成熟与推广面临着技术上和观念上的障碍。

2. 国家政策

党中央、国务院高度重视环境治理工作，针对中国近年来的环境污染问题出台了一系列的环境保护和治理的政策、法规，环保投入也在逐年增长。2020年5月11日至12日，习近平主席在山西考察。习主席强调，要牢固树立绿水青山就是金山银山的理念，发扬"右玉精神"，统筹推进山水林田湖草系统治理，抓好"两山七河一流域"生态修复治理，扎实实施黄河流域生态保护和高质量发展国家战略。绝不能以牺牲生态环境为代价换取经济的一时发展。国家提出了建设生态文明、建设美丽中国的战略任务，给子孙留下天蓝、地绿、水净的美好家园。2016年1月18日，习主席发表重要讲话，要求坚定推进绿色发展，推动自然资本大量增值，让良好生态环境成为人民生活的增长点、成为展现我国良好形象的发力点。同年3月5日，国务院总理李克强多次明确指出，加大环境治理力度，推动绿色发展取得新突破。治理污染、保护环境。2017年10月18日，习近平总书记在十九大报告中强调："建设生态文明是中华民族永续发展的千年大计。必须树立和践行绿水青山就是金山银山的理念，坚持节约资源和保护环境的基本国策，像对待生命一样对待生态环境，统筹山水林田湖草系统治理，实行最严格的生态环境保护制度，形成绿色发展方式和生活方式，坚定走生产发展、生活富裕、生态良好的文明发展道路，建设美丽中国，为人民创造良好生产生活环境，为全球生态安全作出贡献"。2018年4月11日至13日，习主席在海南考察时强调："青山绿水、碧海蓝天是海南最强的优势和最大的本钱，是一笔既买不来也借不到的宝贵财富，破坏了就很难恢复。要把保护生态环境作为海南发展的根本立足点，牢固树立绿水青山就是金山银山的理念，像对待生命一样对待这一片海上绿洲和这一汪湛蓝海水，努力在建设社会主义生态文明方面作出更大成绩"。2019年2月1日出版的《求是》杂志第3期发表了习主席重要文章"推动我国生态文明建设迈上新台阶"。这篇文章是习主席2018年5月18日在全国生态环境保护大会上的讲话。习主席"对生态环境工作历来看得很重"，这篇1万多字的讲话，论及生态文明建设诸多方面。把生态文明建设作为统筹推进"五位一体"总体布局和协调推进"四个全面"战略布局的重要内容，开展一系列根本性、开创性、长远性工作，提出一系列新理念新思想新战略，生态文明理念日益深入人心，污染治理力度之大、制度出台频度之密、监管执法尺度之严、环境质量改善速度之快前所未有，推动生态环境保护发生历史性、转折性、全局性变化。

2020 年 3 月 3 日,中共中央办公厅、国务院办公厅印发了《关于构建现代环境治理体系的指导意见》指出,要以习近平新时代中国特色社会主义思想为指导,全面贯彻党的十九大和十九届二中、三中、四中全会精神,深入贯彻习近平生态文明思想,紧紧围绕统筹推进"五位一体"总体布局和协调推进"四个全面"战略布局,认真落实党中央、国务院决策部署,牢固树立绿色发展理念,以坚持党的集中统一领导为统领,以强化政府主导作用为关键,以深化企业主体作用为根本,以更好动员社会组织和公众共同参与为支撑,实现政府治理和社会调节、企业自治良性互动,完善体制机制,强化源头治理,形成工作合力,为推动生态环境根本好转、建设生态文明和美丽中国提供有力制度保障。

3. 法规发展

1978 年修改的《中华人民共和国宪法》作出专门规定"国家保护环境和自然资源,防治污染和其他公害",这是我国第一次将环境保护上升到宪法地位。以 1979 年颁布《中华人民共和国环境保护法(试行)》为标志,我国开始了环境立法的进程。环境保护立法发展可以大致分为三个阶段:从 1978 年到 1992 年,以"预防为主、防治结合"为方针,环境法制开始起步;从 1992 年到 2014 年,环境保护法制框架基本形成;2014 年之后,环境立法进入新阶段,先后修订了《中华人民共和国环境保护法》《中华人民共和国大气污染污染防治法》《中华人民共和国水污染防治法》《中华人民共和国环境影响评价法》等法律,并通过了《中华人民共和国环境保护税法》《中华人民共和国土壤污染防治法》。2014 年 6 月,最高人民法院设立环境资源审判庭,开启了系统的环境司法专门化改革。2015 年新《中华人民共和国环境保护法》和中央环保督察制度实施后,环境执法逐步加强,长期以来"环境违法是常态"的局面正在扭转。40 年的发展,我国建立了中央、省、市、县四级的"属地管理为主、部门业务指导"的环境保护组织体系。其中,各级环境保护部门直属的环境监察、监测机构是我国环境保护组织体系的重要组成部分。从 20 世纪 70 年代初开始,以监测站为载体,我国逐步建立起中央、省、市、县四级环境监测体系。从 1979 年我国实行排污收费制度以来,以征收排污费为主要手段,专门从事对污染源监督管理的环境监理队伍开始逐步发展。1999 年,原国家环保总局将省、市、县三级的环境监理机构规范为环境监理总队、支队、大队。2002 年,该体系更名为"环境监察"机构。党的十八大以后,在生态文明体制改革框架下,我国环境监管组织体系进入集权化方向调整的新阶段。在纵向上,我国从 2016 年开始试点省以下环保机构垂直管理制度改革,并且加快推进生态环境质量监测事权上收。2016 年、2017 年,原环保部先后完成 1436 个国控环境空气质量站点和 2050 个国家地表水监测断面事权上收工作,显著提高了中央政府获取环境信息的能力,有效支撑了"大气十条""水十条"等考评工作。政府环境信息的公信力显著提高。在横向上,2018 年新一轮机构改革中,生态环境部的职能进一步拓展。另外,为应对重大事件,中国在 2013 年日本福岛事故后制定了《中华人民共和国核安全法》。2020年新冠疫情后,也于当年尽快制定了《中华人民共和国生物安全法》。

8.4.3 发展措施的展望

1. 结合多元途径共同强化应对环境治理效用

尽管我国污染物排放从总体上已跨越峰值,但由于其远超环境容量,因此,需要在大幅度削减后才能实现环境质量根本性改善,这需要一个长期过程。这也意味着近中期环境污染形势仍十分严峻和复杂。从当前到未来20年左右,主要污染物大幅度削减仍是环境治理的主线之一。考虑到我国所处的发展阶段、产业结构、能源结构等因素,在未来20年污染物大幅削减的过程中,环境监管是主要的减排潜力,环境监管的严格度和有效性需要显著提高。参照国际经验并综合考虑我国治污减排的进展环境治理是个复杂的动态过程,局限于单一途径会造成视野的狭窄化与认识的简单化。区分各种治理途径,有助于我们解释环境治理中存在的一些矛盾现象。

2. 公众参与是环境治理体系不可或缺的重要组成部分

这是当前我国环境治理体系建构的短板。随着经济发展水平的提高,公众对环境质量改善和环境信息的诉求将进一步提高。随着环境法治的推进,环境信息公开水平、公众参与的广度和深度将进一步改善。特别是,公众开启环境监管问责的渠道将进一步完善,环境公益诉讼制度也将进一步发展。此外,要积极引导环保社会组织发展,并规范管理。

3. 加强横向和纵向的跨区域协调治理

环境问题具有整体性和空间上的扩散性,因此环境治理不能局限于特定地区的特定领域,要加强同周边地区的协调互动。纵向协调是指不同层级政府机关之间的联动,横向协调是指同层级政府机关中不同部门之间和同层级不同区域政府间的联动。同时,也可以采取一定的激励措施,鼓励跨区域环境治理,对治理结果有明显改善的区域给予表扬和奖励。从源头治理、各方联动,真正做到环境的可持续性发展。

4. 创新环境政策工具要和监管体系及其能力相适应

随着生态文明体制改革的推进,我国环境政策体系将进一步完善。在"后拐点"阶段,减排的边际成本递增,对精细化的、市场化的减排政策工具的政策需求将进一步加强。可以预见,随着环境监管体系改革和排污许可改革的推进,环境监管机构获取排污单位环境信息的能力将显著提高,以此支撑精细化政策工具的应用。大数据、卫星遥感遥测等先进技术的应用,可以在一定程度上弥补制度有效性的不足,支撑环境政策创新。可以预见,环境税、排污权交易等市场化政策工具有望在2020—2030年开始有效运行并发挥作用。

5. 大力重视非常规重大事件产生的颗粒物防范

非常规重大事件产生的颗粒物有核电站严重事故所产生的带有放射性的颗粒和重大疫情带来的病毒颗粒等,这里所涉及的是核安全和生物安全,都是非常重要的事件。所产生的细小颗粒极为特殊,危害性也极大,所以要给予大力重视。如日本福岛核事故造成的核污水排放及其带来的核颗粒迁移,还有新冠疫情发生带来的病毒颗粒扩散。因此,中国在 2013 年日本福岛事故后加强了核电严重事故后课题研究,制定对应法规措施。2014 年 4 月 15 日,中共中央总书记、国家主席、中央军委主席、中央国家安全委员会主席习近平在主持召开中央国家安全委员会第一次会议时提出,坚持总体国家安全观,走出一条中国特色国家安全道路。首次提出总体国家安全观,并首次系统包括核安全在内地提出"11 种安全"。2021 年 9 月 29 日,习近平总书记在主持中共中央政治局第三十三次集体学习时强调:加强国家生物安全风险防控和治理体系建设,提高国家生物安全治理能力,切实筑牢国家生物安全屏障。

6. 应将科技创新作为防治细颗粒物污染的重要手段

根据我国细颗粒物来源复杂的特点,深入开展大气颗粒物来源解析研究,摸清我国不同区域细颗粒物污染的时空分布特征、形成与区域传输机理,开展细颗粒物总量控制技术与方案的研究。鼓励开展细颗粒物污染相关的健康与生态效应研究。鼓励开展支撑细颗粒物污染防治的经济政策、环保标准等方面的研究。根据实现国家未来环保目标和污染排放控制要求的技术需求,采取措施鼓励研发高效污染治理先导技术,作为确定实施更加严格排放控制要求的技术储备。鼓励采用各种高效污染物净化技术,以及清洁生产技术和资源能源高效利用技术,提高各个行业和污染源的排放控制技术水平,降低污染物排放强度。鼓励研发示范各种细颗粒物及氮氧化物、挥发性有机物等前体污染物的新型高效净化技术,包括袋式除尘、电除尘、电袋复合除尘、湿式电除尘、炉窑选择性催化还原、分子筛吸附浓缩、高效蓄热式催化燃烧、低温等离子体、高效水基强化吸收等。加强细颗粒物污染防治的知识普及和宣传,提升全民环境意识和公众参与能力。根据国内改善环境质量和污染防治工作的实际需要,开展细颗粒物防治国际合作。

参考文献

[1] 鄂璠. 2020 中国生态小康指数:95.2 大气污染治理进入攻坚期[J]. 小康,2020(16):54-57.

[2] 齐丹丹,周枫,张晟昊. 浅谈大气污染的危害及防治[J]. 上海节能,2020(05):438-442.

[3] CRONA, B I, PARKER, J N. Learning in support of governance: theories, methods, and a framework to assess how bridging organizations contribute to adaptive resource governance [J]. Ecology And Society, 2012, 17(1): 32.

[4] United Nations Development Programme, et al. World Resources 2002-2004: Decisions for the Earth: Balance, Voice, and Power[M]. World Resources Institute, 2003.

［5］ 中国环境科学研究院.GB 3095—2012 环境空气质量标准［S］.北京：中国标准出版社,2012.

［6］ 中国疾病预防控制中心.GB/T 18883—2002 室内空气质量标准［S］.北京：中国标准出版社，2002.

［7］ United States Environmental Proteetion Agency,2011. National Emissions Inventory［R］. USEPA,2011.

［8］ 美国国家空气质量变化趋势 2010 年报告(National Air Quality Trends through 2010). 美国环境保护署(USEPA).

［9］ BAI L,LU X,YIN S S,et al. A recent emission inventory of multiple air pollutant,PM2. 5 chemical specics and its spatial-temporal characteristics in central China［J］. Journal of Cleaner Production,2020,269：122114.